丛书总主编　陈宜瑜
丛书副总主编　于贵瑞　何洪林

中国生态系统定位观测与研究数据集

农田生态系统卷

黑龙江海伦站

(2005—2017)

郝翔翔　张志明　李　猛　王守宇　主编

中国农业出版社
北　京

中国生态系统定位观测与研究数据集

中国生态系统定位观测与研究数据集
农田生态系统卷·黑龙江海伦站

编 委 会

主　编　郝翔翔　张志明　李　猛　王守宇
编　委　郝翔翔　张志明　李　猛　王守宇
　　　　韩晓增　李禄军

PREFACE 1
序 一

进入20世纪80年代以来，生态系统对全球变化的反馈与响应、可持续发展成为生态系统生态学研究的热点，通过观测、分析、模拟生态系统的生态学过程，可为实现生态系统可持续发展提供管理与决策依据。长期监测数据的获取与开放共享已成为生态系统研究网络的长期性、基础性工作。

国际上，美国长期生态系统研究网络（US LTER）于2004年启动了Eco Trends项目，依托美国LTER站点积累的观测数据，发表了生态系统（跨站点）长期变化趋势及其对全球变化响应的科学研究报告。英国环境变化网络（UK ECN）于2016年在*Ecological Indicators*发表专辑，系统报道了英国ECN的20年长期联网监测数据推动了生态系统稳定性和恢复力研究，并发表和出版了系列的数据集和数据论文。长期生态监测数据的开放共享、出版和挖掘越来越重要。

在国内，国家生态系统观测研究网络（National Ecosystem Research Network of China，简称CNERN）及中国生态系统研究网络（Chinese Ecosystem Research Network，简称CERN）的各野外站在长期的科学观测研究中积累了丰富的科学数据，这些数据是生态系统生态学研究领域的重要资产，特别是CNERN/CERN长达20年的生态系统长期联网监测数据不仅反映了中国各类生态站水分、土壤、大气、生物要素的长期变化趋势，同时也能为生态系统过程和功能动态研究提供数据支撑，为生态学模型的验证和发展、遥感产品地面真实性检验提供数据支撑。通过集成分析这些数据，CNERN/CERN 内外的科研人员发表了很多重要科研成果，支撑了国家生态文明建设的重大需求。

近年来，数据出版已成为国内外数据发布和共享，实现“可发现、可访问、可理解、可重用”（即 FAIR）目标的重要手段和渠道。CNERN/CERN 继 2011 年出版《中国生态系统定位观测与研究数据集》丛书后再次出版新一期数据集丛书，旨在以出版方式提升数据质量、明确数据知识产权，推动融合专业理论或知识的更高层级的数据产品的开发挖掘，促进 CNERN/CERN 开放共享由数据服务向知识服务转变。

该丛书包括农田生态系统、草地与荒漠生态系统、森林生态系统以及湖泊湿地海湾生态系统共 4 卷、51 册以及森林生态系统图集 1 册，各册收集了野外台站的观测样地与观测设施信息，水分、土壤、大气和生物联网观测数据以及特色研究数据。本次数据出版工作必将促进 CNERN/CERN 数据的长期保存、开放共享，充分发挥生态长期监测数据的价值，支撑长期生态学以及生态系统生态学的科学研究工作，为国家生态文明建设提供支撑。

孙鸿烈

2021 年 7 月

PREFACE 2
序 二

科学数据是科学发现和知识创新的重要依据与基石。大数据时代，科技创新越来越依赖于科学数据综合分析。2018 年 3 月，国家颁布了《科学数据管理办法》，提出要进一步加强和规范科学数据管理，保障科学数据安全，提高开放共享水平，更好地为国家科技创新、经济社会发展提供支撑，标志着我国正式在国家层面加强和规范科学数据管理工作。

随着全球变化、区域可持续发展等生态问题的日趋严重以及物联网、大数据和云计算技术的发展，生态学进入“大科学、大数据时代”，生态数据开放共享已经成为推动生态学科发展创新的重要动力。

国家生态系统观测研究网络（National Ecosystem Research Network of China，简称 CNERN）是一个数据密集型的野外科技平台，各野外台站在长期的科学研究中，积累了丰富的科学数据。2011 年，CNERN 组织出版了“中国生态系统定位观测与研究数据集”丛书。该丛书共 4 卷、51 册，系统收集整理了 2008 年以前的各野外台站元数据、观测样地信息与水分、土壤、大气和生物监测数据以及相关研究成果的数据。该套丛书的出版，拓展了 CNERN 生态数据资源共享模式，为我国生态系统研究、资源环境的保护利用与治理以及农、林、牧、渔业相关生产活动提供了重要的数据支撑。

2009 以来，CNERN 又积累了 10 年的观测与研究数据，同时国家生态科学数据中心于 2019 年正式成立。中心以 CNERN 野外台站为基础，生态系统观测研究数据为核心，拓展部门台站、专项观测网络、科技计划项目、科研团队等数据来源渠道，推进生态科学数据开放共享、产品加工和分析应用。为了开发特色数据资源产品、整合与挖掘生态数据，国家生态科学数据中心立足国家野外生态观测台站长期监测数据，组织开展了新一版的观测与研究数据集的出版工作。

本次出版的数据集主要围绕“生态系统服务功能评估”“生态系统过程与变化”等主题进行了指标筛选，规范了数据的质控、处理方法，并参考数据论文的体例进行编写，以详实地展现数据产生过程，拓展数据的应用范围。

该丛书包括农田生态系统、草地与荒漠生态系统、森林生态系统以及湖泊湿地海湾生态系统共4卷（51册）以及图集1本，各册收集了野外台站的观测样地与观测设施信息，水分、土壤、大气和生物联网观测数据以及特色研究数据。该套丛书的再一次出版，必将更好地发挥野外台站长期观测数据的价值，推动我国生态科学数据的开放共享和科研范式的转变，为国家生态文明建设提供支撑。

2021年8月

FOREWORD 前言

黑龙江海伦农田生态系统国家野外科学观测研究站（简称海伦站），隶属于中国科学院东北地理与农业生态研究所，位于黑龙江省海伦市，是中国科学院在我国东北黑土区设置的，有关农业资源、环境、生态和作物学等的，多学科长期综合研究基地。海伦站地处东北黑土区的中心，是我国东北平原黑土区农田生态系统类型的典型代表。

长期以来，海伦站的研究方向聚焦于东北黑土区农田生态系统环境要素长期变化规律、农田生态系统生产力形成机制与调控、农田生态系统结构、功能的变化与调控、农田生态系统的质量评价和健康诊断、退化黑土生态系统恢复与重建机理、东北地区农业资源合理利用与区域可持续高效发展、东北黑土区农业生态环境综合整治与农业高效开发试验示范等，为区域农业发展和科技进步做出了贡献。

自1986年以来，海伦站通过陆续配备的野外观测设施，对农田水分、土壤、气象、生物四大要素进行了长期、连续的观测研究，积累了大量的监测和研究数据。2011年，在站长韩晓增研究员的带领下，海伦站整理、编写、出版了第一套数据集——《中国生态系统定位观测与研究数据集·农田生态系统卷·黑龙江海伦站（2000—2008）》，为区域农业研究提供了重要的数据支撑。2008年以后，随着监测设备现代化水平的逐步提高以及监测指标的多样化，海伦站又陆续积累了更加科学、全面的观测数据，为了让更多的有志于黑土农田生态系统研究的科学工作者能够充分利用这些珍贵数据，并保证所有数据的规范化可持续性保存，更好地服务于国家和区域农业发展，海伦站全体监测人员进一步挖掘了海伦站的监测数据并整理加工，同时，在国家生态系统研究网络综合中心的经费资助和技术指导下，编制了《中国生态系统定位观测与研究数据集·农田生态系统卷·黑龙江海伦站（2005—2017）》。

本数据集以海伦站2005—2017年水分、土壤、气象、生物的长期监测数据为主，包括台站介绍、主要样地与观测设施、长期监测数据和数据产品等内容。本数据集是在海伦站全体监测人员的共同努力下完成的，第一章和第二章由王守宇撰写，第三章生物监测数据由王守宇整编，土壤监测数据由郝翔翔整编，水分监测数据由张志明整编，气象监测数据由李猛整编，第四章的数据产品由郝翔翔、张志明和李猛共同编写。全书由李禄军指导，郝翔翔进行全文统稿。为力求数据准确无误，在数据集的整编过程中，我们进行了认真的校验，但由于数据量较大，问题和不足之处在所难免，敬请读者和同行批评指正。读者可访问海伦站网址（http://hla.cern.ac.cn），获得更多数据支持和服务。

本数据集的编写凝聚了曾经在海伦站工作的所有专家的辛勤汗水，尤其是长期坚持工作在海伦站的老一辈站长王建国、刘鸿翔、孟凯、韩晓增等人，他们为海伦站的监测和研究事业做出了重要贡献，在此向他们表示深深的敬意和感谢！同时，感谢国家生态科学数据中心在本数据集编写过程中给予的支持和帮助。

编　者

2021年1月

CONTENTS

目录

第1章 台站介绍

1.1 概述

中国科学院海伦农业生态实验站（简称海伦站）隶属中国科学院东北地理与农业生态研究所，位于黑龙江海伦，地理位置为47°27′N，126°55′E，是中国科学院在我国东北黑土区设置的长期的农业资源、环境、生态多学科的综合研究基地。1978年2月，经党中央国务院批准，在黑龙江海伦、河北栾城、湖南桃源筹建3个农业现代化综合科学实验基地，同年，中国科学院3个农业现代化研究所成立，中国科学院黑龙江农业现代化研究所在海伦建立农业现代化综合科学实验站。1988年，被中国科学院纳入中国生态系统研究网络（CERN），定名为“中国科学院海伦农业生态实验站”。2005年，进入国家生态系统观测研究网络（CNERN），命名为“黑龙江海伦农田生态系统国家野外观测研究站”。2019年，成为农业农村部“国家农业科学观测实验站”。

1.1.1 自然概况

海伦站所在的黑土区是世界四大黑土区之一。我国东北平原黑土区总面积约为700万hm^2，其中耕地面积约为474万hm^2，分布于黑龙江、吉林、内蒙古东北部和辽宁北部，其中黑龙江黑土耕地面积为360万hm^2，占东北黑土总耕地面积的76%。属于温带大陆性季风气候，冬季寒冷干燥，夏季高温多雨，雨热同季。根据近60年气象资料统计，年平均温度2.1℃。极端最低日均温−45.0℃，极端最高日均温为34.5℃。年均降水量为540 mm，近70%集中在6—8月。全年≥10℃积温2 400～2 500℃，日照时数为2 700 h左右。

本地区处于森林与草甸草原的交错地带。东北部为森林植被，地带性植被是红松（*Pinus koraiensis*）阔叶混交林，在植物区系上属于长白植物区。西南部的植被与松嫩草甸草原相连接，在植物区系上属于蒙古植物区。因此，该地区植被景观呈现为森林-草甸草原。这种森林草甸草原不同于大陆性气候条件下发育来的森林草原。

自20世纪大面积开垦以来，本地区植被产生巨大的变化，农田植被面积逐渐增加。农作物为一年一熟制，主要栽培作物包括大豆、玉米、水稻和小麦。生长季从4月初至10月中旬。

1.1.2 社会经济状况

海伦站所处的海伦位于黑龙江中部，绥化北部。南距哈尔滨210 km，北距黑河370 km。现有23个乡镇、1个省级经济开发区、2个国有农场、6个国有林场，总人口85万，其中农村人口65万。海伦辖区面积4 667 km^2，平均海拔239 m，耕地面积441万亩*。2019年地区生产总值实现148亿元，社会消费品零售总额59亿元，公共财政预算收入实现5亿元，城镇和农村居民人均可支配收入

---

* 亩为非法定计量单位，1亩≈666.667 m^2。——编者注

分别实现22 204元和11 381元。

1.1.3 代表区域与生态系统

海伦站所在区域为小兴安岭向松嫩平原腹地的过渡带，属于温带大陆性季风气候，夏季日照充足，高温多雨，接近50%的降水发生在7—8月，这些条件促使植物短期内快速大量生长，生物量大幅提升。10月中旬霜期到来，气温快速下降，植物迅速枯死，进入寒冷干燥的冬季，持续5个月左右。植物生物量来不及分解留存于地表，被冰雪覆盖。待第二年春季温度回升，在微生物的作用下植物残体开始分解，而多雨的夏季又很快到来，使植物不能被完全分解，以腐殖质的形式留存于土壤中，经过几万年反复循环，最终形成了黑色的、深厚的腐殖质层，使黑土有了很高的自然肥力。经过20世纪大面积开垦后，东北黑土区已经成为全国最大的商品粮生产基地，对国家粮食安全具有重要影响，成为全国著名的“北大仓”。海伦站代表了中国东北黑土区农田生态系统。

1.2 目标与研究方向

1.2.1 总体目标

根据中国科学院及中国生态系统研究网络的总体布局，面向国家资源环境安全战略与建设东北优质商品粮基地的重大需求，海伦站将建成东北地区生态与环境要素长期系统监测基地，黑土区农业生态领域重大科学与技术问题研究基地，农业高新技术研究、开发与示范推广基地，国内外学术交流与合作研究基地，人才培养与科学普及教育基地。

1.2.2 科学目标

①通过对东北黑土区农田生态系统的长期定位监测，揭示农田生态系统及环境要素的长期变化规律及影响因素。

②阐明东北黑土区农田生态系统的功能特征和碳、氮、磷等元素生物地球化学循环基本规律。

③阐明全球变化对东北黑土区主要类型农田生态系统的影响，解释不同类型农田生态系统对全球变化的适应与响应。

④建立东北黑土区农田生态系统服务功能、环境质量评价和健康诊断指标体系。

⑤阐明黑土生态系统退化过程及机理，探讨生态系统恢复重建的技术途径，建立退化黑土生态系统综合治理试验示范区。

1.2.3 研究方向

①东北黑土区农田生态系统环境要素长期变化规律。

②东北黑土区农田生态系统生产力形成机制与调控。

③东北黑土区农田生态系统结构功能的变化与调控。

④东北黑土区农田生态系统的质量评价和健康诊断。

⑤退化黑土生态系统恢复与重建机理。

⑥东北地区农业资源合理利用与区域可持续高效发展。

⑦东北黑土区农业生态环境综合整治与农业高效开发试验示范。

1.3 研究成果

海伦站近5年共承担各类课题/子课题134项，其中国家重点研发计划3项，国家自然科学基金委员会重点基金 3 项，国家自然科学基金委员会面上项目 35 项。发表科学引文索引（SCI）论文 146 篇，中国科学引文数据库（CSCD）论文 120 篇。获得省部级奖 7 项。培育出新品种 10 个。主要成果如下：

①大豆根系活动与土壤相互作用的生态学机制。阐明了大豆根系活动与土壤相互作用的生态学机制，旨在为调整黑龙江作物种植结构，增加玉米—大豆轮作面积和节肥节药提供理论依据。该成果获得 2015 年黑龙江省科学技术奖（自然科学类）一等奖。

②黑土肥力形成与调控。揭示了东北黑土肥力形成、变化过程和高强度农田管理措施下的肥力调控机制。该成果获得 2017 年吉林省自然科学奖一等奖。

③海伦站基于对黑土农田生态系统长期研究的成果，针对土壤退化、肥力下降、秸秆难还田等问题，提出一系列生产管理技术和生态农业循环高效利用技术，其中两项入选“农业部主推技术”。“黑土地肥沃耕层构建关键技术创新及技术集成与应用”在 2017 年获得黑龙江省科学技术奖（科技进步类）一等奖。该成果明确了肥沃耕层构建的关键技术及机理，研发出肥沃耕层构建关键技术，通过构建肥沃耕层来培肥土壤，提高黑土综合生产能力。

④海伦站科研人员培育出“东生”系列新品种 10 个。“东生”系列大豆品种累计推广 5 000 万亩*，增产 100 万 t，增加效益 40 亿元。其中，东生 1 号和东生 7 号被列为黑龙江第三积温带主推品种。绥化将东生 3 号、6 号、9 号、10 号 4 个国审品种确定为“十三五”主推品种。

1.4　支撑条件

1.4.1　野外观测试验样地与设施

海伦站站区现有土地 23.3 hm^2，其中试验田 21.0 hm^2（有国有土地使用证）；海伦前进乡胜利村示范区试验示范用地 106.0 hm^2，海伦前进乡光荣村坡耕地试验示范用地 128.0 hm^2，均为合作经营。目前在海伦站站区内有 12.6 hm^2 的标准黑土农田作为后备试验用地。根据海伦站的研究方向和 CERN 的要求，建立了 10 余项长期定位试验，建有观测水、土、气、生各生态要素的综合观测场和辅助观测场。

1.4.2　基础设施

海伦站建有 1 303 m^2 综合实验楼，包括实验室、样品室、办公室和会议室等；696 m^2 专家公寓，可供 60 人食宿；还建有 1 500 m^2 生产用房。实验站水、电、暖等设施齐全，覆盖无线网络，方便科研人员工作和生活。还配备 2 辆科研用车，交通便利。站区室外及室内共安装 23 个摄像头，全天 24 h监控，保证科研工作安全。

海伦站以黑土农田生态系统为研究对象，对水分、土壤、气象、生物 4 个方面生态环境要素开展长期监测。现拥有相关监测和测试仪器 30 余套，包括总有机碳（TOC）分析仪、元素分析仪、气相色谱、连续流动分析仪、红外光谱仪、压力膜仪、凯氏定氮仪、电热消解仪等。相关监测和测试仪器先进、齐全，支撑了海伦站的生态环境要素监测工作。

* 亩为非法定计量单位，1 亩≈666.667 m^2。——编者注

第2章

主要样地与观测设施

2.1 概述

根据海伦站的研究方向和CERN的要求，建立了观测水、土、气、生各生态要素的综合观测场和辅助观测场。共设有11个观测场，19个采样地（表2-1），长期观测的农作物主要是大豆和玉米。

表2-1 海伦站观测场、采样地一览表

观测场名称	采样地名称	采样地代码
综合观测场	综合观测场土壤生物长期观测采样地	HLAZH01AB0_01
	综合观测场中子管采样地（3根中子管）	HLAZH01_01、HLAZH01_02、HLAZH01_03
	综合观测场地下水井1号	HLAZH01CDX_01
	综合观测场蒸渗仪1号	HLAZH01CZS_01
气象观测场	综合观测场小气候站	
	气象观测场中子管1号（2根中子管）	HLAQX01
	水面蒸发自动系统	HLAQX01CZF_01
	气象观测场地下水井1号	HLAQX01CDX_01
办公区内地下水位观测井辅助观测场	办公区内地下水位辅助观测井1号	HLAFZ10CDX_01
土壤生物监测长期采样地（空白）辅助观测场	辅助观测场土壤生物监测长期采样地（空白）	HLAFZ01AB0_01
土壤生物监测长期采样地（秸秆还田）辅助观测场	辅助观测场土壤生物监测长期采样地（秸秆还田）	HLAFZ02AB0_01
水肥耦合长期定位试验辅助观测场	水肥耦合长期定位试验中子水分观测点	HLAFZ03CTS_01
	水肥耦合长期定位试验烘干法测定土壤水分采样地	HLAFZ03CHG_01
不同耕法长期定位试验辅助观测场	不同耕法长期定位试验烘干法测定土壤水分采样地	HLAFZ04CHG_01
生态恢复大区试验长期定位试验辅助观测场	生态恢复大区试验长期定位试验中子管1号（自然植被状态）	
	生态恢复大区试验长期定位试验中子管2号（裸地状态）	
胜利村站区调查点	胜利村站区76号地调查点土壤生物采样地	HLAZQ01AB0_01
	胜利村站区67号地调查点土壤生物采样地	HLAZQ01AB0_02
光荣村小流域站区调查点	光荣村小流域站区调查点土壤生物采样地	HLAZQ02AB0_01
	流动地表水水质监测长期采样点	HLAZQ02CLB_01

2.2　观测场及设施

2.2.1　综合观测场（HLAZH01）

海伦站于 1992 年设立了土壤长期监测样地（综合观测场），2004 年，海伦站对综合观测场面积进行了扩展，同时设立了 2 个辅助观测场和 3 个典型区域站区调查点，对以上 6 个样地同步进行土壤监测，并根据监测内容，将综合观测场和辅助观测场划分为不同年份的采样区，可满足 150 年不重复采样。综合观测场代表东北黑土农田生态系统，其所代表的农田种植模式在该区域占有绝对优势，该区属温带大陆性季风气候。冬季在极地大陆气团控制下，气候严寒、干燥；夏季受热带海洋气团影响，气候温暖、湿润。年平均气温 1.0～7.0 ℃，无霜期 110～150 d，≥10 ℃的积温为 2 000～3 000 ℃，日照时数 2 400～2 900 h，年平均降雨量 400～600 mm，全年降雨集中于 5—9 月（80%以上）。光、温、水同期，有利于大豆、玉米、水稻、小麦、高粱、谷糜、甜菜、亚麻、果菜等作物生长。

本观测场为旱田，土壤类型为黑土（土类），土种为中厚黑土，母质为第四纪黄土。土壤剖面特征为上部土层（A 层、AB 层）以壤质黏土为主，B 层和 C 层粉砂粒的含量高[①]，质地大都为粉砂质黏壤土土粒组成，以粉砂粒和黏粒两级为主，占 55%～80%。肥力水平中等，地下水埋深 25 m，在作物生长季节里不灌水，轮作方式始于 2004 年，大豆—玉米轮作。施肥制度为施化肥，化肥品种为尿素、磷酸二铵和硫酸钾。2004—2009 年施肥量：玉米，氮 138.0 kg/hm^2、磷 30.2 kg/hm^2；大豆，氮 27.0 kg/hm^2、磷 30.2 kg/hm^2。2010 年后，施肥量：玉米，氮 138.0 kg/hm^2、磷 30.6 kg/hm^2、钾 16.6 kg/hm^2；大豆，氮 64 kg/hm^2、磷 30.6 kg/hm^2、钾 16.6 kg/hm^2。化肥玉米施肥时，1/3 氮肥和全部磷肥一次性作基肥施用，另 2/3 氮肥在玉米拔节期作追施。大豆施肥时，所有化肥以基肥一次性施入。秋季旋耕起垄。周围视野开阔，主要为农田。综合观测场样地分布见图 2 - 1。

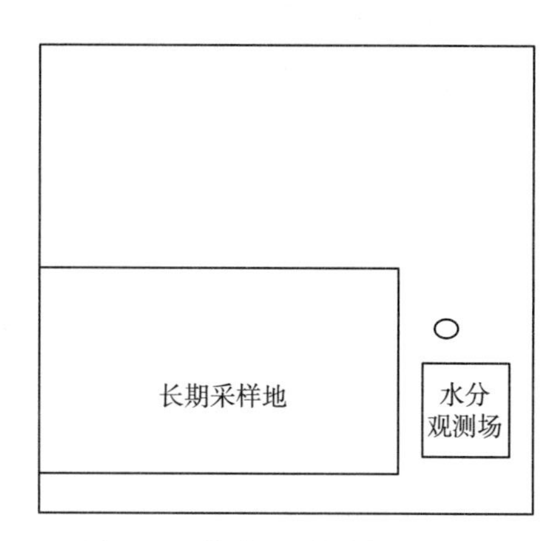

图 2 - 1　综合观测场样地分布图

注：○为蒸渗仪。

2.2.1.1　综合观测场土壤生物长期观测采样地（HLAZH01AB0_01）

海伦综合观测场土壤生物长期观测采样地设于 1992 年。2003 年 10 月，通过网络同意和专家评价，对长期采样地重新规划，扩大了原有面积（由原来的 400 m^2 扩至 2 400 m^2），原样地距离现样地 20 m 远，设计使用 150 年（图 2 - 2）。

①气候类型：温带大陆性季风气候型，冬季寒冷干燥，夏季高温多雨，雨热同季。

②水文：地下水位 10～20 m，多年平均径流深由东北部的 250 mm，逐降至西南部 30 mm。

---

① A 层为腐殖层，AB 层为过度层，B 层为淀积层，C 层为母质层。

③土壤类型：松嫩平原典型黑土。土壤分类为中厚黑土。生物样地为 5 m×5 m（正方形），土壤样地剖面样品为 2 m×2 m（正方形），表层样品为 10 m×10 m（正方形）。样地属海伦站，是永久试验用地，农田气候、小区观测设备齐全，样地选址尽量选在避免土层扰动，能代表综合观测场土壤和作物水平的区域。

观测项目：土壤有机质，氮、磷、钾养分，微量元素和重金属，pH，阳离子交换量，矿质全量，机械组成，容重；土壤微生物生物量碳，作物生育期，作物叶面积与生物量动态，作物收获期植株性状，耕层根系生物量，生物量与籽实产量，收获期植株各器官元素含量（碳、氮、磷、钾、钙、镁、硫、硅、锌、锰、铜、铁、硼、钼）与能值，病虫害等。

生物要素采样地与土壤采样地为同一采样地，采样区面积为 40 m×60 m，按 20 m×20 m 面积划分，可均分为 16 个 5 m×5 m 采样区，每次采样从 6 个采样区随机取 6 份样品，即 6 次重复。

A	B	C	D	A	B	C	D
E	F	G	H	E	F	G	H
I	J	K	L	I	J	K	L
M	N	O	P	M	N	O	P
A	B	C	D	A	B	C	D
E	F	G	H	E	F	G	H
I	J	K	L	I	J	K	L
M	N	O	P	M	N	O	P
A	B	C	D	A	B	C	D
E	F	G	H	E	F	G	H
I	J	K	L	I	J	K	L
M	N	O	P	M	N	O	P

图 2-2　综合观测场土壤生物采样区

将 20 m×20 m 小区划分为 16 个区，以字母 A、B、C、D、E、F、G、H、I、J、K、L、M、N、O、P 标定范围，每个区又划分出 1 m×1 m 小区 25 个，行编号为①、②、③、④、⑤，行内小区编号为 1、2、3、4、5（图 2-3）。在取样时，通过对边拉线，确定每个小区的分界线，采样区名用字母表示，每个小区又通过拉线确定采样小区，采样小区用行和行内小区号表示。如编号 03-A-3-1 中，03 表示 2003 年，A 表示采样区为 A，3 表示采样小区行内编号为 3，1 表示行号为①。

A	B	C	D
E	F	G	H
I	J	K	L
M	N	O	P

①	1	2	3	4	5
②	3	4	1	5	2
③	5	1	2	3	4
④	4	3	5	2	1
⑤	2	5	4	1	3

图 2-3　综合观测场采样区中的小区编号

生物采样方法说明：除站区调查点的面积、灌溉方式及作物布局为农户调查外，其他均为实地自测项目。结合土壤取样，在相应取样小区内同时取有代表性样品（数量根据作物不同而异），采样区面积为20 m×20 m，均分为16个5 m×5 m的采样小区，每次采样从6个采样区内取得6份样品，即6次重复。在长期监测过程中，对每一次采样点的地位置、采样情况和采样条件作详细的定位记录，并在相应的土壤或地形图上做出标识。对于根系分布等破坏性取样，在保护行等样地外或同类有代表性样地进行，避免影响其他采样监测的执行。

土壤采样方法说明：按照规范要求，在每个采样区内采用S形取样法取5点土样混合为1个样品，共取6个样品。对于土壤剖面等破坏性取样，在保护行等样地外进行，避免影响其他采样监测的执行。

2.2.1.2　综合观测场中子管采样地

综合观测场中子管采样地主要观测土壤剖面含水量，1号中子管建立于2003年秋，2号和3号于2004年8月建立，观测时间150年。1号管（HLAZH01 _ 01）坐标为126°55′36.48″E，47°27′16.30″N；2号管（HLAZH01 _ 02）坐标为126°55′36.50″E，47°27′16.35″N；3号管（HLAZH01 _ 03）坐标为126°55′36.53″E，47°27′16.40″N。

中子管共3个，分别位于水分观测场西南角与东北角对角线上，定期观测土壤含水量。时域反射测试仪（TDR）位于观测场西南角（图2-4），各水分观测设施具有同一样地的均质性。

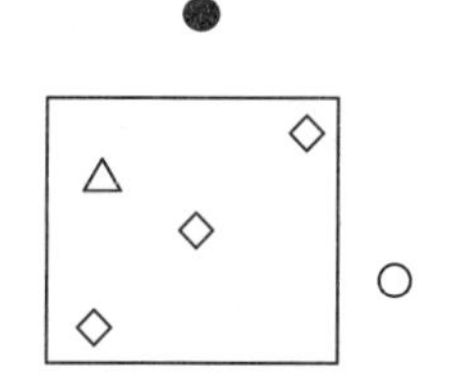

图2-4　中子管采样示意图

注：◇代表中子管，○代表水井，△代表TDR，●代表蒸渗仪。

中子水分观测管和综合观测场蒸渗仪每5 d观测1次，初次观测时间为4月10日。地下水位观测井每5 d观测1次，全年观测。

2.2.1.3　综合观测场地下水井1号（HLAZH01CDX _ 01）

综合观测场地下水井1号采样点主要用于监测地下水水质、地下水水位，于2004年建立。中心点坐标126°55′36.8″E，47°27′16.4″N，具体位置见图2-4。地下水位观测，用一个标有刻度的绳子，一端系有玻璃空瓶，向井中放入，瓶子碰到水面且可听到清晰响声时的绳子刻度即为地下水位读数。水质采样方法：充分抽汲井中水后进行采集，保证其代表性，采样瓶要用地下水将内壁和瓶盖充分冲洗3次，然后直接装瓶，水样必须装满瓶，盖上内盖和外盖，使采样瓶内不留气泡。

2.2.2　农田辅助观测场土壤生物监测长期采样地（空白）（HLAFZ01）

农田辅助观测场土壤生物监测长期采样地代表我国东北黑土农田生态系统典型农田不施肥管理模式下，土壤要素演变，并与长期观测采样地（仅施化肥）形成对比。本观测场为旱田，土壤类型为黑土（土类），土种为中厚黑土，母质为第四纪黄土。肥力水平中等。在作物生长季节里不灌水，轮作方式始于2004年，为大豆—玉米轮作。观测场设计使用150年。周围视野开阔，主要为农田。观测场面积及形状：矩形，面积30 m×60 m=1 800 m^2。

气候类型：温带大陆性季风气候型。冬季寒冷干燥，夏季高温多雨，雨热同季。

水文：地下水位10～20 m，多年平均径流深由东北部的250 mm，逐降至西南部30 mm。

土壤类型：松嫩平原典型黑土，土壤分类为中厚黑土。

观测项目及采样方法同2.2.1.1中方法。

2.2.3 辅助观测场土壤生物监测长期采样地（秸秆还田）（HLAFZ02ABO _ 01）

辅助观测场土壤生物监测长期采样地（秸秆还田）代表东北黑土农田生态系统秸秆还田管理模式下，土壤要素演变，并与长期观测采样地（仅施化肥）形成对比。

本观测场为旱田，土壤类型为黑土（土类），土种为中厚黑土，母质为第四纪黄土，肥力水平中等。在作物生长季节里不灌水，轮作方式始于 2004 年，为大豆—玉米轮作，秋季收获后，作物秸秆全部还田。化肥施用量和施用方式与综合观测场相同。观测场设计使用 150 年，周围视野开阔，主要为农田。观测场为矩形，面积为 1 800 m^2（30 m×60 m）。

气候类型：温带大陆性季风气候型。冬季寒冷干燥，夏季高温多雨，雨热同季。

水文：地下水位 10～20 m，多年平均径流深由东北部的 250 mm，逐降至西南部 30 mm。

土壤类型：松嫩平原典型黑土。土壤分类为中厚黑土。

观测项目及采样方法同 2.2.1.1 中方法。

2.2.4 胜利村站区调查点（HLAZQ01）

胜利村站区调查点于 2004 年建立，可观测 150 年。代表东北黑土农田生态系统。本观测场为旱田，土壤类型为黑土（土类），土种为中厚黑土，母质为第四纪黄土，肥力水平中等。周围视野开阔，主要为农田。土壤剖面特征：上部土层（A 层、AB 层）以壤质黏土为主，B 层和 C 层粉砂粒的含量高，质地大都为粉砂质黏壤土土粒组成，以粉砂粒和黏粒两级为主，占 55%～80%。

在作物生长季节里不灌水，轮作方式始于 2004 年，大豆—玉米轮作。施肥制度：施化肥，化肥品种为尿素、磷酸二铵和硫酸钾。施肥量：玉米，氮 138.0 kg/hm^2、磷 30.6 kg/hm^2、钾 16.6 kg/hm^2；大豆，氮 70 kg/hm^2、磷 34.9 kg/hm^2、钾 16.6 kg/hm^2。玉米施肥时，1/3 氮肥和全部磷肥作基肥一次性施用，另 2/3 氮肥在玉米拔节期追施。大豆施肥时，所有化肥作基肥一次性施入。秋季旋耕起垄。

共 2 个土壤、生物采样地：每年进行土壤、生物数据采样（图 2－5），即胜利村站区 76 号地调查点生物采样地（HLAZQ01AB0 _ 01）和胜利村站区 67 号地调查点生物采样地（HLAZQ01AB0 _ 01）。

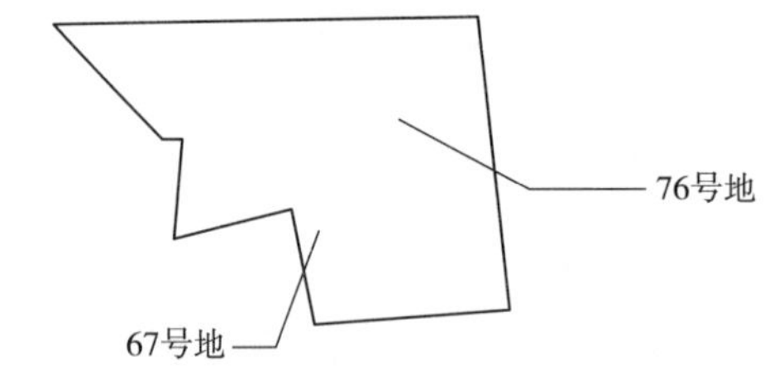

图 2－5 胜利村站区 76 号地和 67 号调查点土壤生物采样地

观测项目及采样方法同 2.2.1.1 中方法。

2.2.5 光荣村小流域站区调查点（HLAZQ02）

光荣村小流域站区调查点于 2004 年建立，可观测 150 年。代表东北黑土农田生态系统，农田大多为岗地、坡地。本观测场为旱田，土壤类型为黑土（土类），土种为中厚黑土，母质为第四纪黄土，肥力水平中等。周围视野开阔，主要为农田。

气候类型：温带大陆性季风气候型。冬季寒冷干燥，夏季高温多雨，雨热同季。

水文：地下水位 10～20 m，多年平均径流深由东北部的 250 mm，逐降至西南部 30 mm。

土壤类型：松嫩平原典型黑土，土壤分类为中厚黑土。土壤剖面特征：上部土层（A 层、AB

层）以壤质黏土为主，B层和C层粉砂粒的含量高，质地大都为粉砂质粘壤土土粒组成，以粉砂粒和黏粒两级为主，占55%～80%。

在作物生长季节里不灌水，轮作方式始于2004年，大豆—玉米轮作。施肥制度：施化肥，化肥品种为尿素，磷酸二铵和硫酸钾。施肥量为：玉米，氮138.0 kg/hm^2、磷30.6 kg/hm^2、钾16.6 kg/hm^2；大豆，氮70 kg/hm^2、磷34.9 kg/hm^2、钾16.6 kg/hm^2。玉米施肥时，1/3氮肥和全部磷肥一次性作基肥施用，另2/3氮肥在玉米拔节期追施。大豆施肥时，所有化肥作基肥一次性施入。秋季旋耕起垄。

共1个土壤、生物采样地：每年进行土壤、生物数据采样（图2-6），即光荣村小流域站区调查点土壤生物采样地（HLAZQ02AB0_01）。

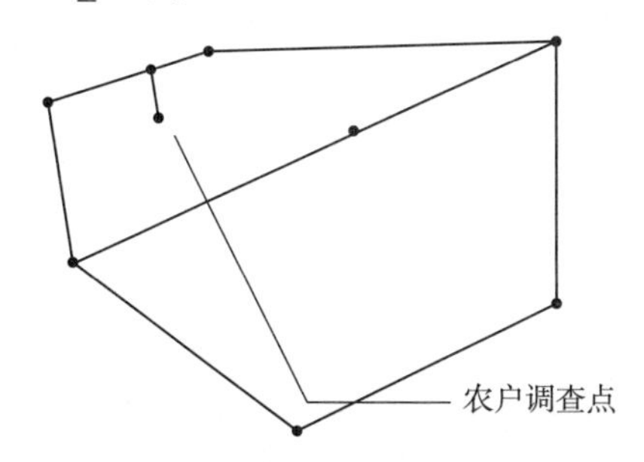

图2-6 光荣村小流域站区调查点土壤生物采样地

观测项目及采样方法同2.2.1.1中方法。

2.2.6 气象观测场（HLAQX01）

1979年，海伦站建立了气象观测场，布设常规气象人工观测仪器。1998年，安装了长春气象仪器厂的自动气象站，2004年，安装了芬兰VAISALA公司的MILOS 520自动气象观测站，于2015年更换为VAISALA公司的MAWS自动气象观测站。

气象观测场海拔236 m，土壤类型为典型黑土。气象观测场尺寸为25 m×25 m，植被为人工草皮，气象观测场示意图每小格边长为0.5 m（图2-7）。灰色部分为人行道及其下的地沟。入门道路5.5 m；1和4到道路的距离为2.0 m；“目”字的第一个格（上数）宽为3.4 m，第二个格为4.4 m，第三个格为3.4 m；“目”字的总宽为9.4 m；2到“目”右边的距离为3.6 m；“目”字两边到围栏的距离为7.3 m。

水面蒸发自动系统（HLAQX01CZF_01）：通过水面蒸发系统记录每小时的蒸发量、降雨量及水温；通过水面蒸发系统记录日蒸发量及降雨量；由水面蒸发器数据采集器自动定时采集数据（1次/h）。

气象观测场中子管1号（HLAQX01）：人工定时用中子仪测量采集土壤水分数据。用中子仪测量气象场内的10、20、30、40、50、70、90、110、130、150、170、190、210、230、250、270 cm的土壤容积含水量。

气象观测场地下水井1号（HLAQX01CDX_01）：测量地下水位、水质。水质采样方法：充分抽汲后采集井中水，保证其代表性，采样瓶要用地下水将内壁和瓶盖充分冲洗3次，然后直接装瓶，水样必须装满瓶，盖上内盖和外盖，使采样瓶内不留气泡。

2.2.7 水肥耦合长期定位试验辅助观测场（HLAFZ03）

水肥耦合长期定位试验辅助观测场代表东北黑土农田生态系统，东北黑土农田区是本区域粮食主要产区，面积在本区域占有绝对优势。本观测场土壤类型为黑土，土种为中厚黑土，母质为第四纪黄土，肥力水平中等。

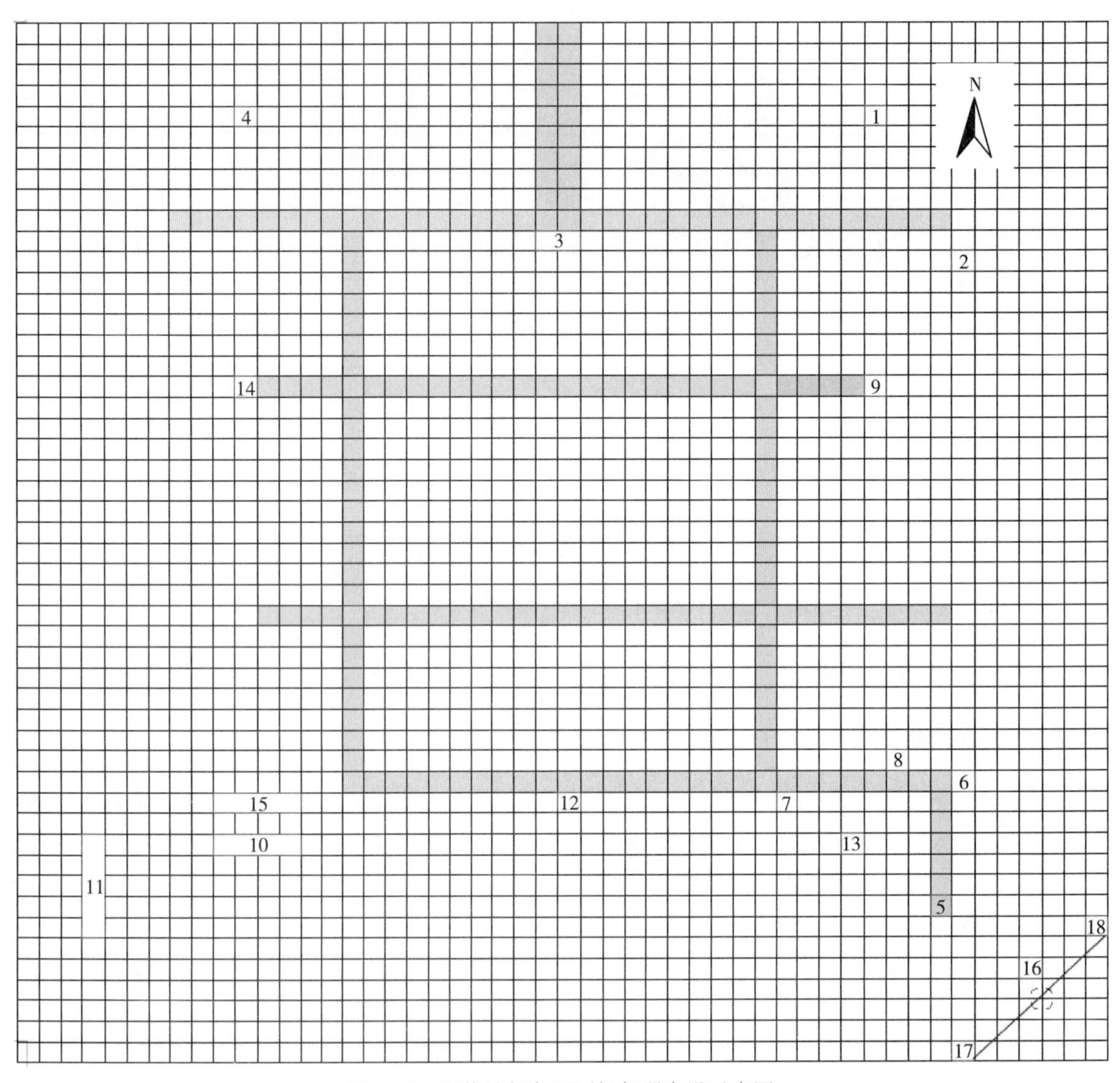

图 2-7 海伦站气象观测场仪器布设示意图

1. 自动站主机及风干 2. 自动站辐射表 3. 百叶箱（干湿表） 4. 电接风 5. 水面蒸发桶及水圈（HLAQX01CZF _ 01） 6. 水面蒸发传感器 7. 水面蒸发器数据采集器 8. 补水桶 9. 自动站雨量桶 10. 自动站地温表 11. 地下水监测器 12. 日照计 13. 冻土器 14. 人工雨量计 15. 人工地温计 16. 地下水观测井（HLAQX01CDX _ 01） 17. 中子管（HLAQX01，共 2 根） 18. 雨水采集器

土地利用历史：1930—1950 年，以玉米—大豆—小麦轮作为主；1950—1978 年，种植蔬菜；1978 年后，成为中国科学院海伦农业生态实验站种子田，主要繁殖小麦和大豆种子。1993 年，设立为长期定位试验，轮作方式小麦—玉米—大豆轮作，3 年为 1 个轮作周期。

土壤耕作：麦茬平翻秋起垄，次年播种玉米，玉米茬秋深翻起垄，下一年播种大豆，大豆茬平翻耙茬后，种小麦。

试验包括 4 个水分处理和 4 个肥料处理，共计 16 个处理，4 次重复，共 64 个小区，随机排列（图 2-8）。小区间用防水材料隔离，小区池埂用钢筋混凝土浇灌（于 1993 年秋季建立）。

4 个水分处理：

S_1：干旱处理，下雨时遮雨棚遮雨，无雨则将其推走。

S_2：自然降水。

S_3：适宜水分，田间持水量在 60%～75%。

S_4：充足水分，田间持水量在 75%以上。

4 个肥料处理：

F_1：无肥对照。

F_2：中肥。小麦，施用氮 48.0 kg/hm²、P_2O_5 48.0 kg/hm²；玉米，施用氮 96.0 kg/hm²、P_2O_5 34.5 kg/hm²；大豆，施用氮 13.5 kg/hm²、P_2O_5 34.5 kg /hm²。

F_3：高肥。小麦，施用氮 69.0 kg/hm²、P_2O_5 46.05 kg/hm²；玉米，施用氮 138.0 kg/hm²、P_2O_5 69.0 kg /hm²；大豆，施用氮 20.25 kg/hm²、P_2O_5 21.75 kg/hm²。

F_4：高肥+有机肥。化肥施用量同 F_3，小麦、玉米和大豆均施用腐熟农家肥 15 000 kg/hm²。

肥料施用方式：均作为基肥，于播种前一次性施入。

灌溉制度：井水灌溉，根据土壤含水量控制不同处理的灌水量。达到“适宜水分”保持田间持水量的 60%～75%；“充足水分”保持田间持水量 75%以上。

S_4F_2	S_2F_4	W35 H P S_1F_1	S_3F_4	S_2F_2	W34 H P S_1F_2	S_2F_3	S_2F_1	S_4F_4	S_3F_2	W33 H P S_1F_3	S_4F_3	S_3F_3	S_3F_1	S_4F_1	W32 HP S_1F_4
S_3F_1 H	S_3F_4 H	S_1F_2	S_3F_3 H	S_1F_4	S_4F_4 H	S_4F_3 H	S_2F_2	S_2F_4	S_2F_3	S_2F_1	S_4F_1 H	S_1F_3	W31 H S_3F_2	W30 H S_4F_2	S_1F_1
S_1F_1	W29 S_4F_1	W28 S_4F_4	S_1F_3	W27 S_2F_4	W25 S_3F_2	W25 S_3F_1	S_1F_4	W24 S_3F_4	W23 S_4F_2	W22 S_3F_3	W21 S_1F_2	W20 S_2F_2	W19 S_2F_3	W18 S_2F_1	W17 S_4F_3
W16 S_1F_2	W15 S_3F_3	W14 S_3F_1	W13 xS_1F_1	W12 xS_2F_3	W11 S_1F_3	W10 S_4F_1	W9 S_1F_1	W8 S_3F_2	W7 S_4F_3E	W6 xS_2F_4	W5 S_1F_4	W4 S_4F_2	W3 S_4F_4F	W2 S_3F_4	W1 xS_2F_2

图 2-8　不同耕法长期定位试验辅助观测场

注：W1～35 为中子水分管埋设小区，其中 1～35 代表中子水分管号。P 代表此小区有防雨棚，于 2000 年前作，防雨棚 5.0 m×4.2 m，此小区从北池梗向南延长 5 m 处建有池梗。H 表示用烘干法测定土壤水分。x 为从 2003 年开始用烘干法测定土壤含水量。

2.2.8　不同耕法长期定位试验辅助观测场（HLAFZ04）

不同耕法长期定位试验辅助观测场代表东北黑土农田生态系统，是本区域粮食主要产区，面积在本区域占有绝对优势。本观测场为旱田，土壤类型为黑土，土种为中厚黑土，母质为第四纪黄土，肥力水平中等。在作物生长季节里不灌水，轮作方式始于 1993 年，以春小麦—玉米—大豆 3 年为 1 个轮作周期。观测场设 5 个耕作处理，3 次重复（表 2-2，图 2-9）。土壤耕作处理包括旋松耕法、平翻耕法、深松耕法、现行耕法、组合耕法。周围视野开阔，主要为农田。

1930—1950 年，主要是玉米—大豆—小麦轮作，1950—1978 年，种植蔬菜，1978 年后，成为中国科学院海伦农业生态实验站种子田，主要繁殖小麦、大豆种子。本观测场自 1992 年建立，即严格试验管理要求进行土地管理和利用。

表 2-2　不同耕法长期定位试验辅助观测场试验处理

轮作耕作措施	小麦→	玉米→	大豆→
旋松耕法	麦收后旋松起垄	秋收后旋松起垄	秋收后旋松、耢平
平翻耕法	麦收后平翻、耙耢起垄	秋收后平翻、耙耢起垄	秋收后平翻、耙、耢
深松耕法	麦收后搅麦茬深松起垄	秋季垄沟深松、原垅越冬	秋耙茬深松平地越冬
现行耕法	麦收后平翻、耙耢起垄	原垄越冬	秋耙茬、耢平越冬
组合耕法	平翻、耙耢起垄	夏季垄沟深松	秋收后旋松、耢平原垄越冬

肥料以化肥为主，化肥品种为尿素、磷酸二铵；1983 年，玉米施肥量为氮素 86.0 kg/hm^2、磷素 13.2 kg/hm^2，秋翻秋起垄；大豆施肥量为氮素 18.0 kg/hm^2、磷素 9.7 kg/hm^2，秋翻秋起垄；小麦施肥量为氮素 63.0 kg/hm^2、磷素 8.9 kg/hm^2，秋翻秋起垄。肥料施用方式：作为基肥于播种前一次性施入。

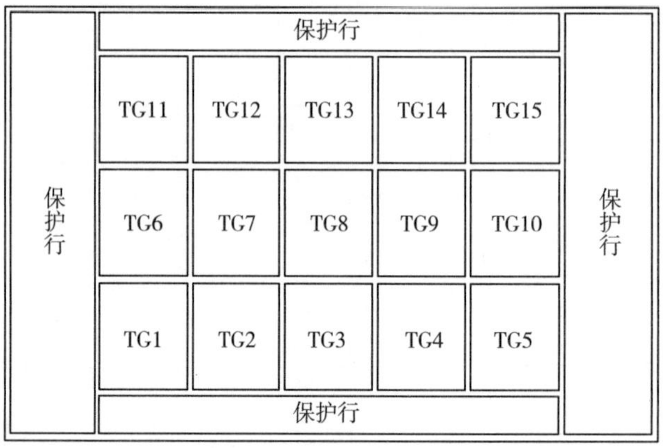

保护行
TG11 TG12 TG13 TG14 TG15
保护行　TG6 TG7 TG8 TG9 TG10　保护行
TG1 TG2 TG3 TG4 TG5
保护行

图 2-9　不同耕法长期定位试验辅助观测场试验小区分布图

每个处理都对应进行了烘干法土壤水分测定。由于耕作方式不同，不同处理的土壤含水量也不同。采用土钻人工采集土壤样品，室内烘干测定土壤含水量。每月观测 1 次。

2003 年 10 月，对试验进行了微调，保留旋松耕法、平翻耕法、组合耕法，将深松耕法调整为少耕法，现行耕法调整为免耕法，作物轮作调整为大豆—玉米，创造了 4 种垅体结构。

2.2.9　生态恢复大区试验长期定位试验辅助观测场（HLAFZ05）

1930—1950 年，主要是玉米—大豆—小麦轮作，1950—1978 年，种植蔬菜，1978 年后，成为中国科学院海伦农业生态实验站种子田，主要繁殖小麦、大豆种子。本观测场自 1992 年建立，即严格试验管理要求进行土地管理和利用，无使用时间限制，面积 2 152.8 m^2。本观测场土壤类型为黑土（土类），土种为中厚黑土，母质为第四纪黄土，不种植作物，共有裸地和自然植被 2 个处理（图 2-10）。

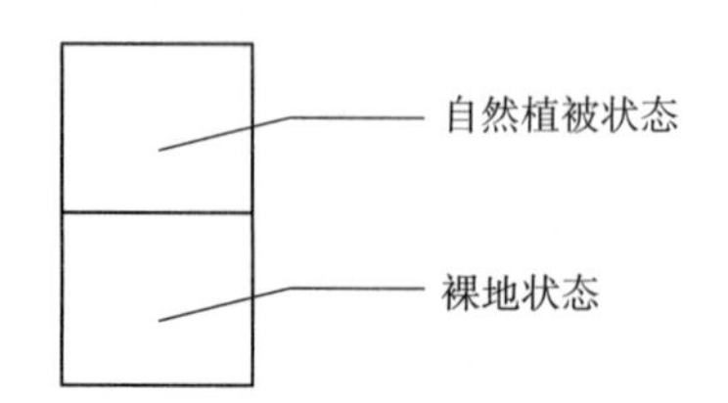

图 2-10　生态恢复大区试验长期定位试验辅助观测场分布图

自然植被状态管理方式：植被为草原化草甸植物，农民称之为“五花草塘”，以杂类草群落为主。不进行任何施肥和耕作措施，不进行任何人为措施，植被为自然状态下形成。

裸地状态管理方式：不种植任何作物，不进行任何施肥和耕作措施，地表如有杂草等植被生长，及时人工铲除，始终保持裸地状态。

每个处理设置 1 个中子水分管，定期观测土壤含水量。

自然植被状态处理中央设置 1 个中子水分管，代表本处理土壤含水量。每 5d 用中子仪采集土壤含水量数据 1 次。样地面积 819 m^2，矩形，58.5 m×14.0 m。

裸地状态处理中央设置 1 个中子水分管，代表本处理土壤含水量。每 5d 用中子仪采集土壤含水量数据 1 次。样地面积 819 m^2，矩形，58.5 m×14.0 m。

第3章 长期观测数据

3.1 生物观测数据

3.1.1 农田复种指数数据集

3.1.1.1 概述

本数据集包括海伦站2005—2017年7个长期监测样地的年尺度观测数据（农田类型、复种指数、轮作体系、当年作物），其中“‖”符号表示“间作”，“→”符号表示“隔年”。计量单位为百分比（%）。各观测点信息如下：HLAZH01AB0_01（综合观测场土壤生物长期观测采样地，126°55′33″E，47°27′16″N）、HLAFZ01AB0_01［辅助观测场土壤生物监测长期采样地（空白），126°55′33″E，47°27′16″N］、HLAFZ02AB0_01［辅助观测场土壤生物监测长期采样地（秸秆还田），126°55′33″E，47°27′16″N］、HLAFZ03AB0_01（水肥耦合长期定位试验辅助观测场采样地，126°55′39″E，47°27′18″N）、HLAZQ01AB0_01（胜利村站区76号地调查点土壤生物采样地，126°45′46″E，47°25′28″N）、HLAZQ01AB0_02（胜利村站区67号地调查点土壤生物采样地，126°44′46″E，47°26′28″N）、HLAZQ02AB0_01（光荣村小流域站区调查点土壤生物采样地，126°48′1″E，47°18′11″N）。

3.1.1.2 数据采集和处理方法

3个站区调查点的数据采集方法采取农户调查和自测相结合方法，1个综合观测场、2个辅助观测场以及水肥耦合效应长期定位试验的数据为自测获取。每年于收获季节详细记录农田类型、作物复种指数、轮作体系、当年作物，复种指数（%）＝全年农作物收获面积/耕地面积×100。

3.1.1.3 数据质量控制和评估

①数据获取过程的质量控制。对于农户调查获取的数据，尽量进行多人次重复验证调查，并于对应的田间调查地块自测，对比两种方法获取数据的吻合程度，避免出现人为原因产生的错误数据。对于自测数据，严格翔实地记录调查时间，核查并记录样地名称代码，真实记录每季作物种类及品种。

②规范原始数据记录的质控措施。原始数据记录是保证各种数据问题溯源查询的依据，要求做到数据真实、记录规范、书写清晰、数据及辅助信息完整等。使用专用、规范印制的数据记录表和记录本，根据调查任务制定年度工作调查记录本，按照调查内容和时间顺序依次排列，装订、定制成本。使用铅笔或黑色碳素笔规范整齐填写，原始数据不准删除或涂改，如记录或观测有误，需将原有数据轻画横线标记，并将审核后的正确数据记录在原数据旁或备注栏，并签名或盖章。

③数据辅助信息记录的质控措施。在农户或田间自测调查时，要求对样地位置、调查日期、调查农户信息、样地环境状况做翔实描述与记录，同时记录相关的样地管理措施、病虫害、灾害等信息。

④数据质量评估。将所获取的数据与各项辅助信息数据以及历史数据信息比较，评价数据的正确、一致性、完整性、可比性和连续性，经站长和数据管理员审核认定后，批准上报。

3.1.1.4 数据价值/数据使用方法和建议

复种指数是指全年农作物总收获面积占耕地面积的百分比，是衡量耕地集约化利用程度的基础性指标，高低受当地热量、土壤、水分、肥料、作物品种、科技水平等条件的制约。在保障中国粮食安全方面发挥着重要作用。

海伦站复种指数数据从时间尺度上体现了东北黑土区农业的种植制度变化情况，数据所代表的是东北黑土农田复种指数，虽然由于本区域一年一熟的原因比较稳定，但仍然受科技水平以及政策影响，有相当大的提高潜力。

3.1.1.5 数据

具体数据见表3-1～表3-7。

表3-1 综合观测场农田复种指数

年份	农田类型	复种指数/%	轮作体系	当年作物
2005	旱地	100.0	大豆→玉米→小麦	玉米‖春小麦
2006	旱地	100.0	大豆→玉米→小麦	大豆
2007	旱地	100.0	大豆→玉米→小麦	大豆
2008	旱地	100.0	大豆→玉米	大豆
2009	旱地	100.0	大豆→玉米	玉米
2010	旱地	100.0	大豆→玉米	大豆
2011	旱地	100.0	大豆→玉米	玉米
2012	旱地	100.0	大豆→玉米	大豆
2013	旱地	100.0	大豆→玉米	玉米
2014	旱地	100.0	大豆→玉米	大豆
2015	旱地	100.0	大豆→玉米	玉米
2016	旱地	100.0	大豆→玉米	大豆
2017	旱地	100.0	大豆→玉米	玉米

表3-2 辅助观测场土壤生物监测长期采样地（空白）农田复种指数

年份	农田类型	复种指数/%	轮作体系	当年作物
2005	旱地	100.0	大豆→玉米→小麦	玉米
2006	旱地	100.0	大豆→玉米→小麦	大豆
2007	旱地	100.0	大豆→玉米→小麦	大豆
2008	旱地	100.0	大豆→玉米	大豆
2009	旱地	100.0	大豆→玉米	玉米
2010	旱地	100.0	大豆→玉米	大豆
2011	旱地	100.0	大豆→玉米	玉米
2012	旱地	100.0	大豆→玉米	大豆
2013	旱地	100.0	大豆→玉米	玉米
2014	旱地	100.0	大豆→玉米	大豆
2015	旱地	100.0	大豆→玉米	玉米
2016	旱地	100.0	大豆→玉米	大豆
2017	旱地	100.0	大豆→玉米	玉米

表3-3 辅助观测场土壤生物监测长期采样地（秸秆还田）农田复种指数

年份	农田类型	复种指数/%	轮作体系	当年作物
2005	旱地	100.0	大豆→玉米→小麦	玉米
2006	旱地	100.0	大豆→玉米→小麦	大豆
2007	旱地	100.0	大豆→玉米→小麦	大豆
2008	旱地	100.0	大豆→玉米	大豆
2009	旱地	100.0	大豆→玉米	玉米
2010	旱地	100.0	大豆→玉米	大豆
2011	旱地	100.0	大豆→玉米	玉米
2012	旱地	100.0	大豆→玉米	大豆
2013	旱地	100.0	大豆→玉米	玉米
2014	旱地	100.0	大豆→玉米	大豆
2015	旱地	100.0	大豆→玉米	玉米
2016	旱地	100.0	大豆→玉米	大豆
2017	旱地	100.0	大豆→玉米	玉米

表3-4 胜利村站区76号地调查点土壤生物采样地农田复种指数

年份	农田类型	复种指数/%	轮作体系	当年作物
2005	旱地	100.0	大豆→玉米	玉米‖大豆
2006	旱地	100.0	大豆→玉米	玉米‖大豆
2007	旱地	100.0	大豆→玉米	玉米‖大豆
2008	旱地	100.0	大豆→玉米	玉米‖大豆
2009	旱地	100.0	大豆→玉米	大豆
2010	旱地	100.0	大豆→玉米	大豆
2011	旱地	100.0	大豆→玉米	大豆
2012	旱地	100.0	大豆→玉米	大豆
2013	旱地	100.0	大豆→玉米	玉米
2014	旱地	100.0	大豆→玉米	大豆
2015	旱地	100.0	大豆→玉米	玉米
2016	旱地	100.0	大豆→玉米	大豆
2017	旱地	100.0	大豆→玉米	玉米

表3-5 胜利村站区67号地调查点土壤生物采样地农田复种指数

年份	农田类型	复种指数/%	轮作体系	当年作物
2005	旱地	100.0	大豆→玉米	玉米‖大豆
2006	旱地	100.0	大豆→玉米	玉米‖大豆
2007	旱地	100.0	大豆→玉米	玉米‖大豆
2008	旱地	100.0	大豆→玉米	玉米‖大豆
2009	旱地	100.0	大豆→玉米	大豆

（续）

年份	农田类型	复种指数/%	轮作体系	当年作物
2010	旱地	100.0	大豆→玉米	大豆
2011	旱地	100.0	大豆→玉米	大豆
2012	旱地	100.0	大豆→玉米	大豆
2013	旱地	100.0	大豆→玉米	玉米
2014	旱地	100.0	大豆→玉米	大豆
2015	旱地	100.0	大豆→玉米	玉米
2016	旱地	100.0	大豆→玉米	大豆
2017	旱地	100.0	大豆→玉米	玉米

表 3-6 光荣村小流域站区调查点土壤生物采样地农田复种指数

年份	农田类型	复种指数/%	轮作体系	当年作物
2005	旱地	100.0	大豆→玉米	玉米‖大豆
2006	旱地	100.0	大豆→玉米	玉米‖大豆
2007	旱地	100.0	大豆→玉米	玉米‖大豆
2008	旱地	100.0	大豆→玉米	大豆
2009	旱地	100.0	大豆→玉米	大豆
2010	旱地	100.0	大豆→玉米	大豆
2011	旱地	100.0	大豆→玉米	大豆
2012	旱地	100.0	大豆→玉米	大豆
2013	旱地	100.0	大豆→玉米	玉米
2014	旱地	100.0	大豆→玉米	大豆
2015	旱地	100.0	大豆→玉米	玉米
2016	旱地	100.0	大豆→玉米	大豆
2017	旱地	100.0	大豆→玉米	玉米

表 3-7 水肥耦合长期定位试验辅助观测场采样地农田复种指数

年份	农田类型	复种指数/%	轮作体系	当年作物
2005	旱地	100.0	大豆→玉米→小麦	玉米
2006	旱地	100.0	大豆→玉米→小麦	大豆
2007	旱地	100.0	大豆→玉米→小麦	大豆
2008	旱地	100.0	大豆→玉米	大豆
2009	旱地	100.0	大豆→玉米	玉米
2010	旱地	100.0	大豆→玉米	大豆
2011	旱地	100.0	大豆→玉米	玉米
2012	旱地	100.0	大豆→玉米	大豆
2013	旱地	100.0	大豆→玉米	玉米

（续）

年份	农田类型	复种指数/%	轮作体系	当年作物
2014	旱地	100.0	大豆→玉米	大豆
2015	旱地	100.0	大豆→玉米	玉米
2016	旱地	100.0	大豆→玉米	大豆
2017	旱地	100.0	大豆→玉米	玉米

3.1.2 作物耕层生物量数据集

3.1.2.1 概述

本数据集包括海伦站 2005—2017 年 3 个长期监测样地的年尺度观测数据（作物名称、作物品种、作物生育期、样方面积、耕层深度、根干重、约占总根干重比例）。数据采集地点：HLAZH01AB0_01（综合观测场土壤生物长期观测采样地，126°55′33″E，47°27′16″N）、HLAFZ01AB0_01［辅助观测场土壤生物监测长期采样地（空白），126°55′33″E，47°27′16″N］、HLAFZ02AB0_01［辅助观测场土壤生物监测长期采样地（秸秆还田），126°55′33″E，47°27′16″N］。

3.1.2.2 数据采集和处理方法

根据每个观测场的设计规范，结合当年土壤取样位置，在相应取样小区内同时取有代表性样品（数量根据作物不同而异），本采样区面积为 20 m×20 m，均分为 16 个 5 m×5 m 的采样区，每次采样从 5 个采样区内取得 5 份样品，即 5 次重复。本数据的观测频度为每年 2 次（根系生长盛期及收获期），在长期监测过程中，对每一次采样点的地位置、采样情况和采样条件作详细的定位记录，并在相应的土壤或地形图上做出标识。

玉米数据采集和处理方法：在抽雄期和收获期取样。在每个采样地上选择 5 个有代表性的采样点（作物无缺苗、生长均一），挖取 1 株玉米植株，根部挖取深度为 20 cm。用水冲洗干净根部，于 105 ℃杀青后，80 ℃烘干称干重。

大豆数据采集和处理方法：在开花期和收获期取样。在每个采样地上选择 5 个有代表性的采样点（作物无缺苗、生长均一），挖取 5 株大豆植株，根部挖取深度为 20 cm。用水冲洗干净根部，于 105 ℃杀青后，80 ℃烘干称干重。

数据的耕层根系数据不区分活根和死根。

3.1.2.3 数据质量控制和评估

①田间取样过程的质量控制。挖取过程中尽量保证耕层根系完整，样品根部洗净后尽快在通风阴凉处垫报纸去除水滴，避免水分散失过多。

②数据录入过程的质量控制。及时分析数据，检查、筛选异常值，明显异常的数据需补充测定。严格避免原始数据录入报表过程产生的误差。

③数据质量评估。将所获取的数据与各项辅助信息数据以及历史数据信息比较，评价数据的正确、一致性、完整性、可比性和连续性，经站长和数据管理员审核认定后，批准上报。

3.1.2.4 数据价值/数据使用方法和建议

根系作为作物生长发育的基础器官，对作物的产量、品质具有无可替代的重要作用。然而由于土壤环境的复杂性以及研究手段的限制，影响了根系研究的稳定性和准确性，增加了相关研究的难度。大量的研究显示，根系生长不良，直接制约作物地上部分的生长，而发达的根系，能促进作物产量的提高，这是由于强大的根系在土壤中有助于吸收养分和水分，为作物地上部生长提供更好的基础。

本部分数据基于连续 13 年的观测工作，提供了不同施肥处理下的黑土农田生态系统作物耕层根系变化数据，为作物根系研究工作提供了时间和空间序列方面的研究基础。

3.1.2.5 数据

具体数据见表 3-8～表 3-10。

表 3-8 综合观测场土壤生物长期观测采样地作物耕层生物量

时间（年-月）	作物名称	作物品种	作物生育时期	样方面积/cm²	耕层深度/cm	根干重/(g/m²)	约占总根干重比例/%
2005-9	玉米	海玉6号	抽雄期	70×20	20	143.82	75.7
2005-9	玉米	海玉6号	抽雄期	70×20	20	172.74	90.9
2005-9	玉米	海玉6号	抽雄期	70×20	20	165.49	87.1
2005-9	玉米	海玉6号	抽雄期	70×20	20	153.46	80.8
2005-9	玉米	海玉6号	抽雄期	70×20	20	174.17	91.7
2005-10	玉米	海玉6号	收获期	70×20	20	120.71	63.5
2005-10	玉米	海玉6号	收获期	70×20	20	94.29	49.6
2005-10	玉米	海玉6号	收获期	70×20	20	64.29	33.8
2005-10	玉米	海玉6号	收获期	70×20	20	94.29	49.6
2005-10	玉米	海玉6号	收获期	70×20	20	86.87	45.7
2006-8	大豆	黑农35	鼓粒期	70×20	20	93.14	92.7
2006-8	大豆	黑农35	鼓粒期	70×20	20	89.65	89.3
2006-8	大豆	黑农35	鼓粒期	70×20	20	88.67	88.3
2006-8	大豆	黑农35	鼓粒期	70×20	20	92.38	92.0
2006-8	大豆	黑农35	鼓粒期	70×20	20	90.59	90.2
2006-10	大豆	黑农35	收获期	70×20	20	68.20	67.9
2006-10	大豆	黑农35	收获期	70×20	20	64.33	64.1
2006-10	大豆	黑农35	收获期	70×20	20	64.29	64.0
2006-10	大豆	黑农35	收获期	70×20	20	59.68	59.4
2006-10	大豆	黑农35	收获期	70×20	20	58.34	58.1
2007-5	玉米	海玉6号	出苗期	70×143	20	1.20	100.0
2007-5	玉米	海玉6号	出苗期	70×143	20	1.14	100.0
2007-5	玉米	海玉6号	出苗期	70×143	20	1.13	100.0
2007-5	玉米	海玉6号	出苗期	70×143	20	1.15	100.0
2007-5	玉米	海玉6号	出苗期	70×143	20	1.17	100.0
2007-7	玉米	海玉6号	抽雄期	70×20	20	127.00	66.8
2007-7	玉米	海玉6号	抽雄期	70×20	20	134.59	70.8
2007-7	玉米	海玉6号	抽雄期	70×20	20	128.44	67.6
2007-7	玉米	海玉6号	抽雄期	70×20	20	143.71	75.6
2007-7	玉米	海玉6号	抽雄期	70×20	20	165.64	87.2
2007-10	玉米	海玉6号	收获期	70×20	20	71.46	37.6
2007-10	玉米	海玉6号	收获期	70×20	20	82.43	43.4
2007-10	玉米	海玉6号	收获期	70×20	20	74.59	39.3
2007-10	玉米	海玉6号	收获期	70×20	20	85.56	45.0
2007-10	玉米	海玉6号	收获期	70×20	20	86.43	45.5
2008-8	大豆	黑农35	鼓粒期	70×20	20	110.15	91.4

（续）

时间（年-月）	作物名称	作物品种	作物生育时期	样方面积/cm²	耕层深度/cm	根干重/(g/m²)	约占总根干重比例/%
2008-8	大豆	黑农35	鼓粒期	70×20	20	101.89	84.5
2008-8	大豆	黑农35	鼓粒期	70×20	20	107.39	89.1
2008-8	大豆	黑农35	鼓粒期	70×20	20	106.08	88.0
2008-8	大豆	黑农35	鼓粒期	70×20	20	103.90	86.2
2008-10	大豆	黑农35	收获期	70×20	20	77.13	64.0
2008-10	大豆	黑农35	收获期	70×20	20	78.54	65.1
2008-10	大豆	黑农35	收获期	70×20	20	76.02	63.1
2008-10	大豆	黑农35	收获期	70×20	20	71.35	59.2
2008-10	大豆	黑农35	收获期	70×20	20	66.35	55.0
2009-5	玉米	海玉6号	出苗期	70×143	20	1.04	100.0
2009-5	玉米	海玉6号	出苗期	70×143	20	1.07	100.0
2009-5	玉米	海玉6号	出苗期	70×143	20	1.08	100.0
2009-7	玉米	海玉6号	抽雄期	70×20	20	114.37	60.2
2009-7	玉米	海玉6号	抽雄期	70×20	20	121.45	63.9
2009-7	玉米	海玉6号	抽雄期	70×20	20	117.29	61.7
2009-10	玉米	海玉6号	收获期	70×20	20	69.35	36.5
2009-10	玉米	海玉6号	收获期	70×20	20	81.26	42.8
2009-10	玉米	海玉6号	收获期	70×20	20	80.37	42.3
2010-8	大豆	黑农35	鼓粒期	70×30	20	87.68	87.3
2010-8	大豆	黑农35	鼓粒期	70×30	20	92.43	92.0
2010-8	大豆	黑农35	鼓粒期	70×30	20	86.45	86.1
2010-8	大豆	黑农35	鼓粒期	70×30	20	94.23	93.8
2010-8	大豆	黑农35	鼓粒期	70×30	20	88.45	88.1
2010-9	大豆	黑农35	收获期	70×30	20	72.43	72.1
2010-9	大豆	黑农35	收获期	70×30	20	71.26	71.0
2010-9	大豆	黑农35	收获期	70×30	20	69.29	69.0
2010-9	大豆	黑农35	收获期	70×30	20	66.33	66.0
2010-9	大豆	黑农35	收获期	70×30	20	61.26	61.0
2011-5	玉米	海玉6号	出苗期	70×143	20	0.94	100.0
2011-5	玉米	海玉6号	出苗期	70×143	20	0.96	100.0
2011-5	玉米	海玉6号	出苗期	70×143	20	0.92	100.0
2011-7	玉米	海玉6号	抽雄期	70×20	20	124.37	69.1
2011-7	玉米	海玉6号	抽雄期	70×20	20	134.45	74.7
2011-7	玉米	海玉6号	抽雄期	70×20	20	122.64	68.1
2011-9	玉米	海玉6号	收获期	70×20	20	71.26	39.6
2011-9	玉米	海玉6号	收获期	70×20	20	68.29	37.9
2011-9	玉米	海玉6号	收获期	70×20	20	74.39	41.3
2012-8	大豆	黑农35	鼓粒期	70×30	20	94.28	87.2

（续）

时间（年-月）	作物名称	作物品种	作物生育时期	样方面积/cm²	耕层深度/cm	根干重/(g/m²)	约占总根干重比例/%
2012-8	大豆	黑农 35	鼓粒期	70×30	20	97.25	91.9
2012-8	大豆	黑农 35	鼓粒期	70×30	20	89.73	85.7
2012-8	大豆	黑农 35	鼓粒期	70×30	20	92.62	93.4
2012-8	大豆	黑农 35	鼓粒期	70×30	20	95.49	87.7
2012-10	大豆	黑农 35	收获期	70×30	20	74.42	71.8
2012-10	大豆	黑农 35	收获期	70×30	20	76.39	70.7
2012-10	大豆	黑农 35	收获期	70×30	20	70.77	68.7
2012-10	大豆	黑农 35	收获期	70×30	20	72.43	65.7
2012-10	大豆	黑农 35	收获期	70×30	20	65.28	60.7
2013-5	玉米	德美亚 3 号	出苗期	70×143	20	0.97	100.0
2013-5	玉米	德美亚 3 号	出苗期	70×143	20	0.89	100.0
2013-5	玉米	德美亚 3 号	出苗期	70×143	20	0.94	100.0
2013-7	玉米	德美亚 3 号	抽雄期	70×20	20	138.29	68.1
2013-7	玉米	德美亚 3 号	抽雄期	70×20	20	141.46	69.7
2013-7	玉米	德美亚 3 号	抽雄期	70×20	20	142.27	70.1
2013-10	玉米	德美亚 3 号	收获期	70×20	20	92.73	48.8
2013-10	玉米	德美亚 3 号	收获期	70×20	20	86.29	45.4
2013-10	玉米	德美亚 3 号	收获期	70×20	20	87.46	46.0
2014-8	大豆	东升 6 号	鼓粒期	70×30	20	86.37	82.3
2014-8	大豆	东升 6 号	鼓粒期	70×30	20	89.24	85.0
2014-8	大豆	东升 6 号	鼓粒期	70×30	20	85.35	81.3
2014-8	大豆	东升 6 号	鼓粒期	70×30	20	90.28	86.0
2014-8	大豆	东升 6 号	鼓粒期	70×30	20	91.32	87.0
2014-10	大豆	东升 6 号	收获期	70×30	20	63.26	60.3
2014-10	大豆	东升 6 号	收获期	70×30	20	62.47	59.5
2014-10	大豆	东升 6 号	收获期	70×30	20	61.59	58.7
2014-10	大豆	东升 6 号	收获期	70×30	20	64.82	61.7
2014-10	大豆	东升 6 号	收获期	70×30	20	62.46	59.5
2015-6	玉米	德美亚 3 号	出苗期	70×143	20	0.87	100.0
2015-6	玉米	德美亚 3 号	出苗期	70×143	20	0.93	100.0
2015-6	玉米	德美亚 3 号	出苗期	70×143	20	0.95	100.0
2015-7	玉米	德美亚 3 号	抽雄期	70×20	20	140.37	62.9
2015-7	玉米	德美亚 3 号	抽雄期	70×20	20	142.59	63.9
2015-7	玉米	德美亚 3 号	抽雄期	70×20	20	139.44	62.5
2015-10	玉米	德美亚 3 号	收获期	70×20	20	94.64	42.4
2015-10	玉米	德美亚 3 号	收获期	70×20	20	93.28	41.8
2015-10	玉米	德美亚 3 号	收获期	70×20	20	95.51	42.8
2016-8	大豆	东生 6 号	鼓粒期	70×30	20	96.57	80.1

（续）

时间（年-月）	作物名称	作物品种	作物生育时期	样方面积/cm²	耕层深度/cm	根干重/（g/m²）	约占总根干重比例/%
2016-8	大豆	东生6号	鼓粒期	70×30	20	98.29	81.5
2016-8	大豆	东生6号	鼓粒期	70×30	20	91.46	75.9
2016-8	大豆	东生6号	鼓粒期	70×30	20	95.73	79.4
2016-8	大豆	东生6号	鼓粒期	70×30	20	97.45	80.8
2016-10	大豆	东生6号	收获期	70×30	20	69.28	57.5
2016-10	大豆	东生6号	收获期	70×30	20	70.43	58.4
2016-10	大豆	东生6号	收获期	70×30	20	67.26	55.8
2016-10	大豆	东生6号	收获期	70×30	20	70.35	58.4
2016-10	大豆	东生6号	收获期	70×30	20	71.47	59.3
2017-5	玉米	德美亚3号	出苗期	70×143	20	0.91	100.0
2017-5	玉米	德美亚3号	出苗期	70×143	20	0.93	100.0
2017-5	玉米	德美亚3号	出苗期	70×143	20	0.89	100.0
2017-7	玉米	德美亚3号	抽雄期	70×20	20	96.79	57.4
2017-7	玉米	德美亚3号	抽雄期	70×20	20	104.28	61.8
2017-7	玉米	德美亚3号	抽雄期	70×20	20	98.46	58.4
2017-10	玉米	德美亚3号	收获期	70×20	20	90.27	59.2
2017-10	玉米	德美亚3号	收获期	70×20	20	91.39	59.9
2017-10	玉米	德美亚3号	收获期	70×20	20	89.26	58.5

表3-9 辅助观测场土壤生物监测长期采样地（空白）作物耕层生物量

时间（年-月）	作物名称	作物品种	作物生育时期	样方面积/cm²	耕层深度/cm	根干重/（g/m²）	约占总根干重比例/%
2005-9	玉米	海玉6号	抽雄期	70×20	20	115.26	72.0
2005-9	玉米	海玉6号	抽雄期	70×20	20	128.37	80.2
2005-9	玉米	海玉6号	抽雄期	70×20	20	134.49	84.1
2005-9	玉米	海玉6号	抽雄期	70×20	20	124.33	77.7
2005-9	玉米	海玉6号	抽雄期	70×20	20	103.00	64.4
2005-10	玉米	海玉6号	收获期	70×20	20	80.36	50.2
2005-10	玉米	海玉6号	收获期	70×20	20	82.26	51.4
2005-10	玉米	海玉6号	收获期	70×20	20	88.57	55.4
2005-10	玉米	海玉6号	收获期	70×20	20	115.00	71.9
2005-10	玉米	海玉6号	收获期	70×20	20	54.86	34.3
2006-8	大豆	黑农35	鼓粒期	70×20	20	68.46	85.2
2006-8	大豆	黑农35	鼓粒期	70×20	20	64.53	75.6
2006-8	大豆	黑农35	鼓粒期	70×20	20	70.25	82.3
2006-8	大豆	黑农35	鼓粒期	70×20	20	63.18	74.0
2006-8	大豆	黑农35	鼓粒期	70×20	20	60.29	70.6

（续）

时间（年-月）	作物名称	作物品种	作物生育时期	样方面积/cm²	耕层深度/cm	根干重/(g/m²)	约占总根干重比例/%
2006-10	大豆	黑农 35	收获期	70×20	20	52.36	61.4
2006-10	大豆	黑农 35	收获期	70×20	20	55.27	64.8
2006-10	大豆	黑农 35	收获期	70×20	20	54.31	63.6
2006-10	大豆	黑农 35	收获期	70×20	20	52.69	61.7
2006-10	大豆	黑农 35	收获期	70×20	20	54.86	64.3
2007-5	玉米	海玉 6 号	出苗期	70×143	20	0.86	100.0
2007-5	玉米	海玉 6 号	出苗期	70×143	20	0.79	100.0
2007-5	玉米	海玉 6 号	出苗期	70×143	20	0.85	100.0
2007-5	玉米	海玉 6 号	出苗期	70×143	20	0.83	100.0
2007-5	玉米	海玉 6 号	出苗期	70×143	20	0.88	100.0
2007-7	玉米	海玉 6 号	抽雄期	70×20	20	151.55	79.8
2007-7	玉米	海玉 6 号	抽雄期	70×20	20	117.12	61.6
2007-7	玉米	海玉 6 号	抽雄期	70×20	20	134.47	70.8
2007-7	玉米	海玉 6 号	抽雄期	70×20	20	159.63	84.0
2007-7	玉米	海玉 6 号	抽雄期	70×20	20	123.34	64.9
2007-10	玉米	海玉 6 号	收获期	70×20	20	74.44	39.2
2007-10	玉米	海玉 6 号	收获期	70×20	20	92.56	48.7
2007-10	玉米	海玉 6 号	收获期	70×20	20	87.21	45.9
2007-10	玉米	海玉 6 号	收获期	70×20	20	95.12	50.1
2007-10	玉米	海玉 6 号	收获期	70×20	20	93.44	49.2
2008-8	大豆	黑农 35	鼓粒期	70×20	20	79.52	82.4
2008-8	大豆	黑农 35	鼓粒期	70×20	20	80.26	83.1
2008-8	大豆	黑农 35	鼓粒期	70×20	20	88.53	91.7
2008-8	大豆	黑农 35	鼓粒期	70×20	20	78.49	81.3
2008-8	大豆	黑农 35	鼓粒期	70×20	20	76.16	78.9
2008-10	大豆	黑农 35	收获期	70×20	20	65.53	67.9
2008-10	大豆	黑农 35	收获期	70×20	20	70.17	72.7
2008-10	大豆	黑农 35	收获期	70×20	20	64.09	66.4
2008-10	大豆	黑农 35	收获期	70×20	20	61.63	63.8
2008-10	大豆	黑农 35	收获期	70×20	20	66.08	68.4
2009-5	玉米	海玉 6 号	出苗期	70×143	20	0.76	100.0
2009-5	玉米	海玉 6 号	出苗期	70×143	20	0.75	100.0
2009-5	玉米	海玉 6 号	出苗期	70×143	20	0.80	100.0
2009-7	玉米	海玉 6 号	抽雄期	70×20	20	134.26	70.7
2009-7	玉米	海玉 6 号	抽雄期	70×20	20	128.47	67.6
2009-7	玉米	海玉 6 号	抽雄期	70×20	20	133.29	70.2
2009-10	玉米	海玉 6 号	收获期	70×20	20	86.43	45.5
2009-10	玉米	海玉 6 号	收获期	70×20	20	87.29	45.9

（续）

时间（年-月）	作物名称	作物品种	作物生育时期	样方面积/cm^2	耕层深度/cm	根干重/（g/m^2）	约占总根干重比例/%
2009-10	玉米	海玉6号	收获期	70×20	20	89.38	47.0
2010-8	大豆	黑农35	鼓粒期	70×30	20	73.64	86.3
2010-8	大豆	黑农35	鼓粒期	70×30	20	74.25	87.0
2010-8	大豆	黑农35	鼓粒期	70×30	20	68.46	80.2
2010-8	大豆	黑农35	鼓粒期	70×30	20	65.27	76.5
2010-8	大豆	黑农35	鼓粒期	70×30	20	64.69	75.8
2010-9	大豆	黑农35	收获期	70×30	20	54.63	64.0
2010-9	大豆	黑农35	收获期	70×30	20	52.29	61.3
2010-9	大豆	黑农35	收获期	70×30	20	51.14	59.9
2010-9	大豆	黑农35	收获期	70×30	20	50.28	58.9
2010-9	大豆	黑农35	收获期	70×30	20	52.49	61.5
2011-5	玉米	海玉6号	出苗期	70×143	20	0.73	100.0
2011-5	玉米	海玉6号	出苗期	70×143	20	0.70	100.0
2011-5	玉米	海玉6号	出苗期	70×143	20	0.72	100.0
2011-7	玉米	海玉6号	抽雄期	70×20	20	103.44	57.5
2011-7	玉米	海玉6号	抽雄期	70×20	20	113.29	62.9
2011-7	玉米	海玉6号	抽雄期	70×20	20	116.17	64.5
2011-9	玉米	海玉6号	收获期	70×20	20	64.28	35.7
2011-9	玉米	海玉6号	收获期	70×20	20	66.54	37.0
2011-9	玉米	海玉6号	收获期	70×20	20	55.97	31.1
2012-8	大豆	黑农35	鼓粒期	70×30	20	82.46	85.9
2012-8	大豆	黑农35	鼓粒期	70×30	20	89.28	86.6
2012-8	大豆	黑农35	鼓粒期	70×30	20	72.46	79.9
2012-8	大豆	黑农35	鼓粒期	70×30	20	62.27	76.2
2012-8	大豆	黑农35	鼓粒期	70×30	20	67.45	75.5
2012-10	大豆	黑农35	收获期	70×30	20	58.29	63.7
2012-10	大豆	黑农35	收获期	70×30	20	60.17	61.0
2012-10	大豆	黑农35	收获期	70×30	20	54.58	59.6
2012-10	大豆	黑农35	收获期	70×30	20	58.29	58.6
2012-10	大豆	黑农35	收获期	70×30	20	54.35	61.2
2013-5	玉米	德美亚3号	出苗期	70×143	20	0.82	100.0
2013-5	玉米	德美亚3号	出苗期	70×143	20	0.81	100.0
2013-5	玉米	德美亚3号	出苗期	70×143	20	0.83	100.0
2013-7	玉米	德美亚3号	抽雄期	70×20	20	114.57	56.4
2013-7	玉米	德美亚3号	抽雄期	70×20	20	124.45	61.3
2013-7	玉米	德美亚3号	抽雄期	70×20	20	113.28	55.8
2013-10	玉米	德美亚3号	收获期	70×20	20	73.44	38.7
2013-10	玉米	德美亚3号	收获期	70×20	20	76.27	40.1

（续）

时间（年-月）	作物名称	作物品种	作物生育时期	样方面积/cm^2	耕层深度/cm	根干重/(g/m^2)	约占总根干重比例/%
2013-10	玉米	德美亚3号	收获期	70×20	20	80.19	42.2
2014-8	大豆	东升6号	鼓粒期	70×30	20	65.38	74.3
2014-8	大豆	东升6号	鼓粒期	70×30	20	68.27	77.6
2014-8	大豆	东升6号	鼓粒期	70×30	20	69.15	78.6
2014-8	大豆	东升6号	鼓粒期	70×30	20	66.44	75.5
2014-8	大豆	东升6号	鼓粒期	70×30	20	67.81	77.1
2014-10	大豆	东升6号	收获期	70×30	20	50.17	57.0
2014-10	大豆	东升6号	收获期	70×30	20	51.24	58.2
2014-10	大豆	东升6号	收获期	70×30	20	52.49	59.7
2014-10	大豆	东升6号	收获期	70×30	20	51.46	58.5
2014-10	大豆	东升6号	收获期	70×30	20	50.44	57.3
2015-6	玉米	德美亚3号	出苗期	70×143	20	0.79	100.0
2015-6	玉米	德美亚3号	出苗期	70×143	20	0.81	100.0
2015-6	玉米	德美亚3号	出苗期	70×143	20	0.79	100.0
2015-7	玉米	德美亚3号	抽雄期	70×20	20	121.58	54.5
2015-7	玉米	德美亚3号	抽雄期	70×20	20	117.46	52.7
2015-7	玉米	德美亚3号	抽雄期	70×20	20	115.49	51.8
2015-10	玉米	德美亚3号	收获期	70×20	20	82.03	36.8
2015-10	玉米	德美亚3号	收获期	70×20	20	81.46	36.5
2015-10	玉米	德美亚3号	收获期	70×20	20	80.29	36.0
2016-8	大豆	东生6号	鼓粒期	70×30	20	85.34	88.4
2016-8	大豆	东生6号	鼓粒期	70×30	20	82.49	85.4
2016-8	大豆	东生6号	鼓粒期	70×30	20	87.21	90.3
2016-8	大豆	东生6号	鼓粒期	70×30	20	83.93	86.9
2016-8	大豆	东生6号	鼓粒期	70×30	20	86.45	89.5
2016-10	大豆	东生6号	收获期	70×30	20	58.49	60.6
2016-10	大豆	东生6号	收获期	70×30	20	57.26	59.3
2016-10	大豆	东生6号	收获期	70×30	20	60.42	62.6
2016-10	大豆	东生6号	收获期	70×30	20	59.51	61.6
2016-10	大豆	东生6号	收获期	70×30	20	60.77	62.9
2017-5	玉米	德美亚3号	出苗期	70×143	20	0.86	100.0
2017-5	玉米	德美亚3号	出苗期	70×143	20	0.83	100.0
2017-5	玉米	德美亚3号	出苗期	70×143	20	0.84	100.0
2017-7	玉米	德美亚3号	抽雄期	70×20	20	92.73	55.0
2017-7	玉米	德美亚3号	抽雄期	70×20	20	94.56	56.1
2017-7	玉米	德美亚3号	抽雄期	70×20	20	95.44	56.6
2017-10	玉米	德美亚3号	收获期	70×20	20	85.34	60.4
2017-10	玉米	德美亚3号	收获期	70×20	20	87.29	61.8
2017-10	玉米	德美亚3号	收获期	70×20	20	83.55	59.2

表3-10 辅助观测场土壤生物监测长期采样地（秸秆还田）作物耕层生物量

时间（年-月）	作物名称	作物品种	作物生育时期	样方面积/cm^2	耕层深度/cm	根干重/(g/m^2)	约占总根干重比例/%
2005-9	玉米	海玉6号	抽雄期	70×20	20	138.47	68.2
2005-9	玉米	海玉6号	抽雄期	70×20	20	142.23	70.1
2005-9	玉米	海玉6号	抽雄期	70×20	20	126.29	62.2
2005-9	玉米	海玉6号	抽雄期	70×20	20	150.58	74.2
2005-9	玉米	海玉6号	抽雄期	70×20	20	147.26	72.5
2005-10	玉米	海玉6号	收获期	70×20	20	72.50	35.7
2005-10	玉米	海玉6号	收获期	70×20	20	120.71	59.5
2005-10	玉米	海玉6号	收获期	70×20	20	100.32	49.4
2005-10	玉米	海玉6号	收获期	70×20	20	70.64	34.8
2005-10	玉米	海玉6号	收获期	70×20	20	69.28	34.1
2006-8	大豆	黑农35	鼓粒期	70×20	20	96.27	87.5
2006-8	大豆	黑农35	鼓粒期	70×20	20	93.46	84.9
2006-8	大豆	黑农35	鼓粒期	70×20	20	92.59	84.1
2006-8	大豆	黑农35	鼓粒期	70×20	20	95.14	86.5
2006-8	大豆	黑农35	鼓粒期	70×20	20	91.58	83.2
2006-10	大豆	黑农35	收获期	70×20	20	66.49	60.4
2006-10	大豆	黑农35	收获期	70×20	20	65.37	59.4
2006-10	大豆	黑农35	收获期	70×20	20	68.26	62.0
2006-10	大豆	黑农35	收获期	70×20	20	70.64	64.2
2006-10	大豆	黑农35	收获期	70×20	20	69.28	63.0
2007-5	玉米	海玉6号	出苗期	70×143	20	0.79	100.0
2007-5	玉米	海玉6号	出苗期	70×143	20	1.05	100.0
2007-5	玉米	海玉6号	出苗期	70×143	20	1.07	100.0
2007-5	玉米	海玉6号	出苗期	70×143	20	0.96	100.0
2007-5	玉米	海玉6号	出苗期	70×143	20	1.14	100.0
2007-7	玉米	海玉6号	抽雄期	70×20	20	138.14	72.7
2007-7	玉米	海玉6号	抽雄期	70×20	20	159.51	84.0
2007-7	玉米	海玉6号	抽雄期	70×20	20	144.47	76.0
2007-7	玉米	海玉6号	抽雄期	70×20	20	126.67	66.7
2007-7	玉米	海玉6号	抽雄期	70×20	20	137.89	72.6
2007-10	玉米	海玉6号	收获期	70×20	20	75.46	39.7
2007-10	玉米	海玉6号	收获期	70×20	20	98.44	51.8
2007-10	玉米	海玉6号	收获期	70×20	20	75.43	39.7
2007-10	玉米	海玉6号	收获期	70×20	20	92.45	48.7
2007-10	玉米	海玉6号	收获期	70×20	20	71.43	37.6
2008-8	大豆	黑农35	鼓粒期	70×20	20	114.94	86.3
2008-8	大豆	黑农35	鼓粒期	70×20	20	110.17	82.7
2008-8	大豆	黑农35	鼓粒期	70×20	20	110.15	82.7

（续）

时间（年-月）	作物名称	作物品种	作物生育时期	样方面积/cm^2	耕层深度/cm	根干重/(g/m^2)	约占总根干重比例/%
2008-8	大豆	黑农 35	鼓粒期	70×20	20	114.17	85.8
2008-8	大豆	黑农 35	鼓粒期	70×20	20	108.30	81.3
2008-10	大豆	黑农 35	收获期	70×20	20	80.85	60.7
2008-10	大豆	黑农 35	收获期	70×20	20	74.42	55.9
2008-10	大豆	黑农 35	收获期	70×20	20	79.78	59.9
2008-10	大豆	黑农 35	收获期	70×20	20	84.96	63.8
2008-10	大豆	黑农 35	收获期	70×20	20	77.53	58.2
2009-5	玉米	海玉 6 号	出苗期	70×143	20	0.82	100.0
2009-5	玉米	海玉 6 号	出苗期	70×143	20	0.93	100.0
2009-5	玉米	海玉 6 号	出苗期	70×143	20	0.95	100.0
2009-7	玉米	海玉 6 号	抽雄期	70×20	20	112.26	59.1
2009-7	玉米	海玉 6 号	抽雄期	70×20	20	137.38	72.3
2009-7	玉米	海玉 6 号	抽雄期	70×20	20	141.29	74.4
2009-10	玉米	海玉 6 号	收获期	70×20	20	80.29	42.3
2009-10	玉米	海玉 6 号	收获期	70×20	20	84.38	44.4
2009-10	玉米	海玉 6 号	收获期	70×20	20	81.12	42.7
2010-8	大豆	黑农 35	鼓粒期	70×30	20	91.44	83.1
2010-8	大豆	黑农 35	鼓粒期	70×30	20	94.59	86.0
2010-8	大豆	黑农 35	鼓粒期	70×30	20	97.26	88.4
2010-8	大豆	黑农 35	鼓粒期	70×30	20	93.31	84.8
2010-8	大豆	黑农 35	鼓粒期	70×30	20	95.29	86.6
2010-9	大豆	黑农 35	收获期	70×30	20	70.28	63.9
2010-9	大豆	黑农 35	收获期	70×30	20	68.29	62.1
2010-9	大豆	黑农 35	收获期	70×30	20	66.37	60.3
2010-9	大豆	黑农 35	收获期	70×30	20	65.28	59.3
2010-9	大豆	黑农 35	收获期	70×30	20	68.43	62.2
2011-5	玉米	海玉 6 号	出苗期	70×143	20	0.98	100.0
2011-5	玉米	海玉 6 号	出苗期	70×143	20	1.02	100.0
2011-5	玉米	海玉 6 号	出苗期	70×143	20	1.08	100.0
2011-7	玉米	海玉 6 号	抽雄期	70×20	20	133.29	74.1
2011-7	玉米	海玉 6 号	抽雄期	70×20	20	141.45	78.6
2011-7	玉米	海玉 6 号	抽雄期	70×20	20	139.37	77.4
2011-9	玉米	海玉 6 号	收获期	70×20	20	85.47	47.5
2011-9	玉米	海玉 6 号	收获期	70×20	20	56.15	31.2
2011-9	玉米	海玉 6 号	收获期	70×20	20	88.47	49.2
2012-8	大豆	黑农 35	鼓粒期	70×30	20	94.88	82.7
2012-8	大豆	黑农 35	鼓粒期	70×30	20	96.29	85.6
2012-8	大豆	黑农 35	鼓粒期	70×30	20	98.37	88.0

（续）

时间（年-月）	作物名称	作物品种	作物生育时期	样方面积/cm²	耕层深度/cm	根干重/（g/m²）	约占总根干重比例/%
2012-8	大豆	黑农35	鼓粒期	70×30	20	94.26	84.4
2012-8	大豆	黑农35	鼓粒期	70×30	20	98.33	86.2
2012-10	大豆	黑农35	收获期	70×30	20	68.17	63.6
2012-10	大豆	黑农35	收获期	70×30	20	65.29	61.8
2012-10	大豆	黑农35	收获期	70×30	20	70.17	60.0
2012-10	大豆	黑农35	收获期	70×30	20	66.21	59.0
2012-10	大豆	黑农35	收获期	70×30	20	67.34	61.9
2013-5	玉米	德美亚3号	出苗期	70×143	20	0.96	100.0
2013-5	玉米	德美亚3号	出苗期	70×143	20	0.98	100.0
2013-5	玉米	德美亚3号	出苗期	70×143	20	1.02	100.0
2013-7	玉米	德美亚3号	抽雄期	70×20	20	148.73	73.3
2013-7	玉米	德美亚3号	抽雄期	70×20	20	149.84	73.8
2013-7	玉米	德美亚3号	抽雄期	70×20	20	150.29	74.0
2013-10	玉米	德美亚3号	收获期	70×20	20	97.46	51.3
2013-10	玉米	德美亚3号	收获期	70×20	20	96.28	50.7
2013-10	玉米	德美亚3号	收获期	70×20	20	94.53	49.8
2014-8	大豆	东升6号	鼓粒期	70×30	20	93.46	81.3
2014-8	大豆	东升6号	鼓粒期	70×30	20	95.28	82.9
2014-8	大豆	东升6号	鼓粒期	70×30	20	96.13	83.6
2014-8	大豆	东升6号	鼓粒期	70×30	20	92.76	80.7
2014-8	大豆	东升6号	鼓粒期	70×30	20	94.85	82.5
2014-10	大豆	东升6号	收获期	70×30	20	68.25	59.4
2014-10	大豆	东升6号	收获期	70×30	20	63.47	55.2
2014-10	大豆	东升6号	收获期	70×30	20	62.53	54.4
2014-10	大豆	东升6号	收获期	70×30	20	65.48	56.9
2014-10	大豆	东升6号	收获期	70×30	20	67.26	58.5
2015-6	玉米	德美亚3号	出苗期	70×143	20	0.92	100.0
2015-6	玉米	德美亚3号	出苗期	70×143	20	0.92	100.0
2015-6	玉米	德美亚3号	出苗期	70×143	20	0.93	100.0
2015-7	玉米	德美亚3号	抽雄期	70×20	20	139.63	62.6
2015-7	玉米	德美亚3号	抽雄期	70×20	20	141.24	63.3
2015-7	玉米	德美亚3号	抽雄期	70×20	20	142.27	63.8
2015-10	玉米	德美亚3号	收获期	70×20	20	92.47	41.5
2015-10	玉米	德美亚3号	收获期	70×20	20	91.52	41.0
2015-10	玉米	德美亚3号	收获期	70×20	20	93.49	41.9
2016-8	大豆	东生6号	鼓粒期	70×30	20	100.75	75.7
2016-8	大豆	东生6号	鼓粒期	70×30	20	98.42	73.9
2016-8	大豆	东生6号	鼓粒期	70×30	20	103.44	77.7

（续）

时间（年-月）	作物名称	作物品种	作物生育时期	样方面积/cm²	耕层深度/cm	根干重/(g/m²)	约占总根干重比例/%
2016-8	大豆	东生 6 号	鼓粒期	70×30	20	102.48	77.0
2016-8	大豆	东生 6 号	鼓粒期	70×30	20	97.69	73.4
2016-10	大豆	东生 6 号	收获期	70×30	20	75.35	56.6
2016-10	大豆	东生 6 号	收获期	70×30	20	73.47	55.2
2016-10	大豆	东生 6 号	收获期	70×30	20	77.46	58.2
2016-10	大豆	东生 6 号	收获期	70×30	20	76.85	57.7
2016-10	大豆	东生 6 号	收获期	70×30	20	74.16	55.7
2017-5	玉米	德美亚 3 号	出苗期	70×143	20	0.95	100.0
2017-5	玉米	德美亚 3 号	出苗期	70×143	20	0.97	100.0
2017-5	玉米	德美亚 3 号	出苗期	70×143	20	0.96	100.0
2017-7	玉米	德美亚 3 号	抽雄期	70×20	20	112.47	66.7
2017-7	玉米	德美亚 3 号	抽雄期	70×20	20	108.56	64.4
2017-7	玉米	德美亚 3 号	抽雄期	70×20	20	105.73	62.7
2017-10	玉米	德美亚 3 号	收获期	70×20	20	92.74	57.0
2017-10	玉米	德美亚 3 号	收获期	70×20	20	90.28	55.5
2017-10	玉米	德美亚 3 号	收获期	70×20	20	95.31	58.6

3.1.3　主要作物收获期植株性状数据集

3.1.3.1　概述

本数据集包括海伦站 2005—2017 年 3 个长期监测样地的年尺度观测数据。其中，大豆的植株性状包括作物品种、作物生育时期、调查株数、株高（cm）、茎粗（cm）、单株荚数、每荚粒数、百粒重（g）、地上部总干重（g/株）、籽粒干重（g/株）；玉米的植株性状包括空秆率（%）、果穗长度（cm）、果穗结实长度（cm）、穗粗（cm）、穗行数、行粒数、百粒重（g）、地上部总干重（g/株）、籽粒干重（g/株）。数据采集地点：HLAZH01AB0_01（综合观测场土壤生物长期观测采样地，126°55′33″E，47°27′16″N）、HLAFZ01AB0_01［辅助观测场土壤生物监测长期采样地（空白），126°55′33″E，47°27′16″N］、HLAFZ02AB0_01［辅助观测场土壤生物监测长期采样地（秸秆还田），126°55′33″E，47°27′16″N］。数据采集时间：每年秋季 10 月。

3.1.3.2　数据采集和处理方法

根据每个观测场的设计规范，结合当年土壤取样位置，在相应取样小区内同时取有代表性样品（数量根据作物不同而异），本采样区面积为 20 m×20 m，均分为 16 个 5 m×5 m 的采样区，每次采样从 6 个采样区内取得 6 份样品，即 6 次重复。

对于选定的样株，先分别调查作物群体有关的性状指标（如群体株高等），然后将各样株地上部收割并按照不同样点分别装入样品袋，保存于通风、干燥处，尽快测定其他植株性状指标。

本部分数据的观测频度为每年一次（作物收获期），在长期监测过程中，对每一次采样点的地理位置、采样情况和采样条件作详细的定位记录，并在相应的土壤或地形图上做标识。

3.1.3.3　数据质量控制和评估

①田间取样过程的质量控制。要根据每个采样点的整体长势，选择长势均匀处的代表性植株。注意样品保存地点的通风、湿度、鼠害等环境因子的控制。

②数据录入过程的质量控制。及时分析数据，检查、筛选异常值，明显异常的数据需补充测定。严格避免原始数据录入报表过程产生的误差。

③数据质量评估。将所获取的数据与各项辅助信息数据以及历史数据信息比较，评价数据的正确、一致性、完整性、可比性和连续性，经站长和数据管理员审核认定后，批准上报。

3.1.3.4 数据价值/数据使用方法和建议

为了应对国家对粮食不断增长的需求量，农业技术领域也需要不断增强农业系统的抗风险能力，增加水土保持能力，提高土壤肥力，抑制病虫草害的发生等情况。而收获期地上部植株性状是作物对环境中的光、温、水、肥有效利用状况的最直观体现。已有很多针对短期内施肥种类、水平，种植方式，耕作方法等方面对作物植株性状影响的研究，但缺乏较长时间尺度（10年以上）的研究，因此，本部分数据能够为所代表的黑土农田生态系统主要作物收获期植株性状相关研究提供较长时间尺度（13年）的连续监测数据。

3.1.3.5 数据

具体数据见表3-11～表3-16。

表3-11 综合观测场土壤生物长期观测采样地玉米收获期植株性状

年份	作物品种	考种调查株数	群体株高/cm	结穗高度/cm	茎粗/cm	空秆率/%	果穗长度/cm	果穗结实长度/cm	穗粗/cm	穗行数	行粒数	百粒重/g	地上部总干重/(g/株)	籽粒干重/(g/株)
2005	海玉6号	5	195.0	110.0	2.0	0.0	24.3	23.7	5.0	12.6	45.1	31.76	235.58	185.82
2005	海玉6号	5	229.0	133.0	2.3	0.0	20.7	20.4	5.0	14.4	45.0	34.50	250.46	170.69
2005	海玉6号	5	224.0	137.0	1.8	0.0	22.0	19.8	5.0	16.3	36.9	38.10	339.45	226.37
2005	海玉6号	5	248.0	144.0	2.1	0.0	24.6	23.3	5.0	12.2	46.8	29.47	212.90	125.74
2005	海玉6号	5	235.0	125.0	2.2	0.0	24.7	21.1	5.0	15.0	41.0	32.64	240.23	146.22
2005	海玉6号	5	210.0	138.0	2.1	0.0	20.9	20.2	5.0	14.0	42.8	31.90	280.89	199.47
2007	海玉6号	5	207.0	108.0	2.1	0.0	22.4	21.9	5.0	13.8	46.3	33.29	326.65	188.80
2007	海玉6号	5	234.0	126.0	2.2	0.0	21.3	20.1	5.0	13.2	43.2	32.47	410.00	153.20
2007	海玉6号	5	219.0	115.0	2.0	0.0	20.2	19.1	5.0	15.2	38.2	35.28	356.33	155.00
2007	海玉6号	5	221.0	130.0	2.2	0.0	23.4	22.3	5.0	13.1	47.2	34.20	358.62	159.50
2007	海玉6号	5	209.0	107.0	2.0	0.0	20.1	18.8	5.0	14.2	39.2	32.49	371.54	148.40
2007	海玉6号	5	208.0	105.0	2.0	0.0	21.4	20.2	5.0	15.1	40.7	31.87	354.55	161.80
2009	海玉6号	5	197.0	103.0	2.2	0.0	21.3	20.1	4.8	12.6	43.5	32.26	317.28	176.65
2009	海玉6号	5	198.0	112.0	2.1	0.0	20.2	19.4	4.6	11.4	45.2	31.48	359.51	182.48
2009	海玉6号	5	207.0	121.0	2.1	0.0	21.4	18.6	4.7	13.7	41.7	33.38	364.46	192.49
2009	海玉6号	5	216.0	126.0	2.0	0.0	22.3	20.2	4.9	12.6	46.8	33.48	342.43	184.46
2009	海玉6号	5	217.0	120.0	1.9	0.0	21.4	19.6	4.6	13.7	40.9	31.47	369.29	192.43
2009	海玉6号	5	206.0	121.0	2.0	0.0	20.5	18.4	4.5	14.6	41.4	30.46	347.48	184.26
2011	海玉6号	5	204.0	109.0	2.0	0.0	20.1	18.7	4.5	11.7	44.4	31.47	260.24	100.96
2011	海玉6号	5	196.0	106.0	2.0	0.0	20.0	18.5	4.4	12.3	46.3	32.66	282.70	104.28
2011	海玉6号	5	187.0	113.0	1.9	0.0	21.0	19.7	4.6	11.5	42.3	32.70	266.38	101.95
2011	海玉6号	5	176.0	106.0	2.1	0.0	20.2	18.2	4.3	13.6	45.7	32.54	286.61	105.31
2011	海玉6号	5	192.0	108.0	1.8	0.0	20.3	18.1	4.5	13.4	41.8	31.63	266.74	99.86
2011	海玉6号	5	182.0	105.0	2.0	0.0	20.5	18.1	4.7	12.6	40.9	32.30	271.46	100.26

（续）

年份	作物品种	考种调查株数	群体株高/cm	结穗高度/cm	茎粗/cm	空秆率/%	果穗长度/cm	果穗结实长度/cm	穗粗/cm	穗行数	行粒数	百粒重/g	地上部总干重/(g/株)	籽粒干重/(g/株)
2013	德美亚3号	5	246.0	126.0	2.1	0.0	21.4	19.6	4.6	14.3	40.5	32.34	302.47	135.64
2013	德美亚3号	5	258.0	119.0	2.3	0.0	20.8	18.3	4.4	14.2	39.6	32.59	297.26	126.28
2013	德美亚3号	5	267.0	127.0	2.0	0.0	21.2	18.6	4.5	15.1	38.7	32.67	284.45	117.59
2013	德美亚3号	5	259.0	128.0	2.0	0.0	20.4	17.2	4.3	14.7	40.2	31.85	310.45	124.58
2013	德美亚3号	5	257.0	129.0	2.1	0.0	21.6	18.2	4.6	14.3	38.5	31.96	302.53	128.17
2013	德美亚3号	5	249.0	114.0	2.3	0.0	20.5	17.1	4.7	14.2	39.6	32.46	307.28	131.45
2015	德美亚3号	2	234.6	111.4	2.0	0.0	20.4	18.7	4.5	15.3	39.7	31.74	301.29	143.28
2015	德美亚3号	2	258.9	119.7	2.2	0.0	22.3	19.6	4.4	15.2	40.1	32.43	296.43	145.91
2015	德美亚3号	2	226.7	114.5	2.3	0.0	21.5	18.7	4.2	14.9	39.2	31.26	287.59	142.16
2015	德美亚3号	2	247.5	110.6	2.1	0.0	21.8	18.5	4.4	15.4	39.1	31.86	291.46	147.83
2015	德美亚3号	2	257.6	117.3	2.0	0.0	21.8	18.6	4.6	15.7	40.2	32.59	300.15	151.24
2015	德美亚3号	2	248.8	115.5	2.2	0.0	21.6	18.4	4.1	15.6	40.3	31.47	289.75	144.25
2017	德美亚3号	2	247.7	103.7	2.3	0.0	17.5	16.5	4.9	15.5	41.2	30.20	228.70	112.33
2017	德美亚3号	2	239.5	109.2	2.1	0.0	18.0	17.0	5.1	15.7	39.7	31.30	238.51	124.14
2017	德美亚3号	2	242.3	115.3	2.0	0.0	18.7	16.7	5.2	14.9	40.9	29.00	230.20	107.29
2017	德美亚3号	2	251.6	106.9	2.2	0.0	17.4	16.4	4.8	16.1	40.4	29.00	242.88	118.73
2017	德美亚3号	2	255.2	107.4	2.0	0.0	19.1	18.0	4.7	15.3	41.5	30.10	254.42	131.29
2017	德美亚3号	2	243.9	108.1	2.1	0.0	18.2	17.0	4.6	15.1	41.3	29.30	244.66	110.72

表3-12 综合观测场土壤生物长期观测采样地大豆收获期植株性状

时间（年-月）	作物品种	调查株数	株高/cm	茎粗/cm	单株荚数	每荚粒数	百粒重/g	地上部总干重/(g/株)	籽粒干重/(g/株)
2006-10	黑农35	10	85.1	0.5	41.6	2.3	16.14	8.32	5.18
2006-10	黑农35	10	82.6	0.6	43.3	2.3	15.26	9.25	5.14
2006-10	黑农35	10	81.9	0.4	42.1	2.2	16.40	9.46	4.98
2006-10	黑农35	10	82.6	0.5	44.5	2.2	16.35	9.90	5.04
2006-10	黑农35	10	83.7	0.4	42.6	2.0	15.90	10.88	5.44
2006-10	黑农35	10	79.6	0.5	40.4	2.2	16.71	10.59	5.28
2008-10	黑农35	10	87.7	0.8	42.0	2.4	16.47	8.59	5.33
2008-10	黑农35	10	88.3	0.9	43.5	2.5	15.28	9.33	5.56
2008-10	黑农35	10	86.1	0.4	42.3	2.6	16.63	9.72	5.08
2008-10	黑农35	10	86.3	0.7	44.7	2.5	16.36	9.98	5.26
2008-10	黑农35	10	89.3	0.5	42.6	2.2	16.25	10.95	5.77
2008-10	黑农35	10	81.5	0.7	40.7	2.6	17.04	10.87	5.42
2010-9	黑农35	10	76.6	0.5	45.4	2.2	16.54	9.28	5.26
2010-9	黑农35	10	78.7	0.6	47.2	2.5	16.25	8.47	5.37
2010-9	黑农35	10	80.2	0.7	38.9	2.1	15.96	9.37	5.60

（续）

时间（年-月）	作物品种	调查株数	株高/cm	茎粗/cm	单株荚数	每荚粒数	百粒重/g	地上部总干重/（g/株）	籽粒干重/（g/株）
2010-9	黑农35	10	79.5	0.3	46.2	2.3	16.78	8.98	4.98
2010-9	黑农35	10	86.3	0.5	47.7	2.2	15.43	9.84	5.46
2010-9	黑农35	10	77.6	0.4	43.0	2.3	15.86	8.45	5.37
2012-10	黑农35	10	90.5	0.5	43.2	2.3	17.10	20.38	11.55
2012-10	黑农35	10	96.7	0.5	38.1	2.4	16.20	16.47	10.44
2012-10	黑农35	10	95.1	0.4	30.8	2.0	17.20	15.46	9.24
2012-10	黑农35	10	97.6	0.5	39.9	2.2	17.20	20.50	11.37
2012-10	黑农35	10	90.4	0.6	38.1	2.3	17.20	18.45	10.24
2012-10	黑农35	10	99.0	0.4	39.4	2.0	16.50	15.94	10.13
2014-10	东升6号	10	92.7	0.6	40.3	2.2	16.22	20.55	11.18
2014-10	东升6号	10	94.5	0.4	41.9	2.3	16.95	16.98	10.50
2014-10	东升6号	10	98.0	0.5	39.2	2.4	17.74	16.59	9.53
2014-10	东升6号	10	99.3	0.6	40.5	2.2	16.67	20.37	10.57
2014-10	东升6号	10	92.7	0.5	41.4	2.5	17.11	18.24	9.43
2014-10	东升6号	10	92.4	0.6	41.8	2.2	17.26	15.40	10.20
2016-10	东生6号	10	92.5	0.5	38.7	2.1	17.45	21.37	12.35
2016-10	东生6号	10	91.3	0.6	37.6	2.2	18.26	20.46	11.82
2016-10	东生6号	10	93.4	0.4	39.2	2.1	16.93	22.51	12.27
2016-10	东生6号	10	95.6	0.5	38.4	2.3	17.84	19.89	11.96
2016-10	东生6号	10	94.8	0.6	37.5	2.1	18.33	20.71	12.07
2016-10	东生6号	10	96.7	0.4	38.6	2.3	18.52	21.04	12.54

表3-13　辅助观测场土壤生物监测长期采样地（空白）玉米收获期植株性状

年份	作物品种	考种调查株数	群体株高/cm	结穗高度/cm	茎粗/cm	空秆率/%	果穗长度/cm	果穗结实长度/cm	穗粗/cm	穗行数	行粒数	百粒重/g	地上部总干重/（g/株）	籽粒干重/（g/株）
2005	海玉6号	5	187.0	132.0	1.5	0.0	22.9	21.9	5.0	14.3	33.2	34.40	216.33	179.57
2005	海玉6号	5	205.0	136.0	1.7	0.0	22.8	21.5	5.0	14.4	37.3	27.22	194.33	135.71
2005	海玉6号	5	203.0	130.0	1.6	0.0	21.7	21.1	5.0	16.6	42.3	31.60	232.24	138.97
2005	海玉6号	5	210.0	130.0	1.7	0.0	22.0	20.5	5.0	14.7	47.8	28.70	177.41	110.92
2005	海玉6号	5	185.0	133.0	2.0	0.0	24.5	22.4	5.0	18.2	47.6	29.80	232.49	147.16
2005	海玉6号	5	192.0	120.0	1.8	0.0	24.4	22.6	5.0	15.0	44.3	32.20	215.34	146.61
2007	海玉6号	5	191.0	98.0	1.9	0.0	20.0	18.2	5.0	13.2	38.9	32.33	421.34	164.90
2007	海玉6号	5	172.0	96.0	1.8	0.0	22.3	20.8	5.0	13.3	41.5	31.29	409.74	184.50
2007	海玉6号	5	193.0	100.0	1.7	0.0	21.0	19.9	5.0	14.3	40.2	29.11	421.47	149.10
2007	海玉6号	5	182.0	87.0	1.6	0.0	22.2	21.2	5.0	13.2	48.8	30.46	337.25	170.60
2007	海玉6号	5	183.0	92.0	1.6	0.0	20.2	18.8	5.0	17.2	46.7	28.11	362.08	172.80

（续）

年份	作物品种	考种调查株数	群体株高/cm	结穗高度/cm	茎粗/cm	空秆率/%	果穗长度/cm	果穗结实长度/cm	穗粗/cm	穗行数	行粒数	百粒重/g	地上部总干重/(g/株)	籽粒干重/(g/株)
2007	海玉6号	5	182.0	90.0	1.6	0.0	21.0	20.1	5.0	14.3	43.2	31.87	367.06	188.00
2009	海玉6号	5	198.0	106.0	2.1	0.0	21.3	19.2	5.0	12.8	39.6	31.29	403.41	201.27
2009	海玉6号	5	186.0	99.0	1.8	0.0	21.6	20.0	4.8	13.5	39.7	30.28	372.49	183.38
2009	海玉6号	5	196.0	101.0	1.6	0.0	22.3	21.3	5.1	13.6	41.4	32.42	392.48	139.46
2009	海玉6号	5	191.0	98.0	1.7	0.0	21.6	19.3	4.6	12.7	46.7	31.48	342.43	203.43
2009	海玉6号	5	186.0	97.0	1.7	0.0	21.3	19.6	4.8	16.4	45.3	30.49	353.49	184.49
2009	海玉6号	5	197.0	96.0	1.8	0.0	20.4	18.4	4.7	15.5	44.7	30.29	359.26	167.68
2011	海玉6号	5	172.0	107.0	1.8	0.0	19.4	17.2	4.6	12.4	41.2	29.81	199.76	77.50
2011	海玉6号	5	163.0	101.0	1.7	0.0	18.7	16.3	4.6	12.6	42.5	31.20	202.41	78.05
2011	海玉6号	5	169.0	98.0	1.9	0.0	18.9	16.5	4.2	13.3	40.4	32.15	198.17	75.31
2011	海玉6号	5	173.0	97.0	1.7	0.0	19.2	17.0	4.3	12.5	41.3	30.40	204.88	80.36
2011	海玉6号	5	174.0	97.0	1.8	0.0	18.8	16.9	4.2	14.7	42.6	30.35	203.45	78.48
2011	海玉6号	5	181.0	110.0	1.8	0.0	19.6	18.0	4.4	14.7	43.7	30.20	201.35	76.82
2013	德美亚3号	5	204.0	115.0	1.9	0.0	18.4	15.2	4.4	15.1	38.1	30.17	262.45	97.26
2013	德美亚3号	5	208.0	109.0	1.8	0.0	19.1	16.9	4.5	16.4	38.2	31.15	283.16	92.49
2013	德美亚3号	5	207.0	112.0	2.0	0.0	18.6	15.1	4.3	14.2	38.5	32.04	272.44	87.65
2013	德美亚3号	5	206.0	113.0	2.1	0.0	18.3	14.9	4.3	14.1	37.4	30.69	265.17	93.48
2013	德美亚3号	5	205.0	114.0	2.0	0.0	18.6	15.2	4.2	14.5	38.6	30.53	271.33	90.84
2013	德美亚3号	5	203.0	108.0	1.9	0.0	19.0	15.8	4.3	14.6	38.3	30.28	268.16	91.47
2015	德美亚3号	2	217.6	104.3	1.9	0.0	20.7	17.3	4.2	14.3	38.9	30.28	281.29	118.59
2015	德美亚3号	2	206.9	105.9	1.8	0.0	19.8	16.2	4.1	14.2	38.2	30.56	278.38	121.43
2015	德美亚3号	2	224.3	101.5	1.8	0.0	20.3	15.1	4.2	14.6	38.5	31.09	284.26	117.56
2015	德美亚3号	2	210.4	103.2	1.9	0.0	18.4	14.8	4.1	14.1	38.3	30.14	283.17	116.29
2015	德美亚3号	2	202.5	100.5	2.0	0.0	18.1	14.5	4.0	13.9	37.9	29.44	280.92	109.59
2015	德美亚3号	2	201.7	98.4	1.9	0.0	18.3	14.1	4.0	14.1	38.1	29.57	281.19	111.43
2017	德美亚3号	2	203.5	99.2	1.8	0.0	16.4	14.6	4.6	14.6	37.2	27.20	110.33	51.49
2017	德美亚3号	2	196.8	97.3	1.7	0.0	15.7	14.0	4.5	14.2	38.5	26.30	107.15	46.73
2017	德美亚3号	2	198.4	93.5	1.8	0.0	16.6	14.5	4.7	15.1	38.7	28.30	102.02	48.17
2017	德美亚3号	2	200.9	92.7	1.9	0.0	16.9	15.9	4.5	14.8	37.4	27.70	109.17	62.09
2017	德美亚3号	2	199.3	96.9	2.0	0.0	15.1	14.1	4.6	14.4	38.1	28.50	106.49	52.26
2017	德美亚3号	2	204.8	94.4	1.9	0.0	15.0	12.9	4.5	14.7	39.3	27.90	107.56	47.44

表3-14 辅助观测场土壤生物监测长期采样地（空白）大豆收获期植株性状

时间（年-月）	作物品种	调查株数	株高/cm	茎粗/cm	单株荚数	每荚粒数	百粒重/g	地上部总干重/(g/株)	籽粒干重/(g/株)
2006-10	黑农35	10	78.2	0.4	39.3	2.2	15.46	7.72	4.88
2006-10	黑农35	10	76.4	0.4	38.4	2.0	15.45	7.78	4.59
2006-10	黑农35	10	73.3	0.4	36.2	1.9	16.20	7.54	4.54
2006-10	黑农35	10	75.7	0.3	34.3	2.0	16.33	8.44	4.07
2006-10	黑农35	10	79.2	0.4	33.9	2.0	15.52	8.00	3.97
2006-10	黑农35	10	77.4	0.6	35.8	2.1	16.63	7.45	4.14
2008-10	黑农35	10	83.5	0.5	39.6	2.6	15.54	7.83	4.91
2008-10	黑农35	10	78.0	0.7	38.8	2.3	15.85	7.85	4.62
2008-10	黑农35	10	76.2	0.5	36.2	2.0	16.28	7.58	4.62
2008-10	黑农35	10	83.8	0.6	34.4	2.2	16.66	8.82	4.23
2008-10	黑农35	10	83.5	0.4	34.1	2.2	15.91	8.13	4.19
2008-10	黑农35	10	85.1	0.9	36.0	2.5	16.72	7.59	4.30
2010-9	黑农35	10	75.4	0.5	45.1	2.1	14.39	7.54	4.67
2010-9	黑农35	10	76.7	0.6	40.3	2.0	16.35	7.67	4.73
2010-9	黑农35	10	81.2	0.3	38.8	2.1	14.26	7.80	4.69
2010-9	黑农35	10	79.8	0.3	39.2	2.0	15.48	7.98	4.34
2010-9	黑农35	10	76.5	0.5	40.4	2.0	16.67	8.13	4.58
2010-9	黑农35	10	74.3	0.4	38.6	2.4	17.15	7.80	4.28
2012-10	黑农35	10	97.0	0.5	42.4	2.0	16.30	13.26	8.21
2012-10	黑农35	10	95.1	0.5	34.5	2.0	17.90	13.41	8.27
2012-10	黑农35	10	92.0	0.6	29.8	2.3	16.90	18.28	10.99
2012-10	黑农35	10	94.6	0.5	34.8	2.1	16.10	17.19	9.35
2012-10	黑农35	10	90.2	0.5	34.3	2.2	16.30	15.96	8.99
2012-10	黑农35	10	98.3	0.4	32.0	2.1	17.50	16.88	9.26
2014-10	东升6号	10	95.7	0.5	36.0	2.0	16.10	14.09	7.83
2014-10	东升6号	10	90.6	0.4	32.4	2.0	16.86	14.60	7.86
2014-10	东升6号	10	91.9	0.4	30.5	2.1	16.72	15.91	11.12
2014-10	东升6号	10	90.3	0.5	34.7	2.1	16.14	15.57	9.42
2014-10	东升6号	10	88.4	0.5	33.9	2.2	16.21	16.73	9.54
2014-10	东升6号	10	93.6	0.4	36.3	2.1	17.44	16.75	9.30
2016-10	东生6号	10	90.2	0.6	36.2	2.0	16.94	18.29	9.97
2016-10	东生6号	10	91.3	0.5	37.1	2.1	17.11	18.71	10.25
2016-10	东生6号	10	93.6	0.4	35.3	1.9	17.05	17.44	11.03
2016-10	东生6号	10	92.1	0.6	36.7	2.0	16.87	17.82	10.53
2016-10	东生6号	10	89.5	0.4	37.3	2.1	17.22	18.57	10.32
2016-10	东生6号	10	87.6	0.6	36.5	2.0	16.99	19.02	11.27

表3-15 辅助观测场土壤生物监测长期采样地（秸秆还田）玉米收获期植株性状

年份	作物品种	考种调查株数	群体株高/cm	结穗高度/cm	茎粗/cm	空秆率/%	果穗长度/cm	果穗结实长度/cm	穗粗/cm	穗行数	行粒数	百粒重/g	地上部总干重/(g/株)	籽粒干重/(g/株)
2005	海玉6号	5	245.0	140.0	2.2	0.0	24.4	21.6	5.0	16.6	45.7	36.21	264.97	202.42
2005	海玉6号	5	233.0	145.0	2.0	0.0	20.2	20.5	5.0	14.9	37.9	32.30	253.26	195.06
2005	海玉6号	5	250.0	160.0	2.1	0.0	21.5	20.9	5.0	16.1	41.0	31.50	223.39	166.18
2005	海玉6号	5	248.0	130	2.3	0.0	23.2	21.5	5.0	16.5	39.2	45.30	299.80	214.08
2005	海玉6号	5	240.0	144.0	2.0	0.0	23.1	22.5	5.0	18.2	39.3	41.40	235.58	164.81
2005	海玉6号	5	260.0	133.0	2.1	0.0	22.9	20.1	5.0	16.4	46.5	40.14	250.46	170.69
2007	海玉6号	5	208.0	106.0	2.0	0.0	20.1	18.1	5.0	17.1	40.2	29.43	325.14	192.00
2007	海玉6号	5	214.0	112.0	2.1	0.0	21.3	20.1	5.0	16.8	39.8	31.44	306.50	183.50
2007	海玉6号	5	224.0	121.0	2.2	0.0	22.2	21.3	5.0	17.4	40.8	32.48	408.74	199.00
2007	海玉6号	5	231.0	121.0	2.3	0.0	24.3	22.8	5.0	18.8	42.7	38.42	468.71	202.00
2007	海玉6号	5	241.0	129.0	2.4	0.0	23.2	21.4	5.0	18.5	41.8	36.58	422.95	211.40
2007	海玉6号	5	216.0	114.0	2.1	0.0	22.8	20.9	5.0	17.4	41.9	35.49	346.94	197.60
2009	海玉6号	5	204.0	126.0	1.9	0.0	21.3	20.6	4.9	16.3	41.4	31.28	334.44	183.26
2009	海玉6号	5	198.0	104.0	1.9	0.0	20.6	18.8	4.7	15.4	38.4	30.29	312.13	167.49
2009	海玉6号	5	214.0	124.0	2.1	0.0	21.4	19.9	4.6	16.4	41.2	29.28	384.46	191.47
2009	海玉6号	5	223.0	127.0	2.0	0.0	23.3	21.6	4.8	17.3	39.7	34.43	402.49	200.03
2009	海玉6号	5	217.0	128.0	2.2	0.0	22.6	20.3	4.7	17.6	38.4	35.26	437.58	214.45
2009	海玉6号	5	211.0	120.0	2.0	0.0	21.8	19.7	4.6	16.2	40.6	33.37	396.29	206.47
2011	海玉6号	5	198.0	112.0	2.0	0.0	20.2	18.9	4.6	15.2	40.6	31.92	314.13	121.85
2011	海玉6号	5	192.0	103.0	2.1	0.0	21.1	20.0	4.8	16.7	39.8	32.40	319.64	124.71
2011	海玉6号	5	195.0	105.0	2.0	0.0	22.3	20.6	4.4	17.2	40.7	32.55	311.63	120.25
2011	海玉6号	5	201.0	114.0	2.0	0.0	20.4	18.9	4.5	16.8	41.4	33.48	320.98	126.06
2011	海玉6号	5	210.0	121.0	2.1	0.0	21.4	19.9	4.6	17.3	40.2	34.69	322.79	126.78
2011	海玉6号	5	207.0	112.0	2.0	0.0	20.9	18.4	4.8	16.4	41.5	32.72	317.86	125.73
2013	德美亚3号	5	273.0	128.0	2.2	0.0	22.6	20.3	4.6	15.1	40.2	32.54	324.85	138.47
2013	德美亚3号	5	282.0	130.0	2.3	0.0	20.9	19.8	4.5	14.8	40.8	32.83	317.59	130.59
2013	德美亚3号	5	269.0	131.0	2.1	0.0	21.8	20.4	4.6	15.1	40.4	32.96	312.43	132.44
2013	德美亚3号	5	274.0	126.0	2.2	0.0	22.3	21.8	4.5	14.8	41.3	31.98	321.28	127.53
2013	德美亚3号	5	281.0	133.0	2.1	0.0	22.1	20.6	4.4	15.2	40.5	32.47	330.19	120.19
2013	德美亚3号	5	270.0	127.0	2.0	0.0	21.6	20.9	4.4	15.5	40.3	32.52	329.83	123.46
2015	德美亚3号	2	243.7	115.5	2.2	0.0	21.7	19.7	4.4	15.7	40.7	32.49	302.15	150.25
2015	德美亚3号	2	259.2	117.3	2.3	0.0	22.6	20.2	4.3	16.1	40.8	32.87	296.58	147.58
2015	德美亚3号	2	261.1	108.2	2.3	0.0	20.5	18.8	4.3	15.8	41.2	32.96	301.54	151.29
2015	德美亚3号	2	253.4	119.5	2.2	0.0	22.7	20.1	4.1	15.6	40.5	33.05	297.17	153.26
2015	德美亚3号	2	247.8	110.7	2.0	0.0	21.3	18.4	4.2	15.3	40.4	32.44	300.29	145.58
2015	德美亚3号	2	251.6	110.4	2.1	0.0	22.8	20.3	4.1	15.4	41.7	32.54	301.53	143.19
2017	德美亚3号	2	253.7	101.4	2.1	0.0	19.0	19.0	5.2	15.5	42.4	31.20	242.86	108.37

（续）

年份	作物品种	考种调查株数	群体株高/cm	结穗高度/cm	茎粗/cm	空秆率/%	果穗长度/cm	果穗结实长度/cm	穗粗/cm	穗行数	行粒数	百粒重/g	地上部总干重/(g/株)	籽粒干重/(g/株)
2017	德美亚3号	2	262.1	105.7	2.2	0.0	18.6	18.6	5.3	15.7	41.8	32.40	253.44	110.29
2017	德美亚3号	2	248.9	106.9	2.0	0.0	19.2	18.2	5.1	16.2	41.3	30.30	238.59	111.72
2017	德美亚3号	2	251.4	112.3	2.1	0.0	18.3	18.3	5.0	15.4	41.5	30.60	276.78	109.29
2017	德美亚3号	2	255.6	117.5	2.1	0.0	20.1	19.1	4.9	15.8	40.7	31.20	257.48	114.56
2017	德美亚3号	2	260.7	108.1	2.0	0.0	19.5	18.5	4.9	16.3	41.2	30.40	245.90	122.73

表3-16 辅助观测场土壤生物监测长期采样地（秸秆还田）大豆收获期植株性状

时间（年-月）	作物品种	调查株数	株高/cm	茎粗/cm	单株荚数	每荚粒数	百粒重/g	地上部总干重/(g/株)	籽粒干重/(g/株)
2006-10	黑农35	10	88.3	0.5	40.4	2.4	16.60	8.56	5.28
2006-10	黑农35	10	89.2	0.4	41.5	2.3	16.13	8.61	5.34
2006-10	黑农35	10	86.9	0.5	44.6	2.2	15.20	8.21	5.37
2006-10	黑农35	10	85.4	0.6	45.8	2.3	16.51	8.82	5.17
2006-10	黑农35	10	83.3	0.6	46.4	2.2	15.58	9.04	5.11
2006-10	黑农35	10	82.1	0.5	42.9	2.1	15.87	8.64	4.96
2008-10	黑农35	10	94.7	0.8	40.7	2.4	17.02	8.90	5.55
2008-10	黑农35	10	93.8	0.7	41.5	2.6	16.27	8.86	5.75
2008-10	黑农35	10	87.5	0.9	44.9	2.3	15.49	8.58	5.43
2008-10	黑农35	10	91.5	0.8	46.1	2.4	16.87	9.05	5.40
2008-10	黑农35	10	87.5	0.8	46.4	2.3	15.59	9.14	5.51
2008-10	黑农35	10	90.9	0.7	43.3	2.4	16.09	9.02	5.17
2010-9	黑农35	10	80.2	0.6	40.5	2.5	16.31	8.95	5.65
2010-9	黑农35	10	84.8	0.5	43.4	2.1	15.82	9.13	5.54
2010-9	黑农35	10	87.2	0.5	45.0	2.3	15.77	9.20	5.38
2010-9	黑农35	10	83.5	0.4	48.7	2.1	16.45	9.45	5.26
2010-9	黑农35	10	84.7	0.5	47.7	2.5	15.47	8.91	5.17
2010-9	黑农35	10	84.6	0.6	44.6	2.3	16.17	8.57	5.73
2012-10	黑农35	10	93.1	0.5	39.2	2.5	17.90	14.76	9.32
2012-10	黑农35	10	97.2	0.4	33.5	2.2	16.30	22.94	13.92
2012-10	黑农35	10	92.8	0.4	42.1	2.1	17.40	22.56	13.19
2012-10	黑农35	10	93.5	0.6	42.7	2.5	16.60	17.98	10.01
2012-10	黑农35	10	94.0	0.6	42.4	2.2	16.80	15.13	8.78
2012-10	黑农35	10	97.1	0.4	41.9	2.1	16.90	14.01	9.37
2014-10	东升6号	10	88.5	0.4	42.3	2.5	17.95	14.12	9.63
2014-10	东升6号	10	96.2	0.4	42.8	2.4	16.51	22.86	13.75

（续）

时间（年-月）	作物品种	调查株数	株高/cm	茎粗/cm	单株荚数	每荚粒数	百粒重/g	地上部总干重/(g/株)	籽粒干重/(g/株)
2014-10	东升 6 号	10	95.7	0.5	39.8	2.6	16.91	22.46	12.60
2014-10	东升 6 号	10	92.1	0.6	41.0	2.5	17.05	18.27	10.27
2014-10	东升 6 号	10	98.0	0.6	38.6	2.4	17.18	17.81	8.36
2014-10	东升 6 号	10	95.2	0.5	39.3	2.3	17.03	16.04	9.93
2016-10	东生 6 号	10	93.3	0.5	40.2	2.3	18.37	22.37	13.28
2016-10	东生 6 号	10	94.7	0.6	39.7	2.5	19.26	21.49	12.56
2016-10	东生 6 号	10	96.5	0.4	40.3	2.4	18.59	22.28	11.95
2016-10	东生 6 号	10	95.4	0.5	41.5	2.3	19.13	23.43	12.48
2016-10	东生 6 号	10	94.0	0.4	40.6	2.3	18.25	21.37	13.69
2016-10	东生 6 号	10	93.2	0.6	39.9	2.4	19.08	21.58	13.07

3.1.4　作物收获期测产数据集

3.1.4.1　概述

本数据集包括海伦站 2005—2017 年 6 个长期监测样地的年尺度观测数据，观测内容包括作物名称、作物品种、样方面积（m^2）、群体株高（cm）、密度（株/m^2）、地上部总干重（g/m^2）、产量（g/m^2）。数据采集地点：HLAZH01AB0_01（综合观测场土壤生物长期观测采样地，126°55′33″E，47°27′16″N）、HLAFZ01AB0_01［辅助观测场土壤生物监测长期采样地（空白），126°55′33″E，47°27′16″N］、HLAFZ02AB0_01［辅助观测场土壤生物监测长期采样地（秸秆还田），126°55′33″E，47°27′16″N］、HLAZQ01AB0_01（胜利村站区 76 号地调查点土壤生物采样地，126°45′46″E，47°25′28″N）、HLAZQ01AB0_02（胜利村站区 67 号地调查点土壤生物采样地，126°44′46″E，47°26′28″N）、HLAZQ02AB0_01（光荣村小流域站区调查点土壤生物采样地，126°48′1″E，47°18′11″N）。

3.1.4.2　数据采集和处理方法

根据每个观测场的设计规范，结合当年土壤取样位置，在相应取样小区内同时取有代表性样品（数量根据作物不同而异），本采样区面积为 20 m×20 m，均分为 16 个 5 m×5 m 的采样区，每次采样从 6 个采样区内取得 6 份样品，即 6 次重复。

对于选定的测产区域，先分别调查作物群体有关的性状指标（如群体株高等），然后采收玉米棒或者大豆地上部样品，保存于通风、干燥处，尽快人工脱粒测产。保存样品过程中注意防虫、防鼠。

本数据集的观测频度为每年一次（作物收获期），在长期监测过程中，对每一次采样点的地理位置、采样情况和采样条件作详细的定位记录，并在相应的土壤或地形图上做出标识。其中缺失部分 2005 年玉米地上部干重数据。

3.1.4.3　数据质量控制和评估

①田间取样过程的质量控制。要根据每个采样点的整体长势，选择长势均匀处的代表性植株。注意样品保存地点的通风、湿度、鼠害等环境因子的控制。

②数据录入过程的质量控制。及时分析数据，检查、筛选异常值，明显异常的数据需补充测定。严格避免原始数据录入报表过程产生的误差。

③数据质量评估。将所获取的数据与各项辅助信息数据以及历史数据信息比较，评价数据的正确、一致性、完整性、可比性和连续性，经站长和数据管理员审核认定后，批准上报。

3.1.4.4 数据价值/数据使用方法和建议

粮食是国家的战略物资，是国家稳定的基本条件，是人民的生活必需品，故有“民以食为天”之说。因此，作物的产量成为国家粮食安全、社会稳定和经济发展的最重要影响因子。没有充足的粮食，基本温饱无法解决，其他发展都是一纸空谈。

本部分数据为黑土农田长期定位区秸秆还田＋化肥条件下和化肥条件下作物的产量数据及地上部生物量数据（13 年），为掌握黑土农田主要作物产量变化情况，提供长期稳定的监测数据。

3.1.4.5 数据

具体数据见表 3－17～表 3－22。

表 3－17 综合观测场土壤生物长期观测采样地作物收获期测产

时间（年-月）	作物名称	作物品种	样方面积/m^2	群体株高/cm	密度/(株/m^2)	地上部总干重/(g/m^2)	产量/(g/m^2)
2005－10	玉米	海玉 6 号	2.80×1.40	195.0	5.0	—	777.50
2005－10	玉米	海玉 6 号	2.80×1.40	229.0	5.0	—	656.00
2005－10	玉米	海玉 6 号	2.80×1.40	224.0	5.0	—	688.50
2005－10	玉米	海玉 6 号	2.80×1.40	248.0	5.0	—	667.00
2005－10	玉米	海玉 6 号	2.80×1.40	235.0	5.0	—	646.00
2005－10	玉米	海玉 6 号	2.80×1.40	210.0	5.0	—	642.90
2006－10	大豆	黑农 35	1.43×1.40	85.1	28.6	398.10	185.70
2006－10	大豆	黑农 35	1.43×1.40	82.6	29.7	508.10	230.55
2006－10	大豆	黑农 35	1.43×1.40	81.9	27.5	348.70	194.15
2006－10	大豆	黑农 35	1.43×1.40	82.6	30.0	464.80	196.75
2006－10	大豆	黑农 35	1.43×1.40	83.7	26.9	438.35	192.85
2007－10	玉米	海玉 6 号	1.43×1.40	207.0	5.0	1 436.25	747.00
2007－10	玉米	海玉 6 号	1.43×1.40	234.4	5.0	2 048.00	764.00
2007－10	玉米	海玉 6 号	1.43×1.40	219.0	5.0	1 729.65	723.00
2007－10	玉米	海玉 6 号	1.43×1.40	221.5	5.0	1 719.60	724.00
2007－10	玉米	海玉 6 号	1.43×1.40	209.0	5.0	1 813.70	698.00
2008－10	大豆	黑农 35	1.43×1.40	83.9	28.6	542.50	253.00
2008－10	大豆	黑农 35	1.43×1.40	76.3	30.2	532.50	251.00
2008－10	大豆	黑农 35	1.43×1.40	71.1	27.9	502.50	242.00
2008－10	大豆	黑农 35	1.43×1.40	83.9	30.3	518.60	234.00
2008－10	大豆	黑农 35	1.43×1.40	67.0	27.2	523.50	247.00
2009－10	玉米	海玉 6 号	1.43×1.40	212.2	4.8	1 521.35	416.00
2009－10	玉米	海玉 6 号	1.43×1.40	223.0	4.8	1 633.46	421.00
2009－10	玉米	海玉 6 号	1.43×1.40	209.2	4.8	1 517.62	411.00
2009－10	玉米	海玉 6 号	1.43×1.40	215.0	4.8	1 489.37	409.00
2009－10	玉米	海玉 6 号	1.43×1.40	120.0	4.8	1 521.43	412.00
2010－9	大豆	黑农 35	1.43×1.40	92.8	29.4	422.75	218.00
2010－9	大豆	黑农 35	1.43×1.40	76.9	29.8	437.26	224.00
2010－9	大豆	黑农 35	1.43×1.40	88.3	31.8	415.39	207.00
2010－9	大豆	黑农 35	1.43×1.40	78.7	32.8	446.27	225.00

（续）

时间（年-月）	作物名称	作物品种	样方面积/m^2	群体株高/cm	密度/（株/m^2）	地上部总干重/（g/m^2）	产量/（g/m^2）
2010-9	大豆	黑农 35	1.43×1.40	80.3	23.7	433.86	217.00
2011-9	玉米	海玉 6 号	1.43×1.40	207.5	4.8	1 495.24	580.00
2011-9	玉米	海玉 6 号	1.43×1.40	201.6	4.8	1 521.47	594.00
2011-9	玉米	海玉 6 号	1.43×1.40	200.8	4.8	1 483.36	572.00
2011-9	玉米	海玉 6 号	1.43×1.40	198.3	4.8	1 527.85	600.00
2011-9	玉米	海玉 6 号	1.43×1.40	210.4	4.8	1 536.49	603.00
2012-10	大豆	黑农 35	1.43×1.40	96.3	32.5	696.92	266.00
2012-10	大豆	黑农 35	1.43×1.40	87.9	28.3	680.21	251.00
2012-10	大豆	黑农 35	1.43×1.40	82.4	25.2	763.80	268.00
2012-10	大豆	黑农 35	1.43×1.40	89.3	33.3	855.42	318.00
2012-10	大豆	黑农 35	1.43×1.40	98.9	31.0	754.81	287.00
2013-10	玉米	德美亚 3 号	2.01×5.00	266.8	7.0	2 525.46	787.00
2013-10	玉米	德美亚 3 号	2.01×5.00	257.5	7.0	2 436.78	793.00
2013-10	玉米	德美亚 3 号	2.01×5.00	261.5	7.0	2 437.29	740.00
2013-10	玉米	德美亚 3 号	2.01×5.00	252.5	7.0	2 538.91	839.00
2013-10	玉米	德美亚 3 号	2.01×5.00	263.6	7.0	2 462.74	782.00
2014-10	大豆	东升 6 号	1.43×1.40	94.3	28.6	823.53	312.94
2014-10	大豆	东升 6 号	1.43×1.40	96.5	28.3	967.84	374.75
2014-10	大豆	东升 6 号	1.43×1.40	92.7	29.2	919.49	321.82
2014-10	大豆	东升 6 号	1.43×1.40	89.6	28.6	933.41	345.36
2014-10	大豆	东升 6 号	1.43×1.40	95.7	27.3	853.42	324.30
2015-10	玉米	德美亚 3 号	3.00×1.34	243.6	7.0	2 026.59	1 118.69
2015-10	玉米	德美亚 3 号	3.00×1.34	240.5	7.0	2 017.43	1 108.49
2015-10	玉米	德美亚 3 号	3.00×1.34	242.7	7.0	2 021.92	1 094.45
2015-10	玉米	德美亚 3 号	3.00×1.34	238.4	7.0	2 018.91	1 136.13
2015-10	玉米	德美亚 3 号	3.00×1.34	246.9	7.0	2 033.49	1 144.78
2016-10	大豆	东生 6 号	1.43×1.40	91.4	29.6	626.18	262.47
2016-10	大豆	东生 6 号	1.43×1.40	92.6	29.8	648.90	275.56
2016-10	大豆	东生 6 号	1.43×1.40	93.7	29.3	828.73	323.49
2016-10	大豆	东生 6 号	1.43×1.40	92.8	28.9	703.15	281.26
2016-10	大豆	东生 6 号	1.43×1.40	92.5	29.4	696.83	276.33
2017-10	玉米	德美亚 3 号	3.00×1.34	243.6	7.0	1 874.32	720.74
2017-10	玉米	德美亚 3 号	3.00×1.34	240.5	7.0	1 611.13	675.13
2017-10	玉米	德美亚 3 号	3.00×1.34	242.7	7.0	1 716.01	790.32
2017-10	玉米	德美亚 3 号	3.00×1.34	238.4	7.0	1 799.06	754.30
2017-10	玉米	德美亚 3 号	3.00×1.34	246.9	7.0	1 765.23	748.50

表 3-18 辅助观测场土壤生物监测长期采样地（空白）作物收获期测产

时间（年-月）	作物名称	作物品种	样方面积/m^2	群体株高/cm	密度/（株/m^2）	地上部总干重/（g/m^2）	产量/（g/m^2）
2005-10	玉米	海玉6号	2.80×1.40	187.0	5.0	—	570.40
2005-10	玉米	海玉6号	2.80×1.40	205.0	5.0	—	597.30
2005-10	玉米	海玉6号	2.80×1.40	203.0	5.0	—	598.00
2005-10	玉米	海玉6号	2.80×1.40	210.0	5.0	—	535.40
2005-10	玉米	海玉6号	2.80×1.40	185.0	5.0	—	571.10
2005-10	玉米	海玉6号	2.80×1.40	192.0	5.0	—	575.30
2006-10	大豆	黑农35	1.43×1.40	78.2	27.8	273.20	137.80
2006-10	大豆	黑农35	1.43×1.40	76.4	28.8	272.75	130.00
2006-10	大豆	黑农35	1.43×1.40	73.3	29.2	330.95	169.85
2006-10	大豆	黑农35	1.43×1.40	75.7	28.3	288.10	140.70
2006-10	大豆	黑农35	1.43×1.40	79.2	27.6	290.80	132.55
2007-10	玉米	海玉6号	1.43×1.40	191.0	5.0	1 586.75	623.00
2007-10	玉米	海玉6号	1.43×1.40	172.1	5.0	1 900.20	618.00
2007-10	玉米	海玉6号	1.43×1.40	193.0	5.0	1 769.20	643.00
2007-10	玉米	海玉6号	1.43×1.40	182.6	5.0	1 980.85	619.00
2007-10	玉米	海玉6号	1.43×1.40	183.0	5.0	1 442.25	609.00
2008-10	大豆	黑农35	1.43×1.40	89.4	28.4	480.50	232.00
2008-10	大豆	黑农35	1.43×1.40	89.5	29.7	477.50	228.00
2008-10	大豆	黑农35	1.43×1.40	65.7	30.2	467.50	219.00
2008-10	大豆	黑农35	1.43×1.40	83.0	28.7	469.60	224.00
2008-10	大豆	黑农35	1.43×1.40	76.3	28.4	458.70	216.00
2009-10	玉米	海玉6号	1.43×1.40	198.6	4.8	1 432.45	296.00
2009-10	玉米	海玉6号	1.43×1.40	182.0	4.8	1 468.37	302.00
2009-10	玉米	海玉6号	1.43×1.40	191.5	4.8	1 511.26	306.00
2009-10	玉米	海玉6号	1.43×1.40	189.0	4.8	1 588.47	312.00
2009-10	玉米	海玉6号	1.43×1.40	176.5	4.8	1 452.63	299.00
2010-9	大豆	黑农35	1.43×1.40	87.3	29.3	370.40	182.00
2010-9	大豆	黑农35	1.43×1.40	82.7	28.1	382.49	191.00
2010-9	大豆	黑农35	1.43×1.40	82.0	33.7	365.48	173.00
2010-9	大豆	黑农35	1.43×1.40	81.4	23.7	366.87	176.00
2010-9	大豆	黑农35	1.43×1.40	74.0	25.5	335.59	142.00
2011-9	玉米	海玉6号	1.43×1.40	168.4	4.8	950.87	369.00
2011-9	玉米	海玉6号	1.43×1.40	170.2	4.8	963.48	372.00
2011-9	玉米	海玉6号	1.43×1.40	172.6	4.8	943.29	358.00
2011-9	玉米	海玉6号	1.43×1.40	185.7	4.8	975.21	382.00
2011-9	玉米	海玉6号	1.43×1.40	181.6	4.8	968.42	374.00
2012-10	大豆	黑农35	1.43×1.40	87.6	25.3	566.44	238.00
2012-10	大豆	黑农35	1.43×1.40	103.4	33.8	663.39	273.00

（续）

时间（年-月）	作物名称	作物品种	样方面积/m²	群体株高/cm	密度/（株/m²）	地上部总干重/（g/m²）	产量/（g/m²）
2012-10	大豆	黑农35	1.43×1.40	92.6	26.8	804.87	297.00
2012-10	大豆	黑农35	1.43×1.40	97.3	28.1	634.04	262.00
2012-10	大豆	黑农35	1.43×1.40	100.2	28.8	637.20	270.00
2013-10	玉米	德美亚3号	2.01×5.00	206.2	7.0	893.42	538.00
2013-10	玉米	德美亚3号	2.01×5.00	210.1	7.0	885.75	452.00
2013-10	玉米	德美亚3号	2.01×5.00	205.2	7.0	876.49	501.00
2013-10	玉米	德美亚3号	2.01×5.00	203.9	7.0	902.47	540.00
2013-10	玉米	德美亚3号	2.01×5.00	207.5	7.0	891.56	452.00
2014-10	大豆	东升6号	1.43×1.40	92.3	28.1	706.67	296.80
2014-10	大豆	东升6号	1.43×1.40	85.4	27.6	762.59	312.66
2014-10	大豆	东升6号	1.43×1.40	89.6	31.2	793.65	293.65
2014-10	大豆	东升6号	1.43×1.40	91.4	29.5	729.12	298.94
2014-10	大豆	东升6号	1.43×1.40	92.6	30.3	637.12	267.59
2015-10	玉米	德美亚3号	3.00×1.34	217.5	7.0	1 124.65	629.07
2015-10	玉米	德美亚3号	3.00×1.34	220.3	7.0	1 086.47	634.68
2015-10	玉米	德美亚3号	3.00×1.34	214.7	7.0	1 093.29	619.47
2015-10	玉米	德美亚3号	3.00×1.34	213.6	7.0	1 103.52	628.54
2015-10	玉米	德美亚3号	3.00×1.34	221.7	7.0	1 073.38	640.40
2016-10	大豆	东生6号	1.43×1.40	89.2	27.5	583.78	248.31
2016-10	大豆	东生6号	1.43×1.40	86.3	28.2	578.18	239.27
2016-10	大豆	东生6号	1.43×1.40	85.2	27.7	635.20	250.08
2016-10	大豆	东生6号	1.43×1.40	87.4	28.6	601.48	244.59
2016-10	大豆	东生6号	1.43×1.40	86.5	27.3	626.90	247.16
2017-10	玉米	德美亚3号	3.00×1.34	217.5	7.0	564.20	250.69
2017-10	玉米	德美亚3号	3.00×1.34	220.3	7.0	639.44	232.06
2017-10	玉米	德美亚3号	3.00×1.34	214.7	7.0	483.72	222.75
2017-10	玉米	德美亚3号	3.00×1.34	213.6	7.0	493.40	246.20
2017-10	玉米	德美亚3号	3.00×1.34	221.7	7.0	663.24	238.90

表3-19 辅助观测场土壤生物监测长期采样地（秸秆还田）作物收获期测产

时间（年-月）	作物名称	作物品种	样方面积/m²	群体株高/cm	密度/（株/m²）	地上部总干重/（g/m²）	产量/（g/m²）
2005-10	玉米	海玉6号	2.80×1.40	245.0	5.0	—	623.10
2005-10	玉米	海玉6号	2.80×1.40	233.0	5.0	—	605.30
2005-10	玉米	海玉6号	2.80×1.40	250.0	5.0	—	620.60
2005-10	玉米	海玉6号	2.80×1.40	248.0	5.0	—	676.90
2005-10	玉米	海玉6号	2.80×1.40	240.0	5.0	—	683.80
2005-10	玉米	海玉6号	2.80×1.40	260.0	5.0	—	718.90

（续）

时间（年-月）	作物名称	作物品种	样方面积/ m^2	群体株高/ cm	密度/ （株/m^2）	地上部总干重/（g/m^2）	产量/ （g/m^2）
2006 - 10	大豆	黑农 35	1.43×1.40	88.3	26.9	433.95	214.95
2006 - 10	大豆	黑农 35	1.43×1.40	89.2	28.4	477.80	233.25
2006 - 10	大豆	黑农 35	1.43×1.40	86.9	29.1	431.15	234.75
2006 - 10	大豆	黑农 35	1.43×1.40	85.4	28.3	421.75	229.15
2006 - 10	大豆	黑农 35	1.43×1.40	83.3	27.8	446.05	235.35
2007 - 10	玉米	海玉 6 号	1.43×1.40	208.0	5.0	1 674.40	728.00
2007 - 10	玉米	海玉 6 号	1.43×1.40	214.0	5.0	1 631.30	736.00
2007 - 10	玉米	海玉 6 号	1.43×1.40	224.2	5.0	1 380.70	715.00
2007 - 10	玉米	海玉 6 号	1.43×1.40	231.0	5.0	1 341.00	726.00
2007 - 10	玉米	海玉 6 号	1.43×1.40	241.0	5.0	1 766.70	718.00
2008 - 10	大豆	黑农 35	1.43×1.40	72.9	27.6	500.30	239.00
2008 - 10	大豆	黑农 35	1.43×1.40	72.3	28.9	532.50	244.00
2008 - 10	大豆	黑农 35	1.43×1.40	80.2	30.0	477.50	235.00
2008 - 10	大豆	黑农 35	1.43×1.40	77.9	29.1	513.40	234.00
2008 - 10	大豆	黑农 35	1.43×1.40	73.5	28.8	526.70	252.00
2009 - 10	玉米	海玉 6 号	1.43×1.40	212.0	4.8	1 843.26	510.00
2009 - 10	玉米	海玉 6 号	1.43×1.40	213.0	4.8	1821.42	497.00
2009 - 10	玉米	海玉 6 号	1.43×1.40	225.8	4.8	1 921.46	562.00
2009 - 10	玉米	海玉 6 号	1.43×1.40	235.0	4.8	1 742.47	495.00
2009 - 10	玉米	海玉 6 号	1.43×1.40	228.0	4.8	1 803.48	498.00
2010 - 9	大豆	黑农 35	1.43×1.40	80.2	26.7	417.21	204.00
2010 - 9	大豆	黑农 35	1.43×1.40	96.4	31.4	428.59	223.00
2010 - 9	大豆	黑农 35	1.43×1.40	95.0	27.5	429.26	243.00
2010 - 9	大豆	黑农 35	1.43×1.40	80.7	26.1	438.57	251.00
2010 - 9	大豆	黑农 35	1.43×1.40	77.6	30.6	446.27	242.00
2011 - 9	玉米	海玉 6 号	1.43×1.40	208.4	4.8	1 238.72	481.00
2011 - 9	玉米	海玉 6 号	1.43×1.40	211.6	4.8	1 345.67	496.00
2011 - 9	玉米	海玉 6 号	1.43×1.40	207.5	4.8	1 267.98	485.00
2011 - 9	玉米	海玉 6 号	1.43×1.40	204.3	4.8	1 364.28	501.00
2011 - 9	玉米	海玉 6 号	1.43×1.40	200.6	4.8	1 269.67	475.00
2012 - 10	大豆	黑农 35	1.43×1.40	97.4	30.2	749.11	279.52
2012 - 10	大豆	黑农 35	1.43×1.40	85.2	25.6	731.65	306.13
2012 - 10	大豆	黑农 35	1.43×1.40	97.0	32.8	940.88	382.47
2012 - 10	大豆	黑农 35	1.43×1.40	82.0	32.1	737.21	290.24
2012 - 10	大豆	黑农 35	1.43×1.40	89.8	30.3	723.89	272.14
2013 - 10	玉米	德美亚 3 号	2.01×5.00	272.5	7.0	2 278.33	804.00
2013 - 10	玉米	德美亚 3 号	2.01×5.00	282.7	7.0	2 459.28	869.00
2013 - 10	玉米	德美亚 3 号	2.01×5.00	273.5	7.0	2 146.51	780.00

（续）

时间（年-月）	作物名称	作物品种	样方面积/m²	群体株高/cm	密度/（株/m²）	地上部总干重/（g/m²）	产量/（g/m²）
2013-10	玉米	德美亚 3 号	2.01×5.00	283.5	7.0	2 274.82	801.00
2013-10	玉米	德美亚 3 号	2.01×5.00	291.4	7.0	2 346.81	857.00
2014-10	大豆	东升 6 号	1.43×1.40	95.7	26.9	871.05	322.29
2014-10	大豆	东升 6 号	1.43×1.40	92.4	30.4	978.64	411.03
2014-10	大豆	东升 6 号	1.43×1.40	98.6	28.3	910.73	373.40
2014-10	大豆	东升 6 号	1.43×1.40	100.3	30.1	986.33	417.43
2014-10	大豆	东升 6 号	1.43×1.40	96.5	29.7	899.34	341.75
2015-10	玉米	德美亚 3 号	3.00×1.34	250.9	7.0	2 049.17	1 128.89
2015-10	玉米	德美亚 3 号	3.00×1.34	261.7	7.0	2 053.54	1 122.40
2015-10	玉米	德美亚 3 号	3.00×1.34	248.2	7.0	2 037.82	1 133.53
2015-10	玉米	德美亚 3 号	3.00×1.34	249.5	7.0	2041.26	1 141.86
2015-10	玉米	德美亚 3 号	3.00×1.34	251.6	7.0	2 035.47	1 123.74
2016-10	大豆	东生 6 号	1.43×1.40	94.6	26.2	695.63	276.25
2016-10	大豆	东生 6 号	1.43×1.40	95.7	25.7	769.13	306.41
2016-10	大豆	东生 6 号	1.43×1.40	93.6	25.9	656.48	270.59
2016-10	大豆	东生 6 号	1.43×1.40	94.9	26.3	705.93	286.37
2016-10	大豆	东生 6 号	1.43×1.40	95.2	26.5	708.73	291.49
2017-10	玉米	德美亚 3 号	3.00×1.34	250.9	7.0	1 888.15	801.70
2017-10	玉米	德美亚 3 号	3.00×1.34	261.7	7.0	1 753.13	713.83
2017-10	玉米	德美亚 3 号	3.00×1.34	248.2	7.0	1 879.86	744.72
2017-10	玉米	德美亚 3 号	3.00×1.34	249.5	7.0	1 782.36	767.30
2017-10	玉米	德美亚 3 号	3.00×1.34	251.6	7.0	1 618.49	752.90

表 3-20　胜利村站区 76 号地调查点土壤生物采样地作物收获期测产

时间（年-月）	作物名称	作物品种	样方面积/m²	群体株高/cm	密度/（株/m²）	地上部总干重/（g/m²）	产量/（g/m²）
2007-10	玉米	海玉 6 号	1.43×1.40	208.0	5.0	2 081.55	748.00
2007-10	玉米	海玉 6 号	1.43×1.40	214.8	5.0	1 773.75	716.00
2007-10	玉米	海玉 6 号	1.43×1.40	226.0	5.0	1 474.70	728.00
2007-10	玉米	海玉 6 号	1.43×1.40	231.0	5.0	1 954.90	758.00
2007-10	玉米	海玉 6 号	1.43×1.40	208.4	5.0	1 913.15	729.00
2008-10	大豆	黑农 35	1.43×1.40	87.0	24.7	567.60	268.00
2008-10	大豆	黑农 35	1.43×1.40	68.7	25.9	558.40	254.00
2008-10	大豆	黑农 35	1.43×1.40	91.8	27.4	543.90	272.00
2008-10	大豆	黑农 35	1.43×1.40	74.6	28.5	571.60	246.00
2008-10	大豆	黑农 35	1.43×1.40	81.2	26.8	567.40	251.00
2009-10	大豆	黑农 35	1.43×1.40	54.6	27.4	427.54	163.00
2009-10	大豆	黑农 35	1.43×1.40	68.8	26.8	430.60	159.00

（续）

时间（年-月）	作物名称	作物品种	样方面积/m²	群体株高/cm	密度/（株/m²）	地上部总干重/（g/m²）	产量/（g/m²）
2009-10	大豆	黑农35	1.43×1.40	72.3	25.5	455.63	160.00
2009-10	大豆	黑农35	1.43×1.40	62.9	27.3	408.90	152.00
2009-10	大豆	黑农35	1.43×1.40	68.4	24.2	412.70	157.00
2010-9	大豆	黑农35	1.43×1.40	85.7	30.2	431.00	225.00
2010-9	大豆	黑农35	1.43×1.40	97.5	22.9	441.00	230.00
2010-9	大豆	黑农35	1.43×1.40	95.5	31.2	416.00	209.00
2010-9	大豆	黑农35	1.43×1.40	87.7	25.0	450.00	228.00
2010-9	大豆	黑农35	1.43×1.40	85.7	26.1	442.00	223.00
2011-9	大豆	黑农35	1.43×1.40	66.7	28.2	413.56	157.00
2011-9	大豆	黑农35	1.43×1.40	67.2	27.6	428.76	162.00
2011-9	大豆	黑农35	1.43×1.40	73.5	26.7	463.51	158.00
2011-9	大豆	黑农35	1.43×1.40	60.2	28.3	441.27	153.00
2011-9	大豆	黑农35	1.43×1.40	65.4	25.4	432.25	162.00
2012-10	大豆	黑农35	1.43×1.40	82.9	26.0	647.58	258.00
2012-10	大豆	黑农35	1.43×1.40	96.8	27.2	704.60	260.00
2012-10	大豆	黑农35	1.43×1.40	97.4	27.7	692.55	243.00
2012-10	大豆	黑农35	1.43×1.40	104.9	32.3	696.71	259.00
2012-10	大豆	黑农35	1.43×1.40	112.3	29.3	646.98	246.00
2013-10	玉米	德美亚3号	2.01×5.00	266.2	7.0	2 351.52	804.00
2013-10	玉米	德美亚3号	2.01×5.00	267.3	7.0	2 276.58	795.00
2013-10	玉米	德美亚3号	2.01×5.00	273.5	7.0	2 358.79	813.00
2013-10	玉米	德美亚3号	2.01×5.00	260.4	7.0	2 457.28	792.00
2013-10	玉米	德美亚3号	2.01×5.00	265.1	7.0	2 154.29	811.00
2014-10	大豆	东升6号	1.43×1.40	89.4	31.2	805.50	322.20
2014-10	大豆	东升6号	1.43×1.40	88.7	29.0	953.16	379.31
2014-10	大豆	东升6号	1.43×1.40	86.5	30.3	942.29	353.95
2014-10	大豆	东升6号	1.43×1.40	94.3	29.4	990.38	366.44
2014-10	大豆	东升6号	1.43×1.40	89.9	31.8	973.76	403.09
2015-10	玉米	德美亚3号	3.00×1.34	255.3	7.0	1 938.59	972.82
2015-10	玉米	德美亚3号	3.00×1.34	252.9	7.0	2 027.37	951.01
2015-10	玉米	德美亚3号	3.00×1.34	249.7	7.0	1 982.43	982.38
2015-10	玉米	德美亚3号	3.00×1.34	256.6	7.0	2 056.71	991.62
2015-10	玉米	德美亚3号	3.00×1.34	261.3	7.0	2 036.49	964.70
2016-10	大豆	东生6号	1.43×1.40	87.6	28.9	703.78	281.51
2016-10	大豆	东生6号	1.43×1.40	86.8	27.6	659.33	279.73
2016-10	大豆	东生6号	1.43×1.40	88.2	26.8	721.60	292.64
2016-10	大豆	东生6号	1.43×1.40	89.2	28.3	738.68	283.47
2016-10	大豆	东生6号	1.43×1.40	86.5	29.1	656.13	278.45

（续）

时间（年-月）	作物名称	作物品种	样方面积/m^2	群体株高/cm	密度/（株/m^2）	地上部总干重/（g/m^2）	产量/（g/m^2）
2017-10	玉米	德美亚 3 号	3.00×1.34	255.3	7.0	1 721.76	752.46
2017-10	玉米	德美亚 3 号	3.00×1.34	252.9	7.0	1 824.72	743.17
2017-10	玉米	德美亚 3 号	3.00×1.34	249.7	7.0	1 634.77	736.29
2017-10	玉米	德美亚 3 号	3.00×1.34	256.6	7.0	1 628.69	764.22
2017-10	玉米	德美亚 3 号	3.00×1.34	261.3	7.0	1 750.40	753.71

表 3-21　胜利村站区 67 号地调查点土壤生物采样地作物收获期测产

时间（年-月）	作物名称	作物品种	样方面积/m^2	群体株高/cm	密度/（株/m^2）	地上部总干重/（g/m^2）	产量/（g/m^2）
2007-10	玉米	海玉 6 号	1.43×1.40	206.1	5.0	1 667.90	747.00
2007-10	玉米	海玉 6 号	1.43×1.40	213.5	5.0	1 543.00	714.00
2007-10	玉米	海玉 6 号	1.43×1.40	232.4	5.0	1 901.95	743.00
2007-10	玉米	海玉 6 号	1.43×1.40	235.6	5.0	1 641.65	715.00
2007-10	玉米	海玉 6 号	1.43×1.40	221.9	5.0	2 325.95	754.00
2008-10	大豆	黑农 35	1.43×1.40	93.0	26.3	546.90	254.00
2008-10	大豆	黑农 35	1.43×1.40	63.4	27.7	568.70	262.00
2008-10	大豆	黑农 35	1.43×1.40	75.1	28.9	559.40	288.00
2008-10	大豆	黑农 35	1.43×1.40	76.7	27.9	583.40	273.00
2008-10	大豆	黑农 35	1.43×1.40	75.5	25.2	541.20	269.00
2009-10	大豆	黑农 35	1.43×1.40	59.8	25.3	364.20	167.00
2009-10	大豆	黑农 35	1.43×1.40	52.6	26.7	396.78	180.00
2009-10	大豆	黑农 35	1.43×1.40	72.3	25.4	457.40	169.00
2009-10	大豆	黑农 35	1.43×1.40	79.6	27.9	413.60	171.00
2009-10	大豆	黑农 35	1.43×1.40	77.3	25.3	398.75	169.00
2010-9	大豆	黑农 35	1.43×1.40	94.2	29.5	364.00	176.00
2010-9	大豆	黑农 35	1.43×1.40	89.4	29.8	378.00	186.00
2010-9	大豆	黑农 35	1.43×1.40	99.8	28.7	361.00	170.00
2010-9	大豆	黑农 35	1.43×1.40	89.9	24.1	357.00	174.00
2010-9	大豆	黑农 35	1.43×1.40	102.1	26.2	328.00	135.00
2011-9	大豆	黑农 35	1.43×1.40	63.8	26.7	378.56	168.00
2011-9	大豆	黑农 35	1.43×1.40	60.2	27.3	367.22	175.00
2011-9	大豆	黑农 35	1.43×1.40	77.5	28.5	413.41	172.00
2011-9	大豆	黑农 35	1.43×1.40	78.4	25.3	392.97	173.00
2011-9	大豆	黑农 35	1.43×1.40	76.3	24.2	372.87	182.00
2012-10	大豆	黑农 35	1.43×1.40	83.5	25.3	624.96	248.00
2012-10	大豆	黑农 35	1.43×1.40	87.2	27.9	627.48	252.00
2012-10	大豆	黑农 35	1.43×1.40	84.9	32.0	655.82	242.00

（续）

时间（年-月）	作物名称	作物品种	样方面积/m²	群体株高/cm	密度/（株/m²）	地上部总干重/（g/m²）	产量/（g/m²）
2012-10	大豆	黑农 35	1.43×1.40	96.9	29.1	634.04	262.00
2012-10	大豆	黑农 35	1.43×1.40	87.5	28.6	648.81	267.00
2013-10	玉米	德美亚 3 号	2.01×5.00	263.4	7.0	2 270.76	820.00
2013-10	玉米	德美亚 3 号	2.01×5.00	259.1	7.0	2 367.72	786.00
2013-10	玉米	德美亚 3 号	2.01×5.00	271.4	7.0	2 423.47	793.00
2013-10	玉米	德美亚 3 号	2.01×5.00	278.3	7.0	2 395.34	825.00
2013-10	玉米	德美亚 3 号	2.01×5.00	267.5	7.0	2 376.87	813.00
2014-10	大豆	东升 6 号	1.43×1.40	86.7	29.2	894.46	330.95
2014-10	大豆	东升 6 号	1.43×1.40	88.2	30.8	819.07	344.01
2014-10	大豆	东升 6 号	1.43×1.40	87.3	28.4	692.72	297.87
2014-10	大豆	东升 6 号	1.43×1.40	90.7	31.8	934.79	355.22
2014-10	大豆	东升 6 号	1.43×1.40	85.4	31.5	826.79	314.18
2015-10	玉米	德美亚 3 号	3.00×1.34	241.8	7.0	1 987.94	976.39
2015-10	玉米	德美亚 3 号	3.00×1.34	247.9	7.0	1 968.38	986.40
2015-10	玉米	德美亚 3 号	3.00×1.34	249.6	7.0	2 013.46	947.34
2015-10	玉米	德美亚 3 号	3.00×1.34	251.7	7.0	2 007.51	963.13
2015-10	玉米	德美亚 3 号	3.00×1.34	246.8	7.0	2 019.42	975.55
2016-10	大豆	东生 6 号	1.43×1.40	84.2	26.3	622.63	261.05
2016-10	大豆	东生 6 号	1.43×1.40	85.3	27.1	611.18	256.47
2016-10	大豆	东生 6 号	1.43×1.40	86.2	26.5	687.95	267.18
2016-10	大豆	东生 6 号	1.43×1.40	84.7	26.3	647.85	259.14
2016-10	大豆	东生 6 号	1.43×1.40	86.3	27.2	667.58	266.63
2017-10	玉米	德美亚 3 号	3.00×1.34	241.8	7.0	1 850.27	721.35
2017-10	玉米	德美亚 3 号	3.00×1.34	247.9	7.0	1 892.66	718.48
2017-10	玉米	德美亚 3 号	3.00×1.34	249.6	7.0	1 638.87	732.75
2017-10	玉米	德美亚 3 号	3.00×1.34	251.7	7.0	1 687.20	709.26
2017-10	玉米	德美亚 3 号	3.00×1.34	246.8	7.0	1 635.37	711.44

表 3-22 光荣村小流域站区调查点土壤生物采样地作物收获期测产

时间（年-月）	作物名称	作物品种	样方面积/m²	群体株高/cm	密度/（株/m²）	地上部总干重/（g/m²）	产量/（g/m²）
2007-10	玉米	海玉 6 号	1.43×1.40	212.4	5.0	1 734.31	768.00
2007-10	玉米	海玉 6 号	1.43×1.40	208.1	5.0	1 765.06	735.00
2007-10	玉米	海玉 6 号	1.43×1.40	193.4	5.0	1 783.42	715.00
2007-10	玉米	海玉 6 号	1.43×1.40	182.5	5.0	1 858.96	764.00
2007-10	玉米	海玉 6 号	1.43×1.40	181.4	5.0	1 776.77	727.00
2008-10	大豆	黑农 35	1.43×1.40	73.6	26.5	453.80	242.00
2008-10	大豆	黑农 35	1.43×1.40	68.5	25.0	426.70	235.00

（续）

时间（年-月）	作物名称	作物品种	样方面积/m²	群体株高/cm	密度/（株/m²）	地上部总干重/（g/m²）	产量/（g/m²）
2008-10	大豆	黑农 35	1.43×1.40	87.9	24.1	437.50	230.00
2008-10	大豆	黑农 35	1.43×1.40	74.0	26.0	464.20	251.00
2008-10	大豆	黑农 35	1.43×1.40	81.3	25.0	483.90	255.00
2009-10	大豆	黑农 35	1.43×1.40	76.5	27.2	407.50	152.00
2009-10	大豆	黑农 35	1.43×1.40	55.3	27.4	413.64	173.00
2009-10	大豆	黑农 35	1.43×1.40	54.3	24.6	427.80	182.00
2009-10	大豆	黑农 35	1.43×1.40	56.7	23.3	408.68	191.00
2009-10	大豆	黑农 35	1.43×1.40	60.1	25.8	418.30	157.00
2010-9	大豆	黑农 35	1.43×1.40	87.5	25.9	408.00	198.00
2010-9	大豆	黑农 35	1.43×1.40	80.5	23.0	423.00	220.00
2010-9	大豆	黑农 35	1.43×1.40	90.0	25.9	425.00	240.00
2010-9	大豆	黑农 35	1.43×1.40	86.9	30.2	435.00	250.00
2010-9	大豆	黑农 35	1.43×1.40	83.9	24.3	436.00	235.00
2011-9	大豆	黑农 35	1.43×1.40	75.3	26.3	390.54	162.00
2011-9	大豆	黑农 35	1.43×1.40	56.7	28.4	414.76	175.00
2011-9	大豆	黑农 35	1.43×1.40	55.2	27.3	413.53	181.00
2011-9	大豆	黑农 35	1.43×1.40	57.8	23.6	428.62	187.00
2011-9	大豆	黑农 35	1.43×1.40	59.3	26.3	406.72	163.00
2012-10	大豆	黑农 35	1.43×1.40	88.9	29.0	659.28	246.00
2012-10	大豆	黑农 35	1.43×1.40	84.7	31.0	595.11	249.00
2012-10	大豆	黑农 35	1.43×1.40	84.4	26.6	603.95	257.00
2012-10	大豆	黑农 35	1.43×1.40	85.7	32.1	678.60	260.00
2012-10	大豆	黑农 35	1.43×1.40	86.1	25.8	720.86	271.00
2013-10	玉米	德美亚 3 号	2.01×5.00	275.4	7.0	2 390.52	832.00
2013-10	玉米	德美亚 3 号	2.01×5.00	256.7	7.0	2 114.76	827.00
2013-10	玉米	德美亚 3 号	2.01×5.00	255.4	7.0	2 213.58	801.00
2013-10	玉米	德美亚 3 号	2.01×5.00	281.6	7.0	2 228.62	806.00
2013-10	玉米	德美亚 3 号	2.01×5.00	259.5	7.0	2 106.75	784.00
2014-10	大豆	东升 6 号	1.43×1.40	92.1	31.2	787.90	315.16
2014-10	大豆	东升 6 号	1.43×1.40	90.4	29.3	676.80	270.72
2014-10	大豆	东升 6 号	1.43×1.40	88.7	30.5	792.38	293.18
2014-10	大豆	东升 6 号	1.43×1.40	89.2	31.8	739.85	303.34
2014-10	大豆	东升 6 号	1.43×1.40	91.5	28.7	881.66	361.48
2015-10	玉米	德美亚 3 号	3.00×1.34	252.1	7.0	2 014.43	973.24
2015-10	玉米	德美亚 3 号	3.00×1.34	257.5	7.0	2 027.59	980.85
2015-10	玉米	德美亚 3 号	3.00×1.34	253.6	7.0	2 034.73	951.93
2015-10	玉米	德美亚 3 号	3.00×1.34	260.4	7.0	2 016.68	1 001.60
2015-10	玉米	德美亚 3 号	3.00×1.34	254.7	7.0	2 046.19	999.85

（续）

时间（年-月）	作物名称	作物品种	样方面积/m²	群体株高/cm	密度/（株/m²）	地上部总干重/（g/m²）	产量/（g/m²）
2016-10	大豆	东生6号	1.43×1.40	85.9	27.7	725.08	290.03
2016-10	大豆	东生6号	1.43×1.40	86.8	28.3	755.38	282.15
2016-10	大豆	东生6号	1.43×1.40	87.3	29.2	764.10	285.64
2016-10	大豆	东生6号	1.43×1.40	88.7	28.1	652.78	273.11
2016-10	大豆	东生6号	1.43×1.40	85.4	29.5	780.48	284.19
2017-10	玉米	德美亚3号	3.00×1.34	252.1	7.0	1 556.41	727.56
2017-10	玉米	德美亚3号	3.00×1.34	257.5	7.0	1 795.00	738.49
2017-10	玉米	德美亚3号	3.00×1.34	253.6	7.0	1 732.77	749.13
2017-10	玉米	德美亚3号	3.00×1.34	260.4	7.0	1 894.50	751.26
2017-10	玉米	德美亚3号	3.00×1.34	254.7	7.0	1 755.68	768.74

3.1.5 主要生育期动态数据集

3.1.5.1 概述

本数据集包括海伦站2005—2017年1个长期监测样地的年尺度观测数据。其中，大豆的生育期动态数据项包括作物品种、播种期（月/日/年）、出苗期（月/日/年）、开花期（月/日/年）、结荚期（月/日/年）、鼓粒期（月/日/年）、成熟期（月/日/年）、收获期（月/日/年）；玉米的生育期动态数据项包括作物品种、播种期（月/日/年）、出苗期（月/日/年）、五叶期（月/日/年）、拔节期（月/日/年）、抽雄期（月/日/年）、吐丝期（月/日/年）、成熟期（月/日/年）、收获期（月/日/年）。数据采集地点：HLAZH01AB0_01（综合观测场土壤生物长期观测采样地，126°55′33″E，47°27′16″N）。

3.1.5.2 数据采集和处理方法

选择具有代表性、长势均匀地块多点观测。根据每年大致观测日期范围，提前2～3d到田间观测，等到符合观测条件后，及时记录数据。达到个生育期的百分比标准，以50%植株达到该生育阶段日期为记录标准。作物“播种期”指实际播种日期；“收获期”指实际最终收获的日期；其他生育时期，以50%以上的作物植株呈现该生育时期特有的外部形态特征为准。

（1）玉米

出苗期为幼苗出土高2～3 cm的日期；五叶期为第五片叶完全展开的日期；拔节期为茎基部第一节伸出地面1～2 cm，手触可见的日期；抽雄期为雄穗顶端露出叶鞘的日期；吐丝期为雌蕊花丝露出苞叶变黄，籽粒变硬的日期。

（2）大豆

出苗期为子叶出土并展开的日期；开花期为花开放的日期；结荚期为幼荚形成长1.0～1.5 cm的日期；鼓粒期为豆荚中部籽粒明显鼓起的日期；成熟期为荚果具有品种固有色泽、粒形、粒色，豆粒用指甲无法滑伤，摇动植株有响声的日期。

3.1.5.3 数据质量控制和评估

①调查过程的质量控制。尽量选择下午观测，多点、定位观测和记录。至少选择3点观测，采用对角线法布点，每点大约调查30株。

②数据录入过程的质量控制。及时分析数据，检查、筛选异常值，明显异常的数据需补充测定。严格避免原始数据录入报表过程产生的误差。观测内容要立刻记录表格，不可过后补记。

③数据质量评估。将所获取的数据与各项辅助信息数据以及历史数据信息比较，评价数据的正

确、一致性、完整性、可比性和连续性，经过站长和数据管理员审核认定，批准上报。

3.1.5.4　数据价值/数据使用方法和建议

本部分数据体现了较长时间尺度（13 年）下，年际间作物生育时期的变化情况，为相关生育时期的科研工作提供数据基础。

3.1.5.5　数据

具体数据见表 3－23、表 3－24。

表 3－23　综合观测场土壤生物长期观测采样地玉米生育时期动态

年份	作物品种	播种期	出苗期	五叶期	拔节期	抽雄期	吐丝期	成熟期	收获期
2005	海玉 6 号	05/09/2005	05/20/2005	06/11/2005	06/25/2005	07/26/2005	07/28/2005	10/02/2005	10/05/2005
2007	海玉 6 号	05/05/2007	05/22/2007	06/10/2007	06/23/2007	07/21/2007	07/26/2007	09/24/2007	10/03/2007
2009	海玉 6 号	05/02/2009	05/25/2009	06/13/2009	06/24/2009	07/24/2009	07/26/2009	09/28/2009	10/02/2009
2011	海玉 6 号	05/05/2011	05/27/2011	06/15/2011	06/20/2011	07/21/2011	07/24/2011	09/20/2011	09/23/2011
2013	德美亚 3 号	05/08/2013	05/29/2013	06/17/2013	06/22/2013	07/23/2013	07/27/2013	09/24/2013	10/05/2013
2015	德美亚 3 号	05/20/2015	06/02/2015	06/20/2015	06/28/2015	07/26/2015	07/31/2015	10/06/2015	10/17/2015
2017	德美亚 3 号	05/08/2017	05/20/2017	06/05/2017	06/20/2017	07/21/2017	07/26/2017	09/27/2017	10/06/2017

注：表中生育时期格式为“月/日/年”。

表 3－24　综合观测场土壤生物长期观测采样地大豆生育时期动态

年份	作物品种	播种期	出苗期	开花期	结荚期	鼓粒期	成熟期	收获期
2006	黑农 35	05/10/2006	05/23/2006	06/26/2006	07/20/2006	08/19/2006	09/28/2006	10/06/2006
2008	黑农 35	05/06/2008	05/17/2008	06/25/2008	07/23/2008	08/18/2008	09/25/2008	10/01/2008
2010	黑农 35	05/17/2010	05/29/2010	06/26/2010	07/25/2010	08/18/2010	09/12/2010	09/20/2010
2012	黑农 35	05/08/2012	05/22/2012	06/27/2012	07/26/2012	08/19/2012	09/16/2012	10/05/2012
2014	东生 6 号	05/08/2014	05/24/2014	06/28/2014	07/27/2014	08/20/2014	09/20/2014	10/02/2014
2016	东生 6 号	05/07/2016	05/24/2016	06/28/2016	07/28/2016	08/21/2016	09/22/2016	10/01/2016

注：表中生育时期格式为“月/日/年”。

3.1.6　作物营养元素含量数据

3.1.6.1　概述

本数据集包括海伦站 2005—2017 年 3 个长期监测样地的年尺度观测数据，包括作物名称、作物品种、采样部位、全碳（g/kg）、全氮（g/kg）、全磷（g/kg）、全钾（g/kg）、全硫（g/kg）、全钙（g/kg）、全镁（g/kg）、全锰（mg/kg）、全铜（mg/kg）、全锌（mg/kg）、全钼（mg/kg）、全硼（mg/kg）、全硅（g/kg）。数据采集地点：HLAZH01AB0 _ 01（综合观测场土壤生物长期观测采样地，126°55′33″ E，47°27′16″ N）、HLAFZ01AB0 _ 01 [辅助观测场土壤生物监测长期采样地（空白），126°55′33″ E，47°27′16″ N]、HLAFZ02AB0 _ 01 [辅助观测场土壤生物监测长期采样地（秸秆还田），126°55′33″ E，47°27′16″ N]。

3.1.6.2　数据采集和处理方法

根据每个观测场的设计规范，结合当年土壤取样位置，在相应取样小区内同时取多个有代表性样品（数量根据作物不同而异），本采样区面积为 20 m×20 m，均分为 16 个 5 m×5 m 的采样区，每次采样从 6 个采样区内取得 6 份样品，即 6 次重复。将各样株地上部收割并按照不同样点分别装入样品袋，保存于通风、干燥处。将风干后样株区分为根、茎、叶、籽实，分别于 65 ℃烘干，研磨粉碎并混匀，其中玉米由于取样量较大，尽可能用粉碎机将所取样品按部位分别粉碎，混合均匀后用四分法采取所需数量的分析样品。

本部分数据的观测频度为每年一次（作物收获期），在长期监测过程中，对每一次采样点的地理位置、采样情况和采样条件作详细的定位记录，并在相应的土壤或地形图上做标识。

3.1.6.3 数据质量控制和评估

①观测人员须熟练掌握野外观测规范及相关科学技术知识，严格执行各观测项目的操作规程采样。采集作物、分析样品时，严格按照观测规范要求，保证样品的代表性，完成规定的采样点数、样方重复数。

②室内分析环节的质量控制。严格检查实验环境条件、仪器和各种实验耗材的性能和状态、试剂和药品纯度、分析人员的实验素质、所采取的分析方法等，同时详细记录室内分析方法以及每一个环节。

③数据录入过程的质量控制。及时分析数据，检查、筛选异常值，明显异常的数据需补充测定。严格避免原始数据录入报表过程产生的误差。观测内容要立刻记录，不可补记。

④数据质量评估。将所获取的数据与各项辅助信息数据以及历史数据信息比较，评价数据的正确、一致性、完整性、可比性和连续性，经站长和数据管理员审核认定后，批准上报。

3.1.6.4 数据价值/数据使用方法和建议

作物茎秆各部位的各种元素含量情况，能够直接反映农药残留状况，可以作为环境保护的重要参考指标，也能反映作物前期生长的养分状况，结合不同施肥处理条件下的时间尺度元素含量变化情况，也能够反映出作物的肥料利用效率，同时籽粒部分元素含量还可以直接反映作物的营养品质情况。人体所摄入的微量元素主要来源于植物。研究粮食中微量元素变化情况对人类健康具有非常重大的意义，当人体长期缺乏某些微量元素时，就会造成某种营养元素缺乏，导致营养不良，从而引起多种疾患。相反，若长期食用某种微量元素含量过高的食物则会造成相应的中毒状况。因此，研究和评价作物中微量元素的含量水平具有重要意义，本部分数据提供了每 5 年检测 1 次的作物体内微量元素监测分析数据，为有志于相关研究的科研人员提供数据基础。

3.1.6.5 数据

具体数据见表 3-25～表 3-28。

表 3-25 综合观测场土壤生物长期观测采样地作物主要元素含量情况

时间（年-月）	作物名称	作物品种	采样部位	全碳/(g/kg)	全氮/(g/kg)	全磷/(g/kg)	全钾/(g/kg)
2005-10	玉米	海玉 6 号	根	428.38	9.75	0.70	5.97
2005-10	玉米	海玉 6 号	根	428.10	9.95	0.72	5.36
2005-10	玉米	海玉 6 号	根	427.49	10.42	0.70	5.77
2005-10	玉米	海玉 6 号	茎	439.29	10.51	3.10	3.43
2005-10	玉米	海玉 6 号	茎	432.60	12.59	3.09	3.34
2005-10	玉米	海玉 6 号	茎	433.83	10.54	3.05	3.29
2005-10	玉米	海玉 6 号	叶	408.65	7.28	0.90	7.18
2005-10	玉米	海玉 6 号	叶	409.35	6.81	0.86	7.29
2005-10	玉米	海玉 6 号	叶	410.70	6.89	0.81	7.35
2005-10	玉米	海玉 6 号	籽实	434.66	18.72	1.57	8.97

（续）

时间（年-月）	作物名称	作物品种	采样部位	全碳/(g/kg)	全氮/(g/kg)	全磷/(g/kg)	全钾/(g/kg)
2005-10	玉米	海玉 6 号	籽实	426.33	18.41	1.88	9.55
2005-10	玉米	海玉 6 号	籽实	425.77	17.82	1.69	9.56
2006-10	大豆	黑农 35	根	437.41	9.69	0.87	3.46
2006-10	大豆	黑农 35	根	444.12	9.73	1.01	3.51
2006-10	大豆	黑农 35	根	427.59	9.82	0.98	3.53
2006-10	大豆	黑农 35	茎	439.68	10.26	1.35	8.24
2006-10	大豆	黑农 35	茎	448.52	10.37	1.38	7.95
2006-10	大豆	黑农 35	茎	446.94	10.57	1.42	8.13
2006-10	大豆	黑农 35	叶	416.82	30.44	1.38	5.95
2006-10	大豆	黑农 35	叶	418.95	30.59	1.41	6.04
2006-10	大豆	黑农 35	叶	419.27	32.69	1.42	6.03
2006-10	大豆	黑农 35	籽实	448.97	59.66	1.38	14.43
2006-10	大豆	黑农 35	籽实	459.67	60.35	1.42	14.35
2006-10	大豆	黑农 35	籽实	478.96	57.43	1.43	14.72
2007-10	玉米	海玉 6 号	根	439.26	9.26	0.59	6.03
2007-10	玉米	海玉 6 号	根	441.27	8.48	0.71	5.59
2007-10	玉米	海玉 6 号	根	436.27	9.39	0.82	5.84
2007-10	玉米	海玉 6 号	茎	442.42	9.14	3.26	3.42
2007-10	玉米	海玉 6 号	茎	431.15	9.20	3.29	3.37
2007-10	玉米	海玉 6 号	茎	129.26	8.88	4.01	3.46
2007-10	玉米	海玉 6 号	叶	391.59	5.00	0.92	8.02
2007-10	玉米	海玉 6 号	叶	398.11	4.94	0.97	8.07
2007-10	玉米	海玉 6 号	叶	405.57	5.19	1.01	7.96
2007-10	玉米	海玉 6 号	籽实	437.38	16.64	1.64	7.25
2007-10	玉米	海玉 6 号	籽实	453.39	17.28	1.92	8.36
2007-10	玉米	海玉 6 号	籽实	458.59	18.46	1.37	8.46
2008-10	大豆	黑农 35	根	484.14	11.01	1.00	3.71
2008-10	大豆	黑农 35	根	487.28	12.60	1.42	3.94
2008-10	大豆	黑农 35	根	499.41	16.29	1.24	3.47
2008-10	大豆	黑农 35	茎	436.70	15.39	1.95	8.46
2008-10	大豆	黑农 35	茎	447.02	14.05	1.24	7.94
2008-10	大豆	黑农 35	茎	542.54	10.61	1.78	8.22
2008-10	大豆	黑农 35	叶	442.20	34.86	1.60	4.63
2008-10	大豆	黑农 35	叶	473.47	37.46	1.42	4.94

（续）

时间（年-月）	作物名称	作物品种	采样部位	全碳/(g/kg)	全氮/(g/kg)	全磷/(g/kg)	全钾/(g/kg)
2008-10	大豆	黑农35	叶	468.97	27.35	1.84	5.57
2008-10	大豆	黑农35	籽实	530.57	68.27	1.73	15.57
2008-10	大豆	黑农35	籽实	537.99	58.08	1.71	15.62
2008-10	大豆	黑农35	籽实	474.97	67.48	1.38	14.97
2009-10	玉米	海玉6号	根	436.04	9.92	0.67	5.98
2009-10	玉米	海玉6号	根	439.96	8.95	0.78	5.55
2009-10	玉米	海玉6号	根	428.70	9.45	0.87	5.77
2009-10	玉米	海玉6号	茎	441.49	9.94	3.33	3.41
2009-10	玉米	海玉6号	茎	424.85	9.90	3.30	3.37
2009-10	玉米	海玉6号	茎	426.34	9.18	4.11	3.38
2009-10	玉米	海玉6号	叶	390.55	5.40	0.97	7.95
2009-10	玉米	海玉6号	叶	395.45	5.94	1.04	8.07
2009-10	玉米	海玉6号	叶	404.16	6.10	1.04	7.91
2009-10	玉米	海玉6号	籽实	434.83	17.47	1.71	7.25
2009-10	玉米	海玉6号	籽实	449.34	17.49	1.93	8.29
2009-10	玉米	海玉6号	籽实	457.16	19.12	1.46	8.44
2010-9	大豆	黑农35	根	433.70	5.52	0.55	0.83
2010-9	大豆	黑农35	根	449.70	5.42	0.57	0.83
2010-9	大豆	黑农35	根	469.60	5.50	0.56	0.82
2010-9	大豆	黑农35	茎	469.10	4.28	0.27	3.12
2010-9	大豆	黑农35	茎	470.20	4.26	0.27	3.06
2010-9	大豆	黑农35	茎	476.30	4.18	0.29	3.32
2010-9	大豆	黑农35	叶	486.20	51.99	5.53	15.73
2010-9	大豆	黑农35	叶	475.40	49.06	5.32	15.95
2010-9	大豆	黑农35	叶	514.90	51.44	5.62	16.10
2010-9	大豆	黑农35	籽实	423.70	42.40	4.13	16.26
2010-9	大豆	黑农35	籽实	448.20	45.56	4.02	16.01
2010-9	大豆	黑农35	籽实	445.90	44.14	4.14	16.06
2011-9	玉米	海玉6号	根	443.77	8.68	0.81	5.49
2011-9	玉米	海玉6号	根	445.96	9.37	0.63	5.76
2011-9	玉米	海玉6号	根	443.90	8.59	0.72	5.62
2011-9	玉米	海玉6号	茎	453.98	11.21	2.89	3.64
2011-9	玉米	海玉6号	茎	449.67	10.58	3.12	4.02
2011-9	玉米	海玉6号	茎	446.90	9.96	3.43	3.78

（续）

时间（年-月）	作物名称	作物品种	采样部位	全碳/(g/kg)	全氮/(g/kg)	全磷/(g/kg)	全钾/(g/kg)
2011-9	玉米	海玉 6 号	叶	428.25	8.14	1.13	6.85
2011-9	玉米	海玉 6 号	叶	424.65	7.26	0.95	7.46
2011-9	玉米	海玉 6 号	叶	427.59	7.34	0.92	7.68
2011-9	玉米	海玉 6 号	籽实	453.29	16.73	1.63	9.36
2011-9	玉米	海玉 6 号	籽实	437.07	17.45	1.92	9.21
2011-9	玉米	海玉 6 号	籽实	439.26	15.28	1.85	9.76
2012-10	大豆	黑农 35	根	467.26	5.26	0.42	1.11
2012-10	大豆	黑农 35	根	441.39	5.35	0.68	0.93
2012-10	大豆	黑农 35	根	477.04	5.48	0.84	0.92
2012-10	大豆	黑农 35	茎	449.24	4.36	0.33	3.88
2012-10	大豆	黑农 35	茎	468.55	4.28	0.41	3.76
2012-10	大豆	黑农 35	茎	458.56	3.93	0.35	3.54
2012-10	大豆	黑农 35	叶	472.32	55.27	6.17	14.83
2012-10	大豆	黑农 35	叶	444.83	55.37	5.84	16.19
2012-10	大豆	黑农 35	叶	487.39	50.26	6.03	15.76
2012-10	大豆	黑农 35	籽实	436.28	49.39	4.39	17.35
2012-10	大豆	黑农 35	籽实	429.57	54.22	4.28	14.28
2012-10	大豆	黑农 35	籽实	443.26	50.15	5.06	15.49
2013-10	玉米	德美亚 3 号	根	431.25	9.68	0.68	6.02
2013-10	玉米	德美亚 3 号	根	422.16	9.76	0.83	5.73
2013-10	玉米	德美亚 3 号	根	423.28	9.83	0.82	5.84
2013-10	玉米	德美亚 3 号	茎	441.73	11.26	2.93	3.37
2013-10	玉米	德美亚 3 号	茎	436.29	11.39	3.04	3.42
2013-10	玉米	德美亚 3 号	茎	435.17	10.87	3.12	3.59
2013-10	玉米	德美亚 3 号	叶	405.53	6.59	0.87	6.93
2013-10	玉米	德美亚 3 号	叶	412.13	6.67	0.84	7.17
2013-10	玉米	德美亚 3 号	叶	407.29	6.83	0.85	7.26
2013-10	玉米	德美亚 3 号	籽实	437.27	19.67	1.64	9.14
2013-10	玉米	德美亚 3 号	籽实	432.48	17.26	1.73	9.26
2013-10	玉米	德美亚 3 号	籽实	427.51	18.39	1.75	9.38
2014-10	大豆	东升 6 号	根	440.03	5.73	0.52	0.87
2014-10	大豆	东升 6 号	根	445.60	5.13	0.53	0.92
2014-10	大豆	东升 6 号	根	472.47	5.54	0.56	0.86
2014-10	大豆	东升 6 号	茎	470.17	4.10	0.19	3.21

（续）

时间（年-月）	作物名称	作物品种	采样部位	全碳/(g/kg)	全氮/(g/kg)	全磷/(g/kg)	全钾/(g/kg)
2014-10	大豆	东升6号	茎	472.67	3.93	0.23	3.14
2014-10	大豆	东升6号	茎	475.09	4.33	0.21	3.38
2014-10	大豆	东升6号	叶	485.41	51.75	4.67	16.13
2014-10	大豆	东升6号	叶	475.76	48.75	5.13	16.60
2014-10	大豆	东升6号	叶	499.87	51.11	4.99	16.77
2014-10	大豆	东升6号	籽实	427.94	41.99	3.37	16.90
2014-10	大豆	东升6号	籽实	451.80	45.00	3.22	16.89
2014-10	大豆	东升6号	籽实	449.84	44.74	3.13	16.78
2015-10	玉米	德美亚3号	根	455.13	10.72	0.55	6.44
2015-10	玉米	德美亚3号	根	449.82	12.61	0.54	6.62
2015-10	玉米	德美亚3号	根	454.15	11.45	0.56	6.18
2015-10	玉米	德美亚3号	茎	459.14	4.86	0.42	8.99
2015-10	玉米	德美亚3号	茎	457.17	4.60	0.38	8.01
2015-10	玉米	德美亚3号	茎	457.58	4.47	0.38	7.57
2015-10	玉米	德美亚3号	叶	410.46	11.34	0.99	4.35
2015-10	玉米	德美亚3号	叶	402.88	12.87	1.05	4.12
2015-10	玉米	德美亚3号	叶	412.81	12.81	1.02	4.45
2015-10	玉米	德美亚3号	籽实	431.27	16.23	4.07	5.21
2015-10	玉米	德美亚3号	籽实	442.72	15.37	3.87	4.93
2015-10	玉米	德美亚3号	籽实	434.46	15.08	3.89	5.19
2016-10	大豆	东生6号	根	459.79	5.61	0.58	0.89
2016-10	大豆	东生6号	根	457.82	5.49	0.55	0.93
2016-10	大豆	东生6号	根	463.15	5.57	0.57	0.95
2016-10	大豆	东生6号	茎	465.71	4.31	0.25	3.28
2016-10	大豆	东生6号	茎	466.19	4.28	0.24	3.19
2016-10	大豆	东生6号	茎	463.75	4.35	0.26	3.24
2016-10	大豆	东生6号	籽实	507.18	53.29	5.03	15.76
2016-10	大豆	东生6号	籽实	510.29	54.72	5.12	15.92
2016-10	大豆	东生6号	籽实	509.36	55.16	5.09	15.89
2016-10	大豆	东生6号	叶	436.13	46.75	3.71	16.27
2016-10	大豆	东生6号	叶	440.05	45.38	3.93	16.35
2016-10	大豆	东生6号	叶	439.74	45.71	3.82	16.42
2017-10	玉米	德美亚3号	根	437.26	11.74	0.61	6.71
2017-10	玉米	德美亚3号	根	442.85	12.38	0.58	6.58

（续）

时间（年-月）	作物名称	作物品种	采样部位	全碳/(g/kg)	全氮/(g/kg)	全磷/(g/kg)	全钾/(g/kg)
2017 - 10	玉米	德美亚 3 号	根	445.27	12.09	0.57	6.42
2017 - 10	玉米	德美亚 3 号	茎	452.76	4.75	0.43	8.22
2017 - 10	玉米	德美亚 3 号	茎	447.29	4.37	0.41	8.59
2017 - 10	玉米	德美亚 3 号	茎	453.38	4.52	0.39	8.44
2017 - 10	玉米	德美亚 3 号	叶	413.72	12.35	1.06	4.57
2017 - 10	玉米	德美亚 3 号	叶	417.29	12.46	1.08	4.38
2017 - 10	玉米	德美亚 3 号	叶	409.82	12.88	1.03	4.46
2017 - 10	玉米	德美亚 3 号	籽实	448.13	15.28	3.92	5.69
2017 - 10	玉米	德美亚 3 号	籽实	439.75	16.79	4.02	5.72
2017 - 10	玉米	德美亚 3 号	籽实	442.64	16.31	3.95	5.36

表 3 - 26　辅助观测场土壤生物监测长期采样地（空白）作物主要元素含量情况

时间（年-月）	作物名称	作物品种	采样部位	全碳/(g/kg)	全氮/(g/kg)	全磷/(g/kg)	全钾/(g/kg)
2005 - 10	玉米	海玉 6 号	根	431.06	10.78	0.88	6.15
2005 - 10	玉米	海玉 6 号	根	433.21	11.13	0.97	5.62
2005 - 10	玉米	海玉 6 号	根	436.96	11.44	0.91	5.97
2005 - 10	玉米	海玉 6 号	茎	442.64	11.53	3.22	3.73
2005 - 10	玉米	海玉 6 号	茎	441.77	13.84	3.22	3.48
2005 - 10	玉米	海玉 6 号	茎	440.64	12.52	3.32	3.41
2005 - 10	玉米	海玉 6 号	叶	413.83	8.81	1.19	7.34
2005 - 10	玉米	海玉 6 号	叶	412.66	8.28	1.10	7.57
2005 - 10	玉米	海玉 6 号	叶	412.61	8.08	0.94	7.45
2005 - 10	玉米	海玉 6 号	籽实	435.55	20.19	1.82	9.14
2005 - 10	玉米	海玉 6 号	籽实	434.29	20.13	2.15	9.82
2005 - 10	玉米	海玉 6 号	籽实	432.48	18.95	1.82	9.84
2006 - 10	大豆	黑农 35	根	453.74	7.28	0.63	3.37
2006 - 10	大豆	黑农 35	根	431.32	8.46	0.74	3.26
2006 - 10	大豆	黑农 35	根	467.63	10.02	0.85	3.14
2006 - 10	大豆	黑农 35	茎	436.59	10.68	1.05	6.97
2006 - 10	大豆	黑农 35	茎	452.18	10.14	0.97	6.88
2006 - 10	大豆	黑农 35	茎	432.17	10.17	0.89	6.12
2006 - 10	大豆	黑农 35	叶	433.93	33.26	1.04	7.13
2006 - 10	大豆	黑农 35	叶	426.19	35.47	1.07	8.26
2006 - 10	大豆	黑农 35	叶	433.36	31.02	0.96	6.01
2006 - 10	大豆	黑农 35	籽实	467.87	48.37	0.98	11.22

（续）

时间（年-月）	作物名称	作物品种	采样部位	全碳/(g/kg)	全氮/(g/kg)	全磷/(g/kg)	全钾/(g/kg)
2006-10	大豆	黑农35	籽实	478.93	45.17	1.15	13.49
2006-10	大豆	黑农35	籽实	487.39	44.39	1.24	10.26
2007-10	玉米	海玉6号	根	444.17	11.44	0.86	6.02
2007-10	玉米	海玉6号	根	434.26	12.37	0.98	5.83
2007-10	玉米	海玉6号	根	456.51	10.58	0.95	5.96
2007-10	玉米	海玉6号	茎	437.26	10.08	3.43	3.46
2007-10	玉米	海玉6号	茎	451.01	10.02	3.52	3.81
2007-10	玉米	海玉6号	茎	436.26	10.63	3.44	3.52
2007-10	玉米	海玉6号	叶	402.15	5.25	0.98	7.64
2007-10	玉米	海玉6号	叶	431.15	6.34	0.95	7.63
2007-10	玉米	海玉6号	叶	411.13	6.28	1.02	7.51
2007-10	玉米	海玉6号	籽实	445.91	19.18	1.93	10.02
2007-10	玉米	海玉6号	籽实	431.92	19.20	1.95	9.72
2007-10	玉米	海玉6号	籽实	435.67	17.26	1.96	9.68
2008-10	大豆	黑农35	根	497.43	17.93	0.86	3.56
2008-10	大豆	黑农35	根	460.46	16.01	0.68	3.84
2008-10	大豆	黑农35	根	430.31	16.56	0.36	4.23
2008-10	大豆	黑农35	茎	493.27	16.12	0.83	8.40
2008-10	大豆	黑农35	茎	511.55	10.95	0.91	8.50
2008-10	大豆	黑农35	茎	561.83	18.94	1.19	8.24
2008-10	大豆	黑农35	叶	438.81	36.41	0.93	6.08
2008-10	大豆	黑农35	叶	424.17	32.98	0.80	6.46
2008-10	大豆	黑农35	叶	536.87	23.59	1.18	6.73
2008-10	大豆	黑农35	籽实	551.24	64.63	0.86	14.75
2008-10	大豆	黑农35	籽实	525.36	63.73	0.94	14.93
2008-10	大豆	黑农35	籽实	560.48	66.69	1.04	14.74
2009-10	玉米	海玉6号	根	435.71	12.16	0.89	6.01
2009-10	玉米	海玉6号	根	433.29	12.53	1.04	5.82
2009-10	玉米	海玉6号	根	451.00	11.17	1.04	5.91
2009-10	玉米	海玉6号	茎	430.34	10.52	3.50	3.45
2009-10	玉米	海玉6号	茎	445.16	10.89	3.57	3.79
2009-10	玉米	海玉6号	茎	427.99	11.37	3.50	3.44
2009-10	玉米	海玉6号	叶	397.28	6.17	1.07	7.61
2009-10	玉米	海玉6号	叶	423.72	6.46	0.95	7.61

（续）

时间（年-月）	作物名称	作物品种	采样部位	全碳/(g/kg)	全氮/(g/kg)	全磷/(g/kg)	全钾/(g/kg)
2009-10	玉米	海玉6号	叶	405.06	6.54	1.04	7.48
2009-10	玉米	海玉6号	籽实	436.73	19.33	1.96	9.95
2009-10	玉米	海玉6号	籽实	425.10	19.39	2.03	9.68
2009-10	玉米	海玉6号	籽实	435.62	17.84	2.03	9.62
2010-9	大豆	黑农35	根	430.29	5.35	0.51	0.80
2010-9	大豆	黑农35	根	449.87	5.03	0.54	0.81
2010-9	大豆	黑农35	根	467.20	4.91	0.51	0.72
2010-9	大豆	黑农35	茎	472.74	3.95	0.25	3.07
2010-9	大豆	黑农35	茎	469.56	4.00	0.19	2.99
2010-9	大豆	黑农35	茎	474.79	3.57	0.27	3.32
2010-9	大豆	黑农35	叶	487.25	51.11	5.44	15.67
2010-9	大豆	黑农35	叶	478.05	48.39	5.30	15.87
2010-9	大豆	黑农35	叶	508.91	50.76	5.57	16.08
2010-9	大豆	黑农35	籽实	417.37	41.98	4.08	16.16
2010-9	大豆	黑农35	籽实	451.23	44.97	3.92	15.93
2010-9	大豆	黑农35	籽实	441.31	43.48	4.06	15.98
2011-9	玉米	海玉6号	根	421.04	8.26	1.02	5.87
2011-9	玉米	海玉6号	根	420.79	7.49	1.11	5.64
2011-9	玉米	海玉6号	根	425.82	6.27	0.86	5.34
2011-9	玉米	海玉6号	茎	422.64	10.26	3.52	4.15
2011-9	玉米	海玉6号	茎	427.06	11.34	3.46	3.67
2011-9	玉米	海玉6号	茎	430.43	10.28	3.68	3.52
2011-9	玉米	海玉6号	叶	402.06	9.13	1.24	7.15
2011-9	玉米	海玉6号	叶	400.99	7.89	1.36	7.44
2011-9	玉米	海玉6号	叶	393.51	8.16	1.56	7.38
2011-9	玉米	海玉6号	籽实	420.85	18.16	1.65	9.53
2011-9	玉米	海玉6号	籽实	422.05	19.21	1.47	9.46
2011-9	玉米	海玉6号	籽实	415.51	20.37	1.26	8.85
2012-10	大豆	黑农35	根	456.29	5.51	0.77	1.03
2012-10	大豆	黑农35	根	467.89	5.27	0.81	0.94
2012-10	大豆	黑农35	根	447.15	5.26	0.63	0.67
2012-10	大豆	黑农35	茎	483.60	4.73	0.42	3.69
2012-10	大豆	黑农35	茎	502.19	4.35	0.38	3.81
2012-10	大豆	黑农35	茎	463.29	4.82	0.59	3.92

（续）

时间 （年-月）	作物 名称	作物品种	采样 部位	全碳/ （g/kg）	全氮/ （g/kg）	全磷/ （g/kg）	全钾/ （g/kg）
2012-10	大豆	黑农35	叶	510.51	49.49	5.67	17.33
2012-10	大豆	黑农35	叶	469.48	52.37	5.83	15.29
2012-10	大豆	黑农35	叶	477.39	54.92	5.28	16.30
2012-10	大豆	黑农35	籽实	432.19	44.25	4.62	14.28
2012-10	大豆	黑农35	籽实	447.26	50.51	4.19	16.81
2012-10	大豆	黑农35	籽实	438.27	49.28	5.03	15.09
2013-10	玉米	德美亚3号	根	426.57	8.76	0.91	5.87
2013-10	玉米	德美亚3号	根	427.46	9.28	0.96	5.89
2013-10	玉米	德美亚3号	根	413.52	9.39	0.94	5.92
2013-10	玉米	德美亚3号	茎	438.55	10.29	3.17	3.56
2013-10	玉米	德美亚3号	茎	436.29	11.37	3.46	3.68
2013-10	玉米	德美亚3号	茎	439.38	10.86	3.19	3.71
2013-10	玉米	德美亚3号	叶	420.59	8.73	1.37	7.45
2013-10	玉米	德美亚3号	叶	415.26	8.58	1.26	7.64
2013-10	玉米	德美亚3号	叶	417.58	8.67	1.19	7.83
2013-10	玉米	德美亚3号	籽实	427.56	19.87	1.85	9.59
2013-10	玉米	德美亚3号	籽实	430.18	21.29	1.98	9.67
2013-10	玉米	德美亚3号	籽实	432.51	20.18	1.96	9.71
2014-10	大豆	东升6号	根	428.96	5.28	0.47	0.89
2014-10	大豆	东升6号	根	452.29	5.68	0.54	0.85
2014-10	大豆	东升6号	根	464.82	5.49	0.45	0.75
2014-10	大豆	东升6号	茎	471.91	3.42	0.18	3.15
2014-10	大豆	东升6号	茎	474.13	3.73	0.19	3.03
2014-10	大豆	东升6号	茎	471.86	3.82	0.21	3.40
2014-10	大豆	东升6号	叶	482.66	51.13	4.81	15.99
2014-10	大豆	东升6号	叶	471.85	48.20	4.88	16.07
2014-10	大豆	东升6号	叶	484.58	50.99	4.92	16.64
2014-10	大豆	东升6号	籽实	413.33	41.63	3.11	16.65
2014-10	大豆	东升6号	籽实	451.29	44.24	2.99	16.81
2014-10	大豆	东升6号	籽实	445.31	43.41	3.22	16.13
2015-10	玉米	德美亚3号	根	448.27	9.86	0.51	6.53
2015-10	玉米	德美亚3号	根	453.52	9.73	0.49	6.37
2015-10	玉米	德美亚3号	根	446.71	9.94	0.48	6.29
2015-10	玉米	德美亚3号	茎	452.19	4.35	0.39	7.82

（续）

时间（年-月）	作物名称	作物品种	采样部位	全碳/(g/kg)	全氮/(g/kg)	全磷/(g/kg)	全钾/(g/kg)
2015-10	玉米	德美亚 3 号	茎	453.63	4.47	0.38	7.91
2015-10	玉米	德美亚 3 号	茎	449.27	4.52	0.41	7.65
2015-10	玉米	德美亚 3 号	叶	403.52	10.27	10.05	4.27
2015-10	玉米	德美亚 3 号	叶	401.28	10.35	1.03	4.36
2015-10	玉米	德美亚 3 号	叶	400.19	10.58	1.05	4.47
2015-10	玉米	德美亚 3 号	籽实	432.27	15.27	3.92	5.18
2015-10	玉米	德美亚 3 号	籽实	434.39	14.96	3.87	5.25
2015-10	玉米	德美亚 3 号	籽实	429.18	15.19	3.85	5.09
2016-10	大豆	东生 6 号	根	437.21	5.34	0.54	0.92
2016-10	大豆	东生 6 号	根	431.59	5.57	0.52	0.90
2016-10	大豆	东生 6 号	根	440.06	5.43	0.51	0.95
2016-10	大豆	东生 6 号	茎	453.11	3.92	0.23	3.03
2016-10	大豆	东生 6 号	茎	460.79	3.75	0.21	3.05
2016-10	大豆	东生 6 号	茎	458.44	3.87	0.22	3.14
2016-10	大豆	东生 6 号	籽实	491.77	52.04	4.79	16.32
2016-10	大豆	东生 6 号	籽实	489.65	51.53	4.75	16.15
2016-10	大豆	东生 6 号	籽实	495.32	51.29	4.82	16.47
2016-10	大豆	东生 6 号	叶	427.53	43.71	3.03	16.85
2016-10	大豆	东生 6 号	叶	423.15	42.85	3.05	16.67
2016-10	大豆	东生 6 号	叶	420.92	42.46	2.97	16.52
2017-10	玉米	德美亚 3 号	根	442.77	9.49	0.52	6.47
2017-10	玉米	德美亚 3 号	根	456.92	9.82	0.54	6.52
2017-10	玉米	德美亚 3 号	根	451.39	9.35	0.51	6.33
2017-10	玉米	德美亚 3 号	茎	444.13	4.48	0.42	7.52
2017-10	玉米	德美亚 3 号	茎	448.71	4.57	0.44	7.46
2017-10	玉米	德美亚 3 号	茎	441.25	4.54	0.39	7.83
2017-10	玉米	德美亚 3 号	叶	405.88	9.97	1.04	4.39
2017-10	玉米	德美亚 3 号	叶	403.74	10.49	1.01	4.28
2017-10	玉米	德美亚 3 号	叶	411.53	10.25	1.02	4.57
2017-10	玉米	德美亚 3 号	籽实	428.62	13.37	4.05	5.03
2017-10	玉米	德美亚 3 号	籽实	431.83	13.82	3.98	5.15
2017-10	玉米	德美亚 3 号	籽实	433.77	14.29	4.02	5.11

表 3-27 辅助观测场土壤生物监测长期采样地（秸秆还田）作物主要元素含量情况

时间（年-月）	作物名称	作物品种	采样部位	全碳/(g/kg)	全氮/(g/kg)	全磷/(g/kg)	全钾/(g/kg)
2005-10	玉米	海玉 6 号	根	433.88	11.55	0.97	6.37
2005-10	玉米	海玉 6 号	根	436.51	11.82	1.00	5.60
2005-10	玉米	海玉 6 号	根	432.54	12.26	0.84	6.09
2005-10	玉米	海玉 6 号	茎	439.38	11.77	3.27	3.80
2005-10	玉米	海玉 6 号	茎	433.30	14.34	3.24	3.83
2005-10	玉米	海玉 6 号	茎	434.03	12.34	3.34	3.64
2005-10	玉米	海玉 6 号	叶	414.99	8.86	1.20	7.68
2005-10	玉米	海玉 6 号	叶	414.54	7.96	1.03	7.54
2005-10	玉米	海玉 6 号	叶	417.45	8.45	0.97	7.56
2005-10	玉米	海玉 6 号	籽实	443.68	20.01	1.83	9.17
2005-10	玉米	海玉 6 号	籽实	435.43	19.79	2.18	9.86
2005-10	玉米	海玉 6 号	籽实	433.73	19.33	1.88	9.91
2006-10	大豆	黑农 35	根	473.25	9.77	0.99	4.06
2006-10	大豆	黑农 35	根	432.43	9.82	1.06	4.07
2006-10	大豆	黑农 35	根	421.56	9.97	0.95	3.95
2006-10	大豆	黑农 35	茎	453.12	10.47	1.40	8.53
2006-10	大豆	黑农 35	茎	445.67	12.56	1.39	8.24
2006-10	大豆	黑农 35	茎	447.31	11.68	1.56	8.47
2006-10	大豆	黑农 35	叶	419.93	31.54	1.47	6.11
2006-10	大豆	黑农 35	叶	420.08	29.19	1.50	6.23
2006-10	大豆	黑农 35	叶	421.24	31.33	1.61	6.45
2006-10	大豆	黑农 35	籽实	456.79	61.43	1.47	16.27
2006-10	大豆	黑农 35	籽实	458.47	60.55	1.39	15.56
2006-10	大豆	黑农 35	籽实	466.62	59.58	1.52	15.77
2007-10	玉米	海玉 6 号	根	426.29	11.37	1.06	5.93
2007-10	玉米	海玉 6 号	根	456.13	12.24	1.03	5.89
2007-10	玉米	海玉 6 号	根	413.29	11.95	0.92	6.12
2007-10	玉米	海玉 6 号	茎	427.26	10.56	3.51	3.92
2007-10	玉米	海玉 6 号	茎	435.62	12.46	3.34	3.72
2007-10	玉米	海玉 6 号	茎	432.52	12.43	3.46	3.84
2007-10	玉米	海玉 6 号	叶	411.23	7.11	1.17	8.12
2007-10	玉米	海玉 6 号	叶	407.09	7.14	1.12	7.98
2007-10	玉米	海玉 6 号	叶	426.29	6.40	1.02	7.82
2007-10	玉米	海玉 6 号	籽实	481.12	21.46	1.58	9.26
2007-10	玉米	海玉 6 号	籽实	439.57	20.19	1.92	10.17
2007-10	玉米	海玉 6 号	籽实	452.18	20.14	1.89	9.28
2008-10	大豆	黑农 35	根	488.69	12.82	1.09	3.79
2008-10	大豆	黑农 35	根	499.61	17.26	1.26	3.79

（续）

时间（年-月）	作物名称	作物品种	采样部位	全碳/(g/kg)	全氮/(g/kg)	全磷/(g/kg)	全钾/(g/kg)
2008-10	大豆	黑农 35	根	430.41	10.17	1.01	4.48
2008-10	大豆	黑农 35	茎	501.68	16.47	1.53	9.26
2008-10	大豆	黑农 35	茎	503.73	13.91	1.87	7.93
2008-10	大豆	黑农 35	茎	550.28	18.22	1.92	8.01
2008-10	大豆	黑农 35	叶	433.88	36.21	1.78	5.93
2008-10	大豆	黑农 35	叶	460.15	33.09	1.64	5.99
2008-10	大豆	黑农 35	叶	505.15	31.72	1.50	5.83
2008-10	大豆	黑农 35	籽实	527.51	64.31	1.73	14.72
2008-10	大豆	黑农 35	籽实	473.13	62.29	1.85	15.11
2008-10	大豆	黑农 35	籽实	467.38	65.60	1.60	14.72
2009-10	玉米	海玉 6 号	根	426.24	11.74	1.14	5.87
2009-10	玉米	海玉 6 号	根	454.97	12.37	1.09	5.81
2009-10	玉米	海玉 6 号	根	408.40	12.11	0.99	6.09
2009-10	玉米	海玉 6 号	茎	422.63	11.20	3.60	3.86
2009-10	玉米	海玉 6 号	茎	433.51	12.48	3.41	3.66
2009-10	玉米	海玉 6 号	茎	430.65	13.15	3.56	3.77
2009-10	玉米	海玉 6 号	叶	409.46	7.93	1.22	8.04
2009-10	玉米	海玉 6 号	叶	405.86	7.94	1.20	7.94
2009-10	玉米	海玉 6 号	叶	416.75	6.95	1.02	7.79
2009-10	玉米	海玉 6 号	籽实	472.33	21.92	1.58	9.24
2009-10	玉米	海玉 6 号	籽实	438.46	21.00	1.95	10.11
2009-10	玉米	海玉 6 号	籽实	446.74	20.58	1.98	9.27
2010-9	大豆	黑农 35	根	436.11	6.44	0.64	0.87
2010-9	大豆	黑农 35	根	450.15	6.34	0.63	0.84
2010-9	大豆	黑农 35	根	468.19	5.54	0.64	0.90
2010-9	大豆	黑农 35	茎	469.61	4.73	0.33	3.19
2010-9	大豆	黑农 35	茎	473.24	4.31	0.35	3.09
2010-9	大豆	黑农 35	茎	475.08	4.47	0.31	3.34
2010-9	大豆	黑农 35	叶	489.25	52.51	5.59	15.78
2010-9	大豆	黑农 35	叶	470.27	49.38	5.37	16.03
2010-9	大豆	黑农 35	叶	510.84	51.92	5.66	16.15
2010-9	大豆	黑农 35	籽实	424.23	42.96	4.20	16.30
2010-9	大豆	黑农 35	籽实	443.57	46.28	4.03	16.05
2010-9	大豆	黑农 35	籽实	442.93	45.04	4.21	16.11
2011-9	玉米	海玉 6 号	根	444.34	10.49	1.03	6.42
2011-9	玉米	海玉 6 号	根	447.35	12.38	0.86	5.14
2011-9	玉米	海玉 6 号	根	450.41	10.26	0.89	5.29
2011-9	玉米	海玉 6 号	茎	452.42	10.40	3.45	4.22

（续）

时间（年-月）	作物名称	作物品种	采样部位	全碳/（g/kg）	全氮/（g/kg）	全磷/（g/kg）	全钾/（g/kg）
2011-9	玉米	海玉6号	茎	451.44	13.29	3.62	4.15
2011-9	玉米	海玉6号	茎	453.86	13.56	3.47	4.06
2011-9	玉米	海玉6号	叶	429.31	9.46	1.14	6.49
2011-9	玉米	海玉6号	叶	429.07	8.37	1.23	6.58
2011-9	玉米	海玉6号	叶	435.44	9.25	1.05	7.05
2011-9	玉米	海玉6号	籽实	459.15	21.11	1.62	9.02
2011-9	玉米	海玉6号	籽实	448.04	20.48	1.76	8.96
2011-9	玉米	海玉6号	籽实	453.27	18.39	1.58	9.07
2012-10	大豆	黑农35	根	456.28	5.98	0.74	1.02
2012-10	大豆	黑农35	根	449.34	5.61	0.82	1.21
2012-10	大豆	黑农35	根	470.20	5.73	0.97	1.35
2012-10	大豆	黑农35	茎	442.43	4.24	0.46	4.03
2012-10	大豆	黑农35	茎	480.69	4.57	0.58	3.46
2012-10	大豆	黑农35	茎	463.27	4.29	0.39	3.27
2012-10	大豆	黑农35	叶	503.22	56.27	5.67	14.83
2012-10	大豆	黑农35	叶	487.29	58.29	6.02	15.29
2012-10	大豆	黑农35	叶	500.11	53.44	5.87	17.35
2012-10	大豆	黑农35	籽实	432.29	47.35	4.87	15.29
2012-10	大豆	黑农35	籽实	450.71	44.48	4.33	17.33
2012-10	大豆	黑农35	籽实	438.19	46.38	4.25	15.85
2013-10	玉米	德美亚3号	根	431.57	10.36	0.95	6.28
2013-10	玉米	德美亚3号	根	434.29	10.91	1.01	6.07
2013-10	玉米	德美亚3号	根	433.26	10.49	0.98	6.19
2013-10	玉米	德美亚3号	茎	441.28	13.45	3.45	3.92
2013-10	玉米	德美亚3号	茎	427.29	12.74	3.67	3.73
2013-10	玉米	德美亚3号	茎	438.39	13.09	3.52	3.48
2013-10	玉米	德美亚3号	叶	418.74	8.49	1.17	7.47
2013-10	玉米	德美亚3号	叶	420.92	8.67	1.26	7.82
2013-10	玉米	德美亚3号	叶	418.83	8.82	1.09	7.69
2013-10	玉米	德美亚3号	籽实	436.74	19.59	1.95	9.45
2013-10	玉米	德美亚3号	籽实	432.29	21.56	2.07	9.87
2013-10	玉米	德美亚3号	籽实	435.43	21.07	1.94	9.67
2014-10	大豆	东升6号	根	436.52	6.68	0.58	0.92
2014-10	大豆	东升6号	根	442.53	6.41	0.60	0.91
2014-10	大豆	东升6号	根	465.59	6.43	0.63	0.99
2014-10	大豆	东升6号	茎	472.91	5.33	0.28	3.26
2014-10	大豆	东升6号	茎	466.00	4.75	0.34	3.12
2014-10	大豆	东升6号	茎	478.80	4.82	0.31	3.35

（续）

时间（年-月）	作物名称	作物品种	采样部位	全碳/(g/kg)	全氮/(g/kg)	全磷/(g/kg)	全钾/(g/kg)
2014-10	大豆	东升6号	叶	488.17	52.46	4.98	16.40
2014-10	大豆	东升6号	叶	473.05	49.86	4.62	16.79
2014-10	大豆	东升6号	叶	510.29	52.08	4.72	16.26
2014-10	大豆	东升6号	籽实	425.27	44.80	3.29	16.47
2014-10	大豆	东升6号	籽实	437.26	45.66	3.18	16.12
2014-10	大豆	东升6号	籽实	436.30	45.28	3.36	16.80
2015-10	玉米	德美亚3号	根	457.26	11.27	0.54	6.52
2015-10	玉米	德美亚3号	根	453.19	11.35	0.58	6.73
2015-10	玉米	德美亚3号	根	455.76	12.14	0.56	6.45
2015-10	玉米	德美亚3号	茎	459.27	4.91	0.44	8.45
2015-10	玉米	德美亚3号	茎	458.43	4.83	0.43	8.62
2015-10	玉米	德美亚3号	茎	457.76	4.76	0.45	8.71
2015-10	玉米	德美亚3号	叶	408.19	11.52	1.08	4.52
2015-10	玉米	德美亚3号	叶	411.26	11.73	1.12	4.39
2015-10	玉米	德美亚3号	叶	412.47	12.26	1.09	4.67
2015-10	玉米	德美亚3号	籽实	438.29	15.49	4.17	5.25
2015-10	玉米	德美亚3号	籽实	441.67	16.27	4.05	5.31
2015-10	玉米	德美亚3号	籽实	445.29	15.56	4.08	5.27
2016-10	大豆	东生6号	根	462.28	5.77	0.52	0.86
2016-10	大豆	东生6号	根	458.74	5.92	0.55	0.84
2016-10	大豆	东生6号	根	455.15	6.03	0.57	0.85
2016-10	大豆	东生6号	茎	478.83	5.84	0.31	3.11
2016-10	大豆	东生6号	茎	482.19	5.99	0.34	3.09
2016-10	大豆	东生6号	茎	473.92	6.05	0.36	3.15
2016-10	大豆	东生6号	籽实	513.26	53.37	5.21	16.37
2016-10	大豆	东生6号	籽实	516.79	52.45	5.26	16.29
2016-10	大豆	东生6号	籽实	518.47	53.84	5.19	16.42
2016-10	大豆	东生6号	叶	436.58	45.73	3.12	16.51
2016-10	大豆	东生6号	叶	421.75	47.29	3.09	16.49
2016-10	大豆	东生6号	叶	429.59	46.51	3.17	16.54
2017-10	玉米	德美亚3号	根	452.17	12.33	0.60	6.47
2017-10	玉米	德美亚3号	根	458.29	12.45	0.62	6.82
2017-10	玉米	德美亚3号	根	460.73	11.97	0.59	6.33
2017-10	玉米	德美亚3号	茎	454.85	4.53	0.46	8.69
2017-10	玉米	德美亚3号	茎	457.71	4.62	0.48	8.81
2017-10	玉米	德美亚3号	茎	456.32	4.39	0.51	8.43
2017-10	玉米	德美亚3号	叶	413.85	12.49	1.10	4.73
2017-10	玉米	德美亚3号	叶	415.79	11.97	1.08	4.59

（续）

时间（年-月）	作物名称	作物品种	采样部位	全碳/(g/kg)	全氮/(g/kg)	全磷/(g/kg)	全钾/(g/kg)
2017-10	玉米	德美亚3号	叶	412.37	11.71	1.15	4.62
2017-10	玉米	德美亚3号	籽实	446.29	16.73	4.13	5.45
2017-10	玉米	德美亚3号	籽实	447.31	16.52	4.15	5.37
2017-10	玉米	德美亚3号	籽实	443.72	16.81	4.09	5.58

表3-28　综合观测场土壤生物长期观测采样地作物微量元素及部分大量元素含量情况

时间（年-月）	作物名称	作物品种	采样部位	全硫/(g/kg)	全钙/(g/kg)	全镁/(g/kg)	全锰/(mg/kg)	全铜/(mg/kg)	全锌/(mg/kg)	全钼/(mg/kg)	全硼/(mg/kg)	全硅/(g/kg)
2005-10	玉米	海玉6号	根	0.52	5.63	3.28	44.841	4.247	9.939	0.180	3.657	39.70
2005-10	玉米	海玉6号	根	0.52	5.60	3.17	42.235	4.873	9.503	0.176	3.314	39.06
2005-10	玉米	海玉6号	根	0.56	5.50	3.18	42.231	4.623	9.710	0.182	3.147	35.39
2005-10	玉米	海玉6号	茎	0.58	1.68	1.49	4.498	4.998	20.059	0.071	1.729	5.93
2005-10	玉米	海玉6号	茎	0.56	1.80	1.50	4.125	5.375	20.935	0.078	2.843	5.28
2005-10	玉米	海玉6号	茎	0.51	1.85	1.48	3.998	5.122	20.034	0.072	2.026	5.40
2005-10	玉米	海玉6号	叶	0.77	8.90	7.45	80.178	5.370	18.342	0.276	26.316	21.11
2005-10	玉米	海玉6号	叶	0.75	8.95	7.85	80.198	5.996	17.119	0.346	29.132	20.86
2005-10	玉米	海玉6号	叶	0.79	9.80	7.24	82.621	5.750	18.764	0.337	25.689	21.36
2005-10	玉米	海玉6号	籽实	0.67	3.45	3.23	9.496	2.124	6.236	0.077	7.041	0.47
2005-10	玉米	海玉6号	籽实	0.70	3.10	3.10	9.124	1.750	7.420	0.092	6.178	0.49
2005-10	玉米	海玉6号	籽实	0.69	3.65	3.29	8.240	1.998	6.078	0.106	7.270	0.51
2010-9	大豆	黑农35	根	0.44	3.11	0.99	18.630	4.400	5.640	0.460	7.380	—
2010-9	大豆	黑农35	根	0.47	2.93	0.94	18.490	4.550	5.510	0.410	7.740	—
2010-9	大豆	黑农35	根	0.44	3.04	0.85	19.480	4.510	5.430	0.410	7.460	—
2010-9	大豆	黑农35	茎	0.71	2.87	2.32	7.840	3.270	1.620	0.290	20.690	—
2010-9	大豆	黑农35	茎	0.76	2.91	3.97	8.630	3.100	1.510	0.190	18.710	—
2010-9	大豆	黑农35	茎	0.75	2.82	2.97	8.190	3.400	1.890	0.090	20.190	—
2010-9	大豆	黑农35	叶	2.87	1.70	2.31	29.950	9.270	29.060	0.210	36.600	—
2010-9	大豆	黑农35	叶	2.81	1.75	2.18	30.270	9.780	29.970	0.200	34.570	—
2010-9	大豆	黑农35	叶	2.89	1.62	2.23	27.850	9.550	30.320	0.190	33.920	—
2010-9	大豆	黑农35	籽实	2.86	2.93	1.94	553.460	16.790	41.300	0.170	14.740	—
2010-9	大豆	黑农35	籽实	2.85	2.91	1.93	573.880	16.590	41.030	0.220	15.150	—
2010-9	大豆	黑农35	籽实	2.91	2.87	1.96	565.690	16.640	40.200	0.240	14.920	—
2015-10	玉米	德美亚3号	根	0.63	2.15	1.32	30.042	4.521	13.625	0.000	3.490	23.70
2015-10	玉米	德美亚3号	根	0.71	2.23	1.30	27.103	4.874	13.911	0.000	3.380	23.44
2015-10	玉米	德美亚3号	根	0.69	2.00	1.26	31.881	4.655	14.302	0.000	3.389	20.18

（续）

时间（年-月）	作物名称	作物品种	采样部位	全硫/(g/kg)	全钙/(g/kg)	全镁/(g/kg)	全锰/(mg/kg)	全铜/(mg/kg)	全锌/(mg/kg)	全钼/(mg/kg)	全硼/(mg/kg)	全硅/(g/kg)
2015-10	玉米	德美亚 3 号	茎	0.39	1.25	1.10	18.212	9.456	14.677	0.000	5.534	11.62
2015-10	玉米	德美亚 3 号	茎	0.36	1.33	1.17	15.591	7.805	13.661	0.000	5.032	9.80
2015-10	玉米	德美亚 3 号	茎	0.38	1.42	1.17	14.093	9.882	16.035	0.000	5.392	11.82
2015-10	玉米	德美亚 3 号	叶	0.95	7.08	4.32	148.134	7.991	23.454	0.000	6.308	70.40
2015-10	玉米	德美亚 3 号	叶	0.96	7.39	4.16	147.168	7.174	21.896	0.000	6.665	71.36
2015-10	玉米	德美亚 3 号	叶	0.92	7.08	4.25	142.879	7.038	21.632	0.000	6.287	69.02
2015-10	玉米	德美亚 3 号	籽实	0.95	0.13	2.01	16.742	1.422	23.733	0.000	5.017	4.81
2015-10	玉米	德美亚 3 号	籽实	0.95	0.14	1.93	16.761	1.035	22.597	0.000	5.146	4.53
2015-10	玉米	德美亚 3 号	籽实	0.94	0.21	1.97	16.585	1.083	22.991	0.000	5.229	4.79

3.2　土壤观测数据

3.2.1　土壤交换量

3.2.1.1　概述

土壤交换性能对植物营养和施肥具有重大意义，它能调节土壤溶液的浓度，保持土壤溶液成分的多样性，减少土壤中养分离子的淋失。本数据集包括海伦站 2005—2017 年 6 个长期监测样地的年尺度土壤交换量监测数据，包括交换性钙、交换性镁、交换性钾、交换性钠和阳离子交换量 5 项指标。

3.2.1.2　数据采集和处理方法

按照 CERN 长期观测规范，土壤交换量数据监测频率为每 5 年 1 次，在实际监测时，海伦站根据监测工作量，适当提高了监测频率，但并不固定。每年秋季作物收获后，采集各观测场土壤样品，用取土铲在采样区内取 0～20 cm 表层土壤，每个重复由 10～12 个按“S”形采样方式采集的样品混合而成（约 1 kg），取回的土样置于干净的白纸上风干，挑除根系和石子，四分法取适量碾磨后，过 2 mm 筛后测定，测定方法为乙酸铵交换法。

3.2.1.3　数据质量控制和评估

①测定时插入国家标准样品质控。

②分析时测定 3 次平行样品。

③利用校验软件检查每个监测数据是否超出相同土壤类型和采样深度的历史数据阈值范围，每个观测场监测项目均值是否超出该样地相同深度历史数据均值的 2 倍标准差，每个观测场监测项目标准差是否超出该样地相同深度历史数据的 2 倍标准差或者样地空间变异调查的 2 倍标准差等。应核实或再次测定超出范围的数据。

3.2.1.4　数据价值/数据使用方法和建议

土壤交换性能是改良土壤和合理施肥的重要依据，该数据包含了黑土 3 种不同施肥方式以及 3 个典型站区调查点的土壤阳离子量和 4 种交换性阳离子含量，可为黑土养分管理提供数据支持。

3.2.1.5　数据

具体数据见表 3-29～表 3-34。

表 3-29　综合观测场土壤交换量

时间（年-月）	观测层次/cm	交换性钙（1/2Ca^{2+}）/（mmol/kg）		交换性镁（1/2 Mg^{2+}）/（mmol/kg）		交换性钾（K^+）/（mmol/kg）		交换性钠（Na^+）/（mmol/kg）		阳离子交换量/（mmol/kg）		重复数
		平均值	标准差	平均值	标准差	平均值	标准差	平均值	标准差	平均值	标准差	
2005-10	0~20	246.3	8.00	81.8	2.84	5.22	0.47	3.71	0.17	349.8	5.52	18
2006-10	0~20	246.1	6.97	80.1	2.91	5.05	0.07	3.70	0.15	347.8	4.88	6
2007-10	0~20	241.3	7.82	80.1	2.75	5.16	0.41	3.63	0.16	346.3	5.43	18
2008-10	0~20	250.6	8.00	81.6	2.82	5.25	0.37	3.68	0.21	351.1	3.87	18
2009-10	0~20	251.5	5.28	80.3	3.55	5.16	0.19	3.75	0.15	349.7	10.71	18
2010-10	0~20	246.8	6.29	79.1	2.75	5.08	0.22	3.60	0.18	341.8	8.09	16
2013-10	0~20	—	—	—	—	—	—	—	—	367.8	10.17	6
2015-10	0~20	249.7	8.17	69.1	9.47	4.96	0.27	3.60	0.15	338.3	12.72	16
2016-10	0~20	—	—	—	—	—	—	—	—	335.1	14.73	16
2017-10	0~20	—	—	—	—	—	—	—	—	345.1	12.52	6

表 3-30　辅助观测场（无肥区）土壤交换量

时间（年-月）	观测层次/cm	交换性钙（1/2Ca^{2+}）/（mmol/kg）		交换性镁（1/2 Mg^{2+}）/（mmol/kg）		交换性钾（K^+）/（mmol/kg）		交换性钠（Na^+）/（mmol/kg）		阳离子交换量/（mmol/kg）		重复数
		平均值	标准差	平均值	标准差	平均值	标准差	平均值	标准差	平均值	标准差	
2005-10	0~20	259.9	8.99	60.0	3.48	4.60	0.42	3.81	0.23	349.0	4.92	18
2006-10	0~20	255.5	5.07	65.7	2.87	5.01	0.10	3.69	0.14	344.4	5.43	6
2007-10	0~20	259.6	8.89	59.6	3.14	4.61	0.41	3.79	0.23	345.0	4.42	18
2008-10	0~20	269.1	6.23	59.8	1.67	4.67	0.46	3.85	0.32	351.7	5.79	18
2009-10	0~20	263.4	8.57	61.8	2.70	4.81	0.32	3.84	0.13	350.2	9.87	18
2010-10	0~20	261.7	9.73	59.7	2.62	4.63	0.27	3.75	0.15	344.3	9.96	16
2013-10	0~20	—	—	—	—	—	—	—	—	361.5	4.65	6
2015-10	0~20	256.3	10.75	60.4	5.79	4.71	0.32	3.73	0.19	337.7	11.66	16
2016-10	0~20	—	—	—	—	—	—	—	—	332.7	9.13	16
2017-10	0~20	—	—	—	—	—	—	—	—	336.2	10.83	6

表 3-31 辅助观测场（秸秆还田区）土壤交换量

时间（年-月）	观测层次/cm	交换性钙（1/2Ca^{2+}）/（mmol/kg）		交换性镁（1/2 Mg^{2+}）/（mmol/kg）		交换性钾（K^{+}）/（mmol/kg）		交换性钠（Na^{+}）/（mmol/kg）		阳离子交换量/（mmol/kg）		重复数
		平均值	标准差	平均值	标准差	平均值	标准差	平均值	标准差	平均值	标准差	
2005-10	0～20	252.3	6.89	81.0	2.53	4.76	0.51	3.67	0.35	350.4	5.32	18
2006-10	0～20	251.3	4.05	81.5	1.65	4.88	0.12	3.71	0.09	345.0	4.87	6
2007-10	0～20	257.9	6.92	82.8	2.58	4.86	0.52	3.76	0.36	354.4	5.23	18
2008-10	0～20	254.1	7.04	83.1	2.48	5.04	0.39	3.74	0.14	354.4	5.84	18
2009-10	0～20	253.8	6.08	81.9	1.99	4.96	0.34	3.61	0.19	350.7	5.21	18
2010-10	0～20	256.1	6.29	73.9	11.29	4.99	0.20	3.75	0.18	348.7	8.90	16
2013-10	0～20	—	—	—	—	—	—	—	—	376.1	6.09	6
2015-10	0～20	252.5	6.15	73.9	7.00	4.97	0.22	3.86	0.26	343.3	7.28	16
2016-10	0～20	—	—	—	—	—	—	—	—	352.6	18.90	16
2017-10	0～20	—	—	—	—	—	—	—	—	369.9	7.59	6

表 3-32 胜利村 76 号地站区调查点土壤交换量

时间（年-月）	观测层次/cm	交换性钙（1/2Ca^{2+}）/（mmol/kg）		交换性镁（1/2 Mg^{2+}）/（mmol/kg）		交换性钾（K^{+}）/（mmol/kg）		交换性钠（Na^{+}）/（mmol/kg）		阳离子交换量/（mmol/kg）		重复数
		平均值	标准差	平均值	标准差	平均值	标准差	平均值	标准差	平均值	标准差	
2005-10	0～20	249.5	—	71.2	—	4.73	—	4.18	—	338.1	—	1
2006-10	0～20	247.0	—	72.8	—	4.81	—	4.09	—	341.2	—	1
2007-10	0～20	250.7	4.76	71.5	1.36	4.75	0.09	4.20	0.08	339.6	6.45	3
2008-10	0～20	255.6	2.94	82.4	0.91	5.00	0.06	3.89	0.04	355.0	4.83	3
2009-10	0～20	256.0	5.41	81.9	3.23	4.96	0.06	3.93	0.07	356.2	6.03	3
2010-10	0～20	264.3	10.67	80.0	2.89	4.97	0.16	4.19	0.14	354.6	10.51	3
2013-10	0～20	—	—	—	—	—	—	—	—	—	—	—
2015-10	0～20	253.5	11.82	72.1	11.28	4.99	0.13	3.68	0.56	373.0	10.76	3
2016-10	0～20	—	—	—	—	—	—	—	—	—	—	—
2017-10	0～20	—	—	—	—	—	—	—	—	—	—	—

表 3-33 胜利村 67 号地站区调查点土壤交换量

时间（年-月）	观测层次/cm	交换性钙（1/2Ca^{2+}）/（mmol/kg）		交换性镁（1/2 Mg^{2+}）/（mmol/kg）		交换性钾（K^{+}）/（mmol/kg）		交换性钠（Na^{+}）/（mmol/kg）		阳离子交换量/（mmol/kg）		重复数
		平均值	标准差	平均值	标准差	平均值	标准差	平均值	标准差	平均值	标准差	
2005-10	0～20	246.5	—	76.5	—	4.96	—	3.71	—	347.1	—	1
2006-10	0～20	251.2	—	77.9	—	4.81	—	3.79	—	345.1	—	1
2007-10	0～20	248.6	3.63	77.1	1.13	5.00	0.07	3.74	0.05	350.0	5.11	3
2008-10	0～20	258.4	7.22	78.1	2.06	4.82	0.14	4.28	0.12	346.9	9.68	3
2009-10	0～20	256.9	7.44	76.2	4.58	4.85	0.10	4.29	0.11	341.8	9.59	3
2010-10	0～20	246.4	5.58	76.9	2.14	4.70	0.12	3.93	0.15	339.3	5.62	3
2013-10	0～20	—	—	—	—	—	—	—	—	—	—	—
2015-10	0～20	250.2	5.86	78.8	3.16	4.77	0.18	3.91	0.15	362.5	3.09	3
2016-10	0～20	—	—	—	—	—	—	—	—	—	—	—
2017-10	0～20	—	—	—	—	—	—	—	—	—	—	—

表 3-34 光荣村站区调查点土壤交换量

时间（年-月）	观测层次/cm	交换性钙（1/2Ca^{2+}）/（mmol/kg）		交换性镁（1/2 Mg^{2+}）/（mmol/kg）		交换性钾（K^{+}）/（mmol/kg）		交换性钠（Na^{+}）/（mmol/kg）		阳离子交换量/（mmol/kg）		重复数
		平均值	标准差	平均值	标准差	平均值	标准差	平均值	标准差	平均值	标准差	
2005-10	0～20	253.9	—	77.4	—	4.41	—	3.49	—	357.3	—	1
2006-10	0～20	249.8	—	79.3	—	4.49	—	3.58	—	355.2	—	1
2007-10	0～20	252.0	8.91	71.9	2.54	4.78	0.17	4.22	0.15	341.4	12.08	3
2008-10	0～20	257.3	3.86	77.8	1.10	4.80	0.07	4.26	0.06	353.0	5.65	3
2009-10	0～20	254.8	5.84	78.9	1.25	4.84	0.06	4.22	0.13	349.7	4.54	3
2010-10	0～20	253.7	7.61	79.1	3.11	4.86	0.10	4.17	0.15	349.6	6.46	3
2013-10	0～20	—	—	—	—	—	—	—	—	—	—	—
2015-10	0～20	247.5	10.74	78.3	4.49	4.87	0.27	3.79	0.18	354.0	13.97	3
2016-10	0～20	—	—	—	—	—	—	—	—	—	—	—
2017-10	0～20	—	—	—	—	—	—	—	—	—	—	—

3.2.2 土壤养分

3.2.2.1 概述

本数据集包括海伦站2005—2017年6个长期监测样地的年尺度土壤养分数据，包括有机质、全氮、全磷、全钾、碱解氮、有效磷、速效钾、缓效钾和pH 9项指标。

3.2.2.2 数据采集和处理方法

按照CERN长期观测规范，表层（0～20 cm）土壤的碱解氮、有效磷和速效钾的监测频率为1次/年，有机质、全氮、全磷、全钾、缓效钾和pH的监测频率为每2～3年1次，在实际监测时，海伦站根据监测工作量，适当提高了有机质、全氮、缓效钾和pH的监测频率，并增加了表层土壤全磷和全钾的监测。每年秋季作物收获后，采集各观测场表层土壤样品，用取土铲在采样区内取0～20 cm表层土壤，每个重复由10～12个按"S"形采样方式采集的样品混合而成（约1 kg），取回的土样置于干净的白纸上风干，挑除根系和石子，四分法取适量碾磨后，过2 mm筛，再用四分法从全部过2 mm筛的土样中取适量，磨细后过0.25 mm筛。2 mm土样用于分析碱解氮、有效磷、速效钾、缓效钾和pH，0.25 mm土样用于分析有机质、全氮、全磷和全钾。

土壤有机质采用重铬酸钾氧化法测定，全氮采用半微量凯式法测定，全磷采用氢氧化钠碱熔—钼锑抗比色法测定，全钾采用氢氧化钠碱熔—火焰光度法测定，速效氮（碱解氮）采用碱扩散法测定，有效磷采用碳酸氢钠浸提—钼锑抗比色法测定，速效钾采用乙酸铵浸提—火焰光度法测定，缓效钾采用硝酸浸提—火焰光度法测定，pH采用电位法测定。

3.2.2.3 数据质量控制和评估

①测定时插入国家标准样品质控。

②分析时测定3次平行样品。

③利用校验软件检查每个监测数据是否超出相同土壤类型和采样深度的历史数据阈值范围，每个观测场监测项目均值是否超出该样地相同深度历史数据均值的2倍标准差，每个观测场监测项目标准差是否超出该样地相同深度历史数据的2倍标准差或者样地空间变异调查的2倍标准差等。应核实或再次测定超出范围的数据。

3.2.2.4 数据价值/数据使用方法和建议

土壤有机质不仅能保持土壤肥力、改善土壤结构、提高土壤缓冲性，而且在全球碳循环中都发挥着至关重要的作用；土壤氮、磷、钾是3种植物需要量和收获时带走量较多的营养元素，它们在土壤肥力中起着关键作用；pH是土壤形成过程和熟化的重要指标，它对土壤养分存在的形态和有效性，微生物活动以及植物生长发育都有很大影响。以上指标都是土壤属性中基本的化学指标，是研究土壤肥力演变的重要依据。

本部分数据包含了黑土3种不同施肥方式以及3个典型站区调查点连续11年的土壤养分指标，可为黑土肥力演变和优化黑土施肥措施提供数据支持。

3.2.2.5 数据

具体数据见表3-35～表3-46。

表3-35　综合观测场土壤全量养分

时间（年-月）	观测层次/cm	有机质/（g/kg）		全氮/（g/kg）		全磷/（g/kg）		全钾/（g/kg）		重复数
		平均值	标准差	平均值	标准差	平均值	标准差	平均值	标准差	
2005-10	0～20	43.2	0.79	2.26	0.06	—	—	—	—	18
2006-10	0～20	43.2	0.38	2.26	0.05	—	—	—	—	6

（续）

时间（年-月）	观测层次/cm	有机质/（g/kg）		全氮/（g/kg）		全磷/（g/kg）		全钾/（g/kg）		重复数
		平均值	标准差	平均值	标准差	平均值	标准差	平均值	标准差	
2007 - 10	0～20	43.6	0.80	2.28	0.06	0.822	0.032	20.7	0.83	18
2008 - 10	0～20	44.5	0.71	2.36	0.05	0.847	0.027	20.0	0.74	18
2009 - 10	0～20	44.0	1.15	2.34	0.08	0.842	0.028	20.0	0.50	18
2010 - 10	0～20	43.9	0.92	2.29	0.18	0.859	0.020	20.0	0.55	16
2011 - 10	0～20	43.2	0.67	2.29	0.03	0.849	0.016	20.0	0.33	18
2012 - 10	0～20	43.6	0.53	2.25	0.05	0.869	0.034	22.2	0.46	18
2013 - 10	0～20	43.7	2.29	2.31	0.07	0.876	0.031	18.2	0.29	12
2014 - 10	0～20	—	—	—	—	—	—	—	—	—
2015 - 10	0～20	45.8	2.20	2.31	0.12	0.895	0.053	21.0	0.48	16

表 3 - 36　辅助观测场（无肥区）土壤全量养分

时间（年-月）	观测层次/cm	有机质/（g/kg）		全氮/（g/kg）		全磷/（g/kg）		全钾/（g/kg）		重复数
		平均值	标准差	平均值	标准差	平均值	标准差	平均值	标准差	
2005 - 10	0～20	44.6	1.05	2.20	0.05	—	—	—	—	18
2006 - 10	0～20	44.0	0.43	2.21	0.04	—	—	—	—	6
2007 - 10	0～20	44.4	0.85	2.17	0.05	0.818	0.032	20.1	0.80	18
2008 - 10	0～20	43.1	0.76	2.09	0.05	0.819	0.027	19.4	0.72	18
2009 - 10	0～20	43.0	1.65	2.15	0.11	0.808	0.038	19.3	0.80	18
2010 - 10	0～20	43.8	1.43	2.08	0.12	0.814	0.009	20.5	0.83	16
2011 - 10	0～20	42.0	1.04	2.08	0.06	0.814	0.018	19.7	0.51	18
2012 - 10	0～20	42.7	0.55	2.08	0.06	0.777	0.016	21.4	0.51	18
2013 - 10	0～20	42.1	2.06	2.09	0.07	0.790	0.017	18.6	0.25	12
2014 - 10	0～20	—	—	—	—	—	—	—	—	—
2015 - 10	0～20	44.3	2.03	2.20	0.07	0.844	0.039	21.0	0.66	16

表 3 - 37　辅助观测场（秸秆还田区）土壤全量养分

时间（年-月）	观测层次/cm	有机质/（g/kg）		全氮/（g/kg）		全磷/（g/kg）		全钾/（g/kg）		重复数
		平均值	标准差	平均值	标准差	平均值	标准差	平均值	标准差	
2005 - 10	0～20	45.4	1.49	2.23	0.07	—	—	—	—	18
2006 - 10	0～20	44.5	0.61	2.22	0.04	—	—	—	—	6
2007 - 10	0～20	45.1	1.36	2.20	0.07	0.815	0.032	20.3	0.81	18

（续）

时间（年-月）	观测层次/cm	有机质/（g/kg）		全氮/（g/kg）		全磷/（g/kg）		全钾/（g/kg）		重复数
		平均值	标准差	平均值	标准差	平均值	标准差	平均值	标准差	
2008-10	0～20	46.4	0.93	2.34	0.06	0.817	0.045	19.6	0.73	18
2009-10	0～20	47.3	2.03	2.37	0.06	0.821	0.045	19.1	0.93	18
2010-10	0～20	46.4	1.33	2.38	0.08	0.864	0.015	21.1	0.48	16
2011-10	0～20	45.8	0.93	2.35	0.04	0.832	0.025	19.9	0.45	18
2012-10	0～20	47.0	0.97	2.34	0.05	0.875	0.015	21.7	0.46	18
2013-10	0～20	49.4	0.89	2.54	0.09	0.964	0.031	18.9	0.37	12
2014-10	0～20	—	—	—	—	—	—	—	—	—
2015-10	0～20	50.5	1.73	2.37	0.06	0.926	0.047	21.6	0.59	16

表 3-38 胜利村 76 号地站区调查点土壤全量养分

时间（年-月）	观测层次/cm	有机质/（g/kg）		全氮/（g/kg）		全磷/（g/kg）		全钾/（g/kg）		重复数
		平均值	标准差	平均值	标准差	平均值	标准差	平均值	标准差	
2005-10	0～20	47.8	—	2.81	—	—	—	—	—	1
2006-10	0～20	46.9	—	2.71	—	—	—	—	—	1
2007-10	0～20	47.9	1.05	2.82	0.06	0.816	0.018	20.2	0.44	3
2008-10	0～20	48.9	0.67	2.78	0.10	0.817	0.037	19.6	0.21	3
2009-10	0～20	48.0	3.47	2.69	0.12	0.820	0.049	19.3	1.36	3
2010-10	0～20	47.1	1.45	2.51	0.20	0.678	0.010	22.4	0.39	3
2011-10	0～20	46.5	0.74	2.48	0.08	0.804	0.004	20.3	0.55	3
2012-10	0～20	44.4	1.12	2.39	0.03	0.808	0.005	20.4	0.43	3
2013-10	0～20	48.0	1.28	2.54	0.15	0.927	0.057	18.4	0.26	3
2014-10	0～20	—	—	—	—	—	—	—	—	—
2015-10	0～20	50.3	0.75	2.35	0.04	0.920	0.041	20.1	1.06	3

表 3-39 胜利村 67 号地站区调查点土壤全量养分

时间（年-月）	观测层次/cm	有机质/（g/kg）		全氮/（g/kg）		全磷/（g/kg）		全钾/（g/kg）		重复数
		平均值	标准差	平均值	标准差	平均值	标准差	平均值	标准差	
2005-10	0～20	48.2	—	2.51	—	—	—		—	1
2006-10	0～20	47.6	—	2.41	—	—	—		—	1
2007-10	0～20	48.3	1.06	2.52	0.05	0.791	0.017	20.2	0.44	3
2008-10	0～20	47.6	2.21	2.51	0.07	0.823	0.037	19.1	0.54	3

（续）

时间（年-月）	观测层次/cm	有机质/（g/kg）		全氮/（g/kg）		全磷/（g/kg）		全钾/（g/kg）		重复数
		平均值	标准差	平均值	标准差	平均值	标准差	平均值	标准差	
2009-10	0～20	48.7	3.61	2.55	0.11	0.829	0.044	19.2	1.52	3
2010-10	0～20	45.3	0.61	2.30	0.08	0.785	0.009	18.3	0.07	3
2011-10	0～20	46.1	0.61	2.62	0.09	0.801	0.015	19.1	0.47	3
2012-10	0～20	44.9	1.25	2.50	0.00	0.806	0.015	20.2	0.58	3
2013-10	0～20	48.3	0.89	2.54	0.36	0.823	0.029	18.5	0.31	3
2014-10	0～20	—	—	—	—	—	—	—	—	—
2015-10	0～20	49.4	0.72	2.35	0.04	0.856	0.018	19.8	0.62	3

表3-40 光荣村站区调查点土壤全量养分

时间（年-月）	观测层次/cm	有机质/（g/kg）		全氮/（g/kg）		全磷/（g/kg）		全钾/（g/kg）		重复数
		平均值	标准差	平均值	标准差	平均值	标准差	平均值	标准差	
2005-10	0～20	23.7	—	1.49	—	—	—	—	—	1
2006-10	0～20	23.2	—	1.49	—	—	—	—	—	1
2007-10	0～20	48.2	1.76	2.83	0.10	0.821	0.030	20.3	0.74	3
2008-10	0～20	49.3	0.22	2.81	0.10	0.825	0.045	19.8	0.40	3
2009-10	0～20	50.1	2.12	2.82	0.14	0.816	0.027	19.5	1.19	3
2010-10	0～20	48.0	2.05	2.20	0.14	0.708	0.006	21.2	0.25	3
2011-10	0～20	47.9	0.34	2.67	0.10	0.783	0.017	20.2	0.22	3
2012-10	0～20	46.3	0.55	2.57	0.06	0.791	0.008	20.6	0.35	3
2013-10	0～20	49.1	2.61	2.54	0.13	0.769	0.048	18.4	0.12	3
2014-10	0～20	—	—	—	—	—	—	—	—	—
2015-10	0～20	48.3	0.55	2.31	0.04	0.832	0.016	21.5	0.15	3

表3-41 综合观测场土壤速效养分和pH

时间（年-月）	观测层次/cm	速效氮（碱解氮）/（mg/kg）		有效磷/（mg/kg）		速效钾/（mg/kg）		缓效钾/（mg/kg）		pH		重复数
		平均值	标准差	平均值	标准差	平均值	标准差	平均值	标准差	平均值	标准差	
2005-10	0～20	165.8	8.2	33.9	3.4	128.5	5.7	726	27	5.71	0.12	18
2006-10	0～20	177.8	7.4	34.8	2.2	129.0	3.9	—	—	5.70	0.06	6
2007-10	0～20	167.5	8.3	34.2	3.4	129.8	5.8	718	27	5.77	0.12	18
2008-10	0～20	161.3	7.4	35.2	2.7	128.7	4.4	716	17	5.84	0.09	18
2009-10	0～20	159.6	7.3	35.8	2.3	129.0	4.7	—	—	5.91	0.10	18

（续）

时间（年-月）	观测层次/cm	速效氮（碱解氮）/（mg/kg）		有效磷/（mg/kg）		速效钾/（mg/kg）		缓效钾/（mg/kg）		pH		重复数
		平均值	标准差	平均值	标准差	平均值	标准差	平均值	标准差	平均值	标准差	
2010-10	0~20	166.6	13.7	29.9	5.6	124.5	6.8	770	28	5.84	0.09	16
2011-10	0~20	199.4	8.1	36.2	3.7	149.8	16.0	—	—	5.96	0.05	18
2012-10	0~20	196.2	13.0	39.2	3.2	130.1	9.5	—	—	5.76	0.04	18
2013-10	0~20	183.0	12.1	40.8	2.4	123.7	6.5	722	18	5.66	0.09	12
2014-10	0~20	205.1	8.4	31.5	1.6	140.8	4.1	—	—	5.55	0.09	—
2015-10	0~20	197.4	7.9	47.6	3.5	146.0	8.4	769	36	5.56	0.08	16

表3-42 辅助观测场（无肥区）土壤速效养分和pH

时间（年-月）	观测层次/cm	速效氮（碱解氮）/（mg/kg）		有效磷/（mg/kg）		速效钾/（mg/kg）		缓效钾/（mg/kg）		pH		重复数
		平均值	标准差	平均值	标准差	平均值	标准差	平均值	标准差	平均值	标准差	
2005-10	0~20	161.5	8.6	31.8	4.6	125.6	6.2	731	29	5.80	0.05	18
2006-10	0~20	159.2	6.6	29.1	0.9	124.9	4.6	—	—	5.81	0.10	6
2007-10	0~20	160.1	8.5	31.3	3.7	123.9	6.1	718	27	5.81	0.05	18
2008-10	0~20	155.1	7.1	30.9	2.7	123.6	7.2	719	26	5.88	0.07	18
2009-10	0~20	155.2	9.4	31.2	2.8	119.4	8.1	—	—	5.90	0.13	18
2010-10	0~20	164.0	7.8	22.2	3.0	113.4	3.0	787	16	5.91	0.07	16
2011-10	0~20	197.3	7.8	27.3	3.9	140.9	3.9	—	—	6.00	0.05	18
2012-10	0~20	203.4	8.1	30.0	3.2	122.5	1.6	—	—	6.05	0.02	18
2013-10	0~20	176.0	8.7	25.2	1.5	120.8	9.1	730	20	6.00	0.06	12
2014-10	0~20	188.9	3.3	14.6	1.2	134.0	3.7	—	—	6.02	0.03	—
2015-10	0~20	184.6	6.6	21.3	2.0	136.4	3.4	761	23	6.03	0.06	16

表3-43 辅助观测场（秸秆还田区）土壤速效养分和pH

时间（年-月）	观测层次/cm	速效氮（碱解氮）/（mg/kg）		有效磷/（mg/kg）		速效钾/（mg/kg）		缓效钾/（mg/kg）		pH		重复数
		平均值	标准差	平均值	标准差	平均值	标准差	平均值	标准差	平均值	标准差	
2005-10	0~20	162.3	7.6	40.6	4.4	118.9	7.0	734	22	5.87	0.11	18
2006-10	0~20	169.1	6.4	41.0	1.0	129.1	4.6	—	—	5.83	0.09	6
2007-10	0~20	160.9	7.5	40.1	5.1	117.3	6.9	718	27	5.93	0.11	18
2008-10	0~20	162.1	8.8	40.9	3.0	118.2	7.3	721	27	5.98	0.12	18
2009-10	0~20	163.1	6.3	40.3	3.1	119.8	5.6	—	—	5.94	0.11	18
2010-10	0~20	171.3	8.6	39.0	3.6	133.3	6.6	739	16	5.89	0.07	16
2011-10	0~20	216.6	4.5	42.8	6.8	171.6	11.3	—	—	5.94	0.04	18

（续）

时间（年-月）	观测层次/cm	速效氮（碱解氮）/(mg/kg)		有效磷/(mg/kg)		速效钾/(mg/kg)		缓效钾/(mg/kg)		pH		重复数
		平均值	标准差	平均值	标准差	平均值	标准差	平均值	标准差	平均值	标准差	
2012-10	0～20	207.0	20.9	43.7	4.5	141.4	6.3	—	—	5.86	0.08	18
2013-10	0～20	198.4	5.3	55.2	6.6	136.1	10.3	731	25	5.66	0.10	12
2014-10	0～20	212.8	8.8	38.9	4.2	159.1	6.4	—	—	5.58	0.06	—
2015-10	0～20	206.0	6.1	50.8	4.7	157.5	4.8	781	44	5.49	0.10	16

表 3-44　胜利村 76 号地站区调查点土壤速效养分和 pH

时间（年-月）	观测层次/cm	速效氮（碱解氮）/(mg/kg)		有效磷/(mg/kg)		速效钾/(mg/kg)		缓效钾/(mg/kg)		pH		重复数
		平均值	标准差	平均值	标准差	平均值	标准差	平均值	标准差	平均值	标准差	
2005-10	0～20	180.4	—	30.1	—	179.9	—	884	—	6.47	—	1
2006-10	0～20	180.1	—	31.4	—	179.9	—	—	—	6.53	—	1
2007-10	0～20	180.8	4.0	30.1	0.7	180.2	3.9	885	19	6.48	0.14	3
2008-10	0～20	184.2	19.2	28.0	0.9	170.4	4.7	870	14	6.41	0.05	3
2009-10	0～20	185.8	9.8	28.2	3.1	171.7	8.8	—	—	6.44	0.23	3
2010-10	0～20	187.8	5.7	26.3	6.2	137.0	5.9	908	54	5.94	0.09	3
2011-10	0～20	216.5	8.3	25.9	3.5	150.6	5.1	—	—	6.48	0.07	3
2012-10	0～20	212.8	3.7	26.3	1.3	144.5	4.2	—	—	6.30	0.09	3
2013-10	0～20	187.1	10.9	31.2	3.7	155.8	2.4	736	11	5.90	0.14	3
2014-10	0～20	206.2	1.1	26.3	2.7	155.4	3.7	—	—	5.96	0.06	—
2015-10	0～20	193.6	2.8	35.9	2.4	144.1	1.5	870	31	5.87	0.10	3

表 3-45　胜利村 67 号地站区调查点土壤速效养分和 pH

时间（年-月）	观测层次/cm	速效氮（碱解氮）/(mg/kg)		有效磷/(mg/kg)		速效钾/(mg/kg)		缓效钾/(mg/kg)		pH		重复数
		平均值	标准差	平均值	标准差	平均值	标准差	平均值	标准差	平均值	标准差	
2005-10	0～20	189.6	—	31.9	—	196.4	—	938	—	6.23	—	1
2006-10	0～20	183.2	—	32.4	—	189.4	—	—	—	6.24	—	1
2007-10	0～20	190.0	4.2	32.0	0.7	196.8	4.3	940	21	6.24	0.14	3
2008-10	0～20	190.0	8.6	31.3	1.0	193.0	3.8	912	11	5.92	0.20	3
2009-10	0～20	166.0	6.7	37.4	4.1	112.3	10.7	—	—	6.04	0.09	3
2010-10	0～20	203.2	6.9	36.6	6.6	160.5	14.4	792	55	5.96	0.10	3
2011-10	0～20	227.5	8.2	34.9	2.6	156.3	18.7	—	—	6.37	0.16	3
2012-10	0～20	222.8	3.8	36.6	0.8	140.2	1.9	—	—	6.28	0.01	3
2013-10	0～20	182.8	7.8	37.4	1.7	135.9	1.5	742	10	5.86	0.05	3
2014-10	0～20	202.8	6.0	36.1	2.2	147.4	2.4	—	—	5.86	0.12	—
2015-10	0～20	195.7	5.1	32.5	1.2	151.6	8.5	881	9	5.83	0.11	3

表3-46 光荣村站区调查点土壤速效养分和pH

时间（年-月）	观测层次/cm	速效氮（碱解氮）/(mg/kg)		有效磷/(mg/kg)		速效钾/(mg/kg)		缓效钾/(mg/kg)		pH		重复数
		平均值	标准差	平均值	标准差	平均值	标准差	平均值	标准差	平均值	标准差	
2005-10	0～20	91.6	—	12.7	—	118.4	—	819	—	6.38	—	1
2006-10	0～20	89.2	—	12.7	—	116.8	—	—	—	6.41	—	1
2007-10	0～20	182.0	6.6	30.3	1.1	181.4	6.6	891	32	6.53	0.24	3
2008-10	0～20	186.0	20.9	28.3	1.2	172.2	6.4	879	6	6.48	0.01	3
2009-10	0～20	190.8	5.3	28.1	1.6	174.7	8.9	—	—	6.52	0.29	3
2010-10	0～20	181.1	1.8	26.2	0.8	149.5	3.9	855	38	6.04	0.04	3
2011-10	0～20	166.0	17.6	28.7	5.9	132.9	4.4	—	—	6.48	0.11	3
2012-10	0～20	173.8	3.8	29.8	3.7	132.1	7.1	—	—	6.38	0.10	3
2013-10	0～20	164.1	10.5	27.7	3.0	135.9	1.5	726	17	5.96	0.04	3
2014-10	0～20	174.7	3.2	23.8	0.7	138.9	2.2	—	—	5.84	0.02	—
2015-10	0～20	168.4	7.2	34.6	2.4	151.7	1.0	879	32	5.83	0.03	3

3.2.3 土壤速效微量元素

3.2.3.1 概述

本数据集包括海伦站6个长期监测样地2005年、2010年和2015年表层（0～20 cm）土壤速效微量元素数据，包括有效硼、有效锌、有效锰、有效铁、有效铜、有效硫和有效钼7项指标。

3.2.3.2 数据采集和处理方法

按照CERN长期观测规范，表层（0～20 cm）土壤速效微量元素的监测频率为每5年1次。2005年、2010年和2015年每年秋季作物收获后，采集各观测场土壤样品，用取土铲在采样区内取表层土壤，每个重复由10～12个按“S”形采样方式采集的样品混合而成（约1 kg），取回的土样置于干净的白纸上风干，挑除根系和石子，四分法取适量碾磨后，过2 mm尼龙筛，装入广口瓶备用。

有效硼采用沸水—姜黄素比色法测定，有效锌、有效锰、有效铁和有效铜采用DTPA浸提—原子吸收分光光度法测定，2005年和2010年有效硫采用磷酸盐浸提（酸性土壤）—比浊法测定，2015年有效硫采用氯化钙浸提（碱性、中性土壤）—比浊法测定，有效钼采用草酸—草酸铵浸提—石墨炉原子吸收光谱法测定。

3.2.3.3 数据质量控制和评估

①测定时插入国家标准样品质控。

②分析时测定3次平行样品。

③利用校验软件检查每个监测数据是否超出相同土壤类型和采样深度的历史数据阈值范围，每个观测场监测项目均值是否超出该样地相同深度历史数据均值的2倍标准差，每个观测场监测项目标准差是否超出该样地相同深度历史数据的2倍标准差或者样地空间变异调查的2倍标准差等。应核实或再次测定超出范围的数据。

3.2.3.4 数据价值/数据使用方法和建议

尽管土壤中的微量元素含量较低，但它们是动植物正常生长所不可缺少的，对农业和人类健康有重要意义。根据土壤中有效态微量元素的供给情况，采取不同的农业措施，可达到作物稳产高产的目的。

3.2.3.5 数据

具体数据见表3-47～表3-58。

表3-47 综合观测场土壤速效微量养分含量（有效硼、有效锌、有效锰和有效铁）

年份	有效硼/（mg/kg）			有效锌/（mg/kg）			有效锰/（mg/kg）			有效铁/（mg/kg）		
	平均值	标准差	重复数	平均值	标准差	重复数	平均值	标准差	重复数	平均值	标准差	重复数
2005	—	—	—	1.12	0.04	18	121.73	3.38	8	39.8	2.7	18
2010	—	—	—	1.10	0.08	16	30.85	4.51	16	123.7	13.0	16
2015	0.558	0.075	6	1.19	0.03	16	28.12	1.09	16	119.8	3.9	16

注：采样月份为10月，采样深度0～20 cm。

表3-48 辅助观测场（无肥区）土壤速效微量养分含量（有效硼、有效锌、有效锰和有效铁）

年份	有效硼/（mg/kg）			有效锌/（mg/kg）			有效锰/（mg/kg）			有效铁/（mg/kg）		
	平均值	标准差	重复数	平均值	标准差	重复数	平均值	标准差	重复数	平均值	标准差	重复数
2005	—	—	—	1.09	0.04	18	121.69	4.65	8	40.6	1.8	18
2010	—	—	—	1.09	0.05	16	30.46	4.70	16	116.5	7.2	16
2015	0.552	0.025	3	1.14	0.05	16	27.52	0.97	16	120.0	3.3	16

注：采样月份为10月，采样深度0～20 cm。

表3-49 辅助观测场（秸秆还田区）土壤速效微量养分含量（有效硼、有效锌、有效锰和有效铁）

年份	有效硼/（mg/kg）			有效锌/（mg/kg）			有效锰/（mg/kg）			有效铁/（mg/kg）		
	平均值	标准差	重复数	平均值	标准差	重复数	平均值	标准差	重复数	平均值	标准差	重复数
2005	—	—	—	1.09	0.03	18	121.54	6.88	8	39.4	3.3	18
2010	—	—	—	1.09	0.05	16	28.14	3.44	16	116.2	6.2	16
2015	0.490	0.064	3	1.19	0.01	16	27.17	1.37	16	123.0	21.1	16

注：采样月份为10月，采样深度0～20 cm。

表3-50 胜利村76号地站区调查点土壤速效微量养分含量（有效硼、有效锌、有效锰和有效铁）

年份	有效硼/（mg/kg）			有效锌/（mg/kg）			有效锰/（mg/kg）			有效铁/（mg/kg）		
	平均值	标准差	重复数	平均值	标准差	重复数	平均值	标准差	重复数	平均值	标准差	重复数
2005	—	—	—	1.05	—	1	126.40	—	1	37.5	—	1
2010	—	—	—	1.05	0.11	3	28.54	3.41	3	125.3	15.0	3
2015	0.447	0.100	3	1.02	0.01	3	26.01	0.75	3	121.5	2.1	3

注：采样月份为10月，采样深度0～20 cm。

表 3-51　胜利村 67 号地站区调查点土壤速效微量养分含量（有效硼、有效锌、有效锰和有效铁）

年份	有效硼/（mg/kg）			有效锌/（mg/kg）			有效锰/（mg/kg）			有效铁/（mg/kg）		
	平均值	标准差	重复数	平均值	标准差	重复数	平均值	标准差	重复数	平均值	标准差	重复数
2005	—	—	—	1.08	—	1	118.20	—	1	39.7	—	1
2010	—	—	—	1.04	0.02	3	31.91	5.55	3	128.6	19.3	3
2015	0.547	0.015	3	0.97	0.01	3	28.50	0.26	3	120.3	1.8	3

注：采样月份为 10 月，采样深度 0～20 cm。

表 3-52　光荣村站区调查点土壤速效微量养分含量（有效硼、有效锌、有效锰和有效铁）

年份	有效硼/（mg/kg）			有效锌/（mg/kg）			有效锰/（mg/kg）			有效铁/（mg/kg）		
	平均值	标准差	重复数	平均值	标准差	重复数	平均值	标准差	重复数	平均值	标准差	重复数
2005	—	—	—	1.12	—	1	101.20	—	1	31.8	—	1
2010	—	—	—	1.00	0.07	3	30.23	3.39	3	131.2	10.1	3
2015	0.317	0.045	3	0.99	0.01	3	28.16	0.27	3	124.4	3.7	3

注：采样月份为 10 月，采样深度 0～20 cm。

表 3-53　综合观测场土壤速效微量养分含量（有效铜、有效硫和有效钼）

年份	有效铜/（mg/kg）			有效硫/（mg/kg）			有效钼/（mg/kg）		
	平均值	标准差	重复数	平均值	标准差	重复数	平均值	标准差	重复数
2005	2.25	0.13	6	25.48	3.28	18	0.226	0.004	6
2010	1.95	0.14	16	22.72	4.05	16	—	—	—
2015	1.85	0.05	16	13.00	3.61	3	—	—	—

注：采样月份为 10 月，采样深度 0～20 cm。

表 3-54　辅助观测场（无肥区）土壤速效微量养分含量（有效铜、有效硫和有效钼）

年份	有效铜/（mg/kg）			有效硫/（mg/kg）			有效钼/（mg/kg）		
	平均值	标准差	重复数	平均值	标准差	重复数	平均值	标准差	重复数
2005	2.01	0.06	6	25.06	4.26	18	0.223	0.006	6
2010	1.95	0.09	16	19.03	2.36	16	—	—	—
2015	1.84	0.02	16	8.07	1.96	3	—	—	—

注：采样月份为 10 月，采样深度 0～20 cm。

表 3-55　辅助观测场（秸秆还田区）土壤速效微量养分含量（有效铜、有效硫和有效钼）

年份	有效铜/（mg/kg）			有效硫/（mg/kg）			有效钼/（mg/kg）		
	平均值	标准差	重复数	平均值	标准差	重复数	平均值	标准差	重复数
2005	2.23	0.15	6	25.12	2.38	18	0.228	0.002	6
2010	1.84	0.05	16	22.45	5.01	16	—	—	—
2015	1.81	0.03	16	13.00	2.35	3	—	—	—

注：采样月份为 10 月，采样深度 0～20 cm。

表 3-56 胜利村 76 号地站区调查点土壤速效微量养分含量（有效铜、有效硫和有效钼）

年份	有效铜/（mg/kg）			有效硫/（mg/kg）			有效钼/（mg/kg）		
	平均值	标准差	重复数	平均值	标准差	重复数	平均值	标准差	重复数
2005	2.42	—	1	23.48	—	1	0.211	—	1
2010	1.84	0.02	3	25.63	2.42	3		—	—
2015	1.81	0.01	3	8.40	2.21	3		—	—

注：采样月份为10月，采样深度0～20 cm。

表 3-57 胜利村 67 号地站区调查点土壤速效微量养分含量（有效铜、有效硫和有效钼）

年份	有效铜/（mg/kg）			有效硫/（mg/kg）			有效钼/（mg/kg）		
	平均值	标准差	重复数	平均值	标准差	重复数	平均值	标准差	重复数
2005	2.38	—	1	26.37	—	1	0.202	—	1
2010	1.93	0.03	3	20.92	0.67	3		—	—
2015	1.81	0.04	3	6.84	1.11	3		—	—

注：采样月份为10月，采样深度0～20 cm。

表 3-58 光荣村站区调查点土壤速效微量养分含量（有效铜、有效硫和有效钼）

年份	有效铜/（mg/kg）			有效硫/（mg/kg）			有效钼/（mg/kg）		
	平均值	标准差	重复数	平均值	标准差	重复数	平均值	标准差	重复数
2005	1.98	—	1	28.16	—	1	0.183	—	1
2010	1.32	0.10	3	22.90	1.24	3		—	—
2015	1.49	0.02	3	8.51	1.89	3		—	—

注：采样月份为10月，采样深度0～20 cm。

3.2.4 剖面土壤机械组成

3.2.4.1 概述

本数据集包括海伦站6个长期监测样地2005年和2015年剖面（0～10 cm、10～20 cm、20～40 cm、40～60 cm和60～100 cm）土壤的机械组成。

3.2.4.2 数据采集和处理方法

按照CERN长期观测规范，剖面土壤机械组成的监测频率为每10年1次。2005年和2015年秋季作物收获后，在采样点挖取长1.5 m，宽1 m，深1.2 m的土壤剖面，观察面向阳，挖出的土壤按不同层次分开放置，用木制土铲铲除观察面表层与铁锹接触的土壤，自下向上采集各层土样，每层约1.5 kg，装入棉质土袋中，最后将挖出的土壤按层回填。取回的土样置于干净的白纸上风干，挑除根系和石子，四分法取适量碾磨后，过2 mm尼龙筛后，装入广口瓶备用。机械组成分析方法为吸管法。

3.2.4.3 数据质量控制和评估

①分析时测定3次平行样品。

②测定时保证由同一个实验人员操作，避免人为因素导致的结果差异。

③由于土壤机械组成较为稳定，台站区域内的土壤机械组成基本一致，因此，测定时，会将测定结果与站内其他样地的历史机械组成结果对比，观察数据是否存在异常，如果同一层土壤质地划分与历史存在差异，则应核实或再次测定该数据。

3.2.4.4　数据价值/数据使用方法和建议

土壤机械组成不仅是土壤分类的重要诊断指标，也是影响土壤水、肥、气、热状况，物质迁移转化及土壤退化过程研究的重要因素。

该部分数据中，由于 2005 年和 2015 年采用了不同的土壤质地划分标准（2005 年采用国际制，2015 年采用美国制），因此，在使用数据时，使用者可按照自己的需求合理选择。

3.2.4.5　数据

具体数据见表 3-59～表 3-70。

表 3-59　综合观测场剖面土壤机械组成

时间（年-月）	观测层次/cm	0.02～2.00 mm	0.002～0.020 mm	<0.002 mm	重复数	土壤质地名称（按国际制三角坐标图）
2005-10	0～10	25.01	32.59	42.39	3	壤黏土
2005-10	10～20	25.01	32.59	42.39	3	壤黏土
2005-10	20～40	23.01	35.33	41.66	3	壤黏土
2005-10	40～60	20.78	36.85	42.37	3	壤黏土
2005-10	60～100	18.92	36.33	44.75	3	黏土

表 3-60　辅助观测场（无肥区）剖面土壤机械组成

时间（年-月）	观测层次/cm	0.02～2.00 mm	0.002～0.020 mm	<0.002 mm	重复数	土壤质地名称（按国际制三角坐标图）
2005-10	0～10	24.92	32.97	42.11	1	壤黏土
2005-10	10～20	24.92	32.97	42.11	1	壤黏土
2005-10	20～40	24.88	33.84	41.28	1	壤黏土
2005-10	40～60	23.79	35.02	41.18	1	壤黏土
2005-10	60～100	19.75	36.48	43.77	1	黏土

表 3-61　辅助观测场（秸秆还田区）剖面土壤机械组成

时间（年-月）	观测层次/cm	0.02～2.00 mm	0.002～0.020 mm	<0.002 mm	重复数	土壤质地名称（按国际制三角坐标图）
2005-10	0～10	25.57	31.67	42.76	1	壤黏土
2005-10	10～20	25.57	31.67	42.76	1	壤黏土
2005-10	20～40	24.04	33.16	42.80	1	壤黏土
2005-10	40～60	20.38	36.19	43.43	1	壤黏土
2005-10	60～100	18.55	36.79	44.66	1	黏土

表 3-62 胜利村76号地站区调查点剖面土壤机械组成

时间（年-月）	观测层次/cm	0.02～2.00 mm	0.002～0.020 mm	<0.002 mm	重复数	土壤质地名称（按国际制三角坐标图）
2005-10	0～10	28.04	29.53	42.44	1	壤黏土
2005-10	10～20	28.04	29.53	42.44	1	壤黏土
2005-10	20～40	21.04	34.22	44.74	1	壤黏土
2005-10	40～60	21.06	32.20	46.74	1	壤黏土
2005-10	60～100	20.84	33.98	45.18	1	黏土

表 3-63 胜利村67号地站区调查点剖面土壤机械组成

时间（年-月）	观测层次/cm	0.02～2.00 mm	0.002～0.020 mm	<0.002 mm	重复数	土壤质地名称（按国际制三角坐标图）
2005-10	0～10	21.33	31.79	46.88	1	壤黏土
2005-10	10～20	21.33	31.79	46.88	1	壤黏土
2005-10	20～40	19.64	33.69	46.67	1	壤黏土
2005-10	40～60	22.01	31.97	46.01	1	壤黏土
2005-10	60～100	19.43	35.70	44.88	1	黏土

表 3-64 光荣村站区调查点剖面土壤机械组成

时间（年-月）	观测层次/cm	0.02～2.00 mm	0.002～0.020 mm	<0.002 mm	重复数	土壤质地名称（按国际制三角坐标图）
2005-10	0～10	25.73	26.82	47.45	1	壤黏土
2005-10	10～20	25.73	26.82	47.45	1	壤黏土
2005-10	20～40	24.71	27.84	47.45	1	壤黏土
2005-10	40～60	22.56	27.77	49.67	1	壤黏土
2005-10	60～100	24.34	29.00	46.66	1	黏土

表 3-65 综合观测场剖面土壤机械组成

时间（年-月）	观测层次/cm	0.02～2.00 mm	0.002～0.020 mm	<0.002 mm	重复数	土壤质地名称（按美国制三角坐标图）
2015-10	0～10	6.71	52.03	41.25	3	粉黏土
2015-10	10～20	5.78	52.05	42.17	3	粉黏土
2015-10	20～40	5.36	53.10	41.54	3	粉黏土
2015-10	40～60	4.64	53.56	41.80	3	粉黏土
2015-10	60～100	3.89	53.19	42.92	3	粉黏土

表 3-66 辅助观测场（无肥区）剖面土壤机械组成

时间（年-月）	观测层次/cm	0.02～2.00 mm	0.002～0.020 mm	<0.002 mm	重复数	土壤质地名称（按美国制三角坐标图）
2015-10	0～10	6.02	52.89	41.09	3	粉黏土
2015-10	10～20	5.49	52.68	41.83	3	粉黏土
2015-10	20～40	4.63	53.24	42.13	3	粉黏土
2015-10	40～60	4.43	53.26	42.31	3	粉黏土
2015-10	60～100	4.16	51.92	43.92	3	粉黏土

表 3-67 辅助观测场（秸秆还田区）剖面土壤机械组成

时间（年-月）	观测层次/cm	0.02～2.00 mm	0.002～0.020 mm	<0.002 mm	重复数	土壤质地名称（按美国制三角坐标图）
2015-10	0～10	6.94	51.90	41.16	3	粉黏土
2015-10	10～20	6.11	51.01	42.89	3	粉黏土
2015-10	20～40	4.94	52.26	42.80	3	粉黏土
2015-10	40～60	5.41	51.82	42.77	3	粉黏土
2015-10	60～100	4.91	52.49	42.60	3	粉黏土

表 3-68 胜利村 76 号地站区调查点剖面土壤机械组成

时间（年-月）	观测层次/cm	0.02～2.00 mm	0.002～0.020 mm	<0.002 mm	重复数	土壤质地名称（按美国制三角坐标图）
2015-10	0～10	7.70	51.48	40.82	3	粉黏土
2015-10	10～20	7.29	52.33	40.37	3	粉黏土
2015-10	20～40	6.71	49.69	43.59	3	粉黏土
2015-10	40～60	5.95	48.91	45.14	3	粉黏土
2015-10	60～100	6.09	47.80	46.11	3	粉黏土

表 3-69 胜利村 67 号地站区调查点剖面土壤机械组成

时间（年-月）	观测层次/cm	0.02～2.00 mm	0.002～0.020 mm	<0.002 mm	重复数	土壤质地名称（按美国制三角坐标图）
2015-10	0～10	7.98	50.94	41.08	3	粉黏土
2015-10	10～20	7.50	50.58	41.92	3	粉黏土
2015-10	20～40	5.47	52.18	42.35	3	粉黏土
2015-10	40～60	4.84	50.81	44.35	3	粉黏土
2015-10	60～100	3.77	51.32	44.91	3	粉黏土

表 3 - 70　光荣村站区调查点剖面土壤机械组成

时间（年-月）	观测层次/cm	0.02～2.00 mm	0.002～0.020 mm	＜0.002 mm	重复数	土壤质地名称（按美国制三角坐标图）
2015 - 10	0～10	8.15	49.86	41.99	3	粉黏土
2015 - 10	10～20	7.51	49.64	42.85	3	粉黏土
2015 - 10	20～40	7.48	50.33	42.19	3	粉黏土
2015 - 10	40～60	6.60	48.08	45.32	3	粉黏土
2015 - 10	60～100	6.42	48.17	45.41	3	粉黏土

3.2.5 剖面土壤容重

3.2.5.1 概述

本数据集包括海伦站 6 个长期监测样地 2005 年和 2015 年剖面（0～10 cm、10～20 cm、20～40 cm、40～60 cm 和 60～100 cm）土壤的容重。

3.2.5.2 数据采集和处理方法

按照 CERN 长期观测规范，剖面土壤容重的监测频率为每 10 年 1 次。2005 年和 2015 年秋季作物收获后，在采样点挖取长 1.5 m，宽 1 m，深 1.2 m 的土壤剖面，采用环刀法测定各层（0～10 cm、10～20 cm、20～40 cm、40～60 cm 和 60～100 cm）土壤容重，每层采集 5 次重复。

3.2.5.3 数据质量控制和评估

①采样时每个剖面的每个土层重复测定 5 次。

②环刀样品采集由同一个实验人员完成，避免人为因素导致的结果差异。

③由于土壤容重较为稳定，台站区域内的土壤容重基本一致，因此，测定时，会将测定结果与站内其他样地的历史土壤容重结果对比，观察数据是否存在异常，如果同一层土壤容重与历史存在差异，则应核实或再次测定该数据。

3.2.5.4 数据价值/数据使用方法和建议

土壤容重的大小与土壤质地、结构、有机质含量、土壤紧实度、耕作措施等密切相关。该部分数据表中，所述的重复数为挖掘剖面的个数，每个剖面的每层土壤容重重复测定 5 次。

3.2.5.5 数据

具体数据见表 3 - 71～表 3 - 76。

表 3 - 71　综合观测场剖面土壤容重

时间（年-月）	观测层次/cm	容重/（g/cm³）	重复数	标准差
2005 - 10	0～10	0.97	3	0.028
2005 - 10	10～20	1.28	3	0.014
2005 - 10	20～40	1.24	3	0.004
2005 - 10	40～60	1.31	3	0.010
2005 - 10	60～100	1.24	3	0.005
2015 - 10	0～10	1.05	3	0.030
2015 - 10	10～20	1.18	3	0.047
2015 - 10	20～40	1.40	3	0.067
2015 - 10	40～60	1.38	3	0.040
2015 - 10	60～100	1.38	3	0.005

表 3-72　辅助观测场（无肥区）剖面土壤容重

时间（年-月）	观测层次/cm	容重/（g/cm³）	重复数	标准差
2005-10	0～10	1.01	1	—
2005-10	10～20	1.26	1	—
2005-10	20～40	1.25	1	—
2005-10	40～60	1.32	1	—
2005-10	60～100	1.29	1	—
2015-10	0～10	1.05	3	0.051
2015-10	10～20	1.24	3	0.142
2015-10	20～40	1.36	3	0.031
2015-10	40～60	1.33	3	0.025
2015-10	60～100	1.36	3	0.005

表 3-73　辅助观测场（秸秆还田区）剖面土壤容重

时间（年-月）	观测层次/cm	容重/（g/cm³）	重复数	标准差
2005-10	0～10	1.04	1	—
2005-10	10～20	1.31	1	—
2005-10	20～40	1.23	1	—
2005-10	40～60	1.30	1	—
2005-10	60～100	1.22	1	—
2015-10	0～10	0.98	3	0.036
2015-10	10～20	1.13	3	0.095
2015-10	20～40	1.30	3	0.017
2015-10	40～60	1.36	3	0.031
2015-10	60～100	1.37	3	0.005

表 3-74　胜利村 76 号地站区调查点剖面土壤容重

时间（年-月）	观测层次/cm	容重/（g/cm³）	重复数	标准差
2005-10	0～10	1.16	1	—
2005-10	10～20	1.27	1	—
2005-10	20～40	1.20	1	—
2005-10	40～60	1.20	1	—
2005-10	60～100	1.23	1	—
2015-10	0～10	1.01	3	0.055
2015-10	10～20	1.24	3	0.118
2015-10	20～40	1.22	3	0.053
2015-10	40～60	1.25	3	0.031
2015-10	60～100	1.39	3	0.005

表 3－75　胜利村 67 号地站区调查点剖面土壤容重

时间（年-月）	观测层次/cm	容重/（g/cm³）	重复数	标准差
2005－10	0～10	1.07	1	—
2005－10	10～20	1.31	1	—
2005－10	20～40	1.32	1	—
2005－10	40～60	1.30	1	—
2005－10	60～100	1.34	1	—
2015－10	0～10	0.97	3	0.038
2015－10	10～20	1.26	3	0.000
2015－10	20～40	1.21	3	0.031
2015－10	40～60	1.25	3	0.055
2015－10	60～100	1.37	3	0.005

表 3－76　光荣村站区调查点剖面土壤容重

时间（年-月）	观测层次/cm	容重/（g/cm³）	重复数	标准差
2005－10	0～10	1.12	1	—
2005－10	10～20	1.53	1	—
2005－10	20～40	1.48	1	—
2005－10	40～60	1.62	1	—
2005－10	60～100	1.56	1	—
2015－10	0～10	0.99	3	0.006
2015－10	10～20	1.41	3	0.049
2015－10	20～40	1.36	3	0.050
2015－10	40～60	1.37	3	0.050
2015－10	60～100	1.45	3	0.005

3.2.6　剖面土壤重金属全量

3.2.6.1　概述

本数据集包括海伦站 6 个长期监测样地 2005 年、2010 年和 2015 年剖面（0～10 cm、10～20 cm、20～40 cm、40～60 cm 和 60～100 cm）土壤的 7 种重金属（铅、铬、镍、镉、硒、砷和汞）全量数据。

3.2.6.2　数据采集和处理方法

按照 CERN 长期观测规范，剖面土壤重金属含量的监测频率为每 5 年 1 次。2005 年、2010 年和 2015 年秋季作物收获后，在采样点挖取长 1.5 m，宽 1 m，深 1.2 m 的土壤剖面，观察面向阳，挖出的土壤按不同层次分开放置，用木制土铲铲除观察面表层与铁锹接触的土壤，自下向上采集各层土样，每层约 1.5 kg，装入棉质土袋中，最后将挖出的土壤按层回填。取回的土样置于干净的白纸上风干，挑除根系和石子，用四分法取适量碾磨后，过 2 mm 尼龙筛后，再用四分法取适量筛后样品碾磨，碾磨后，过 0.149 mm 尼龙筛，装入广口瓶备用。

铅、铬和镍在 2005 年和 2010 年采用盐酸—硝酸—氢氟酸—高氯酸消煮—石墨炉原子吸收分光光度法，在 2015 年采用盐酸—硝酸—氢氟酸—高氯酸消煮—多重机制杂质吸附萃取净化（MAS）法测定；镉在 2005 年和 2010 年采用盐酸—硝酸—氢氟酸—高氯酸消煮—石墨炉原子吸收分光光度法，在 2015 年采用盐酸—硝酸—氢氟酸—高氯酸消煮—MAS 法测定；硒在 2005 年为硝酸—高氯酸消煮—荧光光度法，在 2010 年和 2015 年采用王水消解—原子荧光光谱法测定；砷在 2005 年采用硝酸—硫酸消煮—氢化物发生原子吸收分光光度法，在 2010 年和 2015 年采用王水消解—原子荧光光谱法测定；汞在 2005 年采用硫酸—硝酸—高锰酸钾消煮—冷原子吸收法，2010 年和 2015 年采用王水消解—原子荧光光谱法测定。

3.2.6.3　数据质量控制和评估

①测定时插入国家标准样品质控。

②分析时测定 3 次平行样品。

③利用校验软件检查每个监测数据是否超出相同土壤类型和采样深度的历史数据阈值范围，每个观测场监测项目均值是否超出该样地相同深度历史数据均值的 2 倍标准差，每个观测场监测项目标准差是否超出该样地相同深度历史数据的 2 倍标准差或者样地空间变异调查的 2 倍标准差等。应核实或再次测定超出范围的数据。

3.2.6.4　数据价值/数据使用方法和建议

土壤重金属含量是土壤重要的环境要素，尽管土壤具有对污染物的降解能力，但对于重金属元素，土壤尚不能发挥其天然净化功能，因此对其进行长期、系统的监测显得尤为重要。海伦站剖面土壤重金属元素数据可为区域土壤环境质量评估、土壤污染风险评估以及环境土壤学研究等工作提供数据基础。

该部分数据中，2005 年的重金属数据仅有 1 次重复，但 2010 年和 2015 年具有 3 次重复，故 2010 年和 2015 年的重金属数据具有较好的可比性。

3.2.6.5　数据

具体数据见表 3-77～表 3-88。

表 3-77　综合观测场剖面土壤重金属（铅、铬、镍和镉）

时间（年-月）	观测层次/cm	铅/（mg/kg）		铬/（mg/kg）		镍/（mg/kg）		镉/（mg/kg）		重复数
		平均值	标准差	平均值	标准差	平均值	标准差	平均值	标准差	
2005-10	0～20	28.87	—	66.5	—	28.6	—	0.085	—	1
2005-10	20～40	24.27	—	70.9	—	29.0	—	0.038	—	1
2005-10	40～60	22.47	—	74.9	—	28.6	—	0.041	—	1
2005-10	60～100	28.19	—	80.2	—	31.8	—	0.041	—	1
2010-10	0～10	24.69	0.63	61.6	2.7	29.1	1.1	0.091	0.017	3
2010-10	10～20	27.31	1.04	66.0	0.8	30.9	0.8	0.120	0.042	3
2010-10	20～40	24.96	0.54	67.3	1.0	30.4	0.9	0.046	0.007	3
2010-10	40～60	25.75	1.56	68.0	2.2	30.1	1.0	0.050	0.054	3
2010-10	60～100	24.58	0.97	74.7	5.0	33.0	2.6	0.052	0.020	3
2015-10	0～10	24.54	0.74	66.1	4.1	27.4	1.7	0.117	0.004	3
2015-10	10～20	23.21	0.34	63.3	1.6	26.4	0.9	0.109	0.005	3
2015-10	20～40	25.02	0.83	67.7	2.9	28.4	2.3	0.092	0.006	3
2015-10	40～60	25.57	0.65	71.3	4.9	29.9	2.1	0.068	0.008	3
2015-10	60～100	22.93	1.31	65.9	3.0	27.7	1.4	0.066	0.004	3

表 3-78 辅助观测场（无肥区）剖面土壤重金属（铅、铬、镍和镉）

时间（年-月）	观测层次/cm	铅/（mg/kg）		铬/（mg/kg）		镍/（mg/kg）		镉/（mg/kg）		重复数
		平均值	标准差	平均值	标准差	平均值	标准差	平均值	标准差	
2005-10	0～20	29.34	—	67.0	—	31.4	—	0.128	—	1
2005-10	20～40	28.24	—	68.2	—	32.4	—	0.117	—	1
2005-10	40～60	30.63	—	71.9	—	34.7	—	0.072	—	1
2005-10	60～100	24.80	—	72.1	—	32.4	—	0.056	—	1
2010-10	0～10	27.00	0.44	63.9	1.3	29.1	0.5	0.095	0.018	3
2010-10	10～20	27.35	0.38	62.9	1.5	30.1	2.2	0.136	0.070	3
2010-10	20～40	25.33	0.04	66.8	0.6	30.4	0.1	0.046	0.015	3
2010-10	40～60	26.06	0.62	71.3	0.5	30.6	0.6	0.026	0.003	3
2010-10	60～100	24.76	1.08	67.0	6.5	30.5	0.4	0.046	0.010	3
2015-10	0～10	24.55	1.06	64.0	6.0	26.6	1.0	0.105	0.009	3
2015-10	10～20	24.88	1.79	66.2	9.9	27.2	2.9	0.111	0.009	3
2015-10	20～40	22.85	0.16	64.7	1.1	26.6	0.5	0.087	0.008	3
2015-10	40～60	23.06	1.75	65.2	0.4	27.1	0.6	0.068	0.008	3
2015-10	60～100	23.28	1.32	71.7	6.0	28.2	1.4	0.068	0.003	3

表 3-79 辅助观测场（秸秆还田区）剖面土壤重金属（铅、铬、镍和镉）

时间（年-月）	观测层次/cm	铅/（mg/kg）		铬/（mg/kg）		镍/（mg/kg）		镉/（mg/kg）		重复数
		平均值	标准差	平均值	标准差	平均值	标准差	平均值	标准差	
2005-10	0～20	28.94	—	70.0	—	31.8	—	0.148	—	1
2005-10	20～40	30.21	—	72.6	—	31.6	—	0.083	—	1
2005-10	40～60	27.20	—	75.0	—	32.9	—	0.054	—	1
2005-10	60～100	27.90	—	78.3	—	33.1	—	0.056	—	1
2010-10	0～10	27.40	2.23	64.0	3.7	29.1	1.2	0.103	0.029	3
2010-10	10～20	25.36	0.56	61.0	2.5	28.8	0.6	0.063	0.012	3
2010-10	20～40	25.14	0.78	66.9	3.0	30.1	0.2	0.062	0.057	3
2010-10	40～60	25.09	0.92	65.6	2.3	29.7	0.9	0.028	0.012	3
2010-10	60～100	24.81	1.88	69.5	0.8	31.0	1.0	0.033	0.012	3
2015-10	0～10	23.63	1.39	60.2	2.6	24.9	0.9	0.110	0.015	3
2015-10	10～20	23.68	0.75	60.6	4.5	25.8	1.4	0.103	0.004	3
2015-10	20～40	21.66	1.07	61.6	0.8	25.6	0.5	0.073	0.014	3
2015-10	40～60	19.71	1.09	66.0	6.9	26.3	2.5	0.056	0.004	3
2015-10	60～100	20.36	0.58	67.3	6.8	27.9	2.3	0.061	0.004	3

表 3-80 胜利村 76 号地站区调查点剖面土壤重金属（铅、铬、镍和镉）

时间（年-月）	观测层次/cm	铅/（mg/kg）		铬/（mg/kg）		镍/（mg/kg）		镉/（mg/kg）		重复数
		平均值	标准差	平均值	标准差	平均值	标准差	平均值	标准差	
2010-10	0～10	18.28	0.60	42.0	1.7	20.2	0.3	0.047	0.017	3
2010-10	10～20	25.07	1.27	62.7	3.3	29.3	1.3	0.045	0.026	3
2010-10	20～40	24.51	1.39	65.4	2.5	30.1	1.4	0.298	0.242	3
2010-10	40～60	25.37	0.49	69.3	2.5	31.2	1.5	0.405	0.040	3
2010-10	60～100	25.50	1.18	65.9	5.7	31.1	1.4	0.283	0.222	3
2015-10	0～10	23.35	0.90	62.4	0.8	27.8	2.7	0.146	0.006	3
2015-10	10～20	22.66	0.82	66.7	4.7	28.4	1.8	0.114	0.006	3
2015-10	20～40	21.77	0.57	64.0	2.7	27.6	1.2	0.075	0.008	3
2015-10	40～60	21.53	0.91	64.7	0.7	27.5	0.5	0.060	0.005	3
2015-10	60～100	22.39	0.78	72.5	6.5	30.3	2.4	0.061	0.004	3

表 3-81 胜利 67 号地站区调查点剖面土壤重金属（铅、铬、镍和镉）

时间（年-月）	观测层次/cm	铅/（mg/kg）		铬/（mg/kg）		镍/（mg/kg）		镉/（mg/kg）		重复数
		平均值	标准差	平均值	标准差	平均值	标准差	平均值	标准差	
2010-10	0～10	24.58	0.98	58.3	2.3	28.6	0.9	0.050	0.007	3
2010-10	10～20	23.82	0.74	57.3	2.3	28.3	1.1	0.039	0.009	3
2010-10	20～40	24.02	0.51	61.0	0.3	29.2	0.5	0.035	0.006	3
2010-10	40～60	23.92	0.77	62.8	2.5	28.3	0.4	0.146	0.219	3
2010-10	60～100	24.65	0.49	65.3	0.8	29.2	0.9	0.017	0.010	3
2015-10	0～10	22.91	1.07	64.4	4.1	26.7	1.4	0.126	0.007	3
2015-10	10～20	21.00	1.14	61.4	4.4	25.2	0.7	0.109	0.006	3
2015-10	20～40	21.23	0.33	64.3	2.2	26.9	1.2	0.088	0.009	3
2015-10	40～60	22.28	1.24	69.9	7.5	27.9	2.2	0.095	0.005	3
2015-10	60～100	17.75	7.49	66.6	2.0	26.7	0.8	0.066	0.023	3

表 3-82 光荣村站区调查点剖面土壤重金属（铅、铬、镍和镉）

时间（年-月）	观测层次/cm	铅/（mg/kg）		铬/（mg/kg）		镍/（mg/kg）		镉/（mg/kg）		重复数
		平均值	标准差	平均值	标准差	平均值	标准差	平均值	标准差	
2010-10	0～10	22.79	0.32	54.8	2.4	25.9	1.4	0.052	0.016	3
2010-10	10～20	23.03	0.40	57.2	4.2	27.8	0.5	0.038	0.006	3
2010-10	20～40	22.56	0.46	59.2	6.0	26.2	0.8	0.023	0.008	3
2010-10	40～60	23.70	0.66	66.3	0.5	30.2	0.8	0.137	0.200	3
2010-10	60～100	23.36	1.45	67.0	4.9	31.5	1.9	0.016	0.002	3
2015-10	0～10	20.61	1.43	60.9	0.9	24.2	0.3	0.141	0.010	3
2015-10	10～20	20.94	1.09	63.8	3.0	25.0	0.9	0.119	0.014	3
2015-10	20～40	21.23	0.53	63.1	2.3	24.3	1.2	0.091	0.012	3
2015-10	40～60	21.54	0.20	71.9	1.1	28.4	0.2	0.088	0.002	3
2015-10	60～100	22.39	2.17	69.0	2.9	27.0	2.6	0.101	0.028	3

表 3-83 剖面土壤重金属（硒、砷、汞）

时间（年-月）	观测层次/cm	硒/（mg/kg）		砷/（mg/kg）		汞/（mg/kg）		重复数
		平均值	标准差	平均值	标准差	平均值	标准差	
2005-10	0～20	0.29	—	8.62	—	0.057	—	1
2005-10	20～40	0.29	—	7.85	—	0.063	—	1
2005-10	40～60	0.29	—	8.02	—	0.037	—	1
2005-10	60～100	0.38	—	12.41	—	0.036	—	1
2010-10	0～10	0.37	0.017	12.48	0.55	0.056	0.007	3
2010-10	10～20	0.37	0.001	12.49	0.06	0.047	0.013	3
2010-10	20～40	0.37	0.009	12.57	0.30	0.049	0.002	3
2010-10	40～60	0.31	0.007	13.14	0.26	0.050	0.004	3
2010-10	60～100	0.24	0.008	13.18	0.66	0.244	0.004	3
2005-10	0～10	0.31	0.021	7.67	0.20	0.081	0.010	3
2005-10	10～20	0.31	0.007	7.20	0.20	0.053	0.012	3
2005-10	20～40	0.30	0.025	7.26	0.17	0.043	0.010	3
2005-10	40～60	0.29	0.048	8.08	0.45	0.065	0.016	3
2005-10	60～100	0.23	0.032	8.22	0.26	0.065	0.015	3

表 3-84 辅助观测场（无肥区）剖面土壤重金属（硒、砷、汞）

时间（年-月）	观测层次/cm	硒/（mg/kg）		砷/（mg/kg）		汞/（mg/kg）		重复数
		平均值	标准差	平均值	标准差	平均值	标准差	
2005-10	0～20	0.41	—	14.15	—	0.038	—	1
2005-10	20～40	0.34	—	16.26	—	0.095	—	1
2005-10	40～60	0.43	—	17.50	—	0.059	—	1
2005-10	60～100	0.22	—	15.11	—	0.046	—	1
2010-10	0～10	0.39	0.004	12.50	0.23	0.060	0.060	3
2010-10	10～20	0.39	0.020	12.59	0.69	0.057	0.003	3
2010-10	20～40	0.38	0.004	11.69	0.74	0.063	0.003	3
2010-10	40～60	0.35	0.012	13.29	0.13	0.063	0.002	3
2010-10	60～100	0.24	0.020	11.89	1.25	0.052	0.013	3
2005-10	0～10	0.29	0.008	7.64	0.31	0.049	0.018	3
2005-10	10～20	0.29	0.014	7.32	0.30	0.050	0.004	3
2005-10	20～40	0.29	0.022	7.20	0.27	0.049	0.022	3
2005-10	40～60	0.26	0.024	8.14	0.49	0.103	0.010	3
2005-10	60～100	0.19	0.026	7.75	0.52	0.106	0.011	3

表3-85 辅助观测场（秸秆还田区）剖面土壤重金属（硒、砷、汞）

时间（年-月）	观测层次/cm	硒/（mg/kg）		砷/（mg/kg）		汞/（mg/kg）		重复数
		平均值	标准差	平均值	标准差	平均值	标准差	
2005-10	0~20	0.33	—	15.39	—	0.040	—	1
2005-10	20~40	0.33	—	16.19	—	0.051	—	1
2005-10	40~60	0.26	—	17.71	—	0.085	—	1
2005-10	60~100	0.16	—	17.27	—	0.084	—	1
2010-10	0~10	0.31	0.003	11.44	1.34	0.046	0.019	3
2010-10	10~20	0.32	0.013	11.51	1.19	0.051	0.014	3
2010-10	20~40	0.27	0.003	12.47	0.87	0.056	0.003	3
2010-10	40~60	0.25	0.022	11.98	1.15	0.072	0.002	3
2010-10	60~100	0.19	0.016	11.19	2.70	0.063	0.006	3
2005-10	0~10	0.26	0.004	7.09	0.13	0.097	0.008	3
2005-10	10~20	0.27	0.004	7.33	0.24	0.091	0.026	3
2005-10	20~40	0.27	0.007	7.13	0.47	0.095	0.007	3
2005-10	40~60	0.20	0.033	7.19	0.12	0.121	0.021	3
2005-10	60~100	0.20	0.055	7.15	0.04	0.091	0.012	3

表3-86 胜利村76号地站区调查点剖面土壤重金属（硒、砷、汞）

时间（年-月）	观测层次/cm	硒/（mg/kg）		砷/（mg/kg）		汞/（mg/kg）		重复数
		平均值	标准差	平均值	标准差	平均值	标准差	
2010-10	0~10	0.24	0.010	9.74	0.23	0.061	0.002	3
2010-10	10~20	0.34	0.006	12.40	1.44	0.065	0.305	3
2010-10	20~40	0.33	0.036	12.71	0.44	0.069	0.002	3
2010-10	40~60	0.30	0.040	13.69	1.15	0.056	0.002	3
2010-10	60~100	0.23	0.007	13.20	0.66	0.045	0.004	3
2005-10	0~10	0.32	0.013	7.99	0.81	0.088	0.002	3
2005-10	10~20	0.33	0.007	7.13	0.39	0.079	0.011	3
2005-10	20~40	0.36	0.010	7.54	0.51	0.084	0.007	3
2005-10	40~60	0.35	0.034	7.54	0.58	0.057	0.009	3
2005-10	60~100	0.29	0.012	8.08	0.44	0.063	0.011	3

表 3-87 胜利村 67 号地站区调查点剖面土壤重金属（硒、砷、汞）

时间（年-月）	观测层次/cm	硒/（mg/kg）		砷/（mg/kg）		汞/（mg/kg）		重复数
		平均值	标准差	平均值	标准差	平均值	标准差	
2010-10	0～10	0.35	0.015	12.87	0.26	0.053	0.007	3
2010-10	10～20	0.34	0.043	12.34	0.23	0.045	0.008	3
2010-10	20～40	0.35	0.007	12.22	0.59	0.046	0.004	3
2010-10	40～60	0.35	0.020	12.81	0.71	0.098	0.003	3
2010-10	60～100	0.32	0.020	12.84	0.61	0.088	0.009	3
2005-10	0～10	0.26	0.011	7.03	0.19	0.037	0.025	3
2005-10	10～20	0.25	0.005	6.93	0.42	0.036	0.013	3
2005-10	20～40	0.28	0.029	7.84	0.08	0.038	0.019	3
2005-10	40～60	0.27	0.014	8.14	0.40	0.095	0.010	3
2005-10	60～100	0.22	0.025	7.96	0.39	0.059	0.011	3

表 3-88 光荣村站区调查点剖面土壤重金属（硒、砷、汞）

时间（年-月）	观测层次/cm	硒/（mg/kg）		砷/（mg/kg）		汞/（mg/kg）		重复数
		平均值	标准差	平均值	标准差	平均值	标准差	
2010-10	0～10	0.40	0.008	12.04	0.38	0.088	0.002	3
2010-10	10～20	0.40	0.007	12.36	0.45	0.068	0.007	3
2010-10	20～40	0.30	0.021	12.58	0.58	0.068	0.004	3
2010-10	40～60	0.24	0.008	13.65	0.21	0.085	0.002	3
2010-10	60～100	0.19	0.013	13.51	0.91	0.112	0.006	3
2005-10	0～10	0.27	0.013	6.56	0.25	0.046	0.020	3
2005-10	10～20	0.29	0.013	6.85	0.30	0.040	0.009	3
2005-10	20～40	0.21	0.013	7.18	0.29	0.051	0.016	3
2005-10	40～60	0.21	0.009	7.54	0.08	0.085	0.014	3
2005-10	60～100	0.14	0.003	7.78	0.27	0.084	0.011	3

3.2.7 剖面土壤微量元素

3.2.7.1 概述

本数据集包括海伦站 6 个长期监测样地 2005 年、2010 年和 2015 年剖面（0～10 cm、10～20 cm、20～40 cm、40～60 cm 和 60～100 cm）土壤的 7 种微量元素（全钼、全锌、全锰、全铜、全铁和全硼）数据。

3.2.7.2 数据采集和处理方法

按照 CERN 长期观测规范，剖面土壤微量元素含量的监测频率为每 5 年 1 次。2005 年、2010 年和 2015 年秋季作物收获后，在采样点挖取长 1.5 m，宽 1 m，深 1.2 m 的土壤剖面，观察面向阳，挖出的土壤按不同层次分开放置，用木制土铲铲除观察面表层与铁锹接触的土壤，自下向上采集各层土样，每层约 1.5 kg，装入棉质土袋中，最后将挖出土壤按层回填。取回的土样置于干净的白纸上风干，挑除根系和石子，用四分法取适量碾磨后，过 2 mm 尼龙筛，再四分法取适量筛后样品碾磨，碾磨后，过 0.149 mm 尼龙筛，装入广口瓶备用。

全钼采用盐酸—硝酸—氢氟酸—高氯酸消煮电感耦合等离子体质谱（ICP - MS）法；全锌、全锰、全铜和全铁采用盐酸—硝酸—氢氟酸—高氯酸消煮火焰原子吸收分光光度法；全硼在 2010 年采用磷酸—硝酸—氢氟酸—高氯酸消煮—电感耦合等离子体质谱（ICP - AES）法；2015 年采用磷酸—硝酸—氢氟酸—高氯酸消煮—电弧发射光谱法，电弧发射光谱法。

3.2.7.3　数据质量控制和评估

①测定时插入国家标准样品质控。

②分析时测定 3 次平行样品。

③利用校验软件检查每个监测数据是否超出相同土壤类型和采样深度的历史数据阈值范围，每个观测场监测项目均值是否超出该样地相同深度历史数据均值的 2 倍标准差，每个观测场监测项目标准差是否超出该样地相同深度历史数据的 2 倍标准差或者样地空间变异调查的 2 倍标准差等。应核实或再次测定超出范围的数据。

3.2.7.4　数据价值/数据使用方法和建议

尽管土壤微量元素的含量较低，最高不超过 0.01%，但它们对植物的正常生长不可或缺，具有很强的专一性，一旦缺乏，植物便不能正常生长，是作物产量和品质的限制因子，因而微量元素在农业生产中具有重要作用。

该部分数据中，2005 年的剖面土壤微量元素数据仅有 1 次重复，且无全钼和全铁数据，但 2010 年和 2015 年具有 3 次重复，各项指标数据齐全，故 2010 年和 2015 年的重金属数据具有较好的可比性。

3.2.7.5　数据

具体数据见表 3 - 89～表 3 - 100。

表 3 - 89　综合观测场剖面土壤微量元素（全钼、全锌和全锰）

时间（年-月）	观测层次/cm	全钼/（mg/kg）		全锌/（mg/kg）		全锰/（mg/kg）		重复数
		平均值	标准差	平均值	标准差	平均值	标准差	
2005 - 10	0～20	—	—	64.23	—	828.47	—	1
2005 - 10	20～40	—	—	60.71	—	708.16	—	1
2005 - 10	40～60	—	—	63.45	—	575.72	—	1
2005 - 10	60～100	—	—	63.85	—	782.69	—	1
2010 - 10	0～10	0.52	0.01	62.64	0.51	1 270.33	33.04	3
2010 - 10	10～20	0.60	0.02	63.27	0.49	1 062.47	80.03	3
2010 - 10	20～40	0.51	0.06	64.48	1.80	929.57	50.14	3
2010 - 10	40～60	0.50	0.03	63.82	1.46	906.17	67.45	3
2010 - 10	60～100	0.62	0.09	64.83	0.78	802.60	42.39	3
2015 - 10	0～10	0.82	0.22	62.27	1.27	1 246.00	90.57	3
2015 - 10	10～20	0.65	0.04	62.17	1.95	1 129.00	105.79	3
2015 - 10	20～40	0.69	0.06	62.90	1.30	992.00	101.53	3
2015 - 10	40～60	0.74	0.08	61.97	1.33	967.00	81.71	3
2015 - 10	60～100	0.71	0.05	61.67	1.01	806.33	37.63	3

表 3-90　辅助观测场（无肥区）剖面土壤微量元素（全钼、全锌和全锰）

时间（年-月）	观测层次/cm	全钼/（mg/kg）		全锌/（mg/kg）		全锰/（mg/kg）		重复数
		平均值	标准差	平均值	标准差	平均值	标准差	
2005-10	0～20	—	—	62.91	—	1 641.93	—	1
2005-10	20～40	—	—	63.02	—	1 413.11	—	1
2005-10	40～60	—	—	62.40	—	1 807.65	—	1
2005-10	60～100	—	—	66.74	—	907.48	—	1
2010-10	0～10	0.53	0.02	62.87	1.46	1 355.80	107.50	3
2010-10	10～20	0.54	0.03	63.00	0.75	1 170.40	136.69	3
2010-10	20～40	0.49	0.00	62.20	1.61	1 089.13	116.38	3
2010-10	40～60	0.53	0.05	63.47	2.84	1 239.60	256.52	3
2010-10	60～100	0.86	0.50	65.25	1.47	901.27	75.10	3
2015-10	0～10	0.72	0.10	62.91	1.81	1 342.67	137.41	3
2015-10	10～20	0.73	0.03	62.78	0.90	1 134.67	97.77	3
2015-10	20～40	0.64	0.07	61.44	0.79	1 032.33	134.89	3
2015-10	40～60	0.67	0.06	62.70	2.73	945.33	68.31	3
2015-10	60～100	0.72	0.07	62.78	0.75	884.67	57.14	3

表 3-91　辅助观测场（秸秆还田区）剖面土壤微量元素（全钼、全锌和全锰）

时间（年-月）	观测层次/cm	全钼/（mg/kg）		全锌/（mg/kg）		全锰/（mg/kg）		重复数
		平均值	标准差	平均值	标准差	平均值	标准差	
2005-10	0～20	—	—	66.48	—	1 361.89	—	1
2005-10	20～40	—	—	70.18	—	1 355.15	—	1
2005-10	40～60	—	—	65.05	—	1 327.25	—	1
2005-10	60～100	—	—	68.13	—	1 041.97	—	1
2010-10	0～10	0.54	0.06	64.60	2.56	1 443.77	208.61	3
2010-10	10～20	0.50	0.02	64.03	0.55	1 233.27	128.88	3
2010-10	20～40	0.49	0.07	63.00	2.92	1 121.50	172.76	3
2010-10	40～60	0.55	0.03	62.73	2.69	1 176.73	115.85	3
2010-10	60～100	0.58	0.12	65.43	2.95	970.47	92.95	3
2015-10	0～10	0.68	0.10	62.30	2.21	1 259.33	79.51	3
2015-10	10～20	0.62	0.04	61.27	1.00	1 033.67	43.66	3
2015-10	20～40	0.63	0.04	62.83	0.58	935.00	81.41	3
2015-10	40～60	0.60	0.04	62.73	1.15	880.67	64.83	3
2015-10	60～100	0.60	0.04	64.30	0.10	815.00	87.16	3

表 3-92 胜利村 76 号地站区调查点剖面土壤微量元素（全钼、全锌和全锰）

时间（年-月）	观测层次/cm	全钼/（mg/kg）		全锌/（mg/kg）		全锰/（mg/kg）		重复数
		平均值	标准差	平均值	标准差	平均值	标准差	
2010-10	0～10	0.44	0.07	46.58	3.90	650.78	37.99	3
2010-10	10～20	0.49	0.07	65.67	4.56	907.87	28.82	3
2010-10	20～40	0.46	0.05	65.83	2.80	894.50	61.25	3
2010-10	40～60	0.53	0.03	64.93	1.58	824.07	71.14	3
2010-10	60～100	0.56	0.03	66.93	2.04	765.93	94.10	3
2015-10	0～10	0.63	0.03	62.57	2.79	997.00	6.24	3
2015-10	10～20	0.65	0.03	63.87	1.76	962.00	1.73	3
2015-10	20～40	0.55	0.03	64.33	2.84	911.67	6.66	3
2015-10	40～60	0.53	0.02	64.20	1.40	834.00	11.36	3
2015-10	60～100	0.61	0.05	62.77	2.20	779.33	35.80	3

表 3-93 胜利村 67 号地站区调查点剖面土壤微量元素（全钼、全锌和全锰）

时间（年-月）	观测层次/cm	全钼/（mg/kg）		全锌/（mg/kg）		全锰/（mg/kg）		重复数
		平均值	标准差	平均值	标准差	平均值	标准差	
2010-10	0～10	0.46	0.04	65.62	2.04	953.33	24.27	3
2010-10	10～20	0.39	0.00	64.98	0.28	933.40	27.58	3
2010-10	20～40	0.37	0.02	63.37	0.77	875.47	34.30	3
2010-10	40～60	0.37	0.01	64.79	1.84	840.93	52.84	3
2010-10	60～100	0.48	0.02	65.53	1.46	771.63	6.45	3
2015-10	0～10	0.63	0.04	63.87	1.36	941.00	3.00	3
2015-10	10～20	0.63	0.04	62.67	2.40	868.33	5.51	3
2015-10	20～40	0.61	0.04	63.03	2.42	827.33	15.04	3
2015-10	40～60	0.74	0.06	65.07	1.97	807.67	57.01	3
2015-10	60～100	0.66	0.16	64.00	0.98	740.00	10.54	3

表 3-94 光荣村站区调查点剖面土壤微量元素（全钼、全锌和全锰）

时间（年-月）	观测层次/cm	全钼/（mg/kg）		全锌/（mg/kg）		全锰/（mg/kg）		重复数
		平均值	标准差	平均值	标准差	平均值	标准差	
2010-10	0～10	0.40	0.11	66.84	1.29	924.60	79.88	3
2010-10	10～20	0.41	0.03	66.77	1.83	872.13	97.34	3
2010-10	20～40	0.37	0.04	67.70	1.79	871.50	99.71	3
2010-10	40～60	0.36	0.05	67.30	1.51	835.27	45.90	3
2010-10	60～100	0.40	0.09	70.35	1.81	808.37	5.80	3
2015-10	0～10	0.68	0.04	64.27	1.97	943.67	27.06	3

（续）

时间（年-月）	观测层次/cm	全钼/（mg/kg）		全锌/（mg/kg）		全锰/（mg/kg）		重复数
		平均值	标准差	平均值	标准差	平均值	标准差	
2015-10	10～20	0.65	0.10	63.50	1.21	876.33	26.95	3
2015-10	20～40	0.64	0.06	63.57	0.70	836.67	18.88	3
2015-10	40～60	0.62	0.05	66.00	2.07	780.00	51.86	3
2015-10	60～100	0.66	0.06	64.77	2.06	736.00	39.85	3

表 3-95　综合观测场剖面土壤微量元素（全铜、全铁和全硼）

时间（年-月）	观测层次/cm	全铜/（mg/kg）		全铁/（mg/kg）		全硼/（mg/kg）		重复数
		平均值	标准差	平均值	标准差	平均值	标准差	
2005-10	0～20	22.34	—	—	—	27.82	—	1
2005-10	20～40	22.09	—	—	—	28.08	—	1
2005-10	40～60	22.23	—	—	—	26.85	—	1
2005-10	60～100	24.15	—	—	—	31.40	—	1
2010-10	0～10	23.61	0.14	35 330.89	1 827.00	33.33	3.32	3
2010-10	10～20	22.79	0.22	36 302.93	1 877.27	32.10	1.42	3
2010-10	20～40	21.94	0.34	36 050.55	1 864.22	33.90	2.33	3
2010-10	40～60	22.08	0.34	39 565.39	2 045.97	40.87	0.71	3
2010-10	60～100	23.66	0.89	39 290.42	2031.75	37.10	3.05	3
2015-10	0～10	22.73	1.56	34 412.33	837.19	40.75	14.52	3
2015-10	10～20	21.97	1.71	34 811.67	641.70	35.10	5.52	3
2015-10	20～40	20.57	0.70	35 160.67	2 228.48	32.81	1.34	3
2015-10	40～60	22.47	0.06	37 941.67	1 634.40	33.20	0.54	3
2015-10	60～100	21.33	1.15	38 474.33	1 602.33	32.35	7.12	3

表 3-96　辅助观测场（无肥区）剖面土壤微量元素（全铜、全铁和全硼）

时间（年-月）	观测层次/cm	全铜/（mg/kg）		全铁/（mg/kg）		全硼/（mg/kg）		重复数
		平均值	标准差	平均值	标准差	平均值	标准差	
2005-10	0～20	21.75	—	—	—	52.18	—	1
2005-10	20～40	20.55	—	—	—	40.70	—	1
2005-10	40～60	21.06	—	—	—	58.63	—	1
2005-10	60～100	24.09	—	—	—	51.20	—	1
2010-10	0～10	22.37	0.46	28 968.45	1 368.56	36.63	0.38	3
2010-10	10～20	21.56	0.90	29 913.52	1 413.21	38.03	5.51	3
2010-10	20～40	20.61	0.43	31 024.60	1 465.70	39.47	3.65	3
2010-10	40～60	21.06	0.56	36 992.48	1 747.64	44.20	10.57	3
2010-10	60～100	22.92	1.90	36 346.63	1 717.13	41.70	3.36	3
2015-10	0～10	21.37	1.06	28 493.67	1 656.16	34.40	0.89	3

（续）

时间（年-月）	观测层次/cm	全铜/（mg/kg）		全铁/（mg/kg）		全硼/（mg/kg）		重复数
		平均值	标准差	平均值	标准差	平均值	标准差	
2015-10	10～20	21.57	0.57	28 598.00	1 915.00	31.54	3.39	3
2015-10	20～40	22.13	0.85	29 828.33	1 905.09	32.29	3.64	3
2015-10	40～60	22.30	1.51	33 596.67	2 090.93	35.10	1.13	3
2015-10	60～100	21.77	0.60	36 221.33	1 806.36	36.50	2.49	3

表 3-97　辅助观测场（秸秆还田区）剖面土壤微量元素（全铜、全铁和全硼）

时间（年-月）	观测层次/cm	全铜/（mg/kg）		全铁/（mg/kg）		全硼/（mg/kg）		重复数
		平均值	标准差	平均值	标准差	平均值	标准差	
2005-10	0～20	21.69	—	—	—	54.10	—	1
2005-10	20～40	20.87	—	—	—	58.87	—	1
2005-10	40～60	20.72	—	—	—	49.91	—	1
2005-10	60～100	21.65	—	—	—	55.65	—	1
2010-10	0～10	23.47	1.24	28 238.97	1 728.92	32.73	3.31	3
2010-10	10～20	21.90	0.70	30 187.17	1 848.19	33.33	3.04	3
2010-10	20～40	20.66	0.61	31 404.65	1 922.73	32.97	4.84	3
2010-10	40～60	21.29	1.43	34 835.28	2 132.77	32.53	0.38	3
2010-10	60～100	21.69	1.66	35 607.59	2 180.06	34.63	4.44	3
2015-10	0～10	20.60	0.72	30 176.33	194.01	35.92	2.85	3
2015-10	10～20	23.00	1.67	31 942.33	137.99	34.02	0.88	3
2015-10	20～40	22.07	0.42	32 806.00	1 011.66	33.01	3.04	3
2015-10	40～60	20.53	1.15	33 650.00	1 315.42	33.76	1.06	3
2015-10	60～100	22.17	2.41	36 231.67	2 278.53	35.36	4.58	3

表 3-98　胜利村 76 号地站区调查点剖面土壤微量元素（全铜、全铁和全硼）

时间（年-月）	观测层次/cm	全铜/（mg/kg）		全铁/（mg/kg）		全硼/（mg/kg）		重复数
		平均值	标准差	平均值	标准差	平均值	标准差	
2010-10	0～10	15.66	0.34	24 103.66	2 316.25	28.31	4.66	3
2010-10	10～20	21.95	0.56	33 493.10	2 216.13	37.20	2.74	3
2010-10	20～40	20.79	0.86	35 143.68	2 325.35	41.50	1.99	3
2010-10	40～60	21.26	0.25	36 794.27	2 434.56	44.47	3.16	3
2010-10	60～100	22.30	0.22	39 063.82	2 584.73	46.47	4.91	3
2015-10	0～10	21.30	0.72	33 979.33	2 232.87	33.89	1.60	3
2015-10	10～20	21.40	1.37	33 438.33	2 030.94	33.14	2.19	3
2015-10	20～40	22.20	0.56	37 058.67	1 670.39	35.26	1.92	3
2015-10	40～60	23.07	1.47	38 048.00	981.55	34.77	0.63	3
2015-10	60～100	21.63	0.59	42 091.67	1 159.32	36.24	1.84	3

表 3-99 胜利村 67 号地站区调查点剖面土壤微量元素（全铜、全铁和全硼）

时间（年-月）	观测层次/cm	全铜/（mg/kg）		全铁/（mg/kg）		全硼/（mg/kg）		重复数
		平均值	标准差	平均值	标准差	平均值	标准差	
2010-10	0～10	22.76	2.07	35 506.91	1 395.44	36.13	5.88	3
2010-10	10～20	21.98	1.68	33 755.14	1326.59	34.80	3.76	3
2010-10	20～40	23.26	0.77	33 148.76	1 302.76	40.60	2.78	3
2010-10	40～60	22.67	0.70	33 822.52	1 329.24	36.37	1.64	3
2010-10	60～100	22.41	0.88	36 096.83	1 418.62	41.10	0.96	3
2015-10	0～10	22.23	0.95	32 039.00	1 765.41	35.55	1.06	3
2015-10	10～20	21.67	1.12	34 220.67	905.84	36.37	0.88	3
2015-10	20～40	21.50	1.05	35 367.33	3 043.92	34.22	1.16	3
2015-10	40～60	22.27	0.60	36 104.00	1 611.02	35.69	1.15	3
2015-10	60～100	22.90	1.08	37 022.67	2 034.01	37.26	2.75	3

表 3-100 光荣村站区调查点剖面土壤微量元素（全铜、全铁和全硼）

时间（年-月）	观测层次/cm	全铜/（mg/kg）		全铁/（mg/kg）		全硼/（mg/kg）		重复数
		平均值	标准差	平均值	标准差	平均值	标准差	
2010-10	0～10	20.84	0.72	32 699.75	1 544.84	33.07	1.01	3
2010-10	10～20	20.12	0.91	33 106.80	1 564.07	31.33	2.61	3
2010-10	20～40	19.41	0.45	31 084.20	1 468.51	34.67	1.53	3
2010-10	40～60	19.96	0.78	34 938.53	1 650.60	36.50	2.17	3
2010-10	60～100	21.50	1.75	35 481.26	1 676.24	34.90	1.67	3
2015-10	0～10	20.10	0.85	30 589.33	722.17	34.81	2.72	3
2015-10	10～20	22.47	1.62	32 260.33	702.35	34.64	1.98	3
2015-10	20～40	20.23	0.23	32 839.67	8 25.65	34.28	0.05	3
2015-10	40～60	20.77	0.71	34 543.33	285.64	34.64	2.35	3
2015-10	60～100	20.00	0.50	35 300.00	1 020.01	33.20	6.43	3

3.2.8 剖面土壤矿质全量

3.2.8.1 概述

本数据集包括海伦站 6 个长期监测样地 2005 年和 2015 年剖面（0～10 cm、10～20 cm、20～40 cm、40～60 cm 和 60～100 cm）土壤的矿质［SiO_2、Fe_2O_3、Al_2O_3、TiO_2、MnO、CaO、MgO、K_2O、Na_2O、P_2O_5、烧失量（LOI）和全硫］全量数据。

3.2.8.2 数据采集和处理方法

按照 CERN 长期观测规范，剖面土壤矿质全量的监测频率为每 10 年 1 次。2005 年和 2015 年秋季作物收获后，在采样点挖取长 1.5 m，宽 1 m，深 1.2 m 的土壤剖面，观察面向阳，挖出的土壤按不同层次分开放置，用木制土铲铲除观察面表层与铁锹接触的土壤，自下向上采集各层土样，每层约 1.5 kg，装入棉质土袋中，最后将挖出的土壤按层回填。取回的土样置于干净的白纸上风干，挑除根系和石子，用四分法取适量碾磨后，过 2 mm 尼龙筛，再用四分法取适量筛后样品碾磨，碾磨后，过 0.149 mm 尼龙筛，装入广口瓶备用。

SiO_2、Fe_2O_3、Al_2O_3、TiO_2、MnO、CaO、MgO、K_2O、Na_2O 和 P_2O_5 采用偏硼酸锂熔融—ICP-AES 法；烧失量采用烧失减重法；全硫采用硝酸镁氧化—硫酸钡比浊法。

3.2.8.3 数据质量控制和评估

①分析时测定 3 次平行样品。

②由于土壤矿质全量较为稳定，台站区域内的土壤矿质全量基本一致，因此，测定时，将测定结果与站内其他样地的历史土壤矿质全量结果对比，观察数据是否存在异常，如果同一层土壤容重与历史存在差异，则核实或再次测定该数据。

3.2.8.4 数据价值/数据使用方法和建议

土壤矿物质的组成结构和性质，对土壤物理性质（结构性、水分性质、通气性、热性质、力学性质和耕作学）、化学性质（吸附性能、表明活性、酸碱性、氧化还原电位、缓冲作用）以及生物与生物化学性质（土壤微生物、生物多样性、酶活性等）均有深刻影响。

该部分数据中，2005 年的剖面土壤矿质全量数据仅有 1 次重复，且无 3 个站区调查点的数据，但 2015 年具有 3 次重复，各项指标数据齐全，故与 2005 年相比，2015 年的剖面土壤矿质全量数据具有较高的利用价值。

3.2.8.5 数据

具体数据见表 3-101～表 3-124。

表 3-101　综合观测场剖面土壤矿质全量（SiO_2、Fe_2O_3 和 MnO）

时间（年-月）	观测层次/cm	SiO_2/%		Fe_2O_3/%		MnO/%		重复数
		平均值	标准差	平均值	标准差	平均值	标准差	
2005-10	0～20	64.28	—	4.86	—	0.105	—	1
2005-10	20～40	64.52	—	4.93	—	0.089	—	1
2005-10	40～60	65.79	—	5.13	—	0.074	—	1
2005-10	60～100	64.99	—	5.62	—	0.121	—	1
2005-10	0～10	62.53	0.67	4.71	0.08	0.115	0.004	3
2005-10	10～20	62.47	0.68	4.66	0.02	0.108	0.005	3
2005-10	20～40	62.80	0.50	4.75	0.11	0.104	0.008	3
2005-10	40～60	63.13	1.10	5.04	0.05	0.120	0.007	3
2005-10	60～100	63.17	0.00	5.24	0.20	0.099	0.009	3

表 3-102　辅助观测场（无肥区）剖面土壤矿质全量（SiO_2、Fe_2O_3 和 MnO）

时间（年-月）	观测层次/cm	SiO_2/%		Fe_2O_3/%		MnO/%		重复数
		平均值	标准差	平均值	标准差	平均值	标准差	
2005-10	0～20	63.96	—	4.96	—	0.116	—	1
2005-10	20～40	64.92	—	4.91	—	0.102	—	1
2005-10	40～60	65.37	—	5.24	—	0.133	—	1
2005-10	60～100	63.89	—	5.17	—	0.066	—	1
2005-10	0～10	62.87	0.42	4.60	0.09	0.127	0.018	3
2005-10	10～20	62.53	1.20	4.56	0.09	0.124	0.014	3
2005-10	20～40	62.30	0.17	4.71	0.04	0.104	0.016	3
2005-10	40～60	63.97	0.58	4.96	0.06	0.125	0.025	3
2005-10	60～100	62.90	0.00	5.14	0.06	0.104	0.017	3

表 3-103 辅助观测场（秸秆还田区）剖面土壤矿质全量（SiO_2、Fe_2O_3 和 MnO）

时间（年-月）	观测层次/cm	SiO_2/%		Fe_2O_3/%		MnO/%		重复数
		平均值	标准差	平均值	标准差	平均值	标准差	
2005-10	0～20	64.33	—	4.73	—	0.097	—	1
2005-10	20～40	65.37	—	5.02	—	0.094	—	1
2005-10	40～60	65.32	—	5.20	—	0.096	—	1
2005-10	60～100	64.43	—	5.31	—	0.075	—	1
2005-10	0～10	63.17	1.00	4.49	0.02	0.115	0.004	3
2005-10	10～20	62.73	1.58	4.51	0.07	0.111	0.005	3
2005-10	20～40	63.07	1.90	4.56	0.13	0.100	0.009	3
2005-10	40～60	64.13	1.46	4.88	0.17	0.085	0.011	3
2005-10	60～100	63.73	0.00	4.93	0.21	0.086	0.004	3

表 3-104 胜利村 76 号地站区调查点剖面土壤矿质全量（SiO_2、Fe_2O_3 和 MnO）

时间（年-月）	观测层次/cm	SiO_2/%		Fe_2O_3/%		MnO/%		重复数
		平均值	标准差	平均值	标准差	平均值	标准差	
2005-10	0～10	59.47	0.46	4.71	0.14	0.104	0.017	3
2005-10	10～20	60.23	1.03	4.73	0.11	0.097	0.003	3
2005-10	20～40	60.60	0.56	4.80	0.04	0.103	0.007	3
2005-10	40～60	61.97	0.49	4.94	0.09	0.097	0.012	3
2005-10	60～100	61.20	0.00	5.07	0.14	0.102	0.009	3

表 3-105 胜利村 67 号地站区调查点剖面土壤矿质全量（SiO_2、Fe_2O_3 和 MnO）

时间（年-月）	观测层次/cm	SiO_2/%		Fe_2O_3/%		MnO/%		重复数
		平均值	标准差	平均值	标准差	平均值	标准差	
2005-10	0～10	63.07	1.12	4.61	0.08	0.099	0.007	3
2005-10	10～20	61.90	0.46	4.57	0.03	0.091	0.002	3
2005-10	20～40	62.17	0.59	4.93	0.10	0.115	0.004	3
2005-10	40～60	63.77	0.47	5.14	0.08	0.114	0.006	3
2005-10	60～100	63.63	0.00	5.38	0.21	0.101	0.016	3

表 3-106 光荣村站区调查点剖面土壤矿质全量（SiO_2、Fe_2O_3 和 MnO）

时间（年-月）	观测层次/cm	SiO_2/%		Fe_2O_3/%		MnO/%		重复数
		平均值	标准差	平均值	标准差	平均值	标准差	
2005-10	0～10	62.13	0.38	4.30	0.10	0.092	0.001	3
2005-10	10～20	62.77	0.38	4.51	0.05	0.092	0.004	3
2005-10	20～40	64.27	0.90	4.82	0.06	0.085	0.002	3
2005-10	40～60	63.77	0.93	5.06	0.03	0.096	0.011	3
2005-10	60～100	63.17	0.00	5.26	0.08	0.090	0.007	3

表 3-107 综合观测场剖面土壤矿质全量（TiO_2、Al_2O_3 和 CaO）

时间（年-月）	观测层次/cm	TiO_2/%		Al_2O_3/%		CaO/%		重复数
		平均值	标准差	平均值	标准差	平均值	标准差	
2005-10	0～20	0.800	—	14.33	—	1.53	—	1
2005-10	20～40	0.810	—	14.70	—	1.47	—	1
2005-10	40～60	0.830	—	14.97	—	1.45	—	1
2005-10	60～100	0.840	—	15.56	—	1.37	—	1
2015-10	0～10	0.736	0.008	14.09	0.17	1.373	0.144	3
2015-10	10～20	0.734	0.003	14.08	0.13	1.353	0.025	3
2015-10	20～40	0.737	0.010	14.19	0.11	1.363	0.006	3
2015-10	40～60	0.767	0.014	14.68	0.21	1.253	0.032	3
2015-10	60～100	0.767	0.003	14.96	0.02	1.203	0.035	3

表 3-108 辅助观测场（无肥区）剖面土壤矿质全量（TiO_2、Al_2O_3 和 CaO）

时间（年-月）	观测层次/cm	TiO_2/%		Al_2O_3/%		CaO/%		重复数
		平均值	标准差	平均值	标准差	平均值	标准差	
2005-10	0～20	0.780	—	14.25	—	1.59	—	1
2005-10	20～40	0.800	—	14.34	—	1.56	—	1
2005-10	40～60	0.840	—	15.07	—	1.38	—	1
2005-10	60～100	0.810	—	15.16	—	1.27	—	1
2015-10	0～10	0.719	0.017	13.65	0.24	1.410	0.052	3
2015-10	10～20	0.721	0.011	13.61	0.35	1.410	0.036	3
2015-10	20～40	0.734	0.004	13.98	0.11	1.383	0.021	3
2015-10	40～60	0.762	0.010	14.51	0.14	1.257	0.015	3
2015-10	60～100	0.755	0.003	14.82	0.16	1.203	0.021	3

表 3-109 辅助观测场（秸秆还田区）剖面土壤矿质全量（TiO_2、Al_2O_3 和 CaO）

时间（年-月）	观测层次/cm	TiO_2/%		Al_2O_3/%		CaO/%		重复数
		平均值	标准差	平均值	标准差	平均值	标准差	
2005-10	0~20	0.780	—	14.25	—	1.53	—	1
2005-10	20~40	0.800	—	14.83	—	1.62	—	1
2005-10	40~60	0.830	—	15.41	—	1.38	—	1
2005-10	60~100	0.810	—	15.47	—	1.34	—	1
2015-10	0~10	0.723	0.010	13.63	0.16	1.437	0.012	3
2015-10	10~20	0.726	0.009	13.74	0.11	1.420	0.087	3
2015-10	20~40	0.726	0.013	14.01	0.29	1.443	0.072	3
2015-10	40~60	0.756	0.014	14.60	0.24	1.300	0.082	3
2015-10	60~100	0.750	0.009	14.61	0.40	1.323	0.061	3

表 3-110 胜利村 76 号地站区调查点剖面土壤矿质全量（TiO_2、Al_2O_3 和 CaO）

时间（年-月）	观测层次/cm	TiO_2/%		Al_2O_3/%		CaO/%		重复数
		平均值	标准差	平均值	标准差	平均值	标准差	
2015-10	0~10	0.714	0.016	13.80	0.30	1.530	0.149	3
2015-10	10~20	0.725	0.017	13.88	0.44	1.500	0.026	3
2015-10	20~40	0.732	0.007	14.03	0.13	1.503	0.057	3
2015-10	40~60	0.753	0.006	14.56	0.23	1.380	0.017	3
2015-10	60~100	0.757	0.018	14.67	0.24	1.320	0.020	3

表 3-111 胜利村 67 号地站区调查点剖面土壤矿质全量（TiO_2、Al_2O_3 和 CaO）

时间（年-月）	观测层次/cm	TiO_2/%		Al_2O_3/%		CaO/%		重复数
		平均值	标准差	平均值	标准差	平均值	标准差	
2015-10	0~10	0.743	0.020	13.99	0.21	1.473	0.055	3
2015-10	10~20	0.737	0.001	14.12	0.59	1.467	0.032	3
2015-10	20~40	0.756	0.014	14.41	0.30	1.413	0.045	3
2015-10	40~60	0.779	0.011	14.80	0.05	1.243	0.055	3
2015-10	60~100	0.779	0.030	15.24	0.36	1.180	0.026	3

表 3-112　光荣村站区调查点剖面土壤矿质全量（TiO_2、Al_2O_3 和 CaO）

时间（年-月）	观测层次/cm	TiO_2/%		Al_2O_3/%		CaO/%		重复数
		平均值	标准差	平均值	标准差	平均值	标准差	
2015-10	0～10	0.711	0.006	13.27	0.07	1.447	0.029	3
2015-10	10～20	0.746	0.008	13.93	0.26	1.590	0.036	3
2015-10	20～40	0.762	0.015	14.43	0.23	1.417	0.023	3
2015-10	40～60	0.754	0.007	14.88	0.05	1.387	0.015	3
2015-10	60～100	0.758	0.005	15.15	0.18	1.383	0.006	3

表 3-113　综合观测场剖面土壤矿质全量（MgO、K_2O 和 Na_2O）

时间（年-月）	观测层次/cm	MgO/%		K_2O/%		Na_2O/%		重复数
		平均值	标准差	平均值	标准差	平均值	标准差	
2005-10	0～20	1.290	—	2.560	—	1.990	—	1
2005-10	20～40	1.330	—	2.550	—	1.960	—	1
2005-10	40～60	1.400	—	2.600	—	2.000	—	1
2005-10	60～100	1.500	—	2.540	—	1.900	—	1
2005-10	0～10	1.270	0.050	2.520	0.026	1.783	0.006	3
2005-10	10～20	1.247	0.015	2.553	0.050	1.837	0.058	3
2005-10	20～40	1.273	0.031	2.540	0.026	1.767	0.045	3
2005-10	40～60	1.347	0.038	2.610	0.036	1.773	0.025	3
2005-10	60～100	1.403	0.038	2.577	0.061	1.737	0.071	3

表 3-114　辅助观测场（无肥区）剖面土壤矿质全量（MgO、K_2O 和 Na_2O）

时间（年-月）	观测层次/cm	MgO/%		K_2O/%		Na_2O/%		重复数
		平均值	标准差	平均值	标准差	平均值	标准差	
2005-10	0～20	1.300	—	2.490	—	1.960	—	1
2005-10	20～40	1.310	—	2.520	—	1.960	—	1
2005-10	40～60	1.390	—	2.580	—	1.960	—	1
2005-10	60～100	1.430	—	2.540	—	1.800	—	1
2005-10	0～10	1.217	0.025	2.427	0.057	1.723	0.040	3
2005-10	10～20	1.207	0.021	2.437	0.115	1.727	0.116	3
2005-10	20～40	1.250	0.010	2.457	0.040	1.683	0.012	3
2005-10	40～60	1.303	0.015	2.577	0.015	1.733	0.021	3
2005-10	60～100	1.390	0.030	2.507	0.025	1.650	0.017	3

表 3-115 辅助观测场（秸秆还田区）剖面土壤矿质全量（MgO、K_2O 和 Na_2O）

时间（年-月）	观测层次/cm	MgO/%		K_2O/%		Na_2O/%		重复数
		平均值	标准差	平均值	标准差	平均值	标准差	
2005-10	0～20	1.250	—	2.530	—	1.980	—	1
2005-10	20～40	1.360	—	2.590	—	1.960	—	1
2005-10	40～60	1.430	—	2.690	—	1.960	—	1
2005-10	60～100	1.490	—	2.610	—	1.880	—	1
2005-10	0～10	1.213	0.015	2.440	0.056	1.700	0.040	3
2005-10	10～20	1.203	0.021	2.463	0.065	1.753	0.111	3
2005-10	20～40	1.227	0.035	2.523	0.090	1.787	0.110	3
2005-10	40～60	1.303	0.075	2.553	0.067	1.740	0.125	3
2005-10	60～100	1.333	0.071	2.533	0.035	1.773	0.060	3

表 3-116 胜利村 76 号地站区调查点剖面土壤矿质全量（MgO、K_2O 和 Na_2O）

时间（年-月）	观测层次/cm	MgO/%		K_2O/%		Na_2O/%		重复数
		平均值	标准差	平均值	标准差	平均值	标准差	
2005-10	0～10	1.253	0.025	2.467	0.040	1.720	0.017	3
2005-10	10～20	1.250	0.030	2.480	0.089	1.727	0.086	3
2005-10	20～40	1.260	0.010	2.473	0.058	1.743	0.051	3
2005-10	40～60	1.290	0.026	2.537	0.051	1.800	0.040	3
2005-10	60～100	1.357	0.029	2.530	0.046	1.763	0.038	3

表 3-117 胜利村 67 号地站区调查点剖面土壤矿质全量（MgO、K_2O 和 Na_2O）

时间（年-月）	观测层次/cm	MgO/%		K_2O/%		Na_2O/%		重复数
		平均值	标准差	平均值	标准差	平均值	标准差	
2005-10	0～10	1.237	0.021	2.507	0.050	1.810	0.044	3
2005-10	10～20	1.233	0.021	2.467	0.029	1.763	0.023	3
2005-10	20～40	1.310	0.026	2.513	0.049	1.723	0.051	3
2005-10	40～60	1.350	0.010	2.550	0.046	1.720	0.020	3
2005-10	60～100	1.447	0.038	2.560	0.056	1.717	0.042	3

表 3-118　光荣村站区调查点剖面土壤矿质全量（MgO、K_2O 和 Na_2O）

时间（年-月）	观测层次/cm	MgO/%		K_2O/%		Na_2O/%		重复数
		平均值	标准差	平均值	标准差	平均值	标准差	
2005-10	0～10	1.160	0.010	2.503	0.032	1.833	0.029	3
2005-10	10～20	1.230	0.026	2.593	0.068	1.877	0.064	3
2005-10	20～40	1.310	0.010	2.593	0.049	1.797	0.021	3
2005-10	40～60	1.373	0.006	2.577	0.006	1.747	0.023	3
2005-10	60～100	1.483	0.015	2.573	0.040	1.740	0.040	3

表 3-119　综合观测场剖面土壤矿质全量（P_2O_5、LOI 和全硫）

时间（年-月）	观测层次/cm	P_2O_5/%		LOI/%		全硫/%		重复数
		平均值	标准差	平均值	标准差	平均值	标准差	
2005-10	0～20	0.203	—	8.84	—	0.259	—	1
2005-10	20～40	0.134	—	6.89	—	0.155	—	1
2005-10	40～60	0.115	—	5.84	—	0.092	—	1
2005-10	60～100	0.119	—	5.66	—	0.081	—	1
2005-10	0～10	0.231	0.010	11.70	0.30	0.238	0.014	3
2005-10	10～20	0.215	0.007	11.69	0.25	0.211	0.001	3
2005-10	20～40	0.172	0.005	11.39	0.04	0.162	0.002	3
2005-10	40～60	0.138	0.010	9.97	0.16	0.087	0.006	3
2005-10	60～100	0.129	0.004	9.47	0.24	0.068	0.003	3

表 3-120　辅助观测场（无肥区）剖面土壤矿质全量（P_2O_5、LOI 和全硫）

时间（年-月）	观测层次/cm	P_2O_5/%		LOI/%		全硫/%		重复数
		平均值	标准差	平均值	标准差	平均值	标准差	
2005-10	0～20	0.195	—	8.54	—	0.259	—	1
2005-10	20～40	0.182	—	8.25	—	0.253	—	1
2005-10	40～60	0.140	—	6.08	—	0.138	—	1
2005-10	60～100	0.129	—	8.42	—	0.092	—	1
2005-10	0～10	0.197	0.003	12.46	0.49	0.225	0.014	3
2005-10	10～20	0.189	0.002	12.31	0.59	0.203	0.009	3
2005-10	20～40	0.173	0.012	11.99	0.81	0.158	0.009	3
2005-10	40～60	0.139	0.013	10.28	0.46	0.090	0.009	3
2005-10	60～100	0.125	0.007	10.07	0.27	0.066	0.007	3

表 3-121 辅助观测场（秸秆还田区）剖面土壤矿质全量（P_2O_5、LOI和全硫）

时间（年-月）	观测层次/cm	P_2O_5/%		LOI/%		全硫/%		重复数
		平均值	标准差	平均值	标准差	平均值	标准差	
2005-10	0~20	0.209	—	7.38	—	0.288	—	1
2005-10	20~40	0.153	—	6.05	—	0.172	—	1
2005-10	40~60	0.110	—	5.64	—	0.104	—	1
2005-10	60~100	0.107	—	5.69	—	0.081	—	1
2005-10	0~10	0.230	0.009	12.31	0.07	0.245	0.009	3
2005-10	10~20	0.214	0.005	12.04	0.08	0.212	0.009	3
2005-10	20~40	0.171	0.018	11.45	0.44	0.163	0.002	3
2005-10	40~60	0.133	0.015	9.60	0.12	0.095	0.002	3
2005-10	60~100	0.136	0.002	9.48	0.34	0.073	0.001	3

表 3-122 胜利村76号地站区调查点剖面土壤矿质全量（P_2O_5、LOI和全硫）

时间（年-月）	观测层次/cm	P_2O_5/%		LOI/%		全硫/%		重复数
		平均值	标准差	平均值	标准差	平均值	标准差	
2005-10	0~10	0.281	0.014	13.25	0.44	0.248	0.005	3
2005-10	10~20	0.221	0.011	13.08	0.28	0.209	0.015	3
2005-10	20~40	0.185	0.009	12.36	0.19	0.172	0.018	3
2005-10	40~60	0.154	0.003	10.41	0.19	0.109	0.016	3
2005-10	60~100	0.125	0.009	9.66	0.53	0.077	0.006	3

表 3-123 胜利村67号地站区调查点剖面土壤矿质全量（P_2O_5、LOI和全硫）

时间（年-月）	观测层次/cm	P_2O_5/%		LOI/%		全硫/%		重复数
		平均值	标准差	平均值	标准差	平均值	标准差	
2005-10	0~10	0.186	0.004	11.94	0.17	0.250	0.021	3
2005-10	10~20	0.175	0.003	12.01	0.16	0.219	0.014	3
2005-10	20~40	0.152	0.006	11.01	0.12	0.165	0.022	3
2005-10	40~60	0.130	0.005	9.60	0.29	0.095	0.018	3
2005-10	60~100	0.124	0.010	8.89	0.04	0.069	0.007	3

表 3-124 光荣村站区调查点剖面土壤矿质全量（P_2O_5、LOI和全硫）

时间（年-月）	观测层次/cm	P_2O_5/%		LOI/%		全硫/%		重复数
		平均值	标准差	平均值	标准差	平均值	标准差	
2005-10	0~10	0.181	0.002	11.22	0.14	0.219	0.006	3
2005-10	10~20	0.158	0.003	10.79	0.23	0.180	0.007	3

（续）

时间（年-月）	观测层次/cm	P_2O_5/%		LOI/%		全硫/%		重复数
		平均值	标准差	平均值	标准差	平均值	标准差	
2005-10	20～40	0.111	0.007	9.37	0.10	0.141	0.004	3
2005-10	40～60	0.110	0.004	9.22	0.56	0.077	0.003	3
2005-10	60～100	0.107	0.003	9.37	0.14	0.051	0.005	3

3.3　水分观测数据

3.3.1　土壤水分数据集

3.3.1.1　概述

长期的农田生态系统水分观测数据可为研究土壤—植物—大气水分循环过程，改善土壤储水供水能力发挥重要作用。海伦站所属地区为旱作雨养农业，土壤的保水、供水能力和对作物生长是极为重要，同时根据特定年限的降水和土壤特性采取一些农艺措施调节耕层排水抗涝能力也十分必要，这就需要农田生态系统水分要素的长期观测和积累，既能提供基础数据，又能为决策提供支持。海伦农田生态系统水分观测数据为 2009—2015 年作物生长季观测数据，包括土壤体积含水量、土壤质量含水量两方面。

3.3.1.2　数据采集和处理方法

（1）数据采集

本部分数据为海伦站 2009—2015 年观测的农田生态系统水分数据。土壤体积含水量观测场地为海伦站综合观测场水分观测点（3 根水分中子管）、气象观测场（2 根水分中子管）、生态恢复大区（长期定位试验，裸地 1 根水分中子管和草地 1 根水分中子管）。

土壤质量含水量观测场地为水肥耦合长期定位试验烘干法测定土壤水分采样点（HLAFZ03CHG _ 01），共 35 个采样点（HLAFZ03CHG _ 01 _ 01～HLAFZ03CHG _ 01 _ 35）。2009 年、2010 年的 5—10 月，每个采样点每月采集 2 次样品测定质量含水量；2011 年 5—10 月，每个采样点每月采集 1 次样品测定质量含水量；2012 年，在 5 月、7 月和 10 月从 11、19 和 20 号样地采集 2 次样品测定质量含水量；2013 年，在 7 月和 9 月从 11 和 12 号样地采集 2 次样品测定质量含水量；2014 年，在 4 月、7 月和 10 月从 1～10 号样地采集 1 次样品测定质量含水量；2015 年，在 4—10 月从 1～10 号样地采集 1 次样品测定质量含水量。（HLAFZ03CHG _ 01）（水肥耦合长期定位试验烘干法测定土壤水分采样地）的 35 个采集点有对应的中子水分观测点（HLAFZ03CTS _ 01）测量土壤体积含水量，由于篇幅原因不在此列出，如有需要请联系海伦站数据负责人。

2009—2015 年，每年 4—10 月观测土壤体积含水量和质量含水量，其中土壤体积含水量观测频率为每 5d 1 次；土壤质量含水量为 1 次/月。

（2）数据测定

土壤剖面体积含水量采用中子仪人工观测方法测量；土壤质量含水量采用铝盒烘干法测量。

3.3.1.3　数据质量控制和评估

针对原始观测数据和实验室分析的数据，数据质量控制过程包括对源数据的检查整理，单个数据点的检查，数据转换和入库以及元数据的编写、检查和入库。对源数据的检查包括文件格式化错误、存储损坏等明显的数据问题以及文件格式、字段标准化命名、字段量纲、数据完整性等。单个数据点的检查中，主要修正、剔除异常数据。

针对海伦站开展的土壤水分观测项目，在数据测量之前定期检查中子仪标定曲线。测量之后剔除异常值。在数据入库阶段建立了完善的质量控制过程，保证已入库数据的完整性和一致性。数据整理和入库过程的质量控制方面，主要分为两个步骤：

①整理、转换中子仪源数据并统一格式。

②通过一系列质量控制方法，去除随机及系统误差，以保障数据的质量。使用的质量控制方法包括极值检查、内部一致性检查。

3.3.1.4 数据使用方法和建议

2009—2015年，由于降水等自然原因产生了一些缺失值，这是室外人工监测无法避免的情况，数据中重复数一栏表示海伦站综合观测场3根中子管每个月观测的总次数。2009—2015年的土壤体积和质量含水量表征了本地区土壤水分变化规律和趋势，为实施合理的农业措施和预测预警提供了基础分析资料。

3.3.1.5 土壤水分观测数据

土壤体积含水量具体数据见表3-125～表3-128，土壤质量含水量见表3-129。

表3-125 综合观测场土壤体积含水量观测数据

时间（年-月）	作物名称	探测深度/cm	体积含水量/%	重复数	标准差
2009-4	玉米	10	31.7	9	5.6
2009-4	玉米	20	35.9	9	3.6
2009-4	玉米	30	38.5	9	4.2
2009-4	玉米	40	39.8	9	4.4
2009-4	玉米	50	38.9	9	4.3
2009-4	玉米	70	40.1	9	1.8
2009-4	玉米	90	39.8	9	2.3
2009-4	玉米	110	38.4	9	3.1
2009-4	玉米	130	38.7	9	1.9
2009-4	玉米	150	34.6	9	2.3
2009-4	玉米	170	34.1	9	1.9
2009-4	玉米	190	35.9	9	1.8
2009-4	玉米	210	37.4	9	2.2
2009-4	玉米	230	39.2	9	2.1
2009-4	玉米	250	39.2	9	2.1
2009-4	玉米	270	41.6	9	3.7
2009-5	玉米	10	20.2	12	8.8
2009-5	玉米	20	26.3	12	7.0
2009-5	玉米	30	29.8	12	3.9
2009-5	玉米	40	31.2	12	3.3
2009-5	玉米	50	31.3	12	3.0
2009-5	玉米	70	33.3	12	3.0
2009-5	玉米	90	34.5	12	3.9
2009-5	玉米	110	35.8	12	4.2
2009-5	玉米	130	35.2	12	2.9

（续）

时间（年-月）	作物名称	探测深度/cm	体积含水量/%	重复数	标准差
2009-5	玉米	150	31.7	12	2.9
2009-5	玉米	170	31.3	12	2.0
2009-5	玉米	190	32.9	12	1.8
2009-5	玉米	210	34.1	12	1.9
2009-5	玉米	230	35.9	12	1.7
2009-5	玉米	250	36.5	12	2.3
2009-5	玉米	270	37.6	12	2.9
2009-6	玉米	10	33.7	9	9.1
2009-6	玉米	20	35.1	9	12.2
2009-6	玉米	30	36.5	9	10.9
2009-6	玉米	40	45.3	9	23.6
2009-6	玉米	50	42.2	9	13.6
2009-6	玉米	70	39.1	9	10.4
2009-6	玉米	90	37.2	9	7.3
2009-6	玉米	110	35.7	9	6.0
2009-6	玉米	130	34.1	9	6.0
2009-6	玉米	150	33.1	9	3.5
2009-6	玉米	170	30.7	9	2.4
2009-6	玉米	190	31.6	9	1.3
2009-6	玉米	210	31.6	9	1.6
2009-6	玉米	230	33.6	9	2.3
2009-6	玉米	250	34.3	9	1.9
2009-6	玉米	270	35.5	9	2.2
2009-7	玉米	10	29.9	18	6.8
2009-7	玉米	20	29.1	18	4.1
2009-7	玉米	30	30.7	18	3.5
2009-7	玉米	40	32.0	18	2.9
2009-7	玉米	50	33.4	18	3.4
2009-7	玉米	70	35.2	18	2.7
2009-7	玉米	90	35.6	18	3.0
2009-7	玉米	110	35.9	18	2.7
2009-7	玉米	130	35.0	18	2.3
2009-7	玉米	150	34.4	18	2.7
2009-7	玉米	170	33.3	18	2.9
2009-7	玉米	190	34.9	18	5.1
2009-7	玉米	210	35.2	18	3.3
2009-7	玉米	230	36.9	18	3.4
2009-7	玉米	250	38.5	18	4.1

（续）

时间（年-月）	作物名称	探测深度/cm	体积含水量/%	重复数	标准差
2009-7	玉米	270	40.4	18	6.6
2009-8	玉米	10	23.7	18	5.7
2009-8	玉米	20	24.2	18	4.4
2009-8	玉米	30	25.1	18	5.1
2009-8	玉米	40	25.8	18	5.0
2009-8	玉米	50	26.2	18	6.1
2009-8	玉米	70	30.2	18	2.9
2009-8	玉米	90	32.4	18	2.0
2009-8	玉米	110	32.6	18	2.2
2009-8	玉米	130	32.5	18	2.0
2009-8	玉米	150	32.2	18	2.1
2009-8	玉米	170	32.6	18	2.0
2009-8	玉米	190	33.5	18	1.8
2009-8	玉米	210	34.5	18	1.8
2009-8	玉米	230	36.2	18	1.8
2009-8	玉米	250	37.4	18	1.8
2009-8	玉米	270	38.6	18	1.9
2009-9	玉米	10	24.7	18	6.7
2009-9	玉米	20	23.4	18	7.3
2009-9	玉米	30	25.0	18	7.0
2009-9	玉米	40	25.4	18	7.1
2009-9	玉米	50	26.6	18	9.0
2009-9	玉米	70	28.0	18	5.9
2009-9	玉米	90	31.0	18	3.0
2009-9	玉米	110	30.8	18	2.6
2009-9	玉米	130	31.2	18	2.0
2009-9	玉米	150	30.8	18	2.0
2009-9	玉米	170	31.3	18	1.7
2009-9	玉米	190	32.2	18	1.6
2009-9	玉米	210	33.6	18	1.5
2009-9	玉米	230	34.8	18	1.8
2009-9	玉米	250	35.6	18	1.0
2009-9	玉米	270	36.8	18	2.0
2009-10	玉米	10	20.7	18	5.0
2009-10	玉米	20	19.2	18	4.3
2009-10	玉米	30	21.2	18	4.3
2009-10	玉米	40	21.7	18	4.7
2009-10	玉米	50	21.3	18	4.5

（续）

时间（年-月）	作物名称	探测深度/cm	体积含水量/%	重复数	标准差
2009-10	玉米	70	25.6	18	1.5
2009-10	玉米	90	27.9	18	1.3
2009-10	玉米	110	28.7	18	1.2
2009-10	玉米	130	28.8	18	1.3
2009-10	玉米	150	29.1	18	1.3
2009-10	玉米	170	29.4	18	1.3
2009-10	玉米	190	30.5	18	1.3
2009-10	玉米	210	31.7	18	1.2
2009-10	玉米	230	37.5	18	4.5
2009-10	玉米	250	35.6	18	2.5
2009-10	玉米	270	40.5	18	4.8
2010-4	大豆	10	36.1	6	1.0
2010-4	大豆	20	38.8	6	1.3
2010-4	大豆	30	40.5	6	0.8
2010-4	大豆	40	40.5	6	0.7
2010-4	大豆	50	38.5	6	1.8
2010-4	大豆	70	36.5	6	1.4
2010-4	大豆	90	36.2	6	0.9
2010-4	大豆	110	36.4	6	0.9
2010-4	大豆	130	33.2	6	0.9
2010-4	大豆	150	33.3	6	0.2
2010-4	大豆	170	33.9	6	0.3
2010-4	大豆	190	35.1	6	0.5
2010-4	大豆	210	36.0	6	0.6
2010-4	大豆	230	37.3	6	0.7
2010-4	大豆	250	37.6	6	0.8
2010-4	大豆	270	38.5	6	0.9
2010-5	大豆	10	28.9	18	4.9
2010-5	大豆	20	33.1	18	4.0
2010-5	大豆	30	34.1	18	3.8
2010-5	大豆	40	35.6	18	2.8
2010-5	大豆	50	36.0	18	3.1
2010-5	大豆	70	36.3	18	2.3
2010-5	大豆	90	36.0	18	1.3
2010-5	大豆	110	35.4	18	1.3
2010-5	大豆	130	33.2	18	1.2
2010-5	大豆	150	33.0	18	1.6
2010-5	大豆	170	33.2	18	1.4

（续）

时间（年-月）	作物名称	探测深度/cm	体积含水量/%	重复数	标准差
2010-5	大豆	190	34.3	18	1.8
2010-5	大豆	210	34.9	18	2.0
2010-5	大豆	230	36.3	18	1.7
2010-5	大豆	250	36.9	18	2.0
2010-5	大豆	270	37.8	18	1.9
2010-6	大豆	10	24.4	18	5.3
2010-6	大豆	20	29.8	18	2.9
2010-6	大豆	30	32.0	18	2.5
2010-6	大豆	40	32.7	18	2.2
2010-6	大豆	50	33.0	18	2.0
2010-6	大豆	70	33.9	18	1.5
2010-6	大豆	90	34.6	18	1.5
2010-6	大豆	110	34.4	18	1.3
2010-6	大豆	130	33.8	18	1.3
2010-6	大豆	150	33.9	18	1.6
2010-6	大豆	170	34.0	18	1.5
2010-6	大豆	190	34.8	18	1.5
2010-6	大豆	210	35.5	18	1.8
2010-6	大豆	230	36.6	18	1.6
2010-6	大豆	250	37.2	18	1.8
2010-6	大豆	270	38.0	18	1.9
2010-7	大豆	10	21.8	18	5.5
2010-7	大豆	20	26.7	18	4.1
2010-7	大豆	30	29.2	18	2.7
2010-7	大豆	40	30.2	18	2.5
2010-7	大豆	50	31.0	18	2.5
2010-7	大豆	70	32.4	18	1.9
2010-7	大豆	90	33.5	18	1.6
2010-7	大豆	110	33.5	18	1.3
2010-7	大豆	130	33.2	18	1.4
2010-7	大豆	150	32.8	18	1.4
2010-7	大豆	170	33.3	18	1.5
2010-7	大豆	190	34.0	18	1.4
2010-7	大豆	210	34.7	18	1.6
2010-7	大豆	230	35.9	18	1.6
2010-7	大豆	250	36.5	18	1.4
2010-7	大豆	270	37.4	18	2.1
2010-8	大豆	10	24.5	18	4.7

（续）

时间（年-月）	作物名称	探测深度/cm	体积含水量/%	重复数	标准差
2010-8	大豆	20	26.9	18	3.2
2010-8	大豆	30	27.7	18	2.0
2010-8	大豆	40	27.6	18	2.3
2010-8	大豆	50	28.4	18	2.1
2010-8	大豆	70	30.9	18	1.6
2010-8	大豆	90	32.5	18	1.2
2010-8	大豆	110	32.8	18	1.1
2010-8	大豆	130	32.8	18	0.9
2010-8	大豆	150	32.9	18	1.1
2010-8	大豆	170	33.3	18	1.0
2010-8	大豆	190	33.9	18	1.4
2010-8	大豆	210	35.2	18	1.1
2010-8	大豆	230	36.4	18	1.4
2010-8	大豆	250	36.6	18	1.5
2010-8	大豆	270	37.7	18	1.3
2010-9	大豆	10	20.9	18	5.6
2010-9	大豆	20	25.1	18	3.8
2010-9	大豆	30	26.8	18	3.2
2010-9	大豆	40	27.8	18	2.4
2010-9	大豆	50	28.6	18	2.0
2010-9	大豆	70	30.7	18	1.7
2010-9	大豆	90	32.2	18	1.2
2010-9	大豆	110	32.7	18	1.4
2010-9	大豆	130	32.6	18	1.0
2010-9	大豆	150	32.6	18	1.5
2010-9	大豆	170	33.2	18	1.1
2010-9	大豆	190	33.7	18	2.5
2010-9	大豆	210	35.0	18	1.1
2010-9	大豆	230	36.1	18	1.1
2010-9	大豆	250	36.5	18	1.3
2010-9	大豆	270	37.7	18	1.3
2010-10	大豆	10	17.0	12	5.0
2010-10	大豆	20	21.6	12	5.4
2010-10	大豆	30	24.7	12	3.1
2010-10	大豆	40	26.0	12	2.7
2010-10	大豆	50	26.5	12	2.8
2010-10	大豆	70	28.4	12	1.9
2010-10	大豆	90	28.3	12	7.6

（续）

时间（年-月）	作物名称	探测深度/cm	体积含水量/%	重复数	标准差
2010-10	大豆	110	31.0	12	1.6
2010-10	大豆	130	31.2	12	1.4
2010-10	大豆	150	30.9	12	1.6
2010-10	大豆	170	31.9	12	1.4
2010-10	大豆	190	32.5	12	1.5
2010-10	大豆	210	33.4	12	1.5
2010-10	大豆	230	34.7	12	2.3
2010-10	大豆	250	35.4	12	1.6
2010-10	大豆	270	35.5	12	4.5
2011-4	玉米	10	36.1	18	1.0
2011-4	玉米	20	38.8	18	1.3
2011-4	玉米	30	40.5	18	0.8
2011-4	玉米	40	40.5	18	0.7
2011-4	玉米	50	38.5	18	1.8
2011-4	玉米	70	36.5	18	1.4
2011-4	玉米	90	36.2	18	0.9
2011-4	玉米	110	36.4	18	0.9
2011-4	玉米	130	33.2	18	0.9
2011-4	玉米	150	33.3	18	0.2
2011-4	玉米	170	33.9	18	0.3
2011-4	玉米	190	35.1	18	0.5
2011-4	玉米	210	36.0	18	0.6
2011-4	玉米	230	37.3	18	0.7
2011-4	玉米	250	37.6	18	0.8
2011-4	玉米	270	38.5	18	0.9
2011-5	玉米	10	28.9	18	4.9
2011-5	玉米	20	33.1	18	4.0
2011-5	玉米	30	34.1	18	3.8
2011-5	玉米	40	35.6	18	2.8
2011-5	玉米	50	36.0	18	3.1
2011-5	玉米	70	36.3	18	2.3
2011-5	玉米	90	36.0	18	1.3
2011-5	玉米	110	35.4	18	1.3
2011-5	玉米	130	33.2	18	1.2
2011-5	玉米	150	33.0	18	1.6
2011-5	玉米	170	33.2	18	1.4
2011-5	玉米	190	34.3	18	1.8
2011-5	玉米	210	34.9	18	2.0

（续）

时间（年-月）	作物名称	探测深度/cm	体积含水量/%	重复数	标准差
2011-5	玉米	230	36.3	18	1.7
2011-5	玉米	250	36.9	18	2.0
2011-5	玉米	270	37.8	18	1.9
2011-6	玉米	10	24.4	18	5.3
2011-6	玉米	20	29.8	18	2.9
2011-6	玉米	30	32.0	18	2.5
2011-6	玉米	40	32.7	18	2.2
2011-6	玉米	50	33.0	18	2.0
2011-6	玉米	70	33.9	18	1.5
2011-6	玉米	90	34.6	18	1.5
2011-6	玉米	110	34.4	18	1.3
2011-6	玉米	130	33.8	18	1.3
2011-6	玉米	150	33.9	18	1.6
2011-6	玉米	170	34.0	18	1.5
2011-6	玉米	190	34.8	18	1.5
2011-6	玉米	210	35.5	18	1.8
2011-6	玉米	230	36.6	18	1.6
2011-6	玉米	250	37.2	18	1.8
2011-6	玉米	270	38.0	18	1.9
2011-7	玉米	10	21.0	18	6.4
2011-7	玉米	20	26.7	18	4.1
2011-7	玉米	30	29.2	18	2.7
2011-7	玉米	40	30.2	18	2.5
2011-7	玉米	50	31.0	18	2.5
2011-7	玉米	70	32.4	18	1.9
2011-7	玉米	90	33.5	18	1.6
2011-7	玉米	110	33.5	18	1.3
2011-7	玉米	130	33.2	18	1.4
2011-7	玉米	150	32.8	18	1.4
2011-7	玉米	170	33.3	18	1.5
2011-7	玉米	190	34.0	18	1.4
2011-7	玉米	210	34.7	18	1.6
2011-7	玉米	230	35.9	18	1.6
2011-7	玉米	250	36.5	18	1.4
2011-7	玉米	270	37.4	18	2.1
2011-8	玉米	10	23.8	18	5.4
2011-8	玉米	20	26.9	18	3.2
2011-8	玉米	30	27.7	18	2.0

（续）

时间（年-月）	作物名称	探测深度/cm	体积含水量/%	重复数	标准差
2011-8	玉米	40	27.6	18	2.3
2011-8	玉米	50	28.4	18	2.1
2011-8	玉米	70	30.9	18	1.6
2011-8	玉米	90	32.5	18	1.2
2011-8	玉米	110	32.8	18	1.1
2011-8	玉米	130	32.8	18	0.9
2011-8	玉米	150	32.9	18	1.1
2011-8	玉米	170	33.3	18	1.0
2011-8	玉米	190	33.9	18	1.4
2011-8	玉米	210	35.2	18	1.1
2011-8	玉米	230	36.4	18	1.4
2011-8	玉米	250	36.6	18	1.5
2011-8	玉米	270	37.7	18	1.3
2011-9	玉米	10	20.4	18	5.8
2011-9	玉米	20	25.1	18	3.8
2011-9	玉米	30	26.8	18	3.2
2011-9	玉米	40	27.8	18	2.4
2011-9	玉米	50	28.6	18	2.0
2011-9	玉米	70	30.7	18	1.7
2011-9	玉米	90	32.2	18	1.2
2011-9	玉米	110	32.7	18	1.4
2011-9	玉米	130	32.6	18	1.0
2011-9	玉米	150	32.6	18	1.5
2011-9	玉米	170	33.2	18	1.1
2011-9	玉米	190	33.7	18	2.5
2011-9	玉米	210	35.0	18	1.1
2011-9	玉米	230	36.1	18	1.1
2011-9	玉米	250	36.5	18	1.3
2011-9	玉米	270	37.7	18	1.3
2011-10	玉米	10	17.7	12	4.6
2011-10	玉米	20	22.9	12	3.1
2011-10	玉米	30	24.7	12	3.1
2011-10	玉米	40	26.0	12	2.7
2011-10	玉米	50	26.5	12	2.8
2011-10	玉米	70	28.4	12	1.9
2011-10	玉米	90	30.5	12	1.6
2011-10	玉米	110	31.0	12	1.6
2011-10	玉米	130	31.2	12	1.4

（续）

时间（年-月）	作物名称	探测深度/cm	体积含水量/%	重复数	标准差
2011 - 10	玉米	150	30.9	12	1.6
2011 - 10	玉米	170	31.9	12	1.4
2011 - 10	玉米	190	32.5	12	1.5
2011 - 10	玉米	210	33.4	12	1.5
2011 - 10	玉米	230	34.7	12	2.3
2011 - 10	玉米	250	35.4	12	1.6
2011 - 10	玉米	270	35.5	12	4.5
2012 - 4	大豆	10	20.9	18	7.2
2012 - 4	大豆	20	29.2	18	2.4
2012 - 4	大豆	30	32.2	18	1.6
2012 - 4	大豆	40	33.1	18	1.7
2012 - 4	大豆	50	33.9	18	1.4
2012 - 4	大豆	70	34.6	18	1.2
2012 - 4	大豆	90	36.3	18	0.7
2012 - 4	大豆	110	36.0	18	0.8
2012 - 4	大豆	130	35.2	18	1.0
2012 - 4	大豆	150	35.2	18	0.6
2012 - 4	大豆	170	35.2	18	1.0
2012 - 4	大豆	190	33.7	18	0.8
2012 - 4	大豆	210	34.8	18	0.8
2012 - 4	大豆	230	36.1	18	0.7
2012 - 4	大豆	250	36.7	18	1.1
2012 - 4	大豆	270	36.7	18	1.1
2012 - 5	大豆	10	22.1	18	5.2
2012 - 5	大豆	20	29.5	18	2.2
2012 - 5	大豆	30	31.5	18	1.3
2012 - 5	大豆	40	32.0	18	0.9
2012 - 5	大豆	50	32.5	18	1.4
2012 - 5	大豆	70	33.7	18	1.0
2012 - 5	大豆	90	35.0	18	1.2
2012 - 5	大豆	110	35.3	18	1.0
2012 - 5	大豆	130	35.0	18	0.6
2012 - 5	大豆	150	35.6	18	0.5
2012 - 5	大豆	170	34.3	18	0.9
2012 - 5	大豆	190	33.5	18	0.8
2012 - 5	大豆	210	34.6	18	0.8
2012 - 5	大豆	230	36.2	18	0.8
2012 - 5	大豆	250	36.8	18	0.9

（续）

时间（年-月）	作物名称	探测深度/cm	体积含水量/%	重复数	标准差
2012-5	大豆	270	37.4	18	0.5
2012-6	大豆	10	25.1	15	2.4
2012-6	大豆	20	30.8	15	2.2
2012-6	大豆	30	32.7	15	1.5
2012-6	大豆	40	32.8	15	1.2
2012-6	大豆	50	33.3	15	1.4
2012-6	大豆	70	33.8	15	0.8
2012-6	大豆	90	34.4	15	0.6
2012-6	大豆	110	34.6	15	0.7
2012-6	大豆	130	33.9	15	1.0
2012-6	大豆	150	34.4	15	0.7
2012-6	大豆	170	34.0	15	0.3
2012-6	大豆	190	34.1	15	0.8
2012-6	大豆	210	35.0	15	1.0
2012-6	大豆	230	36.3	15	0.8
2012-6	大豆	250	36.7	15	1.2
2012-6	大豆	270	36.9	15	1.0
2012-7	大豆	10	26.3	18	5.4
2012-7	大豆	20	29.6	18	3.3
2012-7	大豆	30	31.3	18	2.7
2012-7	大豆	40	32.0	18	2.2
2012-7	大豆	50	32.4	18	1.4
2012-7	大豆	70	34.1	18	1.0
2012-7	大豆	90	34.0	18	1.1
2012-7	大豆	110	34.5	18	0.9
2012-7	大豆	130	33.8	18	2.0
2012-7	大豆	150	34.4	18	0.7
2012-7	大豆	170	34.3	18	0.8
2012-7	大豆	190	35.0	18	0.8
2012-7	大豆	210	35.9	18	1.1
2012-7	大豆	230	36.5	18	0.7
2012-7	大豆	250	37.1	18	2.8
2012-7	大豆	270	38.2	18	0.9
2012-8	大豆	10	27.5	18	3.3
2012-8	大豆	20	31.3	18	1.7
2012-8	大豆	30	32.4	18	1.8
2012-8	大豆	40	32.5	18	1.8
2012-8	大豆	50	32.5	18	1.5

（续）

时间（年-月）	作物名称	探测深度/cm	体积含水量/%	重复数	标准差
2012-8	大豆	70	33.3	18	0.8
2012-8	大豆	90	33.9	18	1.2
2012-8	大豆	110	34.1	18	0.7
2012-8	大豆	130	33.9	18	1.2
2012-8	大豆	150	34.2	18	0.7
2012-8	大豆	170	34.3	18	0.7
2012-8	大豆	190	34.7	18	0.9
2012-8	大豆	210	35.4	18	0.9
2012-8	大豆	230	36.7	18	1.0
2012-8	大豆	250	37.2	18	1.2
2012-8	大豆	270	37.6	18	1.0
2012-9	大豆	10	27.5	18	5.1
2012-9	大豆	20	31.4	18	4.1
2012-9	大豆	30	33.3	18	0.9
2012-9	大豆	40	33.6	18	1.0
2012-9	大豆	50	33.4	18	1.0
2012-9	大豆	70	34.3	18	0.7
2012-9	大豆	90	34.9	18	0.6
2012-9	大豆	110	35.0	18	0.8
2012-9	大豆	130	34.7	18	0.8
2012-9	大豆	150	35.0	18	1.0
2012-9	大豆	170	35.1	18	1.0
2012-9	大豆	190	35.4	18	0.8
2012-9	大豆	210	35.9	18	0.9
2012-9	大豆	230	36.9	18	0.9
2012-9	大豆	250	38.0	18	1.3
2012-9	大豆	270	38.5	18	0.8
2012-10	大豆	10	30.9	12	1.8
2012-10	大豆	20	33.1	12	1.3
2012-10	大豆	30	33.4	12	1.1
2012-10	大豆	40	33.9	12	1.3
2012-10	大豆	50	33.9	12	1.4
2012-10	大豆	70	34.6	12	0.8
2012-10	大豆	90	34.7	12	0.7
2012-10	大豆	110	34.8	12	0.5
2012-10	大豆	130	35.3	12	0.8
2012-10	大豆	150	35.3	12	0.8
2012-10	大豆	170	35.3	12	1.5

（续）

时间（年-月）	作物名称	探测深度/cm	体积含水量/%	重复数	标准差
2012-10	大豆	190	35.8	12	1.0
2012-10	大豆	210	35.5	12	1.7
2012-10	大豆	230	37.0	12	1.0
2012-10	大豆	250	38.2	12	1.1
2012-10	大豆	270	38.8	12	1.9
2013-4	玉米	10	28.8	3	2.2
2013-4	玉米	20	34.8	3	0.5
2013-4	玉米	30	36.0	3	0.9
2013-4	玉米	40	38.2	3	0.9
2013-4	玉米	50	38.9	3	0.4
2013-4	玉米	70	37.1	3	0.6
2013-4	玉米	90	37.4	3	0.6
2013-4	玉米	110	36.9	3	2.0
2013-4	玉米	130	32.8	3	0.6
2013-4	玉米	150	33.1	3	0.9
2013-4	玉米	170	33.3	3	0.7
2013-4	玉米	190	34.0	3	0.8
2013-4	玉米	210	35.0	3	1.2
2013-4	玉米	230	37.0	3	0.9
2013-4	玉米	250	36.8	3	1.4
2013-4	玉米	270	38.4	3	0.4
2013-5	玉米	10	26.8	18	5.0
2013-5	玉米	20	32.1	18	2.6
2013-5	玉米	30	33.5	18	1.5
2013-5	玉米	40	34.6	18	1.1
2013-5	玉米	50	35.3	18	1.5
2013-5	玉米	70	36.5	18	1.5
2013-5	玉米	90	36.8	18	1.1
2013-5	玉米	110	35.7	18	1.3
2013-5	玉米	130	33.5	18	1.4
2013-5	玉米	150	33.3	18	0.9
2013-5	玉米	170	33.5	18	0.9
2013-5	玉米	190	34.7	18	1.0
2013-5	玉米	210	35.2	18	1.0
2013-5	玉米	230	36.1	18	1.1
2013-5	玉米	250	36.4	18	1.0
2013-5	玉米	270	36.8	18	0.7
2013-6	玉米	10	24.5	18	6.9

（续）

时间（年-月）	作物名称	探测深度/cm	体积含水量/%	重复数	标准差
2013-6	玉米	20	29.8	18	3.4
2013-6	玉米	30	32.5	18	1.5
2013-6	玉米	40	32.8	18	1.6
2013-6	玉米	50	33.2	18	1.1
2013-6	玉米	70	34.1	18	0.8
2013-6	玉米	90	34.6	18	0.8
2013-6	玉米	110	34.3	18	0.6
2013-6	玉米	130	33.7	18	1.0
2013-6	玉米	150	34.2	18	0.4
2013-6	玉米	170	33.9	18	0.9
2013-6	玉米	190	35.0	18	0.6
2013-6	玉米	210	35.6	18	0.9
2013-6	玉米	230	36.4	18	1.2
2013-6	玉米	250	36.8	18	1.1
2013-6	玉米	270	37.5	18	1.1
2013-7	玉米	10	29.5	15	4.0
2013-7	玉米	20	32.7	15	2.2
2013-7	玉米	30	33.8	15	2.0
2013-7	玉米	40	33.7	15	1.7
2013-7	玉米	50	34.4	15	1.2
2013-7	玉米	70	34.5	15	0.9
2013-7	玉米	90	35.1	15	0.9
2013-7	玉米	110	34.9	15	0.5
2013-7	玉米	130	34.3	15	0.9
2013-7	玉米	150	34.7	15	0.7
2013-7	玉米	170	34.6	15	1.0
2013-7	玉米	190	35.2	15	0.8
2013-7	玉米	210	36.2	15	0.9
2013-7	玉米	230	37.1	15	1.0
2013-7	玉米	250	38.2	15	0.7
2013-7	玉米	270	37.9	15	1.1
2013-8	玉米	10	—	—	—
2013-8	玉米	20	—	—	—
2013-8	玉米	30	—	—	—
2013-8	玉米	40	—	—	—
2013-8	玉米	50	—	—	—
2013-8	玉米	70	—	—	—
2013-8	玉米	90	—	—	—

（续）

时间（年-月）	作物名称	探测深度/cm	体积含水量/%	重复数	标准差
2013-8	玉米	110	—	—	—
2013-8	玉米	130	—	—	—
2013-8	玉米	150	—	—	—
2013-8	玉米	170	—	—	—
2013-8	玉米	190	—	—	—
2013-8	玉米	210	—	—	—
2013-8	玉米	230	—	—	—
2013-8	玉米	250	—	—	—
2013-8	玉米	270	—	—	—
2013-9	玉米	10	30.4	6	1.8
2013-9	玉米	20	33.7	6	0.9
2013-9	玉米	30	34.6	6	2.2
2013-9	玉米	40	35.9	6	1.0
2013-9	玉米	50	35.8	6	1.1
2013-9	玉米	70	37.5	6	0.8
2013-9	玉米	90	38.0	6	0.9
2013-9	玉米	110	37.5	6	0.6
2013-9	玉米	130	37.3	6	0.9
2013-9	玉米	150	36.4	6	1.0
2013-9	玉米	170	35.3	6	1.2
2013-9	玉米	190	35.6	6	0.8
2013-9	玉米	210	36.1	6	0.4
2013-9	玉米	230	36.7	6	1.3
2013-9	玉米	250	38.8	6	0.9
2013-9	玉米	270	39.0	6	0.7
2013-10	玉米	10	26.2	6	5.3
2013-10	玉米	20	31.8	6	2.5
2013-10	玉米	30	34.1	6	1.5
2013-10	玉米	40	34.8	6	1.6
2013-10	玉米	50	34.3	6	1.7
2013-10	玉米	70	36.1	6	1.9
2013-10	玉米	90	38.3	6	0.9
2013-10	玉米	110	39.2	6	1.1
2013-10	玉米	130	37.2	6	1.1
2013-10	玉米	150	37.2	6	1.5
2013-10	玉米	170	35.8	6	1.1
2013-10	玉米	190	35.6	6	0.9
2013-10	玉米	210	36.0	6	0.5

（续）

时间（年-月）	作物名称	探测深度/cm	体积含水量/%	重复数	标准差
2013-10	玉米	230	36.4	6	0.9
2013-10	玉米	250	38.1	6	0.8
2013-10	玉米	270	39.1	6	0.6
2014-4	大豆	10	22.5	15	5.6
2014-4	大豆	20	30.5	15	4.0
2014-4	大豆	30	33.9	15	1.6
2014-4	大豆	40	35.0	15	1.5
2014-4	大豆	50	35.7	15	2.9
2014-4	大豆	70	35.2	15	1.3
2014-4	大豆	90	33.5	15	1.0
2014-4	大豆	110	33.7	15	0.9
2014-4	大豆	130	33.7	15	0.5
2014-4	大豆	150	33.7	15	0.7
2014-4	大豆	170	33.6	15	0.7
2014-4	大豆	190	34.5	15	0.7
2014-4	大豆	210	35.0	15	0.8
2014-4	大豆	230	36.4	15	0.7
2014-4	大豆	250	36.8	15	0.5
2014-4	大豆	270	37.9	15	0.6
2014-5	大豆	10	26.0	18	6.9
2014-5	大豆	20	30.8	18	3.1
2014-5	大豆	30	33.4	18	1.0
2014-5	大豆	40	33.6	18	1.7
2014-5	大豆	50	33.6	18	0.8
2014-5	大豆	70	34.1	18	0.8
2014-5	大豆	90	34.4	18	0.6
2014-5	大豆	110	34.1	18	0.7
2014-5	大豆	130	34.2	18	0.4
2014-5	大豆	150	34.1	18	0.6
2014-5	大豆	170	34.2	18	0.5
2014-5	大豆	190	34.9	18	0.5
2014-5	大豆	210	35.3	18	0.7
2014-5	大豆	230	36.2	18	0.9
2014-5	大豆	250	37.0	18	1.0
2014-5	大豆	270	38.4	18	0.6
2014-6	大豆	10	22.6	18	7.3
2014-6	大豆	20	28.6	18	5.8
2014-6	大豆	30	31.8	18	3.0

（续）

时间（年-月）	作物名称	探测深度/cm	体积含水量/%	重复数	标准差
2014-6	大豆	40	33.3	18	1.6
2014-6	大豆	50	33.4	18	1.2
2014-6	大豆	70	34.4	18	1.0
2014-6	大豆	90	34.0	18	0.8
2014-6	大豆	110	34.2	18	1.0
2014-6	大豆	130	34.4	18	0.6
2014-6	大豆	150	34.6	18	0.9
2014-6	大豆	170	34.4	18	0.8
2014-6	大豆	190	35.7	18	1.0
2014-6	大豆	210	35.3	18	0.7
2014-6	大豆	230	36.7	18	1.0
2014-6	大豆	250	38.2	18	1.0
2014-6	大豆	270	38.6	18	0.8
2014-7	大豆	10	25.6	12	5.2
2014-7	大豆	20	30.5	12	2.8
2014-7	大豆	30	32.5	12	1.5
2014-7	大豆	40	33.3	12	1.4
2014-7	大豆	50	33.5	12	0.9
2014-7	大豆	70	34.0	12	0.6
2014-7	大豆	90	34.2	12	1.0
2014-7	大豆	110	34.5	12	0.5
2014-7	大豆	130	34.3	12	1.5
2014-7	大豆	150	34.7	12	0.6
2014-7	大豆	170	34.9	12	1.3
2014-7	大豆	190	34.0	12	4.9
2014-7	大豆	210	36.1	12	0.6
2014-7	大豆	230	37.1	12	1.2
2014-7	大豆	250	38.3	12	0.7
2014-7	大豆	270	38.4	12	0.7
2014-8	大豆	10	23.7	15	5.7
2014-8	大豆	20	29.7	15	3.8
2014-8	大豆	30	32.2	15	1.9
2014-8	大豆	40	33.3	15	1.5
2014-8	大豆	50	33.2	15	1.8
2014-8	大豆	70	33.9	15	2.4
2014-8	大豆	90	34.8	15	2.3
2014-8	大豆	110	35.4	15	1.8
2014-8	大豆	130	35.5	15	1.2

（续）

时间（年-月）	作物名称	探测深度/cm	体积含水量/%	重复数	标准差
2014 - 8	大豆	150	35.0	15	0.9
2014 - 8	大豆	170	35.7	15	1.5
2014 - 8	大豆	190	36.1	15	1.1
2014 - 8	大豆	210	36.0	15	1.0
2014 - 8	大豆	230	36.8	15	0.7
2014 - 8	大豆	250	38.0	15	0.5
2014 - 8	大豆	270	39.0	15	0.7
2014 - 9	大豆	10	27.9	15	3.1
2014 - 9	大豆	20	32.1	15	2.0
2014 - 9	大豆	30	32.7	15	1.4
2014 - 9	大豆	40	32.4	15	1.4
2014 - 9	大豆	50	32.6	15	2.2
2014 - 9	大豆	70	32.7	15	2.8
2014 - 9	大豆	90	33.7	15	2.3
2014 - 9	大豆	110	34.5	15	1.8
2014 - 9	大豆	130	34.6	15	1.6
2014 - 9	大豆	150	34.5	15	1.4
2014 - 9	大豆	170	34.6	15	0.7
2014 - 9	大豆	190	35.0	15	0.5
2014 - 9	大豆	210	36.0	15	0.7
2014 - 9	大豆	230	36.5	15	1.0
2014 - 9	大豆	250	37.3	15	1.0
2014 - 9	大豆	270	37.9	15	0.5
2014 - 10	大豆	10	21.8	9	4.9
2014 - 10	大豆	20	29.1	9	2.8
2014 - 10	大豆	30	32.0	9	1.2
2014 - 10	大豆	40	33.5	9	0.8
2014 - 10	大豆	50	33.5	9	0.8
2014 - 10	大豆	70	33.6	9	1.8
2014 - 10	大豆	90	34.8	9	2.2
2014 - 10	大豆	110	36.0	9	3.2
2014 - 10	大豆	130	36.9	9	3.5
2014 - 10	大豆	150	36.4	9	3.5
2014 - 10	大豆	170	36.4	9	2.4
2014 - 10	大豆	190	36.5	9	2.0
2014 - 10	大豆	210	35.5	9	0.3
2014 - 10	大豆	230	37.1	9	0.6
2014 - 10	大豆	250	37.7	9	0.8

（续）

时间（年-月）	作物名称	探测深度/cm	体积含水量/%	重复数	标准差
2014 - 10	大豆	270	37.3	9	1.9
2015 - 4	玉米	10	29.2	12	7.8
2015 - 4	玉米	20	34.1	12	2.8
2015 - 4	玉米	30	36.9	12	1.6
2015 - 4	玉米	40	36.5	12	1.6
2015 - 4	玉米	50	37.2	12	1.6
2015 - 4	玉米	70	38.0	12	1.9
2015 - 4	玉米	90	37.5	12	1.3
2015 - 4	玉米	110	37.0	12	1.1
2015 - 4	玉米	130	36.2	12	1.8
2015 - 4	玉米	150	33.7	12	1.2
2015 - 4	玉米	170	33.8	12	1.4
2015 - 4	玉米	190	34.9	12	1.1
2015 - 4	玉米	210	35.2	12	1.3
2015 - 4	玉米	230	36.2	12	0.8
2015 - 4	玉米	250	36.7	12	1.1
2015 - 4	玉米	270	38.3	12	1.2
2015 - 5	玉米	10	26.8	18	4.9
2015 - 5	玉米	20	33.5	18	1.4
2015 - 5	玉米	30	33.3	18	2.7
2015 - 5	玉米	40	35.7	18	1.4
2015 - 5	玉米	50	36.1	18	2.0
2015 - 5	玉米	70	37.4	18	1.5
2015 - 5	玉米	90	37.8	18	2.2
2015 - 5	玉米	110	37.5	18	1.5
2015 - 5	玉米	130	35.4	18	1.9
2015 - 5	玉米	150	33.7	18	1.3
2015 - 5	玉米	170	34.4	18	3.2
2015 - 5	玉米	190	33.8	18	1.5
2015 - 5	玉米	210	34.0	18	3.2
2015 - 5	玉米	230	35.5	18	3.1
2015 - 5	玉米	250	36.7	18	1.1
2015 - 5	玉米	270	36.8	18	1.2
2015 - 6	玉米	10	25.4	18	4.6
2015 - 6	玉米	20	32.2	18	1.3
2015 - 6	玉米	30	33.1	18	1.2
2015 - 6	玉米	40	33.9	18	1.0
2015 - 6	玉米	50	34.1	18	1.1

（续）

时间（年-月）	作物名称	探测深度/cm	体积含水量/%	重复数	标准差
2015-6	玉米	70	34.3	18	2.3
2015-6	玉米	90	34.8	18	2.2
2015-6	玉米	110	35.3	18	0.8
2015-6	玉米	130	34.6	18	1.4
2015-6	玉米	150	34.5	18	0.6
2015-6	玉米	170	35.2	18	1.3
2015-6	玉米	190	35.0	18	1.1
2015-6	玉米	210	35.1	18	1.1
2015-6	玉米	230	36.5	18	1.4
2015-6	玉米	250	37.4	18	1.1
2015-6	玉米	270	37.6	18	1.0
2015-7	玉米	10	20.7	18	5.8
2015-7	玉米	20	24.5	18	3.4
2015-7	玉米	30	26.6	18	2.9
2015-7	玉米	40	28.5	18	3.2
2015-7	玉米	50	30.5	18	2.0
2015-7	玉米	70	33.1	18	1.4
2015-7	玉米	90	34.2	18	1.1
2015-7	玉米	110	34.8	18	0.9
2015-7	玉米	130	33.8	18	0.6
2015-7	玉米	150	33.6	18	1.2
2015-7	玉米	170	34.0	18	1.1
2015-7	玉米	190	35.2	18	1.0
2015-7	玉米	210	35.3	18	0.9
2015-7	玉米	230	36.9	18	1.0
2015-7	玉米	250	37.8	18	0.7
2015-7	玉米	270	38.1	18	1.0
2015-8	玉米	10	26.9	18	3.4
2015-8	玉米	20	29.5	18	2.6
2015-8	玉米	30	29.0	18	2.7
2015-8	玉米	40	28.1	18	2.2
2015-8	玉米	50	27.8	18	1.9
2015-8	玉米	70	30.6	18	0.8
2015-8	玉米	90	32.7	18	0.7
2015-8	玉米	110	34.0	18	0.6
2015-8	玉米	130	33.0	18	0.7
2015-8	玉米	150	33.5	18	1.0
2015-8	玉米	170	33.9	18	1.1

（续）

时间（年-月）	作物名称	探测深度/cm	体积含水量/%	重复数	标准差
2015 - 8	玉米	190	34.8	18	0.8
2015 - 8	玉米	210	35.0	18	0.6
2015 - 8	玉米	230	36.2	18	1.0
2015 - 8	玉米	250	36.8	18	1.0
2015 - 8	玉米	270	38.2	18	0.7
2015 - 9	玉米	10	25.1	15	1.8
2015 - 9	玉米	20	27.2	15	1.1
2015 - 9	玉米	30	28.4	15	1.4
2015 - 9	玉米	40	27.8	15	1.1
2015 - 9	玉米	50	28.3	15	1.0
2015 - 9	玉米	70	30.1	15	1.4
2015 - 9	玉米	90	31.7	15	1.2
2015 - 9	玉米	110	32.7	15	1.0
2015 - 9	玉米	130	32.6	15	0.8
2015 - 9	玉米	150	33.3	15	1.2
2015 - 9	玉米	170	34.1	15	0.6
2015 - 9	玉米	190	34.8	15	0.6
2015 - 9	玉米	210	35.5	15	1.4
2015 - 9	玉米	230	36.6	15	0.9
2015 - 9	玉米	250	36.5	15	1.2
2015 - 9	玉米	270	37.9	15	0.7
2015 - 10	玉米	10	29.8	15	2.1
2015 - 10	玉米	20	28.2	9	3.8
2015 - 10	玉米	30	27.9	9	2.1
2015 - 10	玉米	40	27.1	9	1.7
2015 - 10	玉米	50	26.4	9	2.3
2015 - 10	玉米	70	27.9	9	3.7
2015 - 10	玉米	90	29.8	9	2.9
2015 - 10	玉米	110	31.9	9	1.5
2015 - 10	玉米	130	32.5	9	0.7
2015 - 10	玉米	150	33.1	9	0.7
2015 - 10	玉米	170	33.5	9	1.8
2015 - 10	玉米	190	33.4	9	3.7
2015 - 10	玉米	210	35.6	9	1.2
2015 - 10	玉米	230	36.7	9	1.3
2015 - 10	玉米	250	37.1	9	1.3
2015 - 10	玉米	270	37.9	9	1.6

表3-126　气象观测场土壤体积含水量观测数据

时间（年-月）	土地类型	探测深度/cm	体积含水量/%	重复数	标准差
2009-4	人工草地	10	33.2	6	4.4
2009-4	人工草地	20	37.7	6	4.3
2009-4	人工草地	30	39.1	6	1.9
2009-4	人工草地	40	37.5	6	1.7
2009-4	人工草地	50	37.6	6	2.9
2009-4	人工草地	70	38.0	6	2.3
2009-4	人工草地	90	38.9	6	2.2
2009-4	人工草地	110	36.5	6	2.2
2009-4	人工草地	130	35.4	6	2.0
2009-4	人工草地	150	34.2	6	2.8
2009-4	人工草地	170	35.3	6	2.2
2009-4	人工草地	190	36.6	6	2.1
2009-4	人工草地	210	36.7	6	2.4
2009-4	人工草地	230	37.4	6	2.1
2009-4	人工草地	250	38.0	6	2.2
2009-4	人工草地	270	39.4	6	2.5
2009-5	人工草地	10	19.9	8	8.1
2009-5	人工草地	20	28.0	8	5.5
2009-5	人工草地	30	31.3	8	4.2
2009-5	人工草地	40	32.5	8	3.8
2009-5	人工草地	50	33.9	8	3.3
2009-5	人工草地	70	34.9	8	2.9
2009-5	人工草地	90	35.3	8	3.3
2009-5	人工草地	110	34.1	8	2.1
2009-5	人工草地	130	32.4	8	2.1
2009-5	人工草地	150	31.3	8	1.7
2009-5	人工草地	170	33.0	8	2.0
2009-5	人工草地	190	34.3	8	1.3
2009-5	人工草地	210	34.3	8	1.6
2009-5	人工草地	230	35.4	8	2.1
2009-5	人工草地	250	36.3	8	3.0
2009-5	人工草地	270	37.0	8	2.7
2009-6	人工草地	10	25.5	6	13.2
2009-6	人工草地	20	24.0	6	14.3
2009-6	人工草地	30	27.0	6	14.6
2009-6	人工草地	40	29.3	6	14.1
2009-6	人工草地	50	29.6	6	16.9
2009-6	人工草地	70	28.6	6	11.0
2009-6	人工草地	90	29.1	6	7.2

（续）

时间（年-月）	土地类型	探测深度/cm	体积含水量/%	重复数	标准差
2009 - 6	人工草地	110	30.5	6	7.3
2009 - 6	人工草地	130	29.1	6	5.5
2009 - 6	人工草地	150	30.1	6	4.1
2009 - 6	人工草地	170	30.4	6	3.3
2009 - 6	人工草地	190	31.4	6	2.6
2009 - 6	人工草地	210	31.5	6	1.8
2009 - 6	人工草地	230	32.9	6	1.7
2009 - 6	人工草地	250	35.2	6	2.8
2009 - 6	人工草地	270	35.0	6	2.2
2009 - 7	人工草地	10	27.9	12	6.5
2009 - 7	人工草地	20	29.4	12	4.0
2009 - 7	人工草地	30	31.1	12	4.9
2009 - 7	人工草地	40	33.6	12	8.1
2009 - 7	人工草地	50	38.0	12	13.6
2009 - 7	人工草地	70	38.1	12	15.3
2009 - 7	人工草地	90	37.0	12	11.3
2009 - 7	人工草地	110	34.6	12	4.5
2009 - 7	人工草地	130	34.5	12	3.2
2009 - 7	人工草地	150	35.1	12	3.1
2009 - 7	人工草地	170	34.4	12	3.3
2009 - 7	人工草地	190	35.0	12	3.3
2009 - 7	人工草地	210	34.5	12	2.8
2009 - 7	人工草地	230	35.9	12	3.2
2009 - 7	人工草地	250	39.3	12	2.4
2009 - 7	人工草地	270	38.5	12	2.6
2009 - 8	人工草地	10	18.1	12	4.5
2009 - 8	人工草地	20	17.3	12	7.1
2009 - 8	人工草地	30	20.5	12	7.3
2009 - 8	人工草地	40	25.6	12	4.6
2009 - 8	人工草地	50	28.8	12	4.1
2009 - 8	人工草地	70	30.8	12	2.3
2009 - 8	人工草地	90	31.8	12	2.1
2009 - 8	人工草地	110	31.2	12	1.6
2009 - 8	人工草地	130	31.6	12	2.0
2009 - 8	人工草地	150	32.4	12	2.0
2009 - 8	人工草地	170	32.9	12	2.2
2009 - 8	人工草地	190	34.3	12	1.6
2009 - 8	人工草地	210	33.5	12	1.6

（续）

时间（年-月）	土地类型	探测深度/cm	体积含水量/%	重复数	标准差
2009-8	人工草地	230	35.8	12	2.1
2009-8	人工草地	250	38.2	12	2.0
2009-8	人工草地	270	38.7	12	2.1
2009-9	人工草地	10	21.1	12	10.7
2009-9	人工草地	20	18.2	12	11.7
2009-9	人工草地	30	21.9	12	10.3
2009-9	人工草地	40	26.2	12	9.5
2009-9	人工草地	50	29.4	12	9.2
2009-9	人工草地	70	30.4	12	3.7
2009-9	人工草地	90	30.9	12	2.6
2009-9	人工草地	110	30.5	12	2.8
2009-9	人工草地	130	30.5	12	1.9
2009-9	人工草地	150	31.4	12	2.3
2009-9	人工草地	170	32.4	12	1.7
2009-9	人工草地	190	32.9	12	0.9
2009-9	人工草地	210	32.7	12	1.0
2009-9	人工草地	230	34.0	12	1.4
2009-9	人工草地	250	36.6	12	3.0
2009-9	人工草地	270	36.8	12	2.7
2009-10	人工草地	10	14.2	12	2.0
2009-10	人工草地	20	12.5	12	5.6
2009-10	人工草地	30	16.8	12	4.6
2009-10	人工草地	40	21.8	12	3.4
2009-10	人工草地	50	24.3	12	4.0
2009-10	人工草地	70	26.8	12	1.4
2009-10	人工草地	90	27.9	12	1.6
2009-10	人工草地	110	28.4	12	1.9
2009-10	人工草地	130	28.8	12	1.1
2009-10	人工草地	150	29.9	12	1.5
2009-10	人工草地	170	30.9	12	1.4
2009-10	人工草地	190	31.8	12	1.3
2009-10	人工草地	210	31.4	12	1.6
2009-10	人工草地	230	35.7	12	4.3
2009-10	人工草地	250	34.9	12	2.9
2009-10	人工草地	270	38.7	12	4.1
2010-4	人工草地	10	40.7	4	3.5
2010-4	人工草地	20	42.3	4	1.5
2010-4	人工草地	30	42.8	4	0.9

（续）

时间（年-月）	土地类型	探测深度/cm	体积含水量/%	重复数	标准差
2010-4	人工草地	40	42.1	4	0.9
2010-4	人工草地	50	39.3	4	0.7
2010-4	人工草地	70	34.5	4	1.5
2010-4	人工草地	90	35.1	4	1.8
2010-4	人工草地	110	33.5	4	1.3
2010-4	人工草地	130	32.3	4	0.1
2010-4	人工草地	150	33.8	4	0.2
2010-4	人工草地	170	34.8	4	0.3
2010-4	人工草地	190	34.5	4	3.1
2010-4	人工草地	210	35.5	4	0.1
2010-4	人工草地	230	35.5	4	0.8
2010-4	人工草地	250	37.2	4	0.5
2010-4	人工草地	270	37.5	4	0.5
2010-5	人工草地	10	30.4	12	4.5
2010-5	人工草地	20	34.1	12	3.6
2010-5	人工草地	30	35.7	12	3.7
2010-5	人工草地	40	37.2	12	3.8
2010-5	人工草地	50	37.4	12	3.2
2010-5	人工草地	70	36.3	12	2.0
2010-5	人工草地	90	35.3	12	1.8
2010-5	人工草地	110	34.2	12	0.9
2010-5	人工草地	130	33.1	12	1.2
2010-5	人工草地	150	34.0	12	1.6
2010-5	人工草地	170	34.2	12	1.6
2010-5	人工草地	190	35.3	12	1.7
2010-5	人工草地	210	34.7	12	1.4
2010-5	人工草地	230	35.1	12	1.8
2010-5	人工草地	250	37.2	12	1.8
2010-5	人工草地	270	36.9	12	2.5
2010-6	人工草地	10	18.6	12	3.0
2010-6	人工草地	20	24.3	12	3.3
2010-6	人工草地	30	28.1	12	2.7
2010-6	人工草地	40	30.7	12	2.3
2010-6	人工草地	50	33.1	12	1.8
2010-6	人工草地	70	33.9	12	1.7
2010-6	人工草地	90	34.0	12	1.9
2010-6	人工草地	110	33.7	12	1.6
2010-6	人工草地	130	33.9	12	1.4

（续）

时间（年-月）	土地类型	探测深度/cm	体积含水量/%	重复数	标准差
2010-6	人工草地	150	34.4	12	1.6
2010-6	人工草地	170	34.8	12	1.7
2010-6	人工草地	190	35.6	12	1.5
2010-6	人工草地	210	34.9	12	1.4
2010-6	人工草地	230	35.9	12	1.6
2010-6	人工草地	250	37.5	12	1.4
2010-6	人工草地	270	37.8	12	1.5
2010-7	人工草地	10	18.4	12	0.9
2010-7	人工草地	20	20.8	12	1.9
2010-7	人工草地	30	24.5	12	1.6
2010-7	人工草地	40	27.4	12	1.9
2010-7	人工草地	50	31.0	12	1.8
2010-7	人工草地	70	32.7	12	1.6
2010-7	人工草地	90	33.1	12	1.7
2010-7	人工草地	110	32.5	12	2.0
2010-7	人工草地	130	33.3	12	1.3
2010-7	人工草地	150	33.6	12	1.9
2010-7	人工草地	170	34.5	12	1.7
2010-7	人工草地	190	35.2	12	1.6
2010-7	人工草地	210	34.6	12	2.0
2010-7	人工草地	230	35.9	12	1.7
2010-7	人工草地	250	36.6	12	1.7
2010-7	人工草地	270	37.2	12	1.8
2010-8	人工草地	10	23.2	12	4.1
2010-8	人工草地	20	23.0	12	1.6
2010-8	人工草地	30	23.7	12	1.1
2010-8	人工草地	40	26.5	12	1.8
2010-8	人工草地	50	29.5	12	2.1
2010-8	人工草地	70	31.5	12	1.1
2010-8	人工草地	90	32.6	12	1.5
2010-8	人工草地	110	32.2	12	0.8
2010-8	人工草地	130	32.8	12	0.9
2010-8	人工草地	150	33.8	12	0.9
2010-8	人工草地	170	34.6	12	1.2
2010-8	人工草地	190	35.2	12	1.2
2010-8	人工草地	210	35.0	12	0.6
2010-8	人工草地	230	35.3	12	1.0
2010-8	人工草地	250	36.7	12	0.9

（续）

时间（年-月）	土地类型	探测深度/cm	体积含水量/%	重复数	标准差
2010 - 8	人工草地	270	37.4	12	1.5
2010 - 9	人工草地	10	18.1	12	4.5
2010 - 9	人工草地	20	21.2	12	2.6
2010 - 9	人工草地	30	23.2	12	1.6
2010 - 9	人工草地	40	26.4	12	2.6
2010 - 9	人工草地	50	28.6	12	2.4
2010 - 9	人工草地	70	31.2	12	1.1
2010 - 9	人工草地	90	32.0	12	1.3
2010 - 9	人工草地	110	32.1	12	1.0
2010 - 9	人工草地	130	32.5	12	1.0
2010 - 9	人工草地	150	33.6	12	1.1
2010 - 9	人工草地	170	34.1	12	1.2
2010 - 9	人工草地	190	35.2	12	1.2
2010 - 9	人工草地	210	34.9	12	0.6
2010 - 9	人工草地	230	35.0	12	1.1
2010 - 9	人工草地	250	36.7	12	0.6
2010 - 9	人工草地	270	37.5	12	0.9
2010 - 10	人工草地	10	19.7	8	7.4
2010 - 10	人工草地	20	19.7	8	2.0
2010 - 10	人工草地	30	21.6	8	2.0
2010 - 10	人工草地	40	24.3	8	2.9
2010 - 10	人工草地	50	25.5	8	4.9
2010 - 10	人工草地	70	29.8	8	1.8
2010 - 10	人工草地	90	31.0	8	1.9
2010 - 10	人工草地	110	31.2	8	1.8
2010 - 10	人工草地	130	31.9	8	1.3
2010 - 10	人工草地	150	32.7	8	1.5
2010 - 10	人工草地	170	33.9	8	1.5
2010 - 10	人工草地	190	34.7	8	1.3
2010 - 10	人工草地	210	34.4	8	1.1
2010 - 10	人工草地	230	35.0	8	1.2
2010 - 10	人工草地	250	35.8	8	1.4
2010 - 10	人工草地	270	37.0	8	1.2
2011 - 4	人工草地	10	30.4	12	2.1
2011 - 4	人工草地	20	33.7	12	2.7
2011 - 4	人工草地	30	34.4	12	2.4
2011 - 4	人工草地	40	33.5	12	2.0
2011 - 4	人工草地	50	32.6	12	2.0

（续）

时间（年-月）	土地类型	探测深度/cm	体积含水量/%	重复数	标准差
2011-4	人工草地	70	32.1	12	0.7
2011-4	人工草地	90	32.7	12	1.0
2011-4	人工草地	110	33.2	12	0.6
2011-4	人工草地	130	31.6	12	0.5
2011-4	人工草地	150	32.9	12	0.4
2011-4	人工草地	170	34.0	12	0.5
2011-4	人工草地	190	35.0	12	0.4
2011-4	人工草地	210	34.6	12	0.4
2011-4	人工草地	230	35.1	12	0.9
2011-4	人工草地	250	36.3	12	0.8
2011-4	人工草地	270	37.1	12	0.7
2011-5	人工草地	10	24.3	12	3.8
2011-5	人工草地	20	28.3	12	2.1
2011-5	人工草地	30	29.6	12	1.0
2011-5	人工草地	40	30.9	12	1.0
2011-5	人工草地	50	31.9	12	1.1
2011-5	人工草地	70	32.1	12	0.5
2011-5	人工草地	90	32.3	12	0.8
2011-5	人工草地	110	32.2	12	0.8
2011-5	人工草地	130	31.7	12	0.3
2011-5	人工草地	150	32.9	12	0.4
2011-5	人工草地	170	34.1	12	0.2
2011-5	人工草地	190	35.0	12	0.5
2011-5	人工草地	210	34.7	12	0.5
2011-5	人工草地	230	35.0	12	0.9
2011-5	人工草地	250	36.5	12	0.4
2011-5	人工草地	270	36.6	12	0.4
2011-6	人工草地	10	21.5	12	8.9
2011-6	人工草地	20	26.3	12	5.0
2011-6	人工草地	30	28.9	12	3.5
2011-6	人工草地	40	30.6	12	2.7
2011-6	人工草地	50	32.3	12	2.5
2011-6	人工草地	70	32.7	12	1.0
2011-6	人工草地	90	33.0	12	0.8
2011-6	人工草地	110	32.6	12	0.7
2011-6	人工草地	130	32.4	12	0.5
2011-6	人工草地	150	33.4	12	0.6
2011-6	人工草地	170	34.0	12	0.6

（续）

时间（年-月）	土地类型	探测深度/cm	体积含水量/%	重复数	标准差
2011-6	人工草地	190	35.3	12	0.6
2011-6	人工草地	210	34.8	12	0.3
2011-6	人工草地	230	35.2	12	1.0
2011-6	人工草地	250	36.4	12	0.5
2011-6	人工草地	270	36.7	12	0.9
2011-7	人工草地	10	27.5	12	3.5
2011-7	人工草地	20	30.2	12	3.4
2011-7	人工草地	30	30.5	12	3.0
2011-7	人工草地	40	31.3	12	3.3
2011-7	人工草地	50	31.9	12	3.3
2011-7	人工草地	70	33.0	12	1.1
2011-7	人工草地	90	33.4	12	1.0
2011-7	人工草地	110	32.8	12	1.1
2011-7	人工草地	130	32.9	12	0.8
2011-7	人工草地	150	33.8	12	0.7
2011-7	人工草地	170	34.1	12	0.6
2011-7	人工草地	190	35.1	12	0.8
2011-7	人工草地	210	34.5	12	0.4
2011-7	人工草地	230	35.0	12	0.7
2011-7	人工草地	250	36.2	12	0.6
2011-7	人工草地	270	36.7	12	0.9
2011-8	人工草地	10	27.8	12	4.5
2011-8	人工草地	20	30.2	12	2.2
2011-8	人工草地	30	30.9	12	1.5
2011-8	人工草地	40	32.0	12	1.5
2011-8	人工草地	50	32.8	12	1.1
2011-8	人工草地	70	33.5	12	0.8
2011-8	人工草地	90	34.1	12	0.8
2011-8	人工草地	110	33.8	12	0.8
2011-8	人工草地	130	34.2	12	1.1
2011-8	人工草地	150	34.9	12	0.8
2011-8	人工草地	170	34.9	12	0.8
2011-8	人工草地	190	36.0	12	0.8
2011-8	人工草地	210	35.3	12	1.0
2011-8	人工草地	230	35.9	12	1.3
2011-8	人工草地	250	38.4	12	1.2
2011-8	人工草地	270	38.6	12	1.3
2011-9	人工草地	10	21.9	12	5.7

（续）

时间（年-月）	土地类型	探测深度/cm	体积含水量/%	重复数	标准差
2011-9	人工草地	20	25.5	12	5.1
2011-9	人工草地	30	26.6	12	4.4
2011-9	人工草地	40	28.4	12	3.1
2011-9	人工草地	50	30.3	12	1.9
2011-9	人工草地	70	32.2	12	1.1
2011-9	人工草地	90	33.4	12	1.0
2011-9	人工草地	110	33.8	12	0.8
2011-9	人工草地	130	33.4	12	0.7
2011-9	人工草地	150	34.4	12	1.2
2011-9	人工草地	170	35.5	12	1.1
2011-9	人工草地	190	35.3	12	0.7
2011-9	人工草地	210	35.6	12	1.0
2011-9	人工草地	230	36.2	12	1.3
2011-9	人工草地	250	37.7	12	0.6
2011-9	人工草地	270	37.9	12	0.6
2011-10	人工草地	10	25.3	8	6.4
2011-10	人工草地	20	26.2	8	5.0
2011-10	人工草地	30	27.7	8	5.0
2011-10	人工草地	40	29.3	8	3.3
2011-10	人工草地	50	31.0	8	1.9
2011-10	人工草地	70	32.3	8	0.9
2011-10	人工草地	90	33.1	8	0.9
2011-10	人工草地	110	33.1	8	0.6
2011-10	人工草地	130	34.0	8	1.1
2011-10	人工草地	150	34.0	8	1.0
2011-10	人工草地	170	34.8	8	0.5
2011-10	人工草地	190	34.9	8	1.3
2011-10	人工草地	210	35.3	8	0.9
2011-10	人工草地	230	36.0	8	1.3
2011-10	人工草地	250	36.9	8	0.5
2011-10	人工草地	270	37.4	8	0.8
2012-4	人工草地	10	21.9	10	1.3
2012-4	人工草地	20	22.3	10	0.7
2012-4	人工草地	30	23.4	10	0.8
2012-4	人工草地	40	26.4	10	1.6
2012-4	人工草地	50	29.9	10	3.0
2012-4	人工草地	70	33.4	10	1.3
2012-4	人工草地	90	35.0	10	1.6

（续）

时间（年-月）	土地类型	探测深度/cm	体积含水量/%	重复数	标准差
2012-4	人工草地	110	34.3	10	1.4
2012-4	人工草地	130	33.9	10	0.9
2012-4	人工草地	150	35.9	10	0.4
2012-4	人工草地	170	33.7	10	0.8
2012-4	人工草地	190	35.1	10	1.1
2012-4	人工草地	210	34.9	10	1.3
2012-4	人工草地	230	34.8	10	1.3
2012-4	人工草地	250	36.1	10	0.8
2012-4	人工草地	270	36.9	10	1.1
2012-5	人工草地	10	20.9	14	3.1
2012-5	人工草地	20	22.9	14	1.2
2012-5	人工草地	30	23.7	14	0.8
2012-5	人工草地	40	26.9	14	1.9
2012-5	人工草地	50	30.0	14	2.0
2012-5	人工草地	70	32.4	14	1.0
2012-5	人工草地	90	33.9	14	1.6
2012-5	人工草地	110	33.5	14	0.8
2012-5	人工草地	130	34.1	14	1.1
2012-5	人工草地	150	35.7	14	0.7
2012-5	人工草地	170	34.0	14	0.8
2012-5	人工草地	190	34.6	14	0.6
2012-5	人工草地	210	35.0	14	0.7
2012-5	人工草地	230	35.0	14	1.0
2012-5	人工草地	250	36.3	14	1.0
2012-5	人工草地	270	36.8	14	0.7
2012-6	人工草地	10	22.6	8	5.2
2012-6	人工草地	20	26.3	8	4.7
2012-6	人工草地	30	28.2	8	3.5
2012-6	人工草地	40	29.8	8	3.1
2012-6	人工草地	50	32.0	8	2.5
2012-6	人工草地	70	33.0	8	1.1
2012-6	人工草地	90	33.2	8	0.8
2012-6	人工草地	110	32.8	8	0.6
2012-6	人工草地	130	32.7	8	0.6
2012-6	人工草地	150	33.9	8	0.9
2012-6	人工草地	170	34.4	8	1.0
2012-6	人工草地	190	34.7	8	0.8
2012-6	人工草地	210	34.7	8	0.6

（续）

时间（年-月）	土地类型	探测深度/cm	体积含水量/%	重复数	标准差
2012-6	人工草地	230	35.0	8	0.8
2012-6	人工草地	250	36.2	8	0.8
2012-6	人工草地	270	36.7	8	0.6
2012-7	人工草地	10	22.8	14	5.8
2012-7	人工草地	20	26.8	14	3.6
2012-7	人工草地	30	29.8	14	2.8
2012-7	人工草地	40	31.1	14	1.9
2012-7	人工草地	50	32.3	14	1.6
2012-7	人工草地	70	33.5	14	1.4
2012-7	人工草地	90	33.9	14	1.0
2012-7	人工草地	110	33.9	14	1.0
2012-7	人工草地	130	34.0	14	1.2
2012-7	人工草地	150	34.4	14	0.8
2012-7	人工草地	170	34.8	14	0.7
2012-7	人工草地	190	35.4	14	1.0
2012-7	人工草地	210	35.2	14	1.2
2012-7	人工草地	230	35.7	14	1.6
2012-7	人工草地	250	36.3	14	0.9
2012-7	人工草地	270	37.0	14	0.7
2012-8	人工草地	10	28.2	12	3.1
2012-8	人工草地	20	30.2	12	1.2
2012-8	人工草地	30	31.6	12	0.9
2012-8	人工草地	40	32.4	12	1.2
2012-8	人工草地	50	32.8	12	0.9
2012-8	人工草地	70	33.0	12	1.0
2012-8	人工草地	90	33.6	12	1.3
2012-8	人工草地	110	34.2	12	0.8
2012-8	人工草地	130	33.8	12	0.6
2012-8	人工草地	150	34.2	12	0.8
2012-8	人工草地	170	35.1	12	0.7
2012-8	人工草地	190	35.4	12	1.1
2012-8	人工草地	210	35.5	12	1.0
2012-8	人工草地	230	35.7	12	1.3
2012-8	人工草地	250	37.0	12	1.5
2012-8	人工草地	270	37.6	12	1.7
2012-9	人工草地	10	29.5	12	4.1
2012-9	人工草地	20	31.1	12	2.1
2012-9	人工草地	30	31.8	12	1.1

（续）

时间（年-月）	土地类型	探测深度/cm	体积含水量/%	重复数	标准差
2012-9	人工草地	40	32.9	12	1.3
2012-9	人工草地	50	33.5	12	0.9
2012-9	人工草地	70	33.7	12	0.8
2012-9	人工草地	90	34.6	12	0.7
2012-9	人工草地	110	34.4	12	0.8
2012-9	人工草地	130	34.5	12	0.7
2012-9	人工草地	150	34.6	12	0.5
2012-9	人工草地	170	35.3	12	0.7
2012-9	人工草地	190	35.8	12	1.0
2012-9	人工草地	210	35.5	12	0.8
2012-9	人工草地	230	35.8	12	1.1
2012-9	人工草地	250	37.3	12	1.7
2012-9	人工草地	270	35.7	12	9.1
2012-10	人工草地	10	32.5	8	1.3
2012-10	人工草地	20	33.0	8	1.0
2012-10	人工草地	30	32.9	8	1.1
2012-10	人工草地	40	32.8	8	1.7
2012-10	人工草地	50	33.4	8	1.1
2012-10	人工草地	70	33.6	8	0.6
2012-10	人工草地	90	33.7	8	1.3
2012-10	人工草地	110	34.2	8	0.4
2012-10	人工草地	130	34.5	8	1.3
2012-10	人工草地	150	33.5	8	3.2
2012-10	人工草地	170	35.1	8	0.7
2012-10	人工草地	190	36.3	8	1.5
2012-10	人工草地	210	33.4	8	3.4
2012-10	人工草地	230	36.4	8	1.1
2012-10	人工草地	250	37.8	8	1.0
2012-10	人工草地	270	37.8	8	1.3
2013-4	人工草地	10	34.6	2	2.5
2013-4	人工草地	20	38.1	2	2.0
2013-4	人工草地	30	38.8	2	2.0
2013-4	人工草地	40	41.0	2	0.7
2013-4	人工草地	50	39.3	2	2.4
2013-4	人工草地	70	36.4	2	1.8
2013-4	人工草地	90	37.1	2	1.5
2013-4	人工草地	110	31.0	2	1.7
2013-4	人工草地	130	31.9	2	0.3

（续）

时间（年-月）	土地类型	探测深度/cm	体积含水量/%	重复数	标准差
2013-4	人工草地	150	33.5	2	0.8
2013-4	人工草地	170	34.7	2	0.9
2013-4	人工草地	190	35.2	2	0.6
2013-4	人工草地	210	34.5	2	1.0
2013-4	人工草地	230	34.4	2	1.4
2013-4	人工草地	250	37.8	2	0.9
2013-4	人工草地	270	37.0	2	1.0
2013-5	人工草地	10	29.8	12	5.5
2013-5	人工草地	20	33.1	12	3.0
2013-5	人工草地	30	35.1	12	2.6
2013-5	人工草地	40	34.7	12	4.8
2013-5	人工草地	50	37.1	12	3.0
2013-5	人工草地	70	36.9	12	1.9
2013-5	人工草地	90	36.1	12	1.3
2013-5	人工草地	110	34.2	12	1.4
2013-5	人工草地	130	33.4	12	1.6
2013-5	人工草地	150	33.8	12	1.3
2013-5	人工草地	170	34.9	12	0.8
2013-5	人工草地	190	35.4	12	0.8
2013-5	人工草地	210	34.8	12	0.7
2013-5	人工草地	230	35.0	12	0.8
2013-5	人工草地	250	36.2	12	1.1
2013-5	人工草地	270	37.1	12	1.2
2013-6	人工草地	10	17.7	12	2.4
2013-6	人工草地	20	23.3	12	2.7
2013-6	人工草地	30	28.2	12	2.5
2013-6	人工草地	40	31.1	12	2.1
2013-6	人工草地	50	33.1	12	1.4
2013-6	人工草地	70	33.4	12	2.5
2013-6	人工草地	90	33.6	12	1.3
2013-6	人工草地	110	34.0	12	0.9
2013-6	人工草地	130	33.8	12	0.6
2013-6	人工草地	150	33.7	12	1.2
2013-6	人工草地	170	34.9	12	0.9
2013-6	人工草地	190	35.3	12	1.0
2013-6	人工草地	210	35.3	12	0.9
2013-6	人工草地	230	35.0	12	1.1
2013-6	人工草地	250	36.7	12	0.7

（续）

时间（年-月）	土地类型	探测深度/cm	体积含水量/%	重复数	标准差
2013 - 6	人工草地	270	37.3	12	0.9
2013 - 7	人工草地	10	29.8	10	2.8
2013 - 7	人工草地	20	32.5	10	1.9
2013 - 7	人工草地	30	32.7	10	1.2
2013 - 7	人工草地	40	33.5	10	1.3
2013 - 7	人工草地	50	33.3	10	1.9
2013 - 7	人工草地	70	33.7	10	0.9
2013 - 7	人工草地	90	34.0	10	0.7
2013 - 7	人工草地	110	34.0	10	0.7
2013 - 7	人工草地	130	34.1	10	0.7
2013 - 7	人工草地	150	34.3	10	0.6
2013 - 7	人工草地	170	35.1	10	0.6
2013 - 7	人工草地	190	35.5	10	0.7
2013 - 7	人工草地	210	35.1	10	0.6
2013 - 7	人工草地	230	35.6	10	1.3
2013 - 7	人工草地	250	37.4	10	1.2
2013 - 7	人工草地	270	38.0	10	0.9
2013 - 8	人工草地	10	—	—	—
2013 - 8	人工草地	20	—	—	—
2013 - 8	人工草地	30	—	—	—
2013 - 8	人工草地	40	—	—	—
2013 - 8	人工草地	50	—	—	—
2013 - 8	人工草地	70	—	—	—
2013 - 8	人工草地	90	—	—	—
2013 - 8	人工草地	110	—	—	—
2013 - 8	人工草地	130	—	—	—
2013 - 8	人工草地	150	—	—	—
2013 - 8	人工草地	170	—	—	—
2013 - 8	人工草地	190	—	—	—
2013 - 8	人工草地	210	—	—	—
2013 - 8	人工草地	230	—	—	—
2013 - 8	人工草地	250	—	—	—
2013 - 8	人工草地	270	—	—	—
2013 - 9	人工草地	10	20.6	4	4.6
2013 - 9	人工草地	20	32.0	4	1.5
2013 - 9	人工草地	30	32.9	4	1.4
2013 - 9	人工草地	40	33.6	4	0.8
2013 - 9	人工草地	50	34.1	4	1.1

（续）

时间（年-月）	土地类型	探测深度/cm	体积含水量/%	重复数	标准差
2013 - 9	人工草地	70	35.1	4	0.8
2013 - 9	人工草地	90	35.6	4	1.5
2013 - 9	人工草地	110	35.6	4	0.5
2013 - 9	人工草地	130	36.0	4	2.1
2013 - 9	人工草地	150	36.6	4	0.8
2013 - 9	人工草地	170	37.1	4	0.5
2013 - 9	人工草地	190	35.8	4	1.5
2013 - 9	人工草地	210	36.4	4	0.6
2013 - 9	人工草地	230	37.0	4	1.2
2013 - 9	人工草地	250	38.9	4	0.7
2013 - 9	人工草地	270	38.2	4	0.6
2013 - 10	人工草地	10	15.7	4	6.3
2013 - 10	人工草地	20	27.4	4	3.6
2013 - 10	人工草地	30	31.9	4	0.8
2013 - 10	人工草地	40	32.6	4	1.2
2013 - 10	人工草地	50	34.1	4	0.9
2013 - 10	人工草地	70	33.9	4	0.7
2013 - 10	人工草地	90	35.1	4	1.0
2013 - 10	人工草地	110	35.4	4	1.2
2013 - 10	人工草地	130	35.7	4	0.4
2013 - 10	人工草地	150	36.2	4	1.4
2013 - 10	人工草地	170	36.0	4	0.5
2013 - 10	人工草地	190	36.4	4	0.7
2013 - 10	人工草地	210	35.8	4	0.5
2013 - 10	人工草地	230	36.3	4	1.1
2013 - 10	人工草地	250	38.6	4	1.0
2013 - 10	人工草地	270	38.5	4	0.5
2014 - 4	人工草地	10	28.9	10	4.8
2014 - 4	人工草地	20	29.0	10	6.2
2014 - 4	人工草地	30	33.3	10	3.1
2014 - 4	人工草地	40	34.7	10	3.3
2014 - 4	人工草地	50	35.7	10	3.3
2014 - 4	人工草地	70	34.7	10	1.3
2014 - 4	人工草地	90	32.9	10	1.2
2014 - 4	人工草地	110	32.4	10	0.8
2014 - 4	人工草地	130	32.9	10	0.6
2014 - 4	人工草地	150	33.5	10	1.0
2014 - 4	人工草地	170	34.3	10	0.7

（续）

时间（年-月）	土地类型	探测深度/cm	体积含水量/%	重复数	标准差
2014-4	人工草地	190	35.2	10	0.8
2014-4	人工草地	210	35.3	10	0.9
2014-4	人工草地	230	35.5	10	0.9
2014-4	人工草地	250	36.9	10	0.9
2014-4	人工草地	270	37.7	10	0.7
2014-5	人工草地	10	23.2	12	6.9
2014-5	人工草地	20	27.4	12	5.0
2014-5	人工草地	30	30.5	12	2.7
2014-5	人工草地	40	31.5	12	2.3
2014-5	人工草地	50	31.8	12	3.5
2014-5	人工草地	70	33.2	12	0.6
2014-5	人工草地	90	33.3	12	0.8
2014-5	人工草地	110	33.4	12	0.9
2014-5	人工草地	130	33.1	12	0.8
2014-5	人工草地	150	33.8	12	1.6
2014-5	人工草地	170	34.4	12	0.7
2014-5	人工草地	190	35.2	12	0.9
2014-5	人工草地	210	35.2	12	0.7
2014-5	人工草地	230	35.0	12	0.7
2014-5	人工草地	250	37.0	12	0.6
2014-5	人工草地	270	36.9	12	1.1
2014-6	人工草地	10	19.5	12	8.4
2014-6	人工草地	20	26.2	12	4.6
2014-6	人工草地	30	29.6	12	2.9
2014-6	人工草地	40	31.3	12	2.6
2014-6	人工草地	50	32.5	12	2.0
2014-6	人工草地	70	33.2	12	0.6
2014-6	人工草地	90	33.9	12	1.0
2014-6	人工草地	110	33.4	12	1.0
2014-6	人工草地	130	33.5	12	0.7
2014-6	人工草地	150	34.3	12	0.9
2014-6	人工草地	170	35.2	12	0.7
2014-6	人工草地	190	35.5	12	0.8
2014-6	人工草地	210	35.1	12	0.8
2014-6	人工草地	230	35.7	12	0.9
2014-6	人工草地	250	37.3	12	0.8
2014-6	人工草地	270	38.1	12	0.8
2014-7	人工草地	10	25.4	8	6.0

（续）

时间（年-月）	土地类型	探测深度/cm	体积含水量/%	重复数	标准差
2014-7	人工草地	20	31.0	8	1.8
2014-7	人工草地	30	32.6	8	1.4
2014-7	人工草地	40	32.8	8	1.2
2014-7	人工草地	50	33.2	8	1.4
2014-7	人工草地	70	33.5	8	1.2
2014-7	人工草地	90	34.2	8	0.7
2014-7	人工草地	110	34.0	8	0.9
2014-7	人工草地	130	33.7	8	0.8
2014-7	人工草地	150	34.0	8	0.7
2014-7	人工草地	170	35.4	8	0.6
2014-7	人工草地	190	35.5	8	0.8
2014-7	人工草地	210	35.2	8	0.6
2014-7	人工草地	230	35.8	8	0.8
2014-7	人工草地	250	38.0	8	0.7
2014-7	人工草地	270	38.7	8	0.7
2014-8	人工草地	10	24.1	8	2.6
2014-8	人工草地	20	29.5	8	1.5
2014-8	人工草地	30	30.9	8	1.6
2014-8	人工草地	40	31.8	8	1.1
2014-8	人工草地	50	33.3	8	1.1
2014-8	人工草地	70	34.0	8	1.0
2014-8	人工草地	90	34.5	8	0.6
2014-8	人工草地	110	34.6	8	0.8
2014-8	人工草地	130	34.8	8	1.3
2014-8	人工草地	150	35.1	8	0.9
2014-8	人工草地	170	35.6	8	1.7
2014-8	人工草地	190	36.0	8	1.4
2014-8	人工草地	210	35.9	8	1.4
2014-8	人工草地	230	36.6	8	0.6
2014-8	人工草地	250	38.7	8	2.1
2014-8	人工草地	270	38.5	8	1.9
2014-9	人工草地	10	27.0	10	3.4
2014-9	人工草地	20	30.6	10	2.2
2014-9	人工草地	30	31.6	10	1.4
2014-9	人工草地	40	32.1	10	1.6
2014-9	人工草地	50	32.7	10	1.4
2014-9	人工草地	70	33.0	10	1.1
2014-9	人工草地	90	33.9	10	1.0

（续）

时间（年-月）	土地类型	探测深度/cm	体积含水量/%	重复数	标准差
2014-9	人工草地	110	33.3	10	1.2
2014-9	人工草地	130	33.5	10	1.0
2014-9	人工草地	150	33.9	10	0.9
2014-9	人工草地	170	34.9	10	0.4
2014-9	人工草地	190	35.6	10	1.2
2014-9	人工草地	210	34.5	10	3.3
2014-9	人工草地	230	36.0	10	1.1
2014-9	人工草地	250	38.5	10	1.4
2014-9	人工草地	270	38.9	10	0.9
2014-10	人工草地	10	23.2	6	3.7
2014-10	人工草地	20	25.7	6	3.3
2014-10	人工草地	30	27.5	6	3.4
2014-10	人工草地	40	29.6	6	2.0
2014-10	人工草地	50	31.4	6	1.5
2014-10	人工草地	70	33.0	6	1.1
2014-10	人工草地	90	33.0	6	1.0
2014-10	人工草地	110	33.8	6	1.5
2014-10	人工草地	130	33.8	6	1.2
2014-10	人工草地	150	34.0	6	1.0
2014-10	人工草地	170	35.2	6	0.4
2014-10	人工草地	190	35.6	6	2.1
2014-10	人工草地	210	35.0	6	1.5
2014-10	人工草地	230	36.4	6	1.1
2014-10	人工草地	250	37.2	6	1.2
2014-10	人工草地	270	38.9	6	0.8
2015-4	人工草地	10	33.4	8	4.5
2015-4	人工草地	20	37.0	8	3.1
2015-4	人工草地	30	36.3	8	1.2
2015-4	人工草地	40	35.6	8	2.4
2015-4	人工草地	50	35.9	8	2.2
2015-4	人工草地	70	36.9	8	1.7
2015-4	人工草地	90	37.2	8	3.3
2015-4	人工草地	110	35.1	8	3.7
2015-4	人工草地	130	33.1	8	2.3
2015-4	人工草地	150	33.7	8	0.8
2015-4	人工草地	170	34.3	8	0.7
2015-4	人工草地	190	35.5	8	0.7
2015-4	人工草地	210	35.2	8	0.9

（续）

时间（年-月）	土地类型	探测深度/cm	体积含水量/%	重复数	标准差
2015-4	人工草地	230	35.4	8	1.1
2015-4	人工草地	250	36.9	8	0.4
2015-4	人工草地	270	38.5	8	1.1
2015-5	人工草地	10	25.5	12	6.0
2015-5	人工草地	20	32.5	12	1.8
2015-5	人工草地	30	31.4	12	6.6
2015-5	人工草地	40	35.7	12	1.5
2015-5	人工草地	50	36.7	12	2.1
2015-5	人工草地	70	37.5	12	1.5
2015-5	人工草地	90	36.9	12	1.7
2015-5	人工草地	110	35.6	12	3.5
2015-5	人工草地	130	34.2	12	2.8
2015-5	人工草地	150	34.2	12	1.6
2015-5	人工草地	170	34.7	12	1.0
2015-5	人工草地	190	34.7	12	1.1
2015-5	人工草地	210	34.7	12	0.5
2015-5	人工草地	230	35.4	12	1.1
2015-5	人工草地	250	36.3	12	1.0
2015-5	人工草地	270	37.4	12	0.6
2015-6	人工草地	10	23.0	12	3.7
2015-6	人工草地	20	27.1	12	3.0
2015-6	人工草地	30	29.6	12	2.6
2015-6	人工草地	40	31.3	12	1.5
2015-6	人工草地	50	33.1	12	0.9
2015-6	人工草地	70	34.6	12	1.7
2015-6	人工草地	90	34.0	12	1.3
2015-6	人工草地	110	33.9	12	0.7
2015-6	人工草地	130	33.9	12	0.7
2015-6	人工草地	150	34.5	12	1.0
2015-6	人工草地	170	34.9	12	0.8
2015-6	人工草地	190	35.3	12	1.1
2015-6	人工草地	210	34.7	12	0.8
2015-6	人工草地	230	35.0	12	1.2
2015-6	人工草地	250	35.7	12	3.2
2015-6	人工草地	270	37.4	12	1.6
2015-7	人工草地	10	17.6	12	3.9
2015-7	人工草地	20	21.3	12	3.5
2015-7	人工草地	30	23.1	12	3.6

（续）

时间（年-月）	土地类型	探测深度/cm	体积含水量/%	重复数	标准差
2015-7	人工草地	40	25.1	12	3.1
2015-7	人工草地	50	29.6	12	2.3
2015-7	人工草地	70	32.6	12	1.0
2015-7	人工草地	90	33.5	12	0.7
2015-7	人工草地	110	33.4	12	0.8
2015-7	人工草地	130	33.4	12	0.8
2015-7	人工草地	150	34.0	12	0.7
2015-7	人工草地	170	34.8	12	0.7
2015-7	人工草地	190	35.3	12	0.9
2015-7	人工草地	210	34.3	12	0.7
2015-7	人工草地	230	35.2	12	1.2
2015-7	人工草地	250	37.0	12	0.8
2015-7	人工草地	270	37.1	12	1.0
2015-8	人工草地	10	25.7	12	3.5
2015-8	人工草地	20	25.6	12	4.6
2015-8	人工草地	30	23.8	12	3.1
2015-8	人工草地	40	24.8	12	2.3
2015-8	人工草地	50	28.0	12	1.3
2015-8	人工草地	70	32.0	12	0.6
2015-8	人工草地	90	33.0	12	0.8
2015-8	人工草地	110	32.6	12	0.8
2015-8	人工草地	130	33.3	12	0.7
2015-8	人工草地	150	33.8	12	0.6
2015-8	人工草地	170	34.9	12	0.3
2015-8	人工草地	190	35.5	12	0.7
2015-8	人工草地	210	34.6	12	0.7
2015-8	人工草地	230	35.6	12	1.3
2015-8	人工草地	250	36.7	12	1.2
2015-8	人工草地	270	37.7	12	1.1
2015-9	人工草地	10	19.7	12	2.1
2015-9	人工草地	20	22.8	12	2.3
2015-9	人工草地	30	23.7	12	2.2
2015-9	人工草地	40	25.3	12	1.2
2015-9	人工草地	50	28.6	12	1.6
2015-9	人工草地	70	31.6	12	1.2
2015-9	人工草地	90	32.4	12	1.0
2015-9	人工草地	110	32.4	12	0.9
2015-9	人工草地	130	32.9	12	0.6

（续）

时间（年-月）	土地类型	探测深度/cm	体积含水量/%	重复数	标准差
2015 - 9	人工草地	150	33.9	12	0.6
2015 - 9	人工草地	170	35.1	12	0.9
2015 - 9	人工草地	190	34.5	12	3.2
2015 - 9	人工草地	210	34.7	12	0.6
2015 - 9	人工草地	230	35.9	12	1.3
2015 - 9	人工草地	250	36.9	12	1.2
2015 - 9	人工草地	270	37.9	12	1.2
2015 - 10	人工草地	10	25.3	12	6.8
2015 - 10	人工草地	20	20.4	12	5.6
2015 - 10	人工草地	30	22.9	12	2.9
2015 - 10	人工草地	40	25.6	12	1.5
2015 - 10	人工草地	50	26.6	12	2.6
2015 - 10	人工草地	70	28.9	12	3.4
2015 - 10	人工草地	90	29.9	12	3.7
2015 - 10	人工草地	110	31.5	12	2.2
2015 - 10	人工草地	130	31.6	12	2.0
2015 - 10	人工草地	150	33.0	12	1.5
2015 - 10	人工草地	170	34.6	12	1.2
2015 - 10	人工草地	190	35.0	12	1.8
2015 - 10	人工草地	210	35.3	12	1.5
2015 - 10	人工草地	230	35.6	12	1.5
2015 - 10	人工草地	250	36.0	12	1.5
2015 - 10	人工草地	270	36.6	12	3.2

表 3-127　生态恢复大区试验长期定位试验辅助观测场（裸地）土壤体积含水量观测数据

时间（年-月）	土地状态	探测深度/cm	体积含水量/%	重复数	标准差
2009 - 4	无植被	10	31.8	3	4.7
2009 - 4	无植被	20	35.0	3	3.5
2009 - 4	无植被	30	34.4	3	3.4
2009 - 4	无植被	40	37.2	3	5.3
2009 - 4	无植被	50	39.9	3	6.1
2009 - 4	无植被	70	34.6	3	3.7
2009 - 4	无植被	90	42.9	3	3.5
2009 - 4	无植被	110	41.3	3	2.3
2009 - 4	无植被	130	39.3	3	2.5
2009 - 4	无植被	150	35.3	3	2.2
2009 - 4	无植被	170	35.5	3	2.3
2009 - 4	无植被	190	35.8	3	3.1

（续）

时间（年-月）	土地状态	探测深度/cm	体积含水量/%	重复数	标准差
2009-4	无植被	210	38.6	3	2.0
2009-4	无植被	230	38.1	3	2.1
2009-4	无植被	250	40.9	3	3.4
2009-5	无植被	10	25.5	4	9.0
2009-5	无植被	20	29.3	4	6.2
2009-5	无植被	30	29.0	4	5.5
2009-5	无植被	40	29.3	4	4.9
2009-5	无植被	50	30.5	4	3.7
2009-5	无植被	70	28.8	4	3.4
2009-5	无植被	90	31.8	4	3.4
2009-5	无植被	110	34.0	4	5.4
2009-5	无植被	130	34.0	4	3.5
2009-5	无植被	150	33.8	4	4.1
2009-5	无植被	170	33.0	4	2.2
2009-5	无植被	190	33.3	4	1.7
2009-5	无植被	210	35.0	4	1.8
2009-5	无植被	230	35.0	4	2.2
2009-5	无植被	250	37.0	4	1.8
2009-6	无植被	10	32.6	3	3.8
2009-6	无植被	20	29.6	3	2.4
2009-6	无植被	30	29.6	3	2.8
2009-6	无植被	40	31.4	3	4.8
2009-6	无植被	50	35.1	3	9.2
2009-6	无植被	70	42.6	3	8.1
2009-6	无植被	90	35.4	3	4.3
2009-6	无植被	110	33.9	3	1.7
2009-6	无植被	130	32.6	3	1.4
2009-6	无植被	150	32.3	3	0.4
2009-6	无植被	170	33.7	3	1.5
2009-6	无植被	190	34.0	3	0.9
2009-6	无植被	210	34.8	3	1.9
2009-6	无植被	230	33.2	3	1.2
2009-6	无植被	250	34.4	3	0.6
2009-7	无植被	10	35.1	6	3.5
2009-7	无植被	20	32.7	6	2.9
2009-7	无植被	30	32.8	6	2.6
2009-7	无植被	40	36.5	6	2.2
2009-7	无植被	50	41.9	6	4.8

（续）

时间（年-月）	土地状态	探测深度/cm	体积含水量/%	重复数	标准差
2009 - 7	无植被	70	44.7	6	5.4
2009 - 7	无植被	90	40.2	6	1.7
2009 - 7	无植被	110	37.1	6	2.1
2009 - 7	无植被	130	35.4	6	2.3
2009 - 7	无植被	150	34.0	6	2.5
2009 - 7	无植被	170	35.9	6	2.5
2009 - 7	无植被	190	35.6	6	2.6
2009 - 7	无植被	210	36.6	6	2.4
2009 - 7	无植被	230	35.6	6	2.1
2009 - 7	无植被	250	37.2	6	2.7
2009 - 8	无植被	10	34.0	6	2.1
2009 - 8	无植被	20	31.4	6	1.6
2009 - 8	无植被	30	31.5	6	1.0
2009 - 8	无植被	40	31.8	6	1.1
2009 - 8	无植被	50	33.7	6	1.5
2009 - 8	无植被	70	29.2	6	2.4
2009 - 8	无植被	90	34.7	6	1.4
2009 - 8	无植被	110	36.2	6	1.5
2009 - 8	无植被	130	35.1	6	1.8
2009 - 8	无植被	150	34.4	6	1.5
2009 - 8	无植被	170	36.4	6	1.5
2009 - 8	无植被	190	35.9	6	1.3
2009 - 8	无植被	210	37.0	6	1.2
2009 - 8	无植被	230	35.5	6	1.1
2009 - 8	无植被	250	36.2	6	1.5
2009 - 9	无植被	10	33.1	6	2.2
2009 - 9	无植被	20	31.8	6	1.3
2009 - 9	无植被	30	30.6	6	1.2
2009 - 9	无植被	40	33.0	6	2.3
2009 - 9	无植被	50	34.3	6	6.3
2009 - 9	无植被	70	31.2	6	6.4
2009 - 9	无植被	90	34.1	6	2.6
2009 - 9	无植被	110	33.9	6	1.4
2009 - 9	无植被	130	34.7	6	1.0
2009 - 9	无植被	150	34.8	6	1.6
2009 - 9	无植被	170	36.3	6	0.8
2009 - 9	无植被	190	36.3	6	2.1
2009 - 9	无植被	210	36.4	6	1.1

（续）

时间（年-月）	土地状态	探测深度/cm	体积含水量/%	重复数	标准差
2009-9	无植被	230	35.9	6	1.7
2009-9	无植被	250	36.7	6	2.0
2009-10	无植被	10	34.5	6	3.4
2009-10	无植被	20	29.5	6	1.6
2009-10	无植被	30	29.9	6	0.7
2009-10	无植被	40	29.6	6	2.8
2009-10	无植被	50	28.4	6	2.8
2009-10	无植被	70	28.5	6	2.7
2009-10	无植被	90	31.3	6	1.9
2009-10	无植被	110	31.3	6	3.1
2009-10	无植被	130	32.6	6	1.6
2009-10	无植被	150	33.1	6	1.7
2009-10	无植被	170	34.4	6	1.7
2009-10	无植被	190	35.0	6	2.7
2009-10	无植被	210	35.2	6	1.7
2009-10	无植被	230	39.0	6	3.7
2009-10	无植被	250	37.4	6	1.4
2010-4	无植被	10	37.8	2	2.4
2010-4	无植被	20	40.3	2	3.0
2010-4	无植被	30	41.6	2	3.4
2010-4	无植被	40	41.8	2	0.3
2010-4	无植被	50	39.5	2	0.8
2010-4	无植被	70	36.8	2	0.2
2010-4	无植被	90	40.2	2	0.1
2010-4	无植被	110	39.2	2	0.7
2010-4	无植被	130	35.2	2	0.7
2010-4	无植被	150	34.4	2	0.2
2010-4	无植被	170	34.8	2	0.3
2010-4	无植被	190	35.6	2	1.0
2010-4	无植被	210	37.2	2	0.3
2010-4	无植被	230	37.2	2	0.1
2010-4	无植被	250	38.3	2	0.7
2010-5	无植被	10	36.3	6	1.6
2010-5	无植被	20	37.7	6	1.9
2010-5	无植被	30	39.4	6	3.5
2010-5	无植被	40	38.9	6	2.7
2010-5	无植被	50	38.6	6	2.8
2010-5	无植被	70	39.9	6	3.7

（续）

时间（年-月）	土地状态	探测深度/cm	体积含水量/%	重复数	标准差
2010-5	无植被	90	40.1	6	1.6
2010-5	无植被	110	38.4	6	0.8
2010-5	无植被	130	34.8	6	1.8
2010-5	无植被	150	34.8	6	1.8
2010-5	无植被	170	35.0	6	1.6
2010-5	无植被	190	36.1	6	1.9
2010-5	无植被	210	36.9	6	1.6
2010-5	无植被	230	36.5	6	1.0
2010-5	无植被	250	38.6	6	1.3
2010-6	无植被	10	30.0	6	3.7
2010-6	无植被	20	32.5	6	1.6
2010-6	无植被	30	32.9	6	1.3
2010-6	无植被	40	33.2	6	1.1
2010-6	无植被	50	33.3	6	0.9
2010-6	无植被	70	31.6	6	1.2
2010-6	无植被	90	35.2	6	0.8
2010-6	无植被	110	35.5	6	0.6
2010-6	无植被	130	35.4	6	0.7
2010-6	无植被	150	35.8	6	0.7
2010-6	无植被	170	36.1	6	0.8
2010-6	无植被	190	37.3	6	1.1
2010-6	无植被	210	38.0	6	0.6
2010-6	无植被	230	37.1	6	0.3
2010-6	无植被	250	38.3	6	0.6
2010-7	无植被	10	29.9	6	3.2
2010-7	无植被	20	32.4	6	1.1
2010-7	无植被	30	32.1	6	1.0
2010-7	无植被	40	32.7	6	1.5
2010-7	无植被	50	32.6	6	1.3
2010-7	无植被	70	31.2	6	1.5
2010-7	无植被	90	34.4	6	1.2
2010-7	无植被	110	35.1	6	1.2
2010-7	无植被	130	35.3	6	1.5
2010-7	无植被	150	35.5	6	1.1
2010-7	无植被	170	35.7	6	1.6
2010-7	无植被	190	36.6	6	1.4
2010-7	无植被	210	37.2	6	1.3
2010-7	无植被	230	36.9	6	1.0

（续）

时间（年-月）	土地状态	探测深度/cm	体积含水量/%	重复数	标准差
2010-7	无植被	250	38.2	6	1.8
2010-8	无植被	10	31.7	6	1.4
2010-8	无植被	20	32.9	6	1.5
2010-8	无植被	30	33.2	6	0.7
2010-8	无植被	40	33.8	6	1.2
2010-8	无植被	50	33.7	6	1.0
2010-8	无植被	70	31.5	6	0.7
2010-8	无植被	90	34.8	6	1.4
2010-8	无植被	110	35.5	6	0.8
2010-8	无植被	130	35.2	6	1.1
2010-8	无植被	150	35.1	6	0.9
2010-8	无植被	170	35.7	6	1.1
2010-8	无植被	190	37.6	6	1.3
2010-8	无植被	210	38.4	6	1.5
2010-8	无植被	230	37.5	6	1.7
2010-8	无植被	250	38.6	6	1.0
2010-9	无植被	10	30.7	6	1.4
2010-9	无植被	20	31.5	6	1.0
2010-9	无植被	30	32.2	6	1.1
2010-9	无植被	40	32.2	6	1.1
2010-9	无植被	50	32.3	6	0.6
2010-9	无植被	70	30.6	6	1.3
2010-9	无植被	90	34.0	6	1.1
2010-9	无植被	110	34.6	6	0.7
2010-9	无植被	130	33.0	6	4.0
2010-9	无植被	150	34.7	6	0.7
2010-9	无植被	170	35.0	6	1.3
2010-9	无植被	190	36.4	6	1.0
2010-9	无植被	210	37.5	6	0.5
2010-9	无植被	230	36.5	6	0.5
2010-9	无植被	250	38.1	6	1.7
2010-10	无植被	10	29.1	4	2.5
2010-10	无植被	20	29.6	4	3.1
2010-10	无植被	30	32.5	4	0.7
2010-10	无植被	40	32.9	4	0.2
2010-10	无植被	50	32.7	4	0.6
2010-10	无植被	70	31.1	4	0.2
2010-10	无植被	90	34.1	4	0.3

（续）

时间（年-月）	土地状态	探测深度/cm	体积含水量/%	重复数	标准差
2010 - 10	无植被	110	34.8	4	0.1
2010 - 10	无植被	130	35.0	4	0.5
2010 - 10	无植被	150	34.8	4	0.3
2010 - 10	无植被	170	35.4	4	0.2
2010 - 10	无植被	190	36.3	4	0.3
2010 - 10	无植被	210	37.4	4	0.2
2010 - 10	无植被	230	36.7	4	0.3
2010 - 10	无植被	250	38.2	4	1.3
2011 - 4	无植被	10	34.2	6	5.5
2011 - 4	无植被	20	35.1	6	3.3
2011 - 4	无植被	30	36.1	6	1.4
2011 - 4	无植被	40	34.9	6	0.8
2011 - 4	无植被	50	34.5	6	0.5
2011 - 4	无植被	70	34.6	6	0.1
2011 - 4	无植被	90	36.5	6	0.4
2011 - 4	无植被	110	34.9	6	0.2
2011 - 4	无植被	130	32.4	6	0.3
2011 - 4	无植被	150	33.3	6	0.3
2011 - 4	无植被	170	35.6	6	0.4
2011 - 5	无植被	10	29.6	6	0.7
2011 - 5	无植被	20	31.8	6	0.4
2011 - 5	无植被	30	34.2	6	0.6
2011 - 5	无植被	40	34.4	6	0.7
2011 - 5	无植被	50	34.2	6	0.4
2011 - 5	无植被	70	34.0	6	0.5
2011 - 5	无植被	90	35.6	6	1.0
2011 - 5	无植被	110	34.1	6	1.1
2011 - 5	无植被	130	32.1	6	0.4
2011 - 5	无植被	150	33.1	6	0.2
2011 - 5	无植被	170	35.2	6	0.5
2011 - 6	无植被	10	25.1	5	5.6
2011 - 6	无植被	20	28.3	5	4.7
2011 - 6	无植被	30	31.7	5	3.1
2011 - 6	无植被	40	33.2	5	1.8
2011 - 6	无植被	50	33.8	5	1.8
2011 - 6	无植被	70	33.8	5	0.8
2011 - 6	无植被	90	34.3	5	0.8
2011 - 6	无植被	110	33.4	5	0.4

（续）

时间（年-月）	土地状态	探测深度/cm	体积含水量/%	重复数	标准差
2011-6	无植被	130	33.6	5	0.6
2011-6	无植被	150	34.5	5	0.8
2011-6	无植被	170	35.0	5	1.7
2011-7	无植被	10	31.0	6	4.3
2011-7	无植被	20	33.1	6	2.5
2011-7	无植被	30	35.4	6	2.7
2011-7	无植被	40	36.2	6	1.9
2011-7	无植被	50	35.7	6	1.4
2011-7	无植被	70	35.7	6	1.5
2011-7	无植被	90	36.2	6	1.5
2011-7	无植被	110	37.1	6	1.9
2011-7	无植被	130	37.2	6	1.2
2011-7	无植被	150	36.7	6	0.7
2011-7	无植被	170	37.3	6	0.6
2011-8	无植被	10	32.1	6	3.9
2011-8	无植被	20	33.6	6	2.4
2011-8	无植被	30	36.0	6	2.3
2011-8	无植被	40	36.4	6	1.1
2011-8	无植被	50	36.4	6	1.4
2011-8	无植被	70	36.6	6	2.3
2011-8	无植被	90	37.7	6	1.6
2011-8	无植被	110	39.2	6	1.4
2011-8	无植被	130	37.8	6	0.4
2011-8	无植被	150	37.2	6	0.7
2011-8	无植被	170	37.2	6	1.0
2011-9	无植被	10	24.2	6	3.6
2011-9	无植被	20	28.2	6	2.5
2011-9	无植被	30	32.3	6	1.8
2011-9	无植被	40	33.0	6	2.0
2011-9	无植被	50	33.1	6	1.7
2011-9	无植被	70	33.0	6	1.6
2011-9	无植被	90	34.6	6	1.2
2011-9	无植被	110	34.8	6	0.6
2011-9	无植被	130	34.3	6	1.0
2011-9	无植被	150	35.3	6	1.3
2011-9	无植被	170	36.6	6	1.6
2011-10	无植被	10	27.2	4	5.9
2011-10	无植被	20	28.3	4	5.0

（续）

时间（年-月）	土地状态	探测深度/cm	体积含水量/%	重复数	标准差
2011-10	无植被	30	29.9	4	5.0
2011-10	无植被	40	31.0	4	4.9
2011-10	无植被	50	31.6	4	3.1
2011-10	无植被	70	32.9	4	1.2
2011-10	无植被	90	33.6	4	1.5
2011-10	无植被	110	34.4	4	1.9
2011-10	无植被	130	34.5	4	1.7
2011-10	无植被	150	35.1	4	1.7
2011-10	无植被	170	35.5	4	1.4
2012-4	无植被	10	27.9	5	6.1
2012-4	无植被	20	31.5	5	6.1
2012-4	无植被	30	32.6	5	5.9
2012-4	无植被	40	33.8	5	5.1
2012-4	无植被	50	34.4	5	4.4
2012-4	无植被	70	33.8	5	1.1
2012-4	无植被	90	37.1	5	2.2
2012-4	无植被	110	36.8	5	2.4
2012-4	无植被	130	35.9	5	1.7
2012-4	无植被	150	36.8	5	0.7
2012-4	无植被	170	34.7	5	0.8
2012-4	无植被	190	34.7	5	0.7
2012-4	无植被	210	35.8	5	0.6
2012-4	无植被	230	36.1	5	0.5
2012-4	无植被	250	37.1	5	1.1
2012-5	无植被	10	30.1	7	4.3
2012-5	无植被	20	32.3	7	1.4
2012-5	无植被	30	33.2	7	1.0
2012-5	无植被	40	33.4	7	1.0
2012-5	无植被	50	33.4	7	1.2
2012-5	无植被	70	32.6	7	3.8
2012-5	无植被	90	36.3	7	2.4
2012-5	无植被	110	36.8	7	1.3
2012-5	无植被	130	36.6	7	1.2
2012-5	无植被	150	36.3	7	0.6
2012-5	无植被	170	34.1	7	1.5
2012-5	无植被	190	35.6	7	1.3
2012-5	无植被	210	36.0	7	1.1
2012-5	无植被	230	36.3	7	0.7

（续）

时间（年-月）	土地状态	探测深度/cm	体积含水量/%	重复数	标准差
2012-5	无植被	250	37.3	7	0.7
2012-6	无植被	10	28.9	4	3.5
2012-6	无植被	20	32.4	4	1.7
2012-6	无植被	30	32.8	4	0.7
2012-6	无植被	40	34.1	4	0.4
2012-6	无植被	50	33.3	4	0.6
2012-6	无植被	70	31.6	4	1.5
2012-6	无植被	90	33.7	4	0.6
2012-6	无植被	110	34.7	4	0.7
2012-6	无植被	130	34.1	4	0.6
2012-6	无植被	150	34.9	4	0.4
2012-6	无植被	170	34.3	4	0.8
2012-6	无植被	190	35.3	4	0.9
2012-6	无植被	210	35.8	4	0.7
2012-6	无植被	230	36.3	4	0.8
2012-6	无植被	250	36.7	4	0.2
2012-7	无植被	10	29.9	7	6.6
2012-7	无植被	20	31.4	7	4.2
2012-7	无植被	30	32.3	7	3.0
2012-7	无植被	40	33.2	7	2.5
2012-7	无植被	50	32.9	7	1.5
2012-7	无植被	70	31.9	7	1.5
2012-7	无植被	90	34.0	7	1.4
2012-7	无植被	110	34.7	7	1.3
2012-7	无植被	130	34.8	7	0.9
2012-7	无植被	150	35.4	7	1.4
2012-7	无植被	170	35.8	7	1.5
2012-7	无植被	190	36.5	7	1.3
2012-7	无植被	210	37.3	7	1.2
2012-7	无植被	230	36.7	7	0.8
2012-7	无植被	250	37.1	7	1.2
2012-8	无植被	10	29.4	6	2.2
2012-8	无植被	20	33.5	6	0.9
2012-8	无植被	30	33.1	6	0.6
2012-8	无植被	40	34.1	6	0.8
2012-8	无植被	50	33.9	6	1.0
2012-8	无植被	70	32.5	6	1.3
2012-8	无植被	90	34.9	6	1.3

（续）

时间（年-月）	土地状态	探测深度/cm	体积含水量/%	重复数	标准差
2012-8	无植被	110	36.3	6	1.5
2012-8	无植被	130	35.8	6	0.6
2012-8	无植被	150	35.5	6	1.0
2012-8	无植被	170	36.4	6	1.4
2012-8	无植被	190	36.8	6	1.0
2012-8	无植被	210	37.7	6	0.9
2012-8	无植被	230	37.0	6	0.7
2012-8	无植被	250	37.6	6	0.5
2012-9	无植被	10	31.3	6	5.1
2012-9	无植被	20	33.5	6	1.9
2012-9	无植被	30	34.4	6	1.0
2012-9	无植被	40	34.9	6	1.4
2012-9	无植被	50	34.3	6	0.9
2012-9	无植被	70	34.8	6	2.1
2012-9	无植被	90	37.3	6	1.9
2012-9	无植被	110	37.4	6	1.6
2012-9	无植被	130	36.3	6	1.4
2012-9	无植被	150	36.1	6	1.3
2012-9	无植被	170	36.2	6	1.8
2012-9	无植被	190	36.7	6	1.4
2012-9	无植被	210	37.6	6	1.3
2012-9	无植被	230	36.4	6	0.8
2012-9	无植被	250	37.7	6	1.4
2012-10	无植被	10	34.1	4	0.9
2012-10	无植被	20	34.6	4	0.8
2012-10	无植被	30	34.9	4	0.9
2012-10	无植被	40	35.2	4	0.8
2012-10	无植被	50	34.5	4	0.8
2012-10	无植被	70	35.6	4	1.7
2012-10	无植被	90	38.3	4	0.6
2012-10	无植被	110	37.5	4	0.5
2012-10	无植被	130	36.8	4	0.3
2012-10	无植被	150	36.9	4	0.7
2012-10	无植被	170	37.8	4	0.4
2012-10	无植被	190	37.4	4	0.9
2012-10	无植被	210	38.3	4	0.5
2012-10	无植被	230	36.7	4	0.3
2012-10	无植被	250	38.1	4	0.5

（续）

时间（年-月）	土地状态	探测深度/cm	体积含水量/%	重复数	标准差
2013-6	无植被	10	32.4	2	0.1
2013-6	无植被	20	33.0	2	0.6
2013-6	无植被	30	34.8	2	0.7
2013-6	无植被	40	35.4	2	0.2
2013-6	无植被	50	34.5	2	1.3
2013-6	无植被	70	36.1	2	0.5
2013-6	无植被	90	37.0	2	0.3
2013-6	无植被	110	37.5	2	0.8
2013-6	无植被	130	37.3	2	0.5
2013-6	无植被	150	37.7	2	0.1
2013-6	无植被	170	39.4	2	0.6
2013-6	无植被	190	38.9	2	0.2
2013-6	无植被	210	37.8	2	2.3
2013-6	无植被	230	38.3	2	0.4
2013-6	无植被	250	38.1	2	0.2
2013-6	无植被	270	37.8	2	0.2
2013-7	无植被	10	35.4	5	0.2
2013-7	无植被	20	35.6	5	0.7
2013-7	无植被	30	36.0	5	1.1
2013-7	无植被	40	36.5	5	0.6
2013-7	无植被	50	35.7	5	0.6
2013-7	无植被	70	37.0	5	0.4
2013-7	无植被	90	38.4	5	1.4
2013-7	无植被	110	38.9	5	1.0
2013-7	无植被	130	38.7	5	0.8
2013-7	无植被	150	37.8	5	0.2
2013-7	无植被	170	39.1	5	0.2
2013-7	无植被	190	39.2	5	0.4
2013-7	无植被	210	39.1	5	0.3
2013-7	无植被	230	38.3	5	0.6
2013-7	无植被	250	38.1	5	0.5
2013-7	无植被	270	37.6	5	0.7
2013-9	无植被	10	39.0	2	0.1
2013-9	无植被	20	38.1	2	0.4
2013-9	无植被	30	39.3	2	0.1
2013-9	无植被	40	38.4	2	1.1
2013-9	无植被	50	39.2	2	0.1
2013-9	无植被	70	40.6	2	0.3

（续）

时间（年-月）	土地状态	探测深度/cm	体积含水量/%	重复数	标准差
2013-9	无植被	90	42.1	2	0.2
2013-9	无植被	110	39.2	2	0.6
2013-9	无植被	130	38.6	2	0.8
2013-9	无植被	150	37.6	2	0.6
2013-9	无植被	170	39.5	2	1.5
2013-9	无植被	190	39.0	2	0.4
2013-9	无植被	210	38.9	2	0.3
2013-9	无植被	230	38.3	2	0.2
2013-9	无植被	250	39.7	2	0.2
2013-9	无植被	270	37.7	2	0.0
2013-10	无植被	10	37.9	2	1.5
2013-10	无植被	20	37.9	2	1.3
2013-10	无植被	30	38.7	2	0.1
2013-10	无植被	40	37.7	2	0.0
2013-10	无植被	50	37.9	2	0.5
2013-10	无植被	70	38.6	2	1.4
2013-10	无植被	90	39.9	2	1.4
2013-10	无植被	110	40.4	2	0.4
2013-10	无植被	130	38.7	2	0.4
2013-10	无植被	150	38.2	2	0.6
2013-10	无植被	170	38.9	2	1.7
2013-10	无植被	190	39.8	2	0.8
2013-10	无植被	210	39.6	2	0.2
2013-10	无植被	230	39.5	2	0.3
2013-10	无植被	250	39.1	2	0.5
2013-10	无植被	270	38.0	2	0.2
2014-4	无植被	10	35.7	5	2.5
2014-4	无植被	20	37.0	5	2.5
2014-4	无植被	30	37.2	5	3.5
2014-4	无植被	40	38.9	5	4.2
2014-4	无植被	50	39.3	5	2.9
2014-4	无植被	70	40.5	5	0.8
2014-4	无植被	90	40.8	5	0.5
2014-4	无植被	110	39.0	5	0.8
2014-4	无植被	130	35.6	5	0.8
2014-4	无植被	150	35.6	5	0.5
2014-4	无植被	170	36.5	5	0.7
2014-4	无植被	190	37.7	5	1.2

（续）

时间（年-月）	土地状态	探测深度/cm	体积含水量/%	重复数	标准差
2014-4	无植被	210	37.4	5	0.7
2014-4	无植被	230	38.5	5	0.4
2014-4	无植被	250	38.0	5	0.9
2014-4	无植被	270	38.3	5	1.2
2014-5	无植被	10	29.6	6	9.7
2014-5	无植被	20	33.5	6	3.3
2014-5	无植被	30	35.5	6	1.2
2014-5	无植被	40	35.8	6	1.2
2014-5	无植被	50	33.3	6	4.0
2014-5	无植被	70	36.8	6	0.9
2014-5	无植被	90	38.5	6	1.9
2014-5	无植被	110	37.5	6	1.0
2014-5	无植被	130	36.8	6	1.1
2014-5	无植被	150	36.8	6	1.1
2014-5	无植被	170	37.6	6	0.9
2014-5	无植被	190	37.2	6	1.8
2014-5	无植被	210	37.1	6	2.9
2014-5	无植被	230	37.3	6	0.7
2014-5	无植被	250	38.6	6	0.5
2014-5	无植被	270	38.1	6	0.6
2014-6	无植被	10	32.1	6	2.6
2014-6	无植被	20	34.2	6	1.0
2014-6	无植被	30	34.0	6	0.5
2014-6	无植被	40	34.9	6	1.2
2014-6	无植被	50	34.8	6	1.0
2014-6	无植被	70	35.5	6	1.2
2014-6	无植被	90	36.5	6	0.8
2014-6	无植被	110	37.6	6	1.1
2014-6	无植被	130	37.4	6	0.9
2014-6	无植被	150	37.1	6	0.9
2014-6	无植被	170	38.5	6	0.8
2014-6	无植被	190	38.2	6	0.4
2014-6	无植被	210	38.8	6	1.0
2014-6	无植被	230	39.0	6	0.7
2014-6	无植被	250	38.2	6	0.4
2014-6	无植被	270	37.8	6	0.4
2014-7	无植被	10	34.4	6	0.7
2014-7	无植被	20	35.9	6	1.1

（续）

时间（年-月）	土地状态	探测深度/cm	体积含水量/%	重复数	标准差
2014 - 7	无植被	30	35.7	6	0.8
2014 - 7	无植被	40	36.9	6	1.2
2014 - 7	无植被	50	37.2	6	2.1
2014 - 7	无植被	70	38.4	6	1.0
2014 - 7	无植被	90	38.8	6	1.0
2014 - 7	无植被	110	38.4	6	0.7
2014 - 7	无植被	130	38.7	6	0.7
2014 - 7	无植被	150	38.1	6	0.7
2014 - 7	无植被	170	38.5	6	0.4
2014 - 7	无植被	190	39.0	6	0.5
2014 - 7	无植被	210	38.5	6	0.2
2014 - 7	无植被	230	38.7	6	0.7
2014 - 7	无植被	250	37.6	6	0.3
2014 - 7	无植被	270	38.0	6	0.7
2014 - 8	无植被	10	29.5	4	1.5
2014 - 8	无植被	20	36.5	4	1.7
2014 - 8	无植被	30	36.6	4	0.8
2014 - 8	无植被	40	37.1	4	0.8
2014 - 8	无植被	50	37.0	4	0.7
2014 - 8	无植被	70	38.4	4	0.8
2014 - 8	无植被	90	38.8	4	1.7
2014 - 8	无植被	110	39.3	4	1.2
2014 - 8	无植被	130	38.9	4	0.5
2014 - 8	无植被	150	36.8	4	0.4
2014 - 8	无植被	170	38.0	4	0.9
2014 - 8	无植被	190	38.3	4	0.5
2014 - 8	无植被	210	38.2	4	0.4
2014 - 8	无植被	230	38.7	4	0.9
2014 - 8	无植被	250	37.8	4	0.5
2014 - 8	无植被	270	38.2	4	0.6
2014 - 9	无植被	10	34.0	5	0.9
2014 - 9	无植被	20	35.6	5	0.9
2014 - 9	无植被	30	36.7	5	1.1
2014 - 9	无植被	40	36.0	5	1.4
2014 - 9	无植被	50	37.0	5	0.7
2014 - 9	无植被	70	38.4	5	0.8
2014 - 9	无植被	90	38.9	5	1.0
2014 - 9	无植被	110	38.7	5	0.7

（续）

时间（年-月）	土地状态	探测深度/cm	体积含水量/%	重复数	标准差
2014-9	无植被	130	39.1	5	0.5
2014-9	无植被	150	37.8	5	0.6
2014-9	无植被	170	38.1	5	0.7
2014-9	无植被	190	38.9	5	0.4
2014-9	无植被	210	38.8	5	0.7
2014-9	无植被	230	38.4	5	0.8
2014-9	无植被	250	38.3	5	0.3
2014-9	无植被	270	36.7	5	0.8
2014-10	无植被	10	32.1	3	0.1
2014-10	无植被	20	30.9	3	4.4
2014-10	无植被	30	35.5	3	1.3
2014-10	无植被	40	36.3	3	0.3
2014-10	无植被	50	36.9	3	0.4
2014-10	无植被	70	36.9	3	0.1
2014-10	无植被	90	38.6	3	1.1
2014-10	无植被	110	39.6	3	1.4
2014-10	无植被	130	38.9	3	1.5
2014-10	无植被	150	37.9	3	0.4
2014-10	无植被	170	39.4	3	2.5
2014-10	无植被	190	39.2	3	0.3
2014-10	无植被	210	38.5	3	1.5
2014-10	无植被	230	37.0	3	1.8
2014-10	无植被	250	37.3	3	0.4
2014-10	无植被	270	31.9	3	9.0
2015-4	无植被	10	31.8	1	—
2015-4	无植被	20	34.0	1	—
2015-4	无植被	30	35.8	1	—
2015-4	无植被	40	36.5	1	—
2015-4	无植被	50	35.5	1	—
2015-4	无植被	70	38.5	1	—
2015-4	无植被	90	36.3	1	—
2015-4	无植被	110	38.6	1	—
2015-4	无植被	130	37.4	1	—
2015-4	无植被	150	35.7	1	—
2015-4	无植被	170	36.0	1	—
2015-4	无植被	190	35.9	1	—
2015-4	无植被	210	37.2	1	—
2015-4	无植被	230	37.3	1	—

（续）

时间（年-月）	土地状态	探测深度/cm	体积含水量/%	重复数	标准差
2015 - 4	无植被	250	38.9	1	—
2015 - 4	无植被	270	37.7	1	—
2015 - 5	无植被	10	33.7	6	2.2
2015 - 5	无植被	20	35.7	6	1.0
2015 - 5	无植被	30	36.5	6	1.3
2015 - 5	无植被	40	34.7	6	3.1
2015 - 5	无植被	50	36.7	6	1.5
2015 - 5	无植被	70	38.9	6	1.7
2015 - 5	无植被	90	39.1	6	0.8
2015 - 5	无植被	110	39.3	6	1.4
2015 - 5	无植被	130	37.1	6	1.3
2015 - 5	无植被	150	36.0	6	1.4
2015 - 5	无植被	170	35.3	6	2.9
2015 - 5	无植被	190	36.2	6	2.1
2015 - 5	无植被	210	37.0	6	2.0
2015 - 5	无植被	230	37.5	6	0.8
2015 - 5	无植被	250	38.2	6	0.7
2015 - 5	无植被	270	38.0	6	0.6
2015 - 6	无植被	10	31.7	6	1.6
2015 - 6	无植被	20	34.9	6	1.7
2015 - 6	无植被	30	35.1	6	0.8
2015 - 6	无植被	40	36.1	6	1.0
2015 - 6	无植被	50	35.3	6	1.0
2015 - 6	无植被	70	36.9	6	1.4
2015 - 6	无植被	90	37.1	6	1.2
2015 - 6	无植被	110	37.6	6	1.1
2015 - 6	无植被	130	38.1	6	0.6
2015 - 6	无植被	150	36.8	6	1.0
2015 - 6	无植被	170	38.4	6	0.8
2015 - 6	无植被	190	38.4	6	0.8
2015 - 6	无植被	210	38.4	6	1.1
2015 - 6	无植被	230	39.2	6	0.7
2015 - 6	无植被	250	38.1	6	1.1
2015 - 6	无植被	270	37.8	6	1.0
2015 - 7	无植被	10	33.3	6	1.9
2015 - 7	无植被	20	34.3	6	0.9
2015 - 7	无植被	30	34.7	6	0.7
2015 - 7	无植被	40	35.0	6	0.4

（续）

时间（年-月）	土地状态	探测深度/cm	体积含水量/%	重复数	标准差
2015-7	无植被	50	34.9	6	0.8
2015-7	无植被	70	35.9	6	0.4
2015-7	无植被	90	36.9	6	0.5
2015-7	无植被	110	37.5	6	0.4
2015-7	无植被	130	37.2	6	1.1
2015-7	无植被	150	36.9	6	0.7
2015-7	无植被	170	38.7	6	0.8
2015-7	无植被	190	39.4	6	0.1
2015-7	无植被	210	37.8	6	0.8
2015-7	无植被	230	38.4	6	0.6
2015-7	无植被	250	38.1	6	0.6
2015-7	无植被	270	37.8	6	1.0
2015-8	无植被	10	33.3	6	0.8
2015-8	无植被	20	34.5	6	0.4
2015-8	无植被	30	35.2	6	0.7
2015-8	无植被	40	35.2	6	0.6
2015-8	无植被	50	34.3	6	0.7
2015-8	无植被	70	35.6	6	1.0
2015-8	无植被	90	36.7	6	0.8
2015-8	无植被	110	37.1	6	0.5
2015-8	无植被	130	37.5	6	0.6
2015-8	无植被	150	36.9	6	1.2
2015-8	无植被	170	38.6	6	1.0
2015-8	无植被	190	39.0	6	0.3
2015-8	无植被	210	38.5	6	1.3
2015-8	无植被	230	38.8	6	0.6
2015-8	无植被	250	38.5	6	0.7
2015-8	无植被	270	37.9	6	1.2
2015-9	无植被	10	30.9	5	3.2
2015-9	无植被	20	33.4	5	0.7
2015-9	无植被	30	33.4	5	0.9
2015-9	无植被	40	34.0	5	1.1
2015-9	无植被	50	34.5	5	1.1
2015-9	无植被	70	34.7	5	0.8
2015-9	无植被	90	36.3	5	1.0
2015-9	无植被	110	36.6	5	1.1
2015-9	无植被	130	36.9	5	0.8
2015-9	无植被	150	36.2	5	0.9

（续）

时间（年-月）	土地状态	探测深度/cm	体积含水量/%	重复数	标准差
2015 - 9	无植被	170	37.5	5	0.9
2015 - 9	无植被	190	38.9	5	0.7
2015 - 9	无植被	210	39.1	5	1.3
2015 - 9	无植被	230	39.4	5	0.9
2015 - 9	无植被	250	38.5	5	0.8
2015 - 9	无植被	270	37.7	5	0.8
2015 - 10	无植被	10	33.1	3	0.7
2015 - 10	无植被	20	32.7	3	2.4
2015 - 10	无植被	30	33.9	3	0.4
2015 - 10	无植被	40	34.2	3	0.7
2015 - 10	无植被	50	34.0	3	0.6
2015 - 10	无植被	70	35.4	3	0.6
2015 - 10	无植被	90	35.6	3	1.7
2015 - 10	无植被	110	36.4	3	0.6
2015 - 10	无植被	130	37.0	3	0.9
2015 - 10	无植被	150	37.6	3	1.7
2015 - 10	无植被	170	37.9	3	0.5
2015 - 10	无植被	190	37.7	3	0.8
2015 - 10	无植被	210	38.6	3	0.1
2015 - 10	无植被	230	38.7	3	0.1
2015 - 10	无植被	250	37.9	3	1.5
2015 - 10	无植被	270	33.1	3	0.7

表 3 - 128　生态恢复大区试验长期定位试验辅助观测场（草地）土壤体积含水量观测数据

时间（年-月）	植被类型	探测深度/cm	体积含水量/%	重复数	标准差
2009 - 4	杂草	10	33.0	3	5.6
2009 - 4	杂草	20	40.2	3	5.8
2009 - 4	杂草	30	42.7	3	6.1
2009 - 4	杂草	40	43.0	3	2.0
2009 - 4	杂草	50	41.5	3	2.3
2009 - 4	杂草	70	41.4	3	2.2
2009 - 4	杂草	90	40.7	3	2.6
2009 - 4	杂草	110	38.2	3	3.0
2009 - 4	杂草	130	38.6	3	1.9
2009 - 4	杂草	150	39.5	3	2.6
2009 - 4	杂草	170	36.6	3	2.8
2009 - 5	杂草	10	25.3	4	10.3
2009 - 5	杂草	20	31.3	4	6.7

（续）

时间（年-月）	植被类型	探测深度/cm	体积含水量/%	重复数	标准差
2009-5	杂草	30	32.8	4	3.9
2009-5	杂草	40	36.3	4	4.3
2009-5	杂草	50	36.0	4	4.3
2009-5	杂草	70	35.5	4	4.7
2009-5	杂草	90	37.5	4	3.7
2009-5	杂草	110	35.8	4	1.9
2009-5	杂草	130	35.5	4	2.4
2009-5	杂草	150	36.8	4	2.1
2009-5	杂草	170	34.3	4	1.5
2009-6	杂草	10	29.7	3	13.1
2009-6	杂草	20	29.2	3	9.5
2009-6	杂草	30	32.5	3	12.9
2009-6	杂草	40	32.2	3	9.9
2009-6	杂草	50	32.8	3	11.8
2009-6	杂草	70	32.8	3	7.4
2009-6	杂草	90	33.2	3	3.7
2009-6	杂草	110	34.0	3	4.2
2009-6	杂草	130	35.2	3	3.2
2009-6	杂草	150	34.0	3	1.4
2009-6	杂草	170	33.5	3	2.2
2009-7	杂草	10	33.8	6	5.2
2009-7	杂草	20	33.2	6	3.8
2009-7	杂草	30	39.8	6	4.6
2009-7	杂草	40	40.6	6	4.0
2009-7	杂草	50	42.9	6	4.5
2009-7	杂草	70	40.4	6	3.6
2009-7	杂草	90	38.6	6	2.2
2009-7	杂草	110	39.4	6	2.6
2009-7	杂草	130	38.8	6	2.7
2009-7	杂草	150	36.7	6	2.9
2009-7	杂草	170	35.8	6	2.2
2009-8	杂草	10	25.1	6	4.5
2009-8	杂草	20	25.6	6	5.3
2009-8	杂草	30	30.7	6	3.2
2009-8	杂草	40	34.0	6	1.1
2009-8	杂草	50	35.1	6	1.9
2009-8	杂草	70	32.8	6	0.8
2009-8	杂草	90	34.1	6	0.8

（续）

时间（年-月）	植被类型	探测深度/cm	体积含水量/%	重复数	标准差
2009-8	杂草	110	33.5	6	2.4
2009-8	杂草	130	34.4	6	3.0
2009-8	杂草	150	36.2	6	1.4
2009-8	杂草	170	36.2	6	1.0
2009-9	杂草	10	28.0	6	7.4
2009-9	杂草	20	28.6	6	5.0
2009-9	杂草	30	30.4	6	9.2
2009-9	杂草	40	33.5	6	2.7
2009-9	杂草	50	35.2	6	5.3
2009-9	杂草	70	33.4	6	2.1
2009-9	杂草	90	32.6	6	1.9
2009-9	杂草	110	33.7	6	2.7
2009-9	杂草	130	33.8	6	1.9
2009-9	杂草	150	34.4	6	1.9
2009-9	杂草	170	35.8	6	1.7
2009-10	杂草	10	26.9	6	8.0
2009-10	杂草	20	28.5	6	7.3
2009-10	杂草	30	27.3	6	6.7
2009-10	杂草	40	29.9	6	4.2
2009-10	杂草	50	32.2	6	3.4
2009-10	杂草	70	30.9	6	1.2
2009-10	杂草	90	31.6	6	1.0
2009-10	杂草	110	31.0	6	1.5
2009-10	杂草	130	32.8	6	1.4
2009-10	杂草	150	32.9	6	1.3
2009-10	杂草	170	33.7	6	1.7
2010-4	杂草	10	47.6	2	0.5
2010-4	杂草	20	45.8	2	0.8
2010-4	杂草	30	42.9	2	0.6
2010-4	杂草	40	38.9	2	0.2
2010-4	杂草	50	37.8	2	0.1
2010-4	杂草	70	38.4	2	0.2
2010-4	杂草	90	39.3	2	0.4
2010-4	杂草	110	37.3	2	0.2
2010-4	杂草	130	33.5	2	0.1
2010-4	杂草	150	34.2	2	0.2
2010-4	杂草	170	36.6	2	0.1
2010-5	杂草	10	37.9	6	4.5

（续）

时间（年-月）	植被类型	探测深度/cm	体积含水量/%	重复数	标准差
2010-5	杂草	20	40.1	6	4.2
2010-5	杂草	30	41.5	6	2.6
2010-5	杂草	40	40.8	6	2.1
2010-5	杂草	50	39.4	6	1.9
2010-5	杂草	70	39.1	6	1.7
2010-5	杂草	90	38.6	6	1.1
2010-5	杂草	110	37.3	6	1.8
2010-5	杂草	130	34.2	6	2.7
2010-5	杂草	150	34.8	6	2.7
2010-5	杂草	170	36.6	6	1.6
2010-6	杂草	10	21.7	6	5.1
2010-6	杂草	20	27.7	6	4.4
2010-6	杂草	30	31.8	6	2.9
2010-6	杂草	40	34.2	6	1.6
2010-6	杂草	50	34.1	6	1.2
2010-6	杂草	70	34.5	6	1.6
2010-6	杂草	90	35.3	6	1.3
2010-6	杂草	110	33.9	6	1.8
2010-6	杂草	130	34.5	6	1.7
2010-6	杂草	150	35.7	6	1.7
2010-6	杂草	170	36.6	6	1.8
2010-7	杂草	10	25.8	6	3.4
2010-7	杂草	20	27.6	6	2.5
2010-7	杂草	30	29.8	6	2.8
2010-7	杂草	40	31.7	6	1.8
2010-7	杂草	50	32.3	6	1.5
2010-7	杂草	70	33.1	6	2.2
2010-7	杂草	90	33.9	6	1.9
2010-7	杂草	110	33.0	6	1.7
2010-7	杂草	130	33.2	6	2.1
2010-7	杂草	150	34.8	6	1.6
2010-7	杂草	170	36.2	6	1.5
2010-8	杂草	10	27.3	6	3.6
2010-8	杂草	20	29.4	6	2.2
2010-8	杂草	30	31.0	6	2.9
2010-8	杂草	40	32.4	6	0.9
2010-8	杂草	50	32.5	6	0.5
2010-8	杂草	70	32.2	6	0.4

（续）

时间（年-月）	植被类型	探测深度/cm	体积含水量/%	重复数	标准差
2010-8	杂草	90	33.3	6	0.8
2010-8	杂草	110	32.7	6	0.8
2010-8	杂草	130	32.9	6	1.0
2010-8	杂草	150	34.2	6	0.9
2010-8	杂草	170	36.2	6	1.0
2010-9	杂草	10	21.9	6	4.8
2010-9	杂草	20	26.2	6	3.1
2010-9	杂草	30	29.5	6	2.7
2010-9	杂草	40	31.0	6	1.7
2010-9	杂草	50	31.2	6	1.4
2010-9	杂草	70	31.5	6	2.0
2010-9	杂草	90	32.9	6	1.1
2010-9	杂草	110	31.9	6	1.5
2010-9	杂草	130	32.1	6	1.7
2010-9	杂草	150	33.6	6	1.3
2010-9	杂草	170	35.5	6	1.6
2010-10	杂草	10	23.8	6	1.5
2010-10	杂草	20	26.9	6	0.7
2010-10	杂草	30	30.3	6	0.5
2010-10	杂草	40	31.1	6	0.1
2010-10	杂草	50	31.7	6	0.4
2010-10	杂草	70	32.4	6	1.0
2010-10	杂草	90	33.6	6	0.2
2010-10	杂草	110	33.2	6	0.1
2010-10	杂草	130	33.6	6	0.5
2010-10	杂草	150	34.7	6	0.5
2010-10	杂草	170	36.4	6	0.4
2011-4	杂草	10	30.7	6	2.0
2011-4	杂草	20	33.4	6	1.4
2011-4	杂草	30	33.8	6	1.8
2011-4	杂草	40	34.9	6	1.7
2011-4	杂草	50	35.3	6	2.0
2011-4	杂草	70	36.0	6	0.5
2011-4	杂草	90	37.8	6	0.4
2011-4	杂草	110	37.8	6	0.4
2011-4	杂草	130	36.7	6	0.6
2011-4	杂草	150	34.2	6	1.5
2011-4	杂草	170	34.1	6	0.2

（续）

时间（年-月）	植被类型	探测深度/cm	体积含水量/%	重复数	标准差
2011 - 4	杂草	190	34.9	6	0.5
2011 - 4	杂草	210	36.1	6	0.6
2011 - 4	杂草	230	36.2	6	0.2
2011 - 4	杂草	250	37.3	6	0.4
2011 - 5	杂草	10	31.2	6	0.4
2011 - 5	杂草	20	32.9	6	0.6
2011 - 5	杂草	30	32.7	6	0.5
2011 - 5	杂草	40	33.1	6	0.1
2011 - 5	杂草	50	32.9	6	0.3
2011 - 5	杂草	70	32.4	6	2.6
2011 - 5	杂草	90	35.3	6	2.2
2011 - 5	杂草	110	36.4	6	1.7
2011 - 5	杂草	130	34.7	6	0.7
2011 - 5	杂草	150	33.4	6	0.4
2011 - 5	杂草	170	33.9	6	0.4
2011 - 5	杂草	190	35.0	6	0.6
2011 - 5	杂草	210	35.9	6	0.3
2011 - 5	杂草	230	36.0	6	0.4
2011 - 5	杂草	250	37.1	6	0.7
2011 - 6	杂草	10	26.3	6	5.9
2011 - 6	杂草	20	30.8	6	4.0
2011 - 6	杂草	30	31.9	6	1.3
2011 - 6	杂草	40	32.8	6	1.1
2011 - 6	杂草	50	32.2	6	1.0
2011 - 6	杂草	70	32.0	6	1.6
2011 - 6	杂草	90	33.4	6	0.3
2011 - 6	杂草	110	33.7	6	1.0
2011 - 6	杂草	130	33.5	6	0.6
2011 - 6	杂草	150	34.1	6	0.8
2011 - 6	杂草	170	34.4	6	1.2
2011 - 6	杂草	190	34.9	6	0.8
2011 - 6	杂草	210	35.8	6	1.0
2011 - 6	杂草	230	36.2	6	0.3
2011 - 6	杂草	250	37.2	6	0.2
2011 - 7	杂草	10	29.1	6	4.4
2011 - 7	杂草	20	33.2	6	0.9
2011 - 7	杂草	30	33.5	6	0.9
2011 - 7	杂草	40	33.6	6	0.5

（续）

时间（年-月）	植被类型	探测深度/cm	体积含水量/%	重复数	标准差
2011-7	杂草	50	33.9	6	0.3
2011-7	杂草	70	31.8	6	0.5
2011-7	杂草	90	33.5	6	0.9
2011-7	杂草	110	34.4	6	0.8
2011-7	杂草	130	34.5	6	0.6
2011-7	杂草	150	35.0	6	0.9
2011-7	杂草	170	35.6	6	1.2
2011-7	杂草	190	36.2	6	0.8
2011-7	杂草	210	37.1	6	0.9
2011-7	杂草	230	36.8	6	0.5
2011-7	杂草	250	37.2	6	0.7
2011-8	杂草	10	31.2	6	2.2
2011-8	杂草	20	33.6	6	0.8
2011-8	杂草	30	33.6	6	0.9
2011-8	杂草	40	34.4	6	0.5
2011-8	杂草	50	34.1	6	1.6
2011-8	杂草	70	32.5	6	0.8
2011-8	杂草	90	34.7	6	1.2
2011-8	杂草	110	37.0	6	1.0
2011-8	杂草	130	36.8	6	0.8
2011-8	杂草	150	36.2	6	0.6
2011-8	杂草	170	36.6	6	0.9
2011-8	杂草	190	37.3	6	0.6
2011-8	杂草	210	38.4	6	0.2
2011-8	杂草	230	37.0	6	0.8
2011-8	杂草	250	36.9	6	0.9
2011-9	杂草	10	27.7	6	5.9
2011-9	杂草	20	31.5	6	2.5
2011-9	杂草	30	32.5	6	1.9
2011-9	杂草	40	32.9	6	1.4
2011-9	杂草	50	32.6	6	1.0
2011-9	杂草	70	31.6	6	1.1
2011-9	杂草	90	34.3	6	0.5
2011-9	杂草	110	34.7	6	0.9
2011-9	杂草	130	34.5	6	1.1
2011-9	杂草	150	35.2	6	1.5
2011-9	杂草	170	35.7	6	1.4
2011-9	杂草	190	36.6	6	1.2

（续）

时间（年-月）	植被类型	探测深度/cm	体积含水量/%	重复数	标准差
2011 - 9	杂草	210	37.5	6	1.1
2011 - 9	杂草	230	37.1	6	0.9
2011 - 9	杂草	250	37.0	6	1.2
2011 - 10	杂草	10	31.3	4	1.2
2011 - 10	杂草	20	28.9	4	5.7
2011 - 10	杂草	30	29.3	4	5.8
2011 - 10	杂草	40	31.1	4	4.6
2011 - 10	杂草	50	32.0	4	2.8
2011 - 10	杂草	70	33.0	4	1.4
2011 - 10	杂草	90	34.2	4	0.7
2011 - 10	杂草	110	34.6	4	0.9
2011 - 10	杂草	130	34.5	4	1.4
2011 - 10	杂草	150	35.2	4	2.3
2011 - 10	杂草	170	35.8	4	2.1
2011 - 10	杂草	190	36.5	4	0.9
2011 - 10	杂草	210	36.4	4	1.4
2011 - 10	杂草	230	37.0	4	0.1
2011 - 10	杂草	250	38.8	4	1.1
2012 - 4	杂草	10	21.1	5	0.7
2012 - 4	杂草	20	22.5	5	0.9
2012 - 4	杂草	30	23.8	5	0.6
2012 - 4	杂草	40	25.7	5	0.7
2012 - 4	杂草	50	28.8	5	1.1
2012 - 4	杂草	70	32.4	5	0.5
2012 - 4	杂草	90	33.6	5	0.5
2012 - 4	杂草	110	33.7	5	0.7
2012 - 4	杂草	130	34.1	5	0.7
2012 - 4	杂草	150	36.0	5	0.5
2012 - 4	杂草	170	33.4	5	0.9
2012 - 4	杂草	190	34.6	5	1.4
2012 - 4	杂草	210	35.0	5	1.9
2012 - 4	杂草	230	33.9	5	1.1
2012 - 4	杂草	250	36.3	5	0.8
2012 - 4	杂草	270	37.6	5	0.7
2012 - 5	杂草	10	19.7	7	3.0
2012 - 5	杂草	20	22.8	7	1.2
2012 - 5	杂草	30	23.7	7	0.5
2012 - 5	杂草	40	25.9	7	1.4

（续）

时间（年-月）	植被类型	探测深度/cm	体积含水量/%	重复数	标准差
2012-5	杂草	50	28.7	7	1.8
2012-5	杂草	70	31.6	7	0.8
2012-5	杂草	90	32.8	7	1.0
2012-5	杂草	110	33.5	7	0.5
2012-5	杂草	130	34.4	7	0.8
2012-5	杂草	150	35.8	7	0.6
2012-5	杂草	170	34.2	7	0.8
2012-5	杂草	190	34.3	7	0.5
2012-5	杂草	210	35.0	7	0.7
2012-5	杂草	230	34.3	7	0.7
2012-5	杂草	250	36.4	7	1.3
2012-5	杂草	270	37.3	7	0.4
2012-6	杂草	10	22.1	4	6.4
2012-6	杂草	20	26.1	4	5.5
2012-6	杂草	30	28.1	4	4.2
2012-6	杂草	40	27.8	4	3.1
2012-6	杂草	50	30.4	4	2.5
2012-6	杂草	70	32.3	4	0.9
2012-6	杂草	90	32.7	4	0.8
2012-6	杂草	110	32.6	4	0.6
2012-6	杂草	130	32.4	4	0.7
2012-6	杂草	150	34.2	4	0.9
2012-6	杂草	170	34.4	4	0.7
2012-6	杂草	190	34.5	4	0.9
2012-6	杂草	210	34.5	4	0.7
2012-6	杂草	230	34.9	4	0.9
2012-6	杂草	250	36.2	4	1.1
2012-6	杂草	270	37.0	4	0.6
2012-7	杂草	10	21.6	7	6.2
2012-7	杂草	20	26.8	7	4.0
2012-7	杂草	30	29.7	7	3.3
2012-7	杂草	40	30.2	7	1.7
2012-7	杂草	50	31.9	7	2.1
2012-7	杂草	70	32.8	7	1.4
2012-7	杂草	90	33.3	7	1.1
2012-7	杂草	110	34.2	7	0.9
2012-7	杂草	130	33.9	7	1.6
2012-7	杂草	150	34.1	7	0.8

（续）

时间（年-月）	植被类型	探测深度/cm	体积含水量/%	重复数	标准差
2012-7	杂草	170	35.0	7	0.8
2012-7	杂草	190	35.1	7	1.0
2012-7	杂草	210	34.9	7	1.0
2012-7	杂草	230	34.9	7	1.3
2012-7	杂草	250	36.4	7	0.8
2012-7	杂草	270	36.8	7	0.7
2012-8	杂草	10	27.9	6	1.8
2012-8	杂草	20	30.4	6	1.2
2012-8	杂草	30	31.5	6	1.0
2012-8	杂草	40	32.0	6	1.1
2012-8	杂草	50	32.4	6	0.7
2012-8	杂草	70	32.7	6	0.8
2012-8	杂草	90	33.3	6	1.0
2012-8	杂草	110	34.3	6	0.7
2012-8	杂草	130	33.6	6	0.7
2012-8	杂草	150	34.0	6	0.4
2012-8	杂草	170	34.9	6	0.6
2012-8	杂草	190	35.0	6	0.5
2012-8	杂草	210	35.5	6	1.3
2012-8	杂草	230	35.4	6	1.7
2012-8	杂草	250	37.6	6	1.8
2012-8	杂草	270	38.0	6	2.2
2012-9	杂草	10	30.7	6	2.6
2012-9	杂草	20	31.4	6	2.6
2012-9	杂草	30	31.5	6	1.2
2012-9	杂草	40	32.2	6	0.9
2012-9	杂草	50	32.8	6	0.7
2012-9	杂草	70	33.4	6	0.9
2012-9	杂草	90	34.3	6	0.7
2012-9	杂草	110	34.4	6	0.9
2012-9	杂草	130	34.4	6	0.5
2012-9	杂草	150	34.5	6	0.4
2012-9	杂草	170	35.2	6	0.7
2012-9	杂草	190	35.2	6	0.9
2012-9	杂草	210	35.9	6	0.7
2012-9	杂草	230	34.9	6	0.6
2012-9	杂草	250	37.1	6	2.3
2012-9	杂草	270	38.4	6	0.7

（续）

时间（年-月）	植被类型	探测深度/cm	体积含水量/%	重复数	标准差
2012-10	杂草	10	33.0	4	1.4
2012-10	杂草	20	33.6	4	0.7
2012-10	杂草	30	33.0	4	1.1
2012-10	杂草	40	32.4	4	1.9
2012-10	杂草	50	33.0	4	1.4
2012-10	杂草	70	33.4	4	0.5
2012-10	杂草	90	33.1	4	0.8
2012-10	杂草	110	34.1	4	0.2
2012-10	杂草	130	34.2	4	1.3
2012-10	杂草	150	32.4	4	4.4
2012-10	杂草	170	35.1	4	0.2
2012-10	杂草	190	35.7	4	1.8
2012-10	杂草	210	32.7	4	4.6
2012-10	杂草	230	35.8	4	1.3
2012-10	杂草	250	38.1	4	1.3
2012-10	杂草	270	38.4	4	1.4
2013-4	杂草	10	36.3	1	—
2013-4	杂草	20	39.5	1	—
2013-4	杂草	30	40.2	1	—
2013-4	杂草	40	41.5	1	—
2013-4	杂草	50	41.0	1	—
2013-4	杂草	70	37.7	1	—
2013-4	杂草	90	38.2	1	—
2013-4	杂草	110	32.2	1	—
2013-4	杂草	130	32.0	1	—
2013-4	杂草	150	32.9	1	—
2013-4	杂草	170	35.3	1	—
2013-4	杂草	190	35.6	1	—
2013-4	杂草	210	35.2	1	—
2013-4	杂草	230	35.4	1	—
2013-4	杂草	250	37.2	1	—
2013-4	杂草	270	36.3	1	—
2013-5	杂草	10	29.7	6	5.9
2013-5	杂草	20	33.6	6	3.9
2013-5	杂草	30	35.4	6	3.4
2013-5	杂草	40	33.4	6	6.4
2013-5	杂草	50	37.3	6	3.6
2013-5	杂草	70	37.5	6	2.2

（续）

时间（年-月）	植被类型	探测深度/cm	体积含水量/%	重复数	标准差
2013-5	杂草	90	36.3	6	1.3
2013-5	杂草	110	34.3	6	1.6
2013-5	杂草	130	33.9	6	1.5
2013-5	杂草	150	33.8	6	1.2
2013-5	杂草	170	34.9	6	0.8
2013-5	杂草	190	35.7	6	0.7
2013-5	杂草	210	35.1	6	0.5
2013-5	杂草	230	35.7	6	0.5
2013-5	杂草	250	36.3	6	0.7
2013-5	杂草	270	37.1	6	1.5
2013-6	杂草	10	18.2	6	2.7
2013-6	杂草	20	23.7	6	1.8
2013-6	杂草	30	28.9	6	1.5
2013-6	杂草	40	32.3	6	1.8
2013-6	杂草	50	33.6	6	1.0
2013-6	杂草	70	33.0	6	3.6
2013-6	杂草	90	34.3	6	0.8
2013-6	杂草	110	34.0	6	1.1
2013-6	杂草	130	34.0	6	0.4
2013-6	杂草	150	33.7	6	1.4
2013-6	杂草	170	35.1	6	0.9
2013-6	杂草	190	35.5	6	1.4
2013-6	杂草	210	35.7	6	0.9
2013-6	杂草	230	35.3	6	1.1
2013-6	杂草	250	36.8	6	0.9
2013-6	杂草	270	36.9	6	0.6
2013-7	杂草	10	29.4	5	2.7
2013-7	杂草	20	31.8	5	2.0
2013-7	杂草	30	32.9	5	1.6
2013-7	杂草	40	34.2	5	1.2
2013-7	杂草	50	34.5	5	0.6
2013-7	杂草	70	34.4	5	0.3
2013-7	杂草	90	34.5	5	0.6
2013-7	杂草	110	34.3	5	0.6
2013-7	杂草	130	34.4	5	0.7
2013-7	杂草	150	34.5	5	0.8
2013-7	杂草	170	34.9	5	0.5
2013-7	杂草	190	36.0	5	0.3

（续）

时间（年-月）	植被类型	探测深度/cm	体积含水量/%	重复数	标准差
2013-7	杂草	210	35.3	5	0.5
2013-7	杂草	230	36.6	5	0.8
2013-7	杂草	250	37.2	5	1.4
2013-7	杂草	270	37.6	5	0.9
2013-9	杂草	10	22.8	2	6.4
2013-9	杂草	20	32.0	2	2.6
2013-9	杂草	30	32.2	2	1.2
2013-9	杂草	40	33.9	2	0.1
2013-9	杂草	50	34.8	2	1.1
2013-9	杂草	70	35.0	2	0.3
2013-9	杂草	90	36.8	2	1.2
2013-9	杂草	110	35.4	2	0.3
2013-9	杂草	130	37.6	2	1.5
2013-9	杂草	150	36.1	2	0.4
2013-9	杂草	170	37.0	2	0.8
2013-9	杂草	190	36.8	2	1.3
2013-9	杂草	210	36.3	2	1.0
2013-9	杂草	230	38.0	2	0.3
2013-9	杂草	250	38.3	2	0.1
2013-9	杂草	270	38.0	2	0.8
2013-10	杂草	10	20.7	2	4.1
2013-10	杂草	20	29.8	2	1.6
2013-10	杂草	30	32.2	2	0.6
2013-10	杂草	40	33.1	2	0.5
2013-10	杂草	50	34.9	2	0.4
2013-10	杂草	70	34.4	2	0.8
2013-10	杂草	90	35.2	2	1.4
2013-10	杂草	110	36.0	2	1.3
2013-10	杂草	130	36.0	2	0.4
2013-10	杂草	150	36.9	2	0.7
2013-10	杂草	170	36.2	2	0.3
2013-10	杂草	190	36.6	2	0.7
2013-10	杂草	210	36.0	2	0.5
2013-10	杂草	230	37.2	2	0.1
2013-10	杂草	250	39.3	2	0.6
2013-10	杂草	270	38.2	2	0.3
2014-4	杂草	10	31.2	5	4.9
2014-4	杂草	20	35.4	5	2.8

（续）

时间（年-月）	植被类型	探测深度/cm	体积含水量/%	重复数	标准差
2014 - 4	杂草	30	39.5	5	1.7
2014 - 4	杂草	40	42.2	5	2.7
2014 - 4	杂草	50	42.9	5	1.2
2014 - 4	杂草	70	40.9	5	0.5
2014 - 4	杂草	90	37.6	5	2.7
2014 - 4	杂草	110	35.8	5	0.9
2014 - 4	杂草	130	35.9	5	0.8
2014 - 4	杂草	150	37.7	5	0.6
2014 - 4	杂草	170	38.3	5	0.4
2014 - 5	杂草	10	24.0	6	8.9
2014 - 5	杂草	20	36.1	6	2.3
2014 - 5	杂草	30	35.0	6	3.0
2014 - 5	杂草	40	38.6	6	1.9
2014 - 5	杂草	50	37.5	6	3.4
2014 - 5	杂草	70	38.9	6	1.9
2014 - 5	杂草	90	37.3	6	0.9
2014 - 5	杂草	110	37.0	6	1.3
2014 - 5	杂草	130	38.1	6	0.9
2014 - 5	杂草	150	38.0	6	0.8
2014 - 5	杂草	170	37.9	6	0.2
2014 - 6	杂草	10	17.3	6	8.8
2014 - 6	杂草	20	29.2	6	4.3
2014 - 6	杂草	30	34.1	6	2.1
2014 - 6	杂草	40	36.6	6	1.8
2014 - 6	杂草	50	35.9	6	1.4
2014 - 6	杂草	70	36.1	6	0.8
2014 - 6	杂草	90	36.0	6	0.4
2014 - 6	杂草	110	36.0	6	1.2
2014 - 6	杂草	130	37.7	6	1.0
2014 - 6	杂草	150	38.1	6	0.7
2014 - 6	杂草	170	37.9	6	0.9
2014 - 7	杂草	10	22.0	4	7.4
2014 - 7	杂草	20	33.2	4	4.8
2014 - 7	杂草	30	36.5	4	5.1
2014 - 7	杂草	40	37.2	4	1.6
2014 - 7	杂草	50	36.8	4	1.2
2014 - 7	杂草	70	36.3	4	1.9
2014 - 7	杂草	90	36.4	4	2.1

（续）

时间（年-月）	植被类型	探测深度/cm	体积含水量/%	重复数	标准差
2014-7	杂草	110	36.7	4	2.6
2014-7	杂草	130	36.3	4	2.1
2014-7	杂草	150	37.9	4	0.5
2014-7	杂草	170	38.1	4	
2014-8	杂草	10	25.0	4	5.6
2014-8	杂草	20	32.7	4	2.5
2014-8	杂草	30	36.4	4	3.2
2014-8	杂草	40	36.8	4	2.7
2014-8	杂草	50	37.8	4	2.9
2014-8	杂草	70	37.8	4	2.8
2014-8	杂草	90	38.8	4	3.3
2014-8	杂草	110	37.3	4	3.2
2014-8	杂草	130	37.7	4	2.8
2014-8	杂草	150	37.6	4	2.9
2014-8	杂草	170	25.0	4	5.6
2014-9	杂草	10	27.4	5	6.0
2014-9	杂草	20	34.1	5	2.7
2014-9	杂草	30	35.9	5	3.3
2014-9	杂草	40	37.6	5	0.8
2014-9	杂草	50	37.4	5	0.7
2014-9	杂草	70	38.5	5	0.8
2014-9	杂草	90	39.6	5	1.2
2014-9	杂草	110	40.6	5	0.4
2014-9	杂草	130	38.8	5	0.7
2014-9	杂草	150	37.3	5	0.6
2014-9	杂草	170	27.4	5	6.0
2014-10	杂草	10	20.1	3	15.9
2014-10	杂草	20	26.2	3	12.4
2014-10	杂草	30	32.8	3	4.9
2014-10	杂草	40	34.7	3	2.7
2014-10	杂草	50	36.7	3	0.8
2014-10	杂草	70	37.9	3	2.2
2014-10	杂草	90	39.3	3	2.4
2014-10	杂草	110	39.2	3	1.2
2014-10	杂草	130	39.0	3	2.2
2014-10	杂草	150	39.0	3	0.7
2014-10	杂草	170	38.7	3	—
2015-4	杂草	10	30.0	1	—

（续）

时间（年-月）	植被类型	探测深度/cm	体积含水量/%	重复数	标准差
2015-4	杂草	20	41.8	1	—
2015-4	杂草	30	44.4	1	—
2015-4	杂草	40	45.0	1	—
2015-4	杂草	50	42.3	1	—
2015-4	杂草	70	39.9	1	—
2015-4	杂草	90	38.1	1	—
2015-4	杂草	110	33.7	1	—
2015-4	杂草	130	34.9	1	—
2015-4	杂草	150	35.8	1	—
2015-4	杂草	170	30.0	1	—
2015-5	杂草	10	29.3	6	7.5
2015-5	杂草	20	34.5	6	12.3
2015-5	杂草	30	40.4	6	5.9
2015-5	杂草	40	41.5	6	3.0
2015-5	杂草	50	41.7	6	1.6
2015-5	杂草	70	39.9	6	1.1
2015-5	杂草	90	39.0	6	1.3
2015-5	杂草	110	37.8	6	3.2
2015-5	杂草	130	36.9	6	1.5
2015-5	杂草	150	36.6	6	1.7
2015-5	杂草	170	34.7	6	1.8
2015-6	杂草	10	20.2	6	3.2
2015-6	杂草	20	31.4	6	1.8
2015-6	杂草	30	34.2	6	0.9
2015-6	杂草	40	37.1	6	1.7
2015-6	杂草	50	37.1	6	1.4
2015-6	杂草	70	36.0	6	0.9
2015-6	杂草	90	35.3	6	0.7
2015-6	杂草	110	36.3	6	0.7
2015-6	杂草	130	37.3	6	0.8
2015-6	杂草	150	37.4	6	0.9
2015-6	杂草	170	38.6	6	—
2015-7	杂草	10	11.0	6	5.4
2015-7	杂草	20	22.9	6	3.6
2015-7	杂草	30	28.9	6	2.6
2015-7	杂草	40	33.5	6	1.5
2015-7	杂草	50	35.1	6	0.7
2015-7	杂草	70	35.3	6	0.8

（续）

时间（年-月）	植被类型	探测深度/cm	体积含水量/%	重复数	标准差
2015-7	杂草	90	35.1	6	0.8
2015-7	杂草	110	34.4	6	0.7
2015-7	杂草	130	35.8	6	0.6
2015-7	杂草	150	37.3	6	1.0
2015-7	杂草	170	11.0	6	5.4
2015-8	杂草	10	20.4	6	10.9
2015-8	杂草	20	27.2	6	6.5
2015-8	杂草	30	30.8	6	2.7
2015-8	杂草	40	33.3	6	2.2
2015-8	杂草	50	34.3	6	1.5
2015-8	杂草	70	34.6	6	1.1
2015-8	杂草	90	34.3	6	0.9
2015-8	杂草	110	34.9	6	0.5
2015-8	杂草	130	35.1	6	0.5
2015-8	杂草	150	35.7	6	0.5
2015-8	杂草	170	36.0	6	—
2015-9	杂草	10	13.5	5	3.1
2015-9	杂草	20	23.2	5	1.2
2015-9	杂草	30	28.6	5	0.9
2015-9	杂草	40	33.0	5	0.5
2015-9	杂草	50	34.0	5	1.1
2015-9	杂草	70	34.1	5	1.0
2015-9	杂草	90	34.3	5	0.5
2015-9	杂草	110	33.9	5	0.5
2015-9	杂草	130	34.5	5	1.2
2015-9	杂草	150	36.8	5	0.2
2015-9	杂草	170	13.5	5	3.1
2015-10	杂草	10	21.0	3	1.1
2015-10	杂草	20	26.4	3	0.8
2015-10	杂草	30	27.6	3	2.5
2015-10	杂草	40	30.2	3	3.3
2015-10	杂草	50	29.9	3	6.8
2015-10	杂草	70	30.6	3	5.3
2015-10	杂草	90	31.3	3	5.2
2015-10	杂草	110	32.7	3	1.4
2015-10	杂草	130	34.2	3	1.2
2015-10	杂草	150	36.4	3	0.3
2015-10	杂草	170	21.0	3	1.1

表 3 - 129 水肥耦合长期定位试验辅助观测场土壤质量含水量观测数据

时间（年-月）	样点编号	采样层次/cm	质量含水量/%	
2009 - 5	HLAFZ03CHG_01_01	10	26.1	24.6
2009 - 5	HLAFZ03CHG_01_01	20	31.0	29.6
2009 - 5	HLAFZ03CHG_01_01	30	28.8	30.7
2009 - 5	HLAFZ03CHG_01_01	40	30.9	29.9
2009 - 5	HLAFZ03CHG_01_01	50	32.2	32.0
2009 - 5	HLAFZ03CHG_01_01	70	32.0	32.4
2009 - 5	HLAFZ03CHG_01_01	90	—	—
2009 - 6	HLAFZ03CHG_01_01	10	27.8	28.1
2009 - 6	HLAFZ03CHG_01_01	20	30.4	30.4
2009 - 6	HLAFZ03CHG_01_01	30	29.8	28.8
2009 - 6	HLAFZ03CHG_01_01	40	29.1	29.7
2009 - 6	HLAFZ03CHG_01_01	50	29.4	29.1
2009 - 6	HLAFZ03CHG_01_01	70	28.7	32.4
2009 - 6	HLAFZ03CHG_01_01	90	27.6	27.2
2009 - 7	HLAFZ03CHG_01_01	10	30.4	31.5
2009 - 7	HLAFZ03CHG_01_01	20	33.3	32.4
2009 - 7	HLAFZ03CHG_01_01	30	32.4	32.0
2009 - 7	HLAFZ03CHG_01_01	40	32.8	32.6
2009 - 7	HLAFZ03CHG_01_01	50	31.9	32.6
2009 - 7	HLAFZ03CHG_01_01	70	31.0	30.5
2009 - 7	HLAFZ03CHG_01_01	90	31.2	30.1
2009 - 8	HLAFZ03CHG_01_01	10	20.6	20.5
2009 - 8	HLAFZ03CHG_01_01	20	21.6	24.5
2009 - 8	HLAFZ03CHG_01_01	30	22.9	23.1
2009 - 8	HLAFZ03CHG_01_01	40	22.5	25.2
2009 - 8	HLAFZ03CHG_01_01	50	25.7	25.1
2009 - 8	HLAFZ03CHG_01_01	70	25.8	26.5
2009 - 8	HLAFZ03CHG_01_01	90	27.1	26.7
2009 - 9	HLAFZ03CHG_01_01	10	23.1	23.5
2009 - 9	HLAFZ03CHG_01_01	20	27.8	23.7
2009 - 9	HLAFZ03CHG_01_01	30	24.6	24.2
2009 - 9	HLAFZ03CHG_01_01	40	28.0	27.1
2009 - 9	HLAFZ03CHG_01_01	50	30.2	29.8
2009 - 9	HLAFZ03CHG_01_01	70	30.6	30.9
2009 - 9	HLAFZ03CHG_01_01	90	28.7	29.5
2009 - 10	HLAFZ03CHG_01_01	10	20.2	22.9
2009 - 10	HLAFZ03CHG_01_01	20	20.9	21.3
2009 - 10	HLAFZ03CHG_01_01	30	24.2	22.7
2009 - 10	HLAFZ03CHG_01_01	40	30.9	28.1

（续）

时间（年-月）	样点编号	采样层次/cm	质量含水量/%	
2009-10	HLAFZ03CHG_01_01	50	27.5	29.0
2009-10	HLAFZ03CHG_01_01	70	26.5	27.1
2009-10	HLAFZ03CHG_01_01	90	27.5	27.2
2009-5	HLAFZ03CHG_01_02	10	28.1	27.0
2009-5	HLAFZ03CHG_01_02	20	30.7	28.5
2009-5	HLAFZ03CHG_01_02	30	28.0	28.0
2009-5	HLAFZ03CHG_01_02	40	30.8	29.9
2009-5	HLAFZ03CHG_01_02	50	32.5	30.9
2009-5	HLAFZ03CHG_01_02	70	28.8	28.9
2009-5	HLAFZ03CHG_01_02	90	0.0	0.0
2009-6	HLAFZ03CHG_01_02	10	34.9	33.2
2009-6	HLAFZ03CHG_01_02	20	31.9	34.7
2009-6	HLAFZ03CHG_01_02	30	28.8	28.5
2009-6	HLAFZ03CHG_01_02	40	31.0	29.8
2009-6	HLAFZ03CHG_01_02	50	28.1	25.8
2009-6	HLAFZ03CHG_01_02	70	27.5	28.0
2009-6	HLAFZ03CHG_01_02	90	26.7	26.3
2009-7	HLAFZ03CHG_01_02	10	31.7	32.1
2009-7	HLAFZ03CHG_01_02	20	33.6	33.4
2009-7	HLAFZ03CHG_01_02	30	30.3	31.5
2009-7	HLAFZ03CHG_01_02	40	33.0	33.2
2009-7	HLAFZ03CHG_01_02	50	32.8	34.4
2009-7	HLAFZ03CHG_01_02	70	33.1	31.9
2009-7	HLAFZ03CHG_01_02	90	29.9	29.1
2009-8	HLAFZ03CHG_01_02	10	15.8	21.1
2009-8	HLAFZ03CHG_01_02	20	22.6	21.4
2009-8	HLAFZ03CHG_01_02	30	21.8	22.6
2009-8	HLAFZ03CHG_01_02	40	23.3	23.4
2009-8	HLAFZ03CHG_01_02	50	21.6	24.0
2009-8	HLAFZ03CHG_01_02	70	23.9	24.3
2009-8	HLAFZ03CHG_01_02	90	25.5	25.8
2009-9	HLAFZ03CHG_01_02	10	29.4	29.5
2009-9	HLAFZ03CHG_01_02	20	27.6	27.5
2009-9	HLAFZ03CHG_01_02	30	28.4	29.1
2009-9	HLAFZ03CHG_01_02	40	29.8	28.2

（续）

时间（年-月）	样点编号	采样层次/cm	质量含水量/%	
2009-9	HLAFZ03CHG_01_02	50	29.2	30.1
2009-9	HLAFZ03CHG_01_02	70	28.5	29.4
2009-9	HLAFZ03CHG_01_02	90	28.6	27.8
2009-10	HLAFZ03CHG_01_02	10	24.5	17.7
2009-10	HLAFZ03CHG_01_02	20	25.0	24.7
2009-10	HLAFZ03CHG_01_02	30	25.6	25.7
2009-10	HLAFZ03CHG_01_02	40	28.9	27.9
2009-10	HLAFZ03CHG_01_02	50	27.6	28.0
2009-10	HLAFZ03CHG_01_02	70	27.8	28.0
2009-10	HLAFZ03CHG_01_02	90	26.5	28.0
2009-5	HLAFZ03CHG_01_03	10	32.6	32.6
2009-5	HLAFZ03CHG_01_03	20	29.9	33.0
2009-5	HLAFZ03CHG_01_03	30	27.6	28.2
2009-5	HLAFZ03CHG_01_03	40	31.9	31.0
2009-5	HLAFZ03CHG_01_03	50	27.3	29.2
2009-5	HLAFZ03CHG_01_03	70	27.9	27.1
2009-5	HLAFZ03CHG_01_03	90	0.0	0.0
2009-6	HLAFZ03CHG_01_03	10	35.5	33.3
2009-6	HLAFZ03CHG_01_03	20	32.7	32.7
2009-6	HLAFZ03CHG_01_03	30	29.0	28.1
2009-6	HLAFZ03CHG_01_03	40	29.3	32.2
2009-6	HLAFZ03CHG_01_03	50	29.7	27.3
2009-6	HLAFZ03CHG_01_03	70	28.5	27.9
2009-6	HLAFZ03CHG_01_03	90	26.1	26.9
2009-7	HLAFZ03CHG_01_03	10	27.5	28.4
2009-7	HLAFZ03CHG_01_03	20	30.4	29.3
2009-7	HLAFZ03CHG_01_03	30	29.4	29.5
2009-7	HLAFZ03CHG_01_03	40	31.9	31.4
2009-7	HLAFZ03CHG_01_03	50	30.8	31.7
2009-7	HLAFZ03CHG_01_03	70	31.9	32.6
2009-7	HLAFZ03CHG_01_03	90	32.4	33.3
2009-8	HLAFZ03CHG_01_03	10	26.9	25.0
2009-8	HLAFZ03CHG_01_03	20	24.6	25.7
2009-8	HLAFZ03CHG_01_03	30	23.4	22.7
2009-8	HLAFZ03CHG_01_03	40	25.5	30.1

（续）

时间（年-月）	样点编号	采样层次/cm	质量含水量/%	
2009 - 8	HLAFZ03CHG _ 01 _ 03	50	28.2	29.9
2009 - 8	HLAFZ03CHG _ 01 _ 03	70	25.3	26.3
2009 - 8	HLAFZ03CHG _ 01 _ 03	90	26.2	25.8
2009 - 9	HLAFZ03CHG _ 01 _ 03	10	30.1	29.7
2009 - 9	HLAFZ03CHG _ 01 _ 03	20	29.9	27.9
2009 - 9	HLAFZ03CHG _ 01 _ 03	30	29.6	30.0
2009 - 9	HLAFZ03CHG _ 01 _ 03	40	28.7	29.5
2009 - 9	HLAFZ03CHG _ 01 _ 03	50	26.9	29.8
2009 - 9	HLAFZ03CHG _ 01 _ 03	70	28.0	27.0
2009 - 9	HLAFZ03CHG _ 01 _ 03	90	26.4	29.4
2009 - 10	HLAFZ03CHG _ 01 _ 03	10	27.2	25.0
2009 - 10	HLAFZ03CHG _ 01 _ 03	20	26.0	23.3
2009 - 10	HLAFZ03CHG _ 01 _ 03	30	26.7	25.8
2009 - 10	HLAFZ03CHG _ 01 _ 03	40	28.9	31.2
2009 - 10	HLAFZ03CHG _ 01 _ 03	50	27.0	26.8
2009 - 10	HLAFZ03CHG _ 01 _ 03	70	25.6	26.0
2009 - 10	HLAFZ03CHG _ 01 _ 03	90	24.9	25.1
2009 - 5	HLAFZ03CHG _ 01 _ 04	10	26.4	26.6
2009 - 5	HLAFZ03CHG _ 01 _ 04	20	28.0	24.4
2009 - 5	HLAFZ03CHG _ 01 _ 04	30	27.9	26.8
2009 - 5	HLAFZ03CHG _ 01 _ 04	40	29.4	27.4
2009 - 5	HLAFZ03CHG _ 01 _ 04	50	30.7	30.8
2009 - 5	HLAFZ03CHG _ 01 _ 04	70	29.5	28.5
2009 - 5	HLAFZ03CHG _ 01 _ 04	90	—	—
2009 - 6	HLAFZ03CHG _ 01 _ 04	10	31.1	23.9
2009 - 6	HLAFZ03CHG _ 01 _ 04	20	31.1	30.6
2009 - 6	HLAFZ03CHG _ 01 _ 04	30	28.3	27.9
2009 - 6	HLAFZ03CHG _ 01 _ 04	40	31.1	30.9
2009 - 6	HLAFZ03CHG _ 01 _ 04	50	28.4	28.5
2009 - 6	HLAFZ03CHG _ 01 _ 04	70	29.1	28.5
2009 - 6	HLAFZ03CHG _ 01 _ 04	90	26.0	26.8
2009 - 7	HLAFZ03CHG _ 01 _ 04	10	28.0	30.7
2009 - 7	HLAFZ03CHG _ 01 _ 04	20	31.4	31.9
2009 - 7	HLAFZ03CHG _ 01 _ 04	30	32.7	35.6
2009 - 7	HLAFZ03CHG _ 01 _ 04	40	32.9	28.9

（续）

时间（年-月）	样点编号	采样层次/cm	质量含水量/%	
2009-7	HLAFZ03CHG_01_04	50	31.7	30.7
2009-7	HLAFZ03CHG_01_04	70	27.3	33.5
2009-7	HLAFZ03CHG_01_04	90	31.1	30.7
2009-8	HLAFZ03CHG_01_04	10	17.8	20.0
2009-8	HLAFZ03CHG_01_04	20	19.9	23.7
2009-8	HLAFZ03CHG_01_04	30	22.2	24.3
2009-8	HLAFZ03CHG_01_04	40	24.8	25.9
2009-8	HLAFZ03CHG_01_04	50	24.9	25.6
2009-8	HLAFZ03CHG_01_04	70	26.5	26.8
2009-8	HLAFZ03CHG_01_04	90	27.4	27.2
2009-9	HLAFZ03CHG_01_04	10	29.7	27.3
2009-9	HLAFZ03CHG_01_04	20	31.2	30.5
2009-9	HLAFZ03CHG_01_04	30	27.3	28.3
2009-9	HLAFZ03CHG_01_04	40	31.5	28.2
2009-9	HLAFZ03CHG_01_04	50	28.1	28.7
2009-9	HLAFZ03CHG_01_04	70	26.4	27.2
2009-9	HLAFZ03CHG_01_04	90	26.5	26.4
2009-10	HLAFZ03CHG_01_04	10	19.1	17.3
2009-10	HLAFZ03CHG_01_04	20	22.2	23.8
2009-10	HLAFZ03CHG_01_04	30	27.4	25.4
2009-10	HLAFZ03CHG_01_04	40	28.8	29.9
2009-10	HLAFZ03CHG_01_04	50	27.3	27.2
2009-10	HLAFZ03CHG_01_04	70	25.3	26.2
2009-10	HLAFZ03CHG_01_04	90	24.8	25.5
2009-5	HLAFZ03CHG_01_05	10	27.7	25.5
2009-5	HLAFZ03CHG_01_05	20	27.6	27.7
2009-5	HLAFZ03CHG_01_05	30	28.3	28.3
2009-5	HLAFZ03CHG_01_05	40	33.2	31.3
2009-5	HLAFZ03CHG_01_05	50	28.0	30.1
2009-5	HLAFZ03CHG_01_05	70	28.6	29.2
2009-5	HLAFZ03CHG_01_05	90	—	—
2009-6	HLAFZ03CHG_01_05	10	36.3	34.7
2009-6	HLAFZ03CHG_01_05	20	29.2	30.1
2009-6	HLAFZ03CHG_01_05	30	27.3	28.3
2009-6	HLAFZ03CHG_01_05	40	30.3	30.8

（续）

时间（年-月）	样点编号	采样层次/cm	质量含水量/%	
2009-6	HLAFZ03CHG_01_05	50	28.2	28.6
2009-6	HLAFZ03CHG_01_05	70	27.6	25.1
2009-6	HLAFZ03CHG_01_05	90	26.5	26.9
2009-7	HLAFZ03CHG_01_05	10	33.5	29.4
2009-7	HLAFZ03CHG_01_05	20	32.9	31.0
2009-7	HLAFZ03CHG_01_05	30	29.2	31.4
2009-7	HLAFZ03CHG_01_05	40	32.2	30.7
2009-7	HLAFZ03CHG_01_05	50	33.5	32.2
2009-7	HLAFZ03CHG_01_05	70	32.7	31.2
2009-7	HLAFZ03CHG_01_05	90	32.3	30.0
2009-8	HLAFZ03CHG_01_05	10	23.2	25.6
2009-8	HLAFZ03CHG_01_05	20	24.0	24.3
2009-8	HLAFZ03CHG_01_05	30	26.1	27.8
2009-8	HLAFZ03CHG_01_05	40	26.0	26.5
2009-8	HLAFZ03CHG_01_05	50	26.4	26.4
2009-8	HLAFZ03CHG_01_05	70	24.0	27.8
2009-8	HLAFZ03CHG_01_05	90	24.9	25.5
2009-9	HLAFZ03CHG_01_05	10	29.2	25.4
2009-9	HLAFZ03CHG_01_05	20	25.1	27.5
2009-9	HLAFZ03CHG_01_05	30	29.0	27.5
2009-9	HLAFZ03CHG_01_05	40	27.4	26.1
2009-9	HLAFZ03CHG_01_05	50	27.2	27.8
2009-9	HLAFZ03CHG_01_05	70	26.5	24.3
2009-9	HLAFZ03CHG_01_05	90	24.4	25.7
2009-10	HLAFZ03CHG_01_05	10	22.8	20.6
2009-10	HLAFZ03CHG_01_05	20	24.9	22.8
2009-10	HLAFZ03CHG_01_05	30	26.4	26.1
2009-10	HLAFZ03CHG_01_05	40	26.8	26.9
2009-10	HLAFZ03CHG_01_05	50	27.2	26.5
2009-10	HLAFZ03CHG_01_05	70	26.4	27.3
2009-10	HLAFZ03CHG_01_05	90	26.9	28.2
2009-5	HLAFZ03CHG_01_06	10	27.7	27.4
2009-5	HLAFZ03CHG_01_06	20	27.6	30.9
2009-5	HLAFZ03CHG_01_06	30	28.3	27.8
2009-5	HLAFZ03CHG_01_06	40	33.2	29.2

（续）

时间（年-月）	样点编号	采样层次/cm	质量含水量/%	
2009 - 5	HLAFZ03CHG _ 01 _ 06	50	28.0	29.9
2009 - 5	HLAFZ03CHG _ 01 _ 06	70	28.6	28.7
2009 - 5	HLAFZ03CHG _ 01 _ 06	90	—	—
2009 - 6	HLAFZ03CHG _ 01 _ 06	10	33.2	31.8
2009 - 6	HLAFZ03CHG _ 01 _ 06	20	30.0	30.4
2009 - 6	HLAFZ03CHG _ 01 _ 06	30	28.5	28.4
2009 - 6	HLAFZ03CHG _ 01 _ 06	40	29.5	29.2
2009 - 6	HLAFZ03CHG _ 01 _ 06	50	29.7	29.1
2009 - 6	HLAFZ03CHG _ 01 _ 06	70	29.4	30.6
2009 - 6	HLAFZ03CHG _ 01 _ 06	90	27.9	28.9
2009 - 7	HLAFZ03CHG _ 01 _ 06	10	32.8	35.6
2009 - 7	HLAFZ03CHG _ 01 _ 06	20	34.8	34.4
2009 - 7	HLAFZ03CHG _ 01 _ 06	30	31.4	34.3
2009 - 7	HLAFZ03CHG _ 01 _ 06	40	30.9	31.0
2009 - 7	HLAFZ03CHG _ 01 _ 06	50	31.3	32.0
2009 - 7	HLAFZ03CHG _ 01 _ 06	70	31.6	29.9
2009 - 7	HLAFZ03CHG _ 01 _ 06	90	30.7	—
2009 - 8	HLAFZ03CHG _ 01 _ 06	10	20.6	22.5
2009 - 8	HLAFZ03CHG _ 01 _ 06	20	22.9	22.8
2009 - 8	HLAFZ03CHG _ 01 _ 06	30	23.2	23.4
2009 - 8	HLAFZ03CHG _ 01 _ 06	40	22.2	23.7
2009 - 8	HLAFZ03CHG _ 01 _ 06	50	22.5	23.2
2009 - 8	HLAFZ03CHG _ 01 _ 06	70	24.0	24.8
2009 - 8	HLAFZ03CHG _ 01 _ 06	90	25.9	25.9
2009 - 9	HLAFZ03CHG _ 01 _ 06	10	26.2	24.6
2009 - 9	HLAFZ03CHG _ 01 _ 06	20	27.9	27.2
2009 - 9	HLAFZ03CHG _ 01 _ 06	30	26.4	26.5
2009 - 9	HLAFZ03CHG _ 01 _ 06	40	25.6	26.5
2009 - 9	HLAFZ03CHG _ 01 _ 06	50	25.2	25.4
2009 - 9	HLAFZ03CHG _ 01 _ 06	70	24.5	25.1
2009 - 9	HLAFZ03CHG _ 01 _ 06	90	24.3	24.1
2009 - 10	HLAFZ03CHG _ 01 _ 06	10	28.4	23.9
2009 - 10	HLAFZ03CHG _ 01 _ 06	20	27.2	27.8
2009 - 10	HLAFZ03CHG _ 01 _ 06	30	25.8	20.5
2009 - 10	HLAFZ03CHG _ 01 _ 06	40	27.9	25.6

（续）

时间（年-月）	样点编号	采样层次/cm	质量含水量/%	
2009-10	HLAFZ03CHG_01_06	50	26.3	25.8
2009-10	HLAFZ03CHG_01_06	70	26.2	26.4
2009-10	HLAFZ03CHG_01_06	90	26.6	26.5
2009-5	HLAFZ03CHG_01_07	10	24.1	22.3
2009-5	HLAFZ03CHG_01_07	20	27.0	25.5
2009-5	HLAFZ03CHG_01_07	30	27.8	27.3
2009-5	HLAFZ03CHG_01_07	40	31.4	29.4
2009-5	HLAFZ03CHG_01_07	50	30.7	31.8
2009-5	HLAFZ03CHG_01_07	70	28.9	29.5
2009-5	HLAFZ03CHG_01_07	90	—	—
2009-6	HLAFZ03CHG_01_07	10	20.8	24.6
2009-6	HLAFZ03CHG_01_07	20	28.6	28.7
2009-6	HLAFZ03CHG_01_07	30	30.9	27.5
2009-6	HLAFZ03CHG_01_07	40	31.2	30.7
2009-6	HLAFZ03CHG_01_07	50	29.1	29.6
2009-6	HLAFZ03CHG_01_07	70	27.4	31.9
2009-6	HLAFZ03CHG_01_07	90	30.1	27.0
2009-7	HLAFZ03CHG_01_07	10	31.4	31.2
2009-7	HLAFZ03CHG_01_07	20	30.2	29.9
2009-7	HLAFZ03CHG_01_07	30	30.9	32.5
2009-7	HLAFZ03CHG_01_07	40	30.5	31.0
2009-7	HLAFZ03CHG_01_07	50	31.9	31.3
2009-7	HLAFZ03CHG_01_07	70	30.9	30.0
2009-7	HLAFZ03CHG_01_07	90	29.9	28.4
2009-8	HLAFZ03CHG_01_07	10	19.9	18.5
2009-8	HLAFZ03CHG_01_07	20	21.6	22.2
2009-8	HLAFZ03CHG_01_07	30	23.1	24.0
2009-8	HLAFZ03CHG_01_07	40	24.3	24.5
2009-8	HLAFZ03CHG_01_07	50	24.7	24.8
2009-8	HLAFZ03CHG_01_07	70	24.3	25.7
2009-8	HLAFZ03CHG_01_07	90	24.6	25.0
2009-9	HLAFZ03CHG_01_07	10	26.3	22.6
2009-9	HLAFZ03CHG_01_07	20	26.0	25.5
2009-9	HLAFZ03CHG_01_07	30	26.4	24.5
2009-9	HLAFZ03CHG_01_07	40	27.2	28.0

（续）

时间（年-月）	样点编号	采样层次/cm	质量含水量/%	
2009 - 9	HLAFZ03CHG _ 01 _ 07	50	23.8	24.6
2009 - 9	HLAFZ03CHG _ 01 _ 07	70	24.6	24.7
2009 - 9	HLAFZ03CHG _ 01 _ 07	90	25.9	25.7
2009 - 10	HLAFZ03CHG _ 01 _ 07	10	17.9	16.7
2009 - 10	HLAFZ03CHG _ 01 _ 07	20	22.9	21.0
2009 - 10	HLAFZ03CHG _ 01 _ 07	30	25.3	27.1
2009 - 10	HLAFZ03CHG _ 01 _ 07	40	27.7	28.2
2009 - 10	HLAFZ03CHG _ 01 _ 07	50	26.8	26.7
2009 - 10	HLAFZ03CHG _ 01 _ 07	70	26.2	26.0
2009 - 10	HLAFZ03CHG _ 01 _ 07	90	25.5	25.8
2009 - 5	HLAFZ03CHG _ 01 _ 08	10	27.1	24.3
2009 - 5	HLAFZ03CHG _ 01 _ 08	20	26.1	28.9
2009 - 5	HLAFZ03CHG _ 01 _ 08	30	28.3	26.7
2009 - 5	HLAFZ03CHG _ 01 _ 08	40	29.2	28.5
2009 - 5	HLAFZ03CHG _ 01 _ 08	50	28.0	29.0
2009 - 5	HLAFZ03CHG _ 01 _ 08	70	27.5	27.8
2009 - 5	HLAFZ03CHG _ 01 _ 08	90	—	—
2009 - 6	HLAFZ03CHG _ 01 _ 08	10	28.3	29.0
2009 - 6	HLAFZ03CHG _ 01 _ 08	20	31.2	30.3
2009 - 6	HLAFZ03CHG _ 01 _ 08	30	28.7	28.8
2009 - 6	HLAFZ03CHG _ 01 _ 08	40	29.7	29.4
2009 - 6	HLAFZ03CHG _ 01 _ 08	50	31.1	30.9
2009 - 6	HLAFZ03CHG _ 01 _ 08	70	28.7	29.4
2009 - 6	HLAFZ03CHG _ 01 _ 08	90	28.5	28.0
2009 - 7	HLAFZ03CHG _ 01 _ 08	10	30.0	30.2
2009 - 7	HLAFZ03CHG _ 01 _ 08	20	29.0	29.5
2009 - 7	HLAFZ03CHG _ 01 _ 08	30	29.3	28.6
2009 - 7	HLAFZ03CHG _ 01 _ 08	40	30.5	30.9
2009 - 7	HLAFZ03CHG _ 01 _ 08	50	30.5	30.2
2009 - 7	HLAFZ03CHG _ 01 _ 08	70	29.2	29.3
2009 - 7	HLAFZ03CHG _ 01 _ 08	90	28.4	28.6
2009 - 8	HLAFZ03CHG _ 01 _ 08	10	17.9	18.8
2009 - 8	HLAFZ03CHG _ 01 _ 08	20	21.6	22.8
2009 - 8	HLAFZ03CHG _ 01 _ 08	30	23.0	23.3
2009 - 8	HLAFZ03CHG _ 01 _ 08	40	25.1	25.4

（续）

时间（年-月）	样点编号	采样层次/cm	质量含水量/%	
2009-8	HLAFZ03CHG_01_08	50	24.8	25.1
2009-8	HLAFZ03CHG_01_08	70	24.8	25.3
2009-8	HLAFZ03CHG_01_08	90	24.6	24.7
2009-9	HLAFZ03CHG_01_08	10	26.9	29.9
2009-9	HLAFZ03CHG_01_08	20	23.8	26.3
2009-9	HLAFZ03CHG_01_08	30	46.7	25.6
2009-9	HLAFZ03CHG_01_08	40	28.2	28.3
2009-9	HLAFZ03CHG_01_08	50	27.1	28.2
2009-9	HLAFZ03CHG_01_08	70	25.9	26.1
2009-9	HLAFZ03CHG_01_08	90	26.5	26.4
2009-10	HLAFZ03CHG_01_08	10	22.4	20.8
2009-10	HLAFZ03CHG_01_08	20	22.5	24.1
2009-10	HLAFZ03CHG_01_08	30	25.9	25.6
2009-10	HLAFZ03CHG_01_08	40	27.1	26.8
2009-10	HLAFZ03CHG_01_08	50	26.6	26.9
2009-10	HLAFZ03CHG_01_08	70	26.3	26.4
2009-10	HLAFZ03CHG_01_08	90	25.0	26.1
2009-5	HLAFZ03CHG_01_09	10	22.1	16.6
2009-5	HLAFZ03CHG_01_09	20	27.1	26.4
2009-5	HLAFZ03CHG_01_09	30	29.4	30.0
2009-5	HLAFZ03CHG_01_09	40	27.8	27.2
2009-5	HLAFZ03CHG_01_09	50	26.8	27.1
2009-5	HLAFZ03CHG_01_09	70	26.6	26.8
2009-5	HLAFZ03CHG_01_09	90	—	—
2009-6	HLAFZ03CHG_01_09	10	28.1	28.0
2009-6	HLAFZ03CHG_01_09	20	29.3	29.6
2009-6	HLAFZ03CHG_01_09	30	29.7	29.2
2009-6	HLAFZ03CHG_01_09	40	31.2	29.5
2009-6	HLAFZ03CHG_01_09	50	30.1	0.8
2009-6	HLAFZ03CHG_01_09	70	28.2	28.7
2009-6	HLAFZ03CHG_01_09	90	28.1	28.9
2009-7	HLAFZ03CHG_01_09	10	29.2	25.4
2009-7	HLAFZ03CHG_01_09	20	31.6	26.8
2009-7	HLAFZ03CHG_01_09	30	30.9	30.9
2009-7	HLAFZ03CHG_01_09	40	31.3	42.8

（续）

时间（年-月）	样点编号	采样层次/cm	质量含水量/%	
2009-7	HLAFZ03CHG_01_09	50	30.6	29.7
2009-7	HLAFZ03CHG_01_09	70	30.1	29.0
2009-7	HLAFZ03CHG_01_09	90	29.7	29.5
2009-8	HLAFZ03CHG_01_09	10	31.3	26.4
2009-8	HLAFZ03CHG_01_09	20	—	22.3
2009-8	HLAFZ03CHG_01_09	30	27.4	25.2
2009-8	HLAFZ03CHG_01_09	40	26.4	26.9
2009-8	HLAFZ03CHG_01_09	50	26.7	26.3
2009-8	HLAFZ03CHG_01_09	70	26.9	27.1
2009-8	HLAFZ03CHG_01_09	90	26.8	27.0
2009-9	HLAFZ03CHG_01_09	10	28.4	26.7
2009-9	HLAFZ03CHG_01_09	20	29.7	28.7
2009-9	HLAFZ03CHG_01_09	30	31.9	29.1
2009-9	HLAFZ03CHG_01_09	40	28.6	30.5
2009-9	HLAFZ03CHG_01_09	50	27.3	29.2
2009-9	HLAFZ03CHG_01_09	70	28.5	28.5
2009-9	HLAFZ03CHG_01_09	90	28.8	28.4
2009-10	HLAFZ03CHG_01_09	10	22.1	24.8
2009-10	HLAFZ03CHG_01_09	20	26.4	25.6
2009-10	HLAFZ03CHG_01_09	30	27.4	28.6
2009-10	HLAFZ03CHG_01_09	40	26.6	29.1
2009-10	HLAFZ03CHG_01_09	50	26.6	25.2
2009-10	HLAFZ03CHG_01_09	70	27.3	26.6
2009-10	HLAFZ03CHG_01_09	90	22.4	25.4
2009-5	HLAFZ03CHG_01_10	10	23.3	24.8
2009-5	HLAFZ03CHG_01_10	20	23.9	25.0
2009-5	HLAFZ03CHG_01_10	30	29.1	28.0
2009-5	HLAFZ03CHG_01_10	40	27.0	28.7
2009-5	HLAFZ03CHG_01_10	50	28.8	28.4
2009-5	HLAFZ03CHG_01_10	70	29.5	28.4
2009-5	HLAFZ03CHG_01_10	90	—	—
2009-6	HLAFZ03CHG_01_10	10	28.9	24.3
2009-6	HLAFZ03CHG_01_10	20	29.4	29.2
2009-6	HLAFZ03CHG_01_10	30	30.3	29.7
2009-6	HLAFZ03CHG_01_10	40	30.0	30.0

（续）

时间（年-月）	样点编号	采样层次/cm	质量含水量/%	
2009-6	HLAFZ03CHG_01_10	50	29.3	28.7
2009-6	HLAFZ03CHG_01_10	70	27.6	28.3
2009-6	HLAFZ03CHG_01_10	90	27.4	27.8
2009-7	HLAFZ03CHG_01_10	10	29.4	27.8
2009-7	HLAFZ03CHG_01_10	20	30.0	29.8
2009-7	HLAFZ03CHG_01_10	30	29.6	28.9
2009-7	HLAFZ03CHG_01_10	40	29.7	30.8
2009-7	HLAFZ03CHG_01_10	50	29.9	28.9
2009-7	HLAFZ03CHG_01_10	70	30.5	30.7
2009-7	HLAFZ03CHG_01_10	90	30.5	29.9
2009-8	HLAFZ03CHG_01_10	10	27.4	27.9
2009-8	HLAFZ03CHG_01_10	20	21.2	22.2
2009-8	HLAFZ03CHG_01_10	30	23.3	23.6
2009-8	HLAFZ03CHG_01_10	40	25.1	25.9
2009-8	HLAFZ03CHG_01_10	50	26.0	26.5
2009-8	HLAFZ03CHG_01_10	70	25.7	26.3
2009-8	HLAFZ03CHG_01_10	90	26.4	22.9
2009-9	HLAFZ03CHG_01_10	10	26.5	28.2
2009-9	HLAFZ03CHG_01_10	20	24.3	27.8
2009-9	HLAFZ03CHG_01_10	30	27.7	23.5
2009-9	HLAFZ03CHG_01_10	40	26.0	27.6
2009-9	HLAFZ03CHG_01_10	50	25.8	24.1
2009-9	HLAFZ03CHG_01_10	70	27.2	25.2
2009-9	HLAFZ03CHG_01_10	90	25.9	26.2
2009-10	HLAFZ03CHG_01_10	10	25.7	22.7
2009-10	HLAFZ03CHG_01_10	20	26.1	26.8
2009-10	HLAFZ03CHG_01_10	30	23.9	26.6
2009-10	HLAFZ03CHG_01_10	40	27.6	27.7
2009-10	HLAFZ03CHG_01_10	50	26.3	26.5
2009-10	HLAFZ03CHG_01_10	70	26.0	25.4
2009-10	HLAFZ03CHG_01_10	90	26.2	26.4
2009-5	HLAFZ03CHG_01_11	10	23.7	29.0
2009-5	HLAFZ03CHG_01_11	20	26.7	29.2
2009-5	HLAFZ03CHG_01_11	30	25.1	28.7
2009-5	HLAFZ03CHG_01_11	40	29.4	28.0

（续）

时间（年-月）	样点编号	采样层次/cm	质量含水量/%	
2009 - 5	HLAFZ03CHG _ 01 _ 11	50	26.9	30.1
2009 - 5	HLAFZ03CHG _ 01 _ 11	70	25.0	30.2
2009 - 5	HLAFZ03CHG _ 01 _ 11	90	—	—
2009 - 6	HLAFZ03CHG _ 01 _ 11	10	29.4	26.0
2009 - 6	HLAFZ03CHG _ 01 _ 11	20	30.1	29.9
2009 - 6	HLAFZ03CHG _ 01 _ 11	30	31.3	30.3
2009 - 6	HLAFZ03CHG _ 01 _ 11	40	28.2	29.8
2009 - 6	HLAFZ03CHG _ 01 _ 11	50	26.6	21.8
2009 - 6	HLAFZ03CHG _ 01 _ 11	70	26.4	26.1
2009 - 6	HLAFZ03CHG _ 01 _ 11	90	27.6	27.9
2009 - 7	HLAFZ03CHG _ 01 _ 11	10	29.8	29.7
2009 - 7	HLAFZ03CHG _ 01 _ 11	20	29.5	29.4
2009 - 7	HLAFZ03CHG _ 01 _ 11	30	30.8	31.4
2009 - 7	HLAFZ03CHG _ 01 _ 11	40	31.5	31.0
2009 - 7	HLAFZ03CHG _ 01 _ 11	50	30.7	29.9
2009 - 7	HLAFZ03CHG _ 01 _ 11	70	29.9	30.5
2009 - 7	HLAFZ03CHG _ 01 _ 11	90	29.1	29.8
2009 - 8	HLAFZ03CHG _ 01 _ 11	10	19.6	20.9
2009 - 8	HLAFZ03CHG _ 01 _ 11	20	22.3	20.1
2009 - 8	HLAFZ03CHG _ 01 _ 11	30	26.5	26.0
2009 - 8	HLAFZ03CHG _ 01 _ 11	40	27.5	27.5
2009 - 8	HLAFZ03CHG _ 01 _ 11	50	27.4	27.2
2009 - 8	HLAFZ03CHG _ 01 _ 11	70	27.0	26.8
2009 - 8	HLAFZ03CHG _ 01 _ 11	90	25.5	25.0
2009 - 9	HLAFZ03CHG _ 01 _ 11	10	25.2	28.3
2009 - 9	HLAFZ03CHG _ 01 _ 11	20	21.6	26.5
2009 - 9	HLAFZ03CHG _ 01 _ 11	30	28.8	30.0
2009 - 9	HLAFZ03CHG _ 01 _ 11	40	28.7	28.1
2009 - 9	HLAFZ03CHG _ 01 _ 11	50	24.1	27.1
2009 - 9	HLAFZ03CHG _ 01 _ 11	70	25.4	25.4
2009 - 9	HLAFZ03CHG _ 01 _ 11	90	26.8	26.7
2009 - 10	HLAFZ03CHG _ 01 _ 11	10	23.5	22.4
2009 - 10	HLAFZ03CHG _ 01 _ 11	20	22.1	24.1
2009 - 10	HLAFZ03CHG _ 01 _ 11	30	26.7	27.2
2009 - 10	HLAFZ03CHG _ 01 _ 11	40	27.1	27.4

（续）

时间（年-月）	样点编号	采样层次/cm	质量含水量/%	
2009-10	HLAFZ03CHG_01_11	50	26.2	26.8
2009-10	HLAFZ03CHG_01_11	70	24.8	27.2
2009-10	HLAFZ03CHG_01_11	90	25.8	26.0
2009-5	HLAFZ03CHG_01_12	10	29.4	22.5
2009-5	HLAFZ03CHG_01_12	20	28.2	25.3
2009-5	HLAFZ03CHG_01_12	30	28.9	27.9
2009-5	HLAFZ03CHG_01_12	40	27.4	29.3
2009-5	HLAFZ03CHG_01_12	50	29.7	23.1
2009-5	HLAFZ03CHG_01_12	70	28.1	24.9
2009-5	HLAFZ03CHG_01_12	90	—	—
2009-6	HLAFZ03CHG_01_12	10	28.5	29.6
2009-6	HLAFZ03CHG_01_12	20	29.9	30.2
2009-6	HLAFZ03CHG_01_12	30	32.2	28.8
2009-6	HLAFZ03CHG_01_12	40	32.4	32.0
2009-6	HLAFZ03CHG_01_12	50	31.1	30.2
2009-6	HLAFZ03CHG_01_12	70	28.7	29.3
2009-6	HLAFZ03CHG_01_12	90	27.3	26.7
2009-7	HLAFZ03CHG_01_12	10	27.7	27.4
2009-7	HLAFZ03CHG_01_12	20	29.4	30.4
2009-7	HLAFZ03CHG_01_12	30	31.1	31.7
2009-7	HLAFZ03CHG_01_12	40	35.1	34.0
2009-7	HLAFZ03CHG_01_12	50	33.6	33.5
2009-7	HLAFZ03CHG_01_12	70	33.5	32.7
2009-7	HLAFZ03CHG_01_12	90	31.9	30.8
2009-8	HLAFZ03CHG_01_12	10	21.7	19.7
2009-8	HLAFZ03CHG_01_12	20	21.5	23.5
2009-8	HLAFZ03CHG_01_12	30	23.7	24.5
2009-8	HLAFZ03CHG_01_12	40	26.1	27.6
2009-8	HLAFZ03CHG_01_12	50	27.0	27.9
2009-8	HLAFZ03CHG_01_12	70	27.1	25.6
2009-8	HLAFZ03CHG_01_12	90	26.1	25.9
2009-9	HLAFZ03CHG_01_12	10	25.0	23.5
2009-9	HLAFZ03CHG_01_12	20	27.6	27.2
2009-9	HLAFZ03CHG_01_12	30	28.5	28.9
2009-9	HLAFZ03CHG_01_12	40	29.9	28.5

（续）

时间（年-月）	样点编号	采样层次/cm	质量含水量/%	
2009 - 9	HLAFZ03CHG _ 01 _ 12	50	31.5	31.9
2009 - 9	HLAFZ03CHG _ 01 _ 12	70	26.5	29.1
2009 - 9	HLAFZ03CHG _ 01 _ 12	90	26.9	24.6
2009 - 10	HLAFZ03CHG _ 01 _ 12	10	20.5	23.9
2009 - 10	HLAFZ03CHG _ 01 _ 12	20	22.0	22.4
2009 - 10	HLAFZ03CHG _ 01 _ 12	30	25.7	23.3
2009 - 10	HLAFZ03CHG _ 01 _ 12	40	27.7	26.0
2009 - 10	HLAFZ03CHG _ 01 _ 12	50	27.5	27.7
2009 - 10	HLAFZ03CHG _ 01 _ 12	70	27.3	26.7
2009 - 10	HLAFZ03CHG _ 01 _ 12	90	27.3	26.3
2009 - 5	HLAFZ03CHG _ 01 _ 13	10	26.1	25.0
2009 - 5	HLAFZ03CHG _ 01 _ 13	20	26.6	26.3
2009 - 5	HLAFZ03CHG _ 01 _ 13	30	28.9	27.0
2009 - 5	HLAFZ03CHG _ 01 _ 13	40	28.9	28.9
2009 - 5	HLAFZ03CHG _ 01 _ 13	50	30.0	29.0
2009 - 5	HLAFZ03CHG _ 01 _ 13	70	28.3	28.4
2009 - 5	HLAFZ03CHG _ 01 _ 13	90	—	—
2009 - 6	HLAFZ03CHG _ 01 _ 13	10	28.8	26.8
2009 - 6	HLAFZ03CHG _ 01 _ 13	20	34.8	29.2
2009 - 6	HLAFZ03CHG _ 01 _ 13	30	28.2	27.8
2009 - 6	HLAFZ03CHG _ 01 _ 13	40	31.2	29.1
2009 - 6	HLAFZ03CHG _ 01 _ 13	50	26.1	27.8
2009 - 6	HLAFZ03CHG _ 01 _ 13	70	26.9	27.5
2009 - 6	HLAFZ03CHG _ 01 _ 13	90	27.5	27.8
2009 - 7	HLAFZ03CHG _ 01 _ 13	10	32.6	31.7
2009 - 7	HLAFZ03CHG _ 01 _ 13	20	31.2	29.7
2009 - 7	HLAFZ03CHG _ 01 _ 13	30	31.3	32.2
2009 - 7	HLAFZ03CHG _ 01 _ 13	40	32.7	32.0
2009 - 7	HLAFZ03CHG _ 01 _ 13	50	32.2	32.1
2009 - 7	HLAFZ03CHG _ 01 _ 13	70	32.5	32.5
2009 - 7	HLAFZ03CHG _ 01 _ 13	90	32.7	31.2
2009 - 8	HLAFZ03CHG _ 01 _ 13	10	21.6	20.9
2009 - 8	HLAFZ03CHG _ 01 _ 13	20	25.0	25.7
2009 - 8	HLAFZ03CHG _ 01 _ 13	30	25.7	26.5
2009 - 8	HLAFZ03CHG _ 01 _ 13	40	27.3	26.8

（续）

时间（年-月）	样点编号	采样层次/cm	质量含水量/%	
2009-8	HLAFZ03CHG_01_13	50	27.8	27.6
2009-8	HLAFZ03CHG_01_13	70	28.3	28.2
2009-8	HLAFZ03CHG_01_13	90	27.5	27.7
2009-9	HLAFZ03CHG_01_13	10	26.8	24.8
2009-9	HLAFZ03CHG_01_13	20	28.7	24.8
2009-9	HLAFZ03CHG_01_13	30	28.7	28.6
2009-9	HLAFZ03CHG_01_13	40	28.1	27.6
2009-9	HLAFZ03CHG_01_13	50	26.0	27.0
2009-9	HLAFZ03CHG_01_13	70	27.8	27.0
2009-9	HLAFZ03CHG_01_13	90	27.0	26.6
2009-10	HLAFZ03CHG_01_13	10	24.1	21.0
2009-10	HLAFZ03CHG_01_13	20	24.0	26.2
2009-10	HLAFZ03CHG_01_13	30	28.5	25.2
2009-10	HLAFZ03CHG_01_13	40	27.2	27.1
2009-10	HLAFZ03CHG_01_13	50	27.2	26.4
2009-10	HLAFZ03CHG_01_13	70	26.9	27.1
2009-10	HLAFZ03CHG_01_13	90	27.6	27.2
2009-5	HLAFZ03CHG_01_14	10	26.7	25.6
2009-5	HLAFZ03CHG_01_14	20	26.7	26.2
2009-5	HLAFZ03CHG_01_14	30	28.4	28.3
2009-5	HLAFZ03CHG_01_14	40	26.8	28.3
2009-5	HLAFZ03CHG_01_14	50	26.0	27.0
2009-5	HLAFZ03CHG_01_14	70	26.6	26.5
2009-5	HLAFZ03CHG_01_14	90	—	—
2009-6	HLAFZ03CHG_01_14	10	29.7	28.5
2009-6	HLAFZ03CHG_01_14	20	30.0	28.3
2009-6	HLAFZ03CHG_01_14	30	26.9	27.8
2009-6	HLAFZ03CHG_01_14	40	27.2	28.4
2009-6	HLAFZ03CHG_01_14	50	28.4	27.7
2009-6	HLAFZ03CHG_01_14	70	27.5	29.3
2009-6	HLAFZ03CHG_01_14	90	28.2	27.7
2009-7	HLAFZ03CHG_01_14	10	32.3	32.3
2009-7	HLAFZ03CHG_01_14	20	30.0	29.2
2009-7	HLAFZ03CHG_01_14	30	29.7	28.8
2009-7	HLAFZ03CHG_01_14	40	30.3	30.8

（续）

时间（年-月）	样点编号	采样层次/cm	质量含水量/%	
2009-7	HLAFZ03CHG_01_14	50	31.6	31.2
2009-7	HLAFZ03CHG_01_14	70	30.6	29.5
2009-7	HLAFZ03CHG_01_14	90	31.5	29.6
2009-8	HLAFZ03CHG_01_14	10	20.1	23.3
2009-8	HLAFZ03CHG_01_14	20	25.5	26.3
2009-8	HLAFZ03CHG_01_14	30	27.0	27.0
2009-8	HLAFZ03CHG_01_14	40	28.1	29.4
2009-8	HLAFZ03CHG_01_14	50	27.4	26.7
2009-8	HLAFZ03CHG_01_14	70	25.1	25.7
2009-8	HLAFZ03CHG_01_14	90	26.2	21.8
2009-9	HLAFZ03CHG_01_14	10	25.6	24.3
2009-9	HLAFZ03CHG_01_14	20	26.3	26.4
2009-9	HLAFZ03CHG_01_14	30	26.8	24.8
2009-9	HLAFZ03CHG_01_14	40	29.2	27.4
2009-9	HLAFZ03CHG_01_14	50	26.5	27.0
2009-9	HLAFZ03CHG_01_14	70	24.3	25.5
2009-9	HLAFZ03CHG_01_14	90	23.7	25.9
2009-10	HLAFZ03CHG_01_14	10	24.8	21.2
2009-10	HLAFZ03CHG_01_14	20	25.9	28.7
2009-10	HLAFZ03CHG_01_14	30	28.1	26.8
2009-10	HLAFZ03CHG_01_14	40	26.7	29.4
2009-10	HLAFZ03CHG_01_14	50	27.2	25.3
2009-10	HLAFZ03CHG_01_14	70	25.1	26.0
2009-10	HLAFZ03CHG_01_14	90	25.5	25.3
2009-5	HLAFZ03CHG_01_15	10	25.0	24.5
2009-5	HLAFZ03CHG_01_15	20	26.2	26.7
2009-5	HLAFZ03CHG_01_15	30	26.8	26.2
2009-5	HLAFZ03CHG_01_15	40	28.4	28.8
2009-5	HLAFZ03CHG_01_15	50	28.4	28.5
2009-5	HLAFZ03CHG_01_15	70	27.5	28.2
2009-5	HLAFZ03CHG_01_15	90	—	—
2009-6	HLAFZ03CIIG_01_15	10	29.2	27.2
2009-6	HLAFZ03CHG_01_15	20	27.9	25.8
2009-6	HLAFZ03CHG_01_15	30	27.5	27.9
2009-6	HLAFZ03CHG_01_15	40	30.4	31.1

（续）

时间（年-月）	样点编号	采样层次/cm	质量含水量/%	
2009-6	HLAFZ03CHG_01_15	50	28.9	30.0
2009-6	HLAFZ03CHG_01_15	70	27.0	28.6
2009-6	HLAFZ03CHG_01_15	90	29.9	28.2
2009-7	HLAFZ03CHG_01_15	10	32.6	31.8
2009-7	HLAFZ03CHG_01_15	20	31.9	31.0
2009-7	HLAFZ03CHG_01_15	30	32.0	33.7
2009-7	HLAFZ03CHG_01_15	40	33.5	33.0
2009-7	HLAFZ03CHG_01_15	50	33.9	32.5
2009-7	HLAFZ03CHG_01_15	70	33.8	31.9
2009-7	HLAFZ03CHG_01_15	90	32.7	31.2
2009-8	HLAFZ03CHG_01_15	10	18.8	18.0
2009-8	HLAFZ03CHG_01_15	20	21.0	21.3
2009-8	HLAFZ03CHG_01_15	30	23.6	22.4
2009-8	HLAFZ03CHG_01_15	40	25.4	25.0
2009-8	HLAFZ03CHG_01_15	50	25.7	25.4
2009-8	HLAFZ03CHG_01_15	70	25.1	26.3
2009-8	HLAFZ03CHG_01_15	90	26.5	24.5
2009-9	HLAFZ03CHG_01_15	10	27.6	25.8
2009-9	HLAFZ03CHG_01_15	20	21.7	26.5
2009-9	HLAFZ03CHG_01_15	30	26.6	28.8
2009-9	HLAFZ03CHG_01_15	40	28.1	28.1
2009-9	HLAFZ03CHG_01_15	50	26.8	26.9
2009-9	HLAFZ03CHG_01_15	70	25.4	24.9
2009-9	HLAFZ03CHG_01_15	90	25.6	26.6
2009-10	HLAFZ03CHG_01_15	10	18.1	17.3
2009-10	HLAFZ03CHG_01_15	20	21.0	20.9
2009-10	HLAFZ03CHG_01_15	30	22.2	21.4
2009-10	HLAFZ03CHG_01_15	40	25.5	23.7
2009-10	HLAFZ03CHG_01_15	50	27.1	26.2
2009-10	HLAFZ03CHG_01_15	70	25.6	25.5
2009-10	HLAFZ03CHG_01_15	90	24.9	23.3
2009-5	HLAFZ03CHG_01_16	10	26.4	23.7
2009-5	HLAFZ03CHG_01_16	20	25.9	26.8
2009-5	HLAFZ03CHG_01_16	30	26.8	27.2
2009-5	HLAFZ03CHG_01_16	40	30.2	28.1

（续）

时间（年-月）	样点编号	采样层次/cm	质量含水量/%	
2009 - 5	HLAFZ03CHG _ 01 _ 16	50	27.9	27.4
2009 - 5	HLAFZ03CHG _ 01 _ 16	70	27.0	27.0
2009 - 5	HLAFZ03CHG _ 01 _ 16	90	—	—
2009 - 6	HLAFZ03CHG _ 01 _ 16	10	45.3	28.0
2009 - 6	HLAFZ03CHG _ 01 _ 16	20	30.9	30.4
2009 - 6	HLAFZ03CHG _ 01 _ 16	30	27.7	27.8
2009 - 6	HLAFZ03CHG _ 01 _ 16	40	27.1	27.3
2009 - 6	HLAFZ03CHG _ 01 _ 16	50	28.2	28.6
2009 - 6	HLAFZ03CHG _ 01 _ 16	70	28.0	28.5
2009 - 6	HLAFZ03CHG _ 01 _ 16	90	29.0	25.7
2009 - 7	HLAFZ03CHG _ 01 _ 16	10	31.5	31.5
2009 - 7	HLAFZ03CHG _ 01 _ 16	20	36.8	33.4
2009 - 7	HLAFZ03CHG _ 01 _ 16	30	26.7	22.3
2009 - 7	HLAFZ03CHG _ 01 _ 16	40	30.0	29.0
2009 - 7	HLAFZ03CHG _ 01 _ 16	50	30.6	29.6
2009 - 7	HLAFZ03CHG _ 01 _ 16	70	30.0	29.1
2009 - 7	HLAFZ03CHG _ 01 _ 16	90	30.2	29.9
2009 - 8	HLAFZ03CHG _ 01 _ 16	10	18.0	17.8
2009 - 8	HLAFZ03CHG _ 01 _ 16	20	21.0	21.9
2009 - 8	HLAFZ03CHG _ 01 _ 16	30	21.3	22.5
2009 - 8	HLAFZ03CHG _ 01 _ 16	40	22.3	18.9
2009 - 8	HLAFZ03CHG _ 01 _ 16	50	23.9	24.7
2009 - 8	HLAFZ03CHG _ 01 _ 16	70	25.8	26.0
2009 - 8	HLAFZ03CHG _ 01 _ 16	90	24.5	25.4
2009 - 9	HLAFZ03CHG _ 01 _ 16	10	29.1	25.3
2009 - 9	HLAFZ03CHG _ 01 _ 16	20	28.7	27.8
2009 - 9	HLAFZ03CHG _ 01 _ 16	30	25.6	25.2
2009 - 9	HLAFZ03CHG _ 01 _ 16	40	25.8	26.5
2009 - 9	HLAFZ03CHG _ 01 _ 16	50	24.6	23.7
2009 - 9	HLAFZ03CHG _ 01 _ 16	70	23.6	23.1
2009 - 9	HLAFZ03CHG _ 01 _ 16	90	24.1	22.8
2009 - 10	HLAFZ03CHG _ 01 _ 16	10	22.1	23.8
2009 - 10	HLAFZ03CHG _ 01 _ 16	20	20.9	20.8
2009 - 10	HLAFZ03CHG _ 01 _ 16	30	23.1	21.2
2009 - 10	HLAFZ03CHG _ 01 _ 16	40	25.3	25.3

（续）

时间（年-月）	样点编号	采样层次/cm	质量含水量/%	
2009-10	HLAFZ03CHG_01_16	50	24.2	24.2
2009-10	HLAFZ03CHG_01_16	70	23.9	23.0
2009-10	HLAFZ03CHG_01_16	90	24.2	23.9
2009-5	HLAFZ03CHG_01_17	10	23.9	20.4
2009-5	HLAFZ03CHG_01_17	20	26.8	25.8
2009-5	HLAFZ03CHG_01_17	30	27.8	27.5
2009-5	HLAFZ03CHG_01_17	40	28.7	27.6
2009-5	HLAFZ03CHG_01_17	50	26.9	27.6
2009-5	HLAFZ03CHG_01_17	70	26.0	27.2
2009-5	HLAFZ03CHG_01_17	90	—	—
2009-6	HLAFZ03CHG_01_17	10	30.1	27.9
2009-6	HLAFZ03CHG_01_17	20	30.8	29.8
2009-6	HLAFZ03CHG_01_17	30	28.6	29.2
2009-6	HLAFZ03CHG_01_17	40	30.5	28.8
2009-6	HLAFZ03CHG_01_17	50	29.9	30.7
2009-6	HLAFZ03CHG_01_17	70	29.3	30.5
2009-6	HLAFZ03CHG_01_17	90	27.2	28.0
2009-7	HLAFZ03CHG_01_17	10	29.8	30.9
2009-7	HLAFZ03CHG_01_17	20	29.3	28.8
2009-7	HLAFZ03CHG_01_17	30	30.1	31.1
2009-7	HLAFZ03CHG_01_17	40	31.5	32.8
2009-7	HLAFZ03CHG_01_17	50	32.1	31.8
2009-7	HLAFZ03CHG_01_17	70	31.1	31.3
2009-7	HLAFZ03CHG_01_17	90	31.2	31.2
2009-8	HLAFZ03CHG_01_17	10	18.1	18.3
2009-8	HLAFZ03CHG_01_17	20	21.1	21.6
2009-8	HLAFZ03CHG_01_17	30	25.0	24.7
2009-8	HLAFZ03CHG_01_17	40	25.5	25.3
2009-8	HLAFZ03CHG_01_17	50	24.0	23.9
2009-8	HLAFZ03CHG_01_17	70	26.4	25.6
2009-8	HLAFZ03CHG_01_17	90	24.8	24.2
2009-9	HLAFZ03CHG_01_17	10	26.4	26.0
2009-9	HLAFZ03CHG_01_17	20	30.0	29.1
2009-9	HLAFZ03CHG_01_17	30	28.1	28.2
2009-9	HLAFZ03CHG_01_17	40	27.2	26.9

（续）

时间（年-月）	样点编号	采样层次/cm	质量含水量/%	
2009 - 9	HLAFZ03CHG _ 01 _ 17	50	26.8	27.2
2009 - 9	HLAFZ03CHG _ 01 _ 17	70	25.1	25.5
2009 - 9	HLAFZ03CHG _ 01 _ 17	90	26.0	25.7
2009 - 10	HLAFZ03CHG _ 01 _ 17	10	24.8	22.7
2009 - 10	HLAFZ03CHG _ 01 _ 17	20	25.4	25.6
2009 - 10	HLAFZ03CHG _ 01 _ 17	30	26.8	26.1
2009 - 10	HLAFZ03CHG _ 01 _ 17	40	28.8	30.2
2009 - 10	HLAFZ03CHG _ 01 _ 17	50	26.9	28.6
2009 - 10	HLAFZ03CHG _ 01 _ 17	70	26.5	27.7
2009 - 10	HLAFZ03CHG _ 01 _ 17	90	26.3	26.4
2009 - 5	HLAFZ03CHG _ 01 _ 18	10	28.4	28.6
2009 - 5	HLAFZ03CHG _ 01 _ 18	20	29.1	29.6
2009 - 5	HLAFZ03CHG _ 01 _ 18	30	27.8	28.1
2009 - 5	HLAFZ03CHG _ 01 _ 18	40	29.0	28.1
2009 - 5	HLAFZ03CHG _ 01 _ 18	50	27.3	27.8
2009 - 5	HLAFZ03CHG _ 01 _ 18	70	27.9	26.7
2009 - 5	HLAFZ03CHG _ 01 _ 18	90	—	—
2009 - 6	HLAFZ03CHG _ 01 _ 18	10	31.8	27.3
2009 - 6	HLAFZ03CHG _ 01 _ 18	20	29.7	32.2
2009 - 6	HLAFZ03CHG _ 01 _ 18	30	28.7	28.8
2009 - 6	HLAFZ03CHG _ 01 _ 18	40	28.8	28.7
2009 - 6	HLAFZ03CHG _ 01 _ 18	50	29.4	28.7
2009 - 6	HLAFZ03CHG _ 01 _ 18	70	27.8	28.5
2009 - 6	HLAFZ03CHG _ 01 _ 18	90	27.8	29.9
2009 - 7	HLAFZ03CHG _ 01 _ 18	10	32.0	31.3
2009 - 7	HLAFZ03CHG _ 01 _ 18	20	31.6	29.4
2009 - 7	HLAFZ03CHG _ 01 _ 18	30	30.2	31.7
2009 - 7	HLAFZ03CHG _ 01 _ 18	40	32.0	30.6
2009 - 7	HLAFZ03CHG _ 01 _ 18	50	31.5	30.1
2009 - 7	HLAFZ03CHG _ 01 _ 18	70	30.8	29.4
2009 - 7	HLAFZ03CHG _ 01 _ 18	90	31.1	29.3
2009 - 8	HLAFZ03CHG _ 01 _ 18	10	26.0	26.1
2009 - 8	HLAFZ03CHG _ 01 _ 18	20	24.3	22.3
2009 - 8	HLAFZ03CHG _ 01 _ 18	30	21.6	21.3
2009 - 8	HLAFZ03CHG _ 01 _ 18	40	23.9	24.0

（续）

时间（年-月）	样点编号	采样层次/cm	质量含水量/%	
2009-8	HLAFZ03CHG_01_18	50	23.8	23.6
2009-8	HLAFZ03CHG_01_18	70	23.7	23.3
2009-8	HLAFZ03CHG_01_18	90	24.8	23.5
2009-9	HLAFZ03CHG_01_18	10	30.6	26.9
2009-9	HLAFZ03CHG_01_18	20	28.9	27.6
2009-9	HLAFZ03CHG_01_18	30	27.4	28.7
2009-9	HLAFZ03CHG_01_18	40	28.1	26.4
2009-9	HLAFZ03CHG_01_18	50	29.5	28.9
2009-9	HLAFZ03CHG_01_18	70	24.9	26.2
2009-9	HLAFZ03CHG_01_18	90	26.2	28.0
2009-10	HLAFZ03CHG_01_18	10	25.1	20.9
2009-10	HLAFZ03CHG_01_18	20	27.6	28.3
2009-10	HLAFZ03CHG_01_18	30	26.5	27.0
2009-10	HLAFZ03CHG_01_18	40	27.0	26.2
2009-10	HLAFZ03CHG_01_18	50	25.5	25.9
2009-10	HLAFZ03CHG_01_18	70	25.5	29.7
2009-10	HLAFZ03CHG_01_18	90	26.0	26.1
2009-5	HLAFZ03CHG_01_19	10	27.0	28.0
2009-5	HLAFZ03CHG_01_19	20	28.6	28.7
2009-5	HLAFZ03CHG_01_19	30	28.1	28.5
2009-5	HLAFZ03CHG_01_19	40	29.6	30.3
2009-5	HLAFZ03CHG_01_19	50	28.3	28.0
2009-5	HLAFZ03CHG_01_19	70	28.3	28.6
2009-5	HLAFZ03CHG_01_19	90	—	—
2009-6	HLAFZ03CHG_01_19	10	31.2	27.5
2009-6	HLAFZ03CHG_01_19	20	31.4	30.6
2009-6	HLAFZ03CHG_01_19	30	26.9	28.2
2009-6	HLAFZ03CHG_01_19	40	28.6	29.5
2009-6	HLAFZ03CHG_01_19	50	27.7	28.6
2009-6	HLAFZ03CHG_01_19	70	26.5	27.5
2009-6	HLAFZ03CHG_01_19	90	26.0	26.8
2009-7	HLAFZ03CHG_01_19	10	26.7	25.8
2009-7	HLAFZ03CHG_01_19	20	29.3	25.1
2009-7	HLAFZ03CHG_01_19	30	29.7	31.1
2009-7	HLAFZ03CHG_01_19	40	33.2	31.8

（续）

时间（年-月）	样点编号	采样层次/cm	质量含水量/%	
2009 - 7	HLAFZ03CHG _ 01 _ 19	50	30.8	30.1
2009 - 7	HLAFZ03CHG _ 01 _ 19	70	27.0	29.3
2009 - 7	HLAFZ03CHG _ 01 _ 19	90	29.3	29.2
2009 - 8	HLAFZ03CHG _ 01 _ 19	10	16.8	19.4
2009 - 8	HLAFZ03CHG _ 01 _ 19	20	20.1	20.2
2009 - 8	HLAFZ03CHG _ 01 _ 19	30	20.0	20.2
2009 - 8	HLAFZ03CHG _ 01 _ 19	40	20.2	21.1
2009 - 8	HLAFZ03CHG _ 01 _ 19	50	21.1	21.0
2009 - 8	HLAFZ03CHG _ 01 _ 19	70	21.0	22.0
2009 - 8	HLAFZ03CHG _ 01 _ 19	90	22.5	23.2
2009 - 9	HLAFZ03CHG _ 01 _ 19	10	25.3	25.2
2009 - 9	HLAFZ03CHG _ 01 _ 19	20	25.4	27.8
2009 - 9	HLAFZ03CHG _ 01 _ 19	30	25.8	25.7
2009 - 9	HLAFZ03CHG _ 01 _ 19	40	25.6	26.9
2009 - 9	HLAFZ03CHG _ 01 _ 19	50	23.8	24.1
2009 - 9	HLAFZ03CHG _ 01 _ 19	70	21.8	21.6
2009 - 9	HLAFZ03CHG _ 01 _ 19	90	22.7	22.7
2009 - 10	HLAFZ03CHG _ 01 _ 19	10	27.0	23.2
2009 - 10	HLAFZ03CHG _ 01 _ 19	20	25.4	25.8
2009 - 10	HLAFZ03CHG _ 01 _ 19	30	25.5	25.9
2009 - 10	HLAFZ03CHG _ 01 _ 19	40	27.7	27.6
2009 - 10	HLAFZ03CHG _ 01 _ 19	50	25.0	29.5
2009 - 10	HLAFZ03CHG _ 01 _ 19	70	24.3	24.6
2009 - 10	HLAFZ03CHG _ 01 _ 19	90	24.6	24.1
2009 - 5	HLAFZ03CHG _ 01 _ 20	10	25.9	23.7
2009 - 5	HLAFZ03CHG _ 01 _ 20	20	25.8	27.5
2009 - 5	HLAFZ03CHG _ 01 _ 20	30	29.8	28.4
2009 - 5	HLAFZ03CHG _ 01 _ 20	40	28.8	28.8
2009 - 5	HLAFZ03CHG _ 01 _ 20	50	27.9	27.5
2009 - 5	HLAFZ03CHG _ 01 _ 20	70	28.4	28.6
2009 - 5	HLAFZ03CHG _ 01 _ 20	90	—	—
2009 - 6	HLAFZ03CHG _ 01 _ 20	10	25.7	30.2
2009 - 6	HLAFZ03CHG _ 01 _ 20	20	27.4	32.1
2009 - 6	HLAFZ03CHG _ 01 _ 20	30	25.4	26.5
2009 - 6	HLAFZ03CHG _ 01 _ 20	40	92.1	26.9

（续）

时间（年-月）	样点编号	采样层次/cm	质量含水量/%	
2009 - 6	HLAFZ03CHG _ 01 _ 20	50	29.8	31.0
2009 - 6	HLAFZ03CHG _ 01 _ 20	70	29.9	31.1
2009 - 6	HLAFZ03CHG _ 01 _ 20	90	27.6	26.6
2009 - 7	HLAFZ03CHG _ 01 _ 20	10	24.9	27.2
2009 - 7	HLAFZ03CHG _ 01 _ 20	20	26.9	30.7
2009 - 7	HLAFZ03CHG _ 01 _ 20	30	29.4	30.8
2009 - 7	HLAFZ03CHG _ 01 _ 20	40	31.4	28.0
2009 - 7	HLAFZ03CHG _ 01 _ 20	50	27.4	28.2
2009 - 7	HLAFZ03CHG _ 01 _ 20	70	27.3	28.9
2009 - 7	HLAFZ03CHG _ 01 _ 20	90	29.9	27.8
2009 - 8	HLAFZ03CHG _ 01 _ 20	10	21.2	18.8
2009 - 8	HLAFZ03CHG _ 01 _ 20	20	19.0	21.7
2009 - 8	HLAFZ03CHG _ 01 _ 20	30	23.3	24.7
2009 - 8	HLAFZ03CHG _ 01 _ 20	40	22.1	22.3
2009 - 8	HLAFZ03CHG _ 01 _ 20	50	22.8	23.1
2009 - 8	HLAFZ03CHG _ 01 _ 20	70	23.3	23.1
2009 - 8	HLAFZ03CHG _ 01 _ 20	90	24.0	24.3
2009 - 9	HLAFZ03CHG _ 01 _ 20	10	28.4	26.4
2009 - 9	HLAFZ03CHG _ 01 _ 20	20	28.9	29.4
2009 - 9	HLAFZ03CHG _ 01 _ 20	30	31.1	28.0
2009 - 9	HLAFZ03CHG _ 01 _ 20	40	28.6	26.4
2009 - 9	HLAFZ03CHG _ 01 _ 20	50	28.7	30.4
2009 - 9	HLAFZ03CHG _ 01 _ 20	70	28.9	28.7
2009 - 9	HLAFZ03CHG _ 01 _ 20	90	28.1	28.8
2009 - 10	HLAFZ03CHG _ 01 _ 20	10	22.4	21.3
2009 - 10	HLAFZ03CHG _ 01 _ 20	20	23.8	22.9
2009 - 10	HLAFZ03CHG _ 01 _ 20	30	26.5	24.9
2009 - 10	HLAFZ03CHG _ 01 _ 20	40	30.5	31.4
2009 - 10	HLAFZ03CHG _ 01 _ 20	50	28.1	29.5
2009 - 10	HLAFZ03CHG _ 01 _ 20	70	25.2	26.1
2009 - 10	HLAFZ03CHG _ 01 _ 20	90	25.9	27.0
2009 - 5	HLAFZ03CHG _ 01 _ 21	10	26.8	21.1
2009 - 5	HLAFZ03CHG _ 01 _ 21	20	26.8	25.7
2009 - 5	HLAFZ03CHG _ 01 _ 21	30	28.2	26.7
2009 - 5	HLAFZ03CHG _ 01 _ 21	40	29.4	29.1

（续）

时间（年-月）	样点编号	采样层次/cm	质量含水量/%	
2009-5	HLAFZ03CHG_01_21	50	27.3	28.5
2009-5	HLAFZ03CHG_01_21	70	27.6	27.4
2009-5	HLAFZ03CHG_01_21	90	—	—
2009-6	HLAFZ03CHG_01_21	10	29.1	25.2
2009-6	HLAFZ03CHG_01_21	20	28.2	29.3
2009-6	HLAFZ03CHG_01_21	30	28.5	29.3
2009-6	HLAFZ03CHG_01_21	40	28.6	28.9
2009-6	HLAFZ03CHG_01_21	50	26.3	28.4
2009-6	HLAFZ03CHG_01_21	70	26.1	25.8
2009-6	HLAFZ03CHG_01_21	90	26.1	25.5
2009-7	HLAFZ03CHG_01_21	10	28.1	31.6
2009-7	HLAFZ03CHG_01_21	20	29.2	28.5
2009-7	HLAFZ03CHG_01_21	30	28.6	30.7
2009-7	HLAFZ03CHG_01_21	40	32.1	30.5
2009-7	HLAFZ03CHG_01_21	50	28.5	29.4
2009-7	HLAFZ03CHG_01_21	70	30.1	29.8
2009-7	HLAFZ03CHG_01_21	90	29.0	29.3
2009-8	HLAFZ03CHG_01_21	10	21.3	18.2
2009-8	HLAFZ03CHG_01_21	20	28.8	20.7
2009-8	HLAFZ03CHG_01_21	30	20.8	21.2
2009-8	HLAFZ03CHG_01_21	40	24.0	23.8
2009-8	HLAFZ03CHG_01_21	50	27.1	27.4
2009-8	HLAFZ03CHG_01_21	70	29.8	43.0
2009-8	HLAFZ03CHG_01_21	90	26.9	25.9
2009-9	HLAFZ03CHG_01_21	10	33.4	28.3
2009-9	HLAFZ03CHG_01_21	20	28.0	29.3
2009-9	HLAFZ03CHG_01_21	30	29.0	31.7
2009-9	HLAFZ03CHG_01_21	40	30.6	29.4
2009-9	HLAFZ03CHG_01_21	50	25.9	27.7
2009-9	HLAFZ03CHG_01_21	70	26.9	27.4
2009-9	HLAFZ03CHG_01_21	90	27.1	26.7
2009-10	HLAFZ03CHG_01_21	10	24.6	23.0
2009-10	HLAFZ03CHG_01_21	20	26.3	25.5
2009-10	HLAFZ03CHG_01_21	30	26.9	26.8
2009-10	HLAFZ03CHG_01_21	40	28.5	28.5

（续）

时间（年-月）	样点编号	采样层次/cm	质量含水量/%	
2009-10	HLAFZ03CHG_01_21	50	27.6	28.0
2009-10	HLAFZ03CHG_01_21	70	26.1	27.3
2009-10	HLAFZ03CHG_01_21	90	25.7	26.3
2009-5	HLAFZ03CHG_01_22	10	29.4	31.4
2009-5	HLAFZ03CHG_01_22	20	28.7	31.6
2009-5	HLAFZ03CHG_01_22	30	27.3	27.0
2009-5	HLAFZ03CHG_01_22	40	28.4	28.7
2009-5	HLAFZ03CHG_01_22	50	28.1	28.2
2009-5	HLAFZ03CHG_01_22	70	27.7	27.4
2009-5	HLAFZ03CHG_01_22	90	—	—
2009-6	HLAFZ03CHG_01_22	10	32.3	29.7
2009-6	HLAFZ03CHG_01_22	20	34.7	35.5
2009-6	HLAFZ03CHG_01_22	30	27.3	27.5
2009-6	HLAFZ03CHG_01_22	40	27.6	30.0
2009-6	HLAFZ03CHG_01_22	50	30.3	29.4
2009-6	HLAFZ03CHG_01_22	70	30.1	30.9
2009-6	HLAFZ03CHG_01_22	90	27.9	31.4
2009-7	HLAFZ03CHG_01_22	10	32.8	33.3
2009-7	HLAFZ03CHG_01_22	20	33.6	32.1
2009-7	HLAFZ03CHG_01_22	30	29.1	29.0
2009-7	HLAFZ03CHG_01_22	40	30.2	31.6
2009-7	HLAFZ03CHG_01_22	50	31.2	31.2
2009-7	HLAFZ03CHG_01_22	70	32.0	32.1
2009-7	HLAFZ03CHG_01_22	90	32.1	30.8
2009-8	HLAFZ03CHG_01_22	10	21.4	22.6
2009-8	HLAFZ03CHG_01_22	20	23.8	24.2
2009-8	HLAFZ03CHG_01_22	30	23.1	23.2
2009-8	HLAFZ03CHG_01_22	40	24.2	24.7
2009-8	HLAFZ03CHG_01_22	50	23.8	22.6
2009-8	HLAFZ03CHG_01_22	70	24.5	24.8
2009-8	HLAFZ03CHG_01_22	90	25.7	25.8
2009-9	HLAFZ03CHG_01_22	10	24.4	24.8
2009-9	HLAFZ03CHG_01_22	20	24.8	23.9
2009-9	HLAFZ03CHG_01_22	30	26.4	27.1
2009-9	HLAFZ03CHG_01_22	40	26.7	25.0

（续）

时间（年-月）	样点编号	采样层次/cm	质量含水量/%	
2009 - 9	HLAFZ03CHG _ 01 _ 22	50	25.6	26.1
2009 - 9	HLAFZ03CHG _ 01 _ 22	70	23.0	24.4
2009 - 9	HLAFZ03CHG _ 01 _ 22	90	26.7	24.3
2009 - 10	HLAFZ03CHG _ 01 _ 22	10	23.3	23.0
2009 - 10	HLAFZ03CHG _ 01 _ 22	20	27.0	28.0
2009 - 10	HLAFZ03CHG _ 01 _ 22	30	27.3	25.3
2009 - 10	HLAFZ03CHG _ 01 _ 22	40	28.2	26.6
2009 - 10	HLAFZ03CHG _ 01 _ 22	50	26.9	25.9
2009 - 10	HLAFZ03CHG _ 01 _ 22	70	26.8	26.8
2009 - 10	HLAFZ03CHG _ 01 _ 22	90	27.6	26.9
2009 - 5	HLAFZ03CHG _ 01 _ 23	10	19.0	20.0
2009 - 5	HLAFZ03CHG _ 01 _ 23	20	27.0	24.4
2009 - 5	HLAFZ03CHG _ 01 _ 23	30	28.3	26.3
2009 - 5	HLAFZ03CHG _ 01 _ 23	40	29.1	29.2
2009 - 5	HLAFZ03CHG _ 01 _ 23	50	27.4	27.1
2009 - 5	HLAFZ03CHG _ 01 _ 23	70	26.7	27.3
2009 - 5	HLAFZ03CHG _ 01 _ 23	90	—	—
2009 - 6	HLAFZ03CHG _ 01 _ 23	10	29.1	26.4
2009 - 6	HLAFZ03CHG _ 01 _ 23	20	29.9	30.0
2009 - 6	HLAFZ03CHG _ 01 _ 23	30	30.4	29.4
2009 - 6	HLAFZ03CHG _ 01 _ 23	40	29.1	28.7
2009 - 6	HLAFZ03CHG _ 01 _ 23	50	26.9	28.0
2009 - 6	HLAFZ03CHG _ 01 _ 23	70	29.2	28.4
2009 - 6	HLAFZ03CHG _ 01 _ 23	90	25.0	26.8
2009 - 7	HLAFZ03CHG _ 01 _ 23	10	31.1	31.9
2009 - 7	HLAFZ03CHG _ 01 _ 23	20	31.6	29.9
2009 - 7	HLAFZ03CHG _ 01 _ 23	30	30.8	32.3
2009 - 7	HLAFZ03CHG _ 01 _ 23	40	30.4	30.6
2009 - 7	HLAFZ03CHG _ 01 _ 23	50	30.6	30.0
2009 - 7	HLAFZ03CHG _ 01 _ 23	70	30.4	28.1
2009 - 7	HLAFZ03CHG _ 01 _ 23	90	31.3	40.0
2009 - 8	HLAFZ03CHG _ 01 _ 23	10	24.2	24.3
2009 - 8	HLAFZ03CHG _ 01 _ 23	20	30.9	26.3
2009 - 8	HLAFZ03CHG _ 01 _ 23	30	27.4	28.0
2009 - 8	HLAFZ03CHG _ 01 _ 23	40	28.2	27.7

（续）

时间（年-月）	样点编号	采样层次/cm	质量含水量/%	
2009-8	HLAFZ03CHG_01_23	50	27.0	27.3
2009-8	HLAFZ03CHG_01_23	70	28.3	28.6
2009-8	HLAFZ03CHG_01_23	90	28.5	27.6
2009-9	HLAFZ03CHG_01_23	10	29.3	25.6
2009-9	HLAFZ03CHG_01_23	20	28.4	30.4
2009-9	HLAFZ03CHG_01_23	30	29.9	29.5
2009-9	HLAFZ03CHG_01_23	40	28.1	27.5
2009-9	HLAFZ03CHG_01_23	50	26.0	27.5
2009-9	HLAFZ03CHG_01_23	70	27.7	28.8
2009-9	HLAFZ03CHG_01_23	90	27.8	28.5
2009-10	HLAFZ03CHG_01_23	10	21.2	21.9
2009-10	HLAFZ03CHG_01_23	20	25.3	22.7
2009-10	HLAFZ03CHG_01_23	30	28.2	26.0
2009-10	HLAFZ03CHG_01_23	40	27.3	28.0
2009-10	HLAFZ03CHG_01_23	50	26.4	26.9
2009-10	HLAFZ03CHG_01_23	70	26.4	25.9
2009-10	HLAFZ03CHG_01_23	90	27.0	26.6
2009-5	HLAFZ03CHG_01_24	10	25.2	23.1
2009-5	HLAFZ03CHG_01_24	20	28.2	22.8
2009-5	HLAFZ03CHG_01_24	30	28.9	27.5
2009-5	HLAFZ03CHG_01_24	40	28.6	29.1
2009-5	HLAFZ03CHG_01_24	50	28.7	25.9
2009-5	HLAFZ03CHG_01_24	70	28.6	27.6
2009-5	HLAFZ03CHG_01_24	90	—	—
2009-6	HLAFZ03CHG_01_24	10	29.5	26.1
2009-6	HLAFZ03CHG_01_24	20	30.1	28.1
2009-6	HLAFZ03CHG_01_24	30	28.5	28.2
2009-6	HLAFZ03CHG_01_24	40	30.0	29.1
2009-6	HLAFZ03CHG_01_24	50	30.5	30.4
2009-6	HLAFZ03CHG_01_24	70	28.7	30.6
2009-6	HLAFZ03CHG_01_24	90	28.6	30.1
2009-7	HLAFZ03CHG_01_24	10	33.0	32.9
2009-7	HLAFZ03CHG_01_24	20	32.9	31.8
2009-7	HLAFZ03CHG_01_24	30	32.8	34.0
2009-7	HLAFZ03CHG_01_24	40	33.6	34.3

（续）

时间（年-月）	样点编号	采样层次/cm	质量含水量/%	
2009-7	HLAFZ03CHG_01_24	50	33.3	32.7
2009-7	HLAFZ03CHG_01_24	70	32.8	31.6
2009-7	HLAFZ03CHG_01_24	90	32.1	32.3
2009-8	HLAFZ03CHG_01_24	10	20.5	24.7
2009-8	HLAFZ03CHG_01_24	20	23.6	24.7
2009-8	HLAFZ03CHG_01_24	30	27.1	28.4
2009-8	HLAFZ03CHG_01_24	40	28.1	28.8
2009-8	HLAFZ03CHG_01_24	50	28.2	28.0
2009-8	HLAFZ03CHG_01_24	70	26.7	27.0
2009-8	HLAFZ03CHG_01_24	90	25.1	27.5
2009-9	HLAFZ03CHG_01_24	10	31.7	28.2
2009-9	HLAFZ03CHG_01_24	20	28.9	29.5
2009-9	HLAFZ03CHG_01_24	30	29.2	31.6
2009-9	HLAFZ03CHG_01_24	40	28.6	31.3
2009-9	HLAFZ03CHG_01_24	50	26.4	26.6
2009-9	HLAFZ03CHG_01_24	70	26.2	26.6
2009-9	HLAFZ03CHG_01_24	90	26.0	26.2
2009-10	HLAFZ03CHG_01_24	10	18.7	17.0
2009-10	HLAFZ03CHG_01_24	20	23.3	19.9
2009-10	HLAFZ03CHG_01_24	30	27.8	25.0
2009-10	HLAFZ03CHG_01_24	40	29.6	29.0
2009-10	HLAFZ03CHG_01_24	50	28.3	29.7
2009-10	HLAFZ03CHG_01_24	70	28.1	27.6
2009-10	HLAFZ03CHG_01_24	90	27.0	26.2
2009-5	HLAFZ03CHG_01_25	10	20.8	25.2
2009-5	HLAFZ03CHG_01_25	20	28.6	27.1
2009-5	HLAFZ03CHG_01_25	30	28.9	27.9
2009-5	HLAFZ03CHG_01_25	40	29.4	29.4
2009-5	HLAFZ03CHG_01_25	50	29.2	30.2
2009-5	HLAFZ03CHG_01_25	70	28.1	28.8
2009-5	HLAFZ03CHG_01_25	90	—	—
2009-6	HLAFZ03CHG_01_25	10	27.3	201.6
2009-6	HLAFZ03CHG_01_25	20	29.6	28.8
2009-6	HLAFZ03CHG_01_25	30	29.8	29.0
2009-6	HLAFZ03CHG_01_25	40	29.6	28.8

（续）

时间（年-月）	样点编号	采样层次/cm	质量含水量/%	
2009 - 6	HLAFZ03CHG _ 01 _ 25	50	28.9	28.9
2009 - 6	HLAFZ03CHG _ 01 _ 25	70	27.3	27.4
2009 - 6	HLAFZ03CHG _ 01 _ 25	90	27.9	27.5
2009 - 7	HLAFZ03CHG _ 01 _ 25	10	31.9	32.7
2009 - 7	HLAFZ03CHG _ 01 _ 25	20	33.2	32.2
2009 - 7	HLAFZ03CHG _ 01 _ 25	30	31.4	33.8
2009 - 7	HLAFZ03CHG _ 01 _ 25	40	33.9	33.4
2009 - 7	HLAFZ03CHG _ 01 _ 25	50	30.2	32.7
2009 - 7	HLAFZ03CHG _ 01 _ 25	70	32.4	31.0
2009 - 7	HLAFZ03CHG _ 01 _ 25	90	32.6	31.3
2009 - 8	HLAFZ03CHG _ 01 _ 25	10	17.2	17.8
2009 - 8	HLAFZ03CHG _ 01 _ 25	20	22.9	31.0
2009 - 8	HLAFZ03CHG _ 01 _ 25	30	23.6	24.6
2009 - 8	HLAFZ03CHG _ 01 _ 25	40	25.8	28.8
2009 - 8	HLAFZ03CHG _ 01 _ 25	50	24.3	25.5
2009 - 8	HLAFZ03CHG _ 01 _ 25	70	26.0	27.0
2009 - 8	HLAFZ03CHG _ 01 _ 25	90	26.0	27.6
2009 - 9	HLAFZ03CHG _ 01 _ 25	10	26.6	27.1
2009 - 9	HLAFZ03CHG _ 01 _ 25	20	31.1	29.3
2009 - 9	HLAFZ03CHG _ 01 _ 25	30	—	31.5
2009 - 9	HLAFZ03CHG _ 01 _ 25	40	31.1	30.1
2009 - 9	HLAFZ03CHG _ 01 _ 25	50	27.6	29.4
2009 - 9	HLAFZ03CHG _ 01 _ 25	70	29.5	29.8
2009 - 9	HLAFZ03CHG _ 01 _ 25	90	29.9	29.4
2009 - 10	HLAFZ03CHG _ 01 _ 25	10	20.5	21.1
2009 - 10	HLAFZ03CHG _ 01 _ 25	20	23.9	21.3
2009 - 10	HLAFZ03CHG _ 01 _ 25	30	26.5	21.2
2009 - 10	HLAFZ03CHG _ 01 _ 25	40	29.9	26.8
2009 - 10	HLAFZ03CHG _ 01 _ 25	50	27.7	27.2
2009 - 10	HLAFZ03CHG _ 01 _ 25	70	27.0	26.1
2009 - 10	HLAFZ03CHG _ 01 _ 25	90	27.3	26.8
2009 - 5	HLAFZ03CHG _ 01 _ 26	10	26.5	25.6
2009 - 5	HLAFZ03CHG _ 01 _ 26	20	28.0	27.1
2009 - 5	HLAFZ03CHG _ 01 _ 26	30	28.4	27.4
2009 - 5	HLAFZ03CHG _ 01 _ 26	40	30.9	32.8

（续）

时间（年-月）	样点编号	采样层次/cm	质量含水量/%	
2009-5	HLAFZ03CHG_01_26	50	28.5	29.4
2009-5	HLAFZ03CHG_01_26	70	26.5	27.7
2009-5	HLAFZ03CHG_01_26	90	—	—
2009-6	HLAFZ03CHG_01_26	10	30.1	28.3
2009-6	HLAFZ03CHG_01_26	20	29.7	29.9
2009-6	HLAFZ03CHG_01_26	30	28.2	30.1
2009-6	HLAFZ03CHG_01_26	40	30.4	31.4
2009-6	HLAFZ03CHG_01_26	50	28.5	29.4
2009-6	HLAFZ03CHG_01_26	70	26.6	27.6
2009-6	HLAFZ03CHG_01_26	90	25.9	26.5
2009-7	HLAFZ03CHG_01_26	10	26.1	32.6
2009-7	HLAFZ03CHG_01_26	20	31.9	31.8
2009-7	HLAFZ03CHG_01_26	30	31.5	35.7
2009-7	HLAFZ03CHG_01_26	40	35.4	35.5
2009-7	HLAFZ03CHG_01_26	50	35.8	34.2
2009-7	HLAFZ03CHG_01_26	70	33.9	31.2
2009-7	HLAFZ03CHG_01_26	90	34.0	31.5
2009-8	HLAFZ03CHG_01_26	10	21.9	23.3
2009-8	HLAFZ03CHG_01_26	20	25.7	24.2
2009-8	HLAFZ03CHG_01_26	30	29.6	30.1
2009-8	HLAFZ03CHG_01_26	40	27.7	29.3
2009-8	HLAFZ03CHG_01_26	50	26.4	26.7
2009-8	HLAFZ03CHG_01_26	70	26.7	27.6
2009-8	HLAFZ03CHG_01_26	90	27.9	27.5
2009-9	HLAFZ03CHG_01_26	10	29.5	27.8
2009-9	HLAFZ03CHG_01_26	20	30.1	30.8
2009-9	HLAFZ03CHG_01_26	30	30.4	30.5
2009-9	HLAFZ03CHG_01_26	40	30.7	29.3
2009-9	HLAFZ03CHG_01_26	50	27.0	31.8
2009-9	HLAFZ03CHG_01_26	70	28.0	29.2
2009-9	HLAFZ03CHG_01_26	90	29.4	29.1
2009-10	HLAFZ03CHG_01_26	10	17.8	17.4
2009-10	HLAFZ03CHG_01_26	20	21.9	24.5
2009-10	HLAFZ03CHG_01_26	30	23.2	27.7
2009-10	HLAFZ03CHG_01_26	40	28.9	26.8

（续）

时间（年-月）	样点编号	采样层次/cm	质量含水量/%	
2009-10	HLAFZ03CHG_01_26	50	28.2	29.0
2009-10	HLAFZ03CHG_01_26	70	27.2	27.3
2009-10	HLAFZ03CHG_01_26	90	26.7	28.1
2009-5	HLAFZ03CHG_01_27	10	27.5	22.0
2009-5	HLAFZ03CHG_01_27	20	28.1	28.0
2009-5	HLAFZ03CHG_01_27	30	28.3	28.5
2009-5	HLAFZ03CHG_01_27	40	26.5	30.5
2009-5	HLAFZ03CHG_01_27	50	25.3	27.6
2009-5	HLAFZ03CHG_01_27	70	28.3	28.5
2009-5	HLAFZ03CHG_01_27	90	—	—
2009-6	HLAFZ03CHG_01_27	10	29.4	26.6
2009-6	HLAFZ03CHG_01_27	20	28.6	30.3
2009-6	HLAFZ03CHG_01_27	30	28.4	29.5
2009-6	HLAFZ03CHG_01_27	40	30.3	31.2
2009-6	HLAFZ03CHG_01_27	50	28.9	29.4
2009-6	HLAFZ03CHG_01_27	70	28.5	28.8
2009-6	HLAFZ03CHG_01_27	90	27.1	27.9
2009-7	HLAFZ03CHG_01_27	10	32.6	33.7
2009-7	HLAFZ03CHG_01_27	20	32.8	32.2
2009-7	HLAFZ03CHG_01_27	30	33.9	33.5
2009-7	HLAFZ03CHG_01_27	40	31.7	31.7
2009-7	HLAFZ03CHG_01_27	50	33.0	31.2
2009-7	HLAFZ03CHG_01_27	70	32.7	31.2
2009-7	HLAFZ03CHG_01_27	90	31.5	29.6
2009-8	HLAFZ03CHG_01_27	10	23.8	25.7
2009-8	HLAFZ03CHG_01_27	20	26.8	30.6
2009-8	HLAFZ03CHG_01_27	30	27.6	32.8
2009-8	HLAFZ03CHG_01_27	40	31.4	32.8
2009-8	HLAFZ03CHG_01_27	50	27.3	28.9
2009-8	HLAFZ03CHG_01_27	70	28.5	27.4
2009-8	HLAFZ03CHG_01_27	90	21.5	46.3
2009-9	HLAFZ03CHG_01_27	10	30.7	27.2
2009-9	HLAFZ03CHG_01_27	20	27.0	28.0
2009-9	HLAFZ03CHG_01_27	30	28.2	27.3
2009-9	HLAFZ03CHG_01_27	40	26.8	33.9

（续）

时间（年-月）	样点编号	采样层次/cm	质量含水量/%	
2009-9	HLAFZ03CHG_01_27	50	32.6	32.6
2009-9	HLAFZ03CHG_01_27	70	29.1	33.5
2009-9	HLAFZ03CHG_01_27	90	29.2	31.4
2009-10	HLAFZ03CHG_01_27	10	22.5	21.1
2009-10	HLAFZ03CHG_01_27	20	24.6	24.0
2009-10	HLAFZ03CHG_01_27	30	27.1	25.9
2009-10	HLAFZ03CHG_01_27	40	30.0	28.2
2009-10	HLAFZ03CHG_01_27	50	29.5	27.4
2009-10	HLAFZ03CHG_01_27	70	27.1	27.4
2009-10	HLAFZ03CHG_01_27	90	27.1	27.2
2009-5	HLAFZ03CHG_01_28	10	28.0	27.2
2009-5	HLAFZ03CHG_01_28	20	28.8	28.2
2009-5	HLAFZ03CHG_01_28	30	31.6	28.7
2009-5	HLAFZ03CHG_01_28	40	30.5	32.6
2009-5	HLAFZ03CHG_01_28	50	28.5	29.4
2009-5	HLAFZ03CHG_01_28	70	27.0	28.0
2009-5	HLAFZ03CHG_01_28	90	—	—
2009-6	HLAFZ03CHG_01_28	10	30.0	29.8
2009-6	HLAFZ03CHG_01_28	20	32.1	31.7
2009-6	HLAFZ03CHG_01_28	30	33.1	30.0
2009-6	HLAFZ03CHG_01_28	40	34.0	34.5
2009-6	HLAFZ03CHG_01_28	50	29.6	31.8
2009-6	HLAFZ03CHG_01_28	70	29.6	26.1
2009-6	HLAFZ03CHG_01_28	90	27.4	28.3
2009-7	HLAFZ03CHG_01_28	10	29.9	31.7
2009-7	HLAFZ03CHG_01_28	20	32.0	33.7
2009-7	HLAFZ03CHG_01_28	30	33.0	35.8
2009-7	HLAFZ03CHG_01_28	40	35.8	34.4
2009-7	HLAFZ03CHG_01_28	50	34.9	33.3
2009-7	HLAFZ03CHG_01_28	70	34.3	31.3
2009-7	HLAFZ03CHG_01_28	90	33.5	30.6
2009-8	HLAFZ03CHG_01_28	10	19.6	21.8
2009-8	HLAFZ03CHG_01_28	20	26.3	26.8
2009-8	HLAFZ03CHG_01_28	30	27.4	30.5
2009-8	HLAFZ03CHG_01_28	40	26.6	28.6

（续）

时间（年-月）	样点编号	采样层次/cm	质量含水量/%	
2009-8	HLAFZ03CHG_01_28	50	26.1	28.5
2009-8	HLAFZ03CHG_01_28	70	27.7	27.5
2009-8	HLAFZ03CHG_01_28	90	26.2	27.7
2009-9	HLAFZ03CHG_01_28	10	30.3	31.7
2009-9	HLAFZ03CHG_01_28	20	31.3	31.8
2009-9	HLAFZ03CHG_01_28	30	34.4	33.2
2009-9	HLAFZ03CHG_01_28	40	29.9	31.3
2009-9	HLAFZ03CHG_01_28	50	27.8	29.6
2009-9	HLAFZ03CHG_01_28	70	28.8	29.3
2009-9	HLAFZ03CHG_01_28	90	27.9	28.2
2009-10	HLAFZ03CHG_01_28	10	23.8	23.0
2009-10	HLAFZ03CHG_01_28	20	26.1	24.3
2009-10	HLAFZ03CHG_01_28	30	27.8	24.4
2009-10	HLAFZ03CHG_01_28	40	30.4	28.4
2009-10	HLAFZ03CHG_01_28	50	28.2	28.1
2009-10	HLAFZ03CHG_01_28	70	27.2	27.2
2009-10	HLAFZ03CHG_01_28	90	25.9	25.9
2009-5	HLAFZ03CHG_01_29	10	35.1	28.2
2009-5	HLAFZ03CHG_01_29	20	30.5	30.8
2009-5	HLAFZ03CHG_01_29	30	35.1	31.3
2009-5	HLAFZ03CHG_01_29	40	34.2	35.7
2009-5	HLAFZ03CHG_01_29	50	30.1	30.4
2009-5	HLAFZ03CHG_01_29	70	29.6	30.3
2009-5	HLAFZ03CHG_01_29	90	—	—
2009-6	HLAFZ03CHG_01_29	10	30.1	29.7
2009-6	HLAFZ03CHG_01_29	20	32.9	31.0
2009-6	HLAFZ03CHG_01_29	30	31.3	32.4
2009-6	HLAFZ03CHG_01_29	40	33.6	32.8
2009-6	HLAFZ03CHG_01_29	50	29.6	32.7
2009-6	HLAFZ03CHG_01_29	70	28.0	28.9
2009-6	HLAFZ03CHG_01_29	90	27.6	27.0
2009-7	HLAFZ03CHG_01_29	10	30.9	32.4
2009-7	HLAFZ03CHG_01_29	20	32.1	32.0
2009-7	HLAFZ03CHG_01_29	30	32.5	34.0
2009-7	HLAFZ03CHG_01_29	40	33.5	32.5

（续）

时间（年-月）	样点编号	采样层次/cm	质量含水量/%	
2009-7	HLAFZ03CHG_01_29	50	33.6	32.6
2009-7	HLAFZ03CHG_01_29	70	31.7	31.0
2009-7	HLAFZ03CHG_01_29	90	32.6	30.6
2009-8	HLAFZ03CHG_01_29	10	17.3	20.6
2009-8	HLAFZ03CHG_01_29	20	21.1	24.3
2009-8	HLAFZ03CHG_01_29	30	24.1	26.6
2009-8	HLAFZ03CHG_01_29	40	25.5	27.4
2009-8	HLAFZ03CHG_01_29	50	24.8	26.1
2009-8	HLAFZ03CHG_01_29	70	25.5	26.4
2009-8	HLAFZ03CHG_01_29	90	25.6	26.4
2009-9	HLAFZ03CHG_01_29	10	29.7	28.9
2009-9	HLAFZ03CHG_01_29	20	30.6	31.2
2009-9	HLAFZ03CHG_01_29	30	31.6	29.5
2009-9	HLAFZ03CHG_01_29	40	29.6	29.5
2009-9	HLAFZ03CHG_01_29	50	26.9	29.1
2009-9	HLAFZ03CHG_01_29	70	27.4	28.6
2009-9	HLAFZ03CHG_01_29	90	28.0	29.2
2009-10	HLAFZ03CHG_01_29	10	20.1	22.8
2009-10	HLAFZ03CHG_01_29	20	24.6	24.0
2009-10	HLAFZ03CHG_01_29	30	24.1	26.1
2009-10	HLAFZ03CHG_01_29	40	30.1	29.3
2009-10	HLAFZ03CHG_01_29	50	27.7	27.8
2009-10	HLAFZ03CHG_01_29	70	27.4	27.6
2009-10	HLAFZ03CHG_01_29	90	26.8	26.9
2009-5	HLAFZ03CHG_01_30	10	27.6	27.0
2009-5	HLAFZ03CHG_01_30	20	28.9	27.3
2009-5	HLAFZ03CHG_01_30	30	29.6	30.1
2009-5	HLAFZ03CHG_01_30	40	29.7	29.4
2009-5	HLAFZ03CHG_01_30	50	28.6	29.1
2009-5	HLAFZ03CHG_01_30	70	27.8	27.9
2009-5	HLAFZ03CHG_01_30	90	—	—
2009-6	HLAFZ03CHG_01_30	10	27.4	27.9
2009-6	HLAFZ03CHG_01_30	20	31.3	31.3
2009-6	HLAFZ03CHG_01_30	30	30.6	32.1
2009-6	HLAFZ03CHG_01_30	40	30.0	35.0

（续）

时间（年-月）	样点编号	采样层次/cm	质量含水量/%	
2009-6	HLAFZ03CHG_01_30	50	29.0	30.5
2009-6	HLAFZ03CHG_01_30	70	28.6	29.3
2009-6	HLAFZ03CHG_01_30	90	27.9	90.5
2009-7	HLAFZ03CHG_01_30	10	30.7	31.2
2009-7	HLAFZ03CHG_01_30	20	31.8	32.3
2009-7	HLAFZ03CHG_01_30	30	33.8	31.9
2009-7	HLAFZ03CHG_01_30	40	32.0	30.2
2009-7	HLAFZ03CHG_01_30	50	30.8	30.2
2009-7	HLAFZ03CHG_01_30	70	31.4	29.9
2009-7	HLAFZ03CHG_01_30	90	31.3	29.5
2009-8	HLAFZ03CHG_01_30	10	25.6	23.2
2009-8	HLAFZ03CHG_01_30	20	24.9	24.0
2009-8	HLAFZ03CHG_01_30	30	25.9	29.1
2009-8	HLAFZ03CHG_01_30	40	29.1	28.8
2009-8	HLAFZ03CHG_01_30	50	27.8	28.0
2009-8	HLAFZ03CHG_01_30	70	27.1	26.2
2009-8	HLAFZ03CHG_01_30	90	25.5	25.4
2009-9	HLAFZ03CHG_01_30	10	27.5	25.1
2009-9	HLAFZ03CHG_01_30	20	28.5	27.6
2009-9	HLAFZ03CHG_01_30	30	30.4	30.6
2009-9	HLAFZ03CHG_01_30	40	30.0	28.9
2009-9	HLAFZ03CHG_01_30	50	27.4	28.8
2009-9	HLAFZ03CHG_01_30	70	27.2	29.2
2009-9	HLAFZ03CHG_01_30	90	26.0	24.6
2009-10	HLAFZ03CHG_01_30	10	21.8	19.4
2009-10	HLAFZ03CHG_01_30	20	23.9	20.3
2009-10	HLAFZ03CHG_01_30	30	27.4	25.9
2009-10	HLAFZ03CHG_01_30	40	30.1	28.8
2009-10	HLAFZ03CHG_01_30	50	28.6	27.2
2009-10	HLAFZ03CHG_01_30	70	27.0	27.7
2009-10	HLAFZ03CHG_01_30	90	26.2	25.6
2009-5	HLAFZ03CHG_01_31	10	25.6	26.6
2009-5	HLAFZ03CHG_01_31	20	28.6	28.0
2009-5	HLAFZ03CHG_01_31	30	30.3	30.0
2009-5	HLAFZ03CHG_01_31	40	34.7	37.2

（续）

时间（年-月）	样点编号	采样层次/cm	质量含水量/%	
2009-5	HLAFZ03CHG_01_31	50	31.0	32.6
2009-5	HLAFZ03CHG_01_31	70	30.0	35.4
2009-5	HLAFZ03CHG_01_31	90	—	—
2009-6	HLAFZ03CHG_01_31	10	30.9	28.9
2009-6	HLAFZ03CHG_01_31	20	31.7	33.9
2009-6	HLAFZ03CHG_01_31	30	31.9	30.5
2009-6	HLAFZ03CHG_01_31	40	35.0	32.9
2009-6	HLAFZ03CHG_01_31	50	36.7	36.1
2009-6	HLAFZ03CHG_01_31	70	32.2	33.4
2009-6	HLAFZ03CHG_01_31	90	29.0	30.0
2009-7	HLAFZ03CHG_01_31	10	28.5	31.2
2009-7	HLAFZ03CHG_01_31	20	32.6	34.1
2009-7	HLAFZ03CHG_01_31	30	36.7	43.2
2009-7	HLAFZ03CHG_01_31	40	38.1	37.6
2009-7	HLAFZ03CHG_01_31	50	38.2	35.3
2009-7	HLAFZ03CHG_01_31	70	37.9	35.4
2009-7	HLAFZ03CHG_01_31	90	37.7	32.3
2009-8	HLAFZ03CHG_01_31	10	23.6	23.1
2009-8	HLAFZ03CHG_01_31	20	24.3	26.1
2009-8	HLAFZ03CHG_01_31	30	20.3	26.9
2009-8	HLAFZ03CHG_01_31	40	18.2	32.8
2009-8	HLAFZ03CHG_01_31	50	21.0	17.5
2009-8	HLAFZ03CHG_01_31	70	26.7	27.0
2009-8	HLAFZ03CHG_01_31	90	26.4	25.6
2009-9	HLAFZ03CHG_01_31	10	25.5	25.4
2009-9	HLAFZ03CHG_01_31	20	31.4	31.8
2009-9	HLAFZ03CHG_01_31	30	30.0	29.9
2009-9	HLAFZ03CHG_01_31	40	30.3	29.2
2009-9	HLAFZ03CHG_01_31	50	29.9	30.4
2009-9	HLAFZ03CHG_01_31	70	28.9	28.8
2009-9	HLAFZ03CHG_01_31	90	29.8	29.0
2009-10	HLAFZ03CHG_01_31	10	15.7	19.8
2009-10	HLAFZ03CHG_01_31	20	23.7	15.5
2009-10	HLAFZ03CHG_01_31	30	27.7	27.2
2009-10	HLAFZ03CHG_01_31	40	31.3	28.5

（续）

时间（年-月）	样点编号	采样层次/cm	质量含水量/%	
2009 - 10	HLAFZ03CHG_01_31	50	42.5	42.5
2009 - 10	HLAFZ03CHG_01_31	70	35.0	31.2
2009 - 10	HLAFZ03CHG_01_31	90	32.5	27.6
2009 - 5	HLAFZ03CHG_01_32	10	27.0	25.4
2009 - 5	HLAFZ03CHG_01_32	20	26.7	27.8
2009 - 5	HLAFZ03CHG_01_32	30	30.5	30.0
2009 - 5	HLAFZ03CHG_01_32	40	28.4	28.4
2009 - 5	HLAFZ03CHG_01_32	50	27.3	28.0
2009 - 5	HLAFZ03CHG_01_32	70	28.0	27.9
2009 - 5	HLAFZ03CHG_01_32	90	—	—
2009 - 6	HLAFZ03CHG_01_32	10	31.0	30.1
2009 - 6	HLAFZ03CHG_01_32	20	32.3	34.8
2009 - 6	HLAFZ03CHG_01_32	30	29.8	28.5
2009 - 6	HLAFZ03CHG_01_32	40	26.3	30.7
2009 - 6	HLAFZ03CHG_01_32	50	28.0	27.1
2009 - 6	HLAFZ03CHG_01_32	70	27.3	27.7
2009 - 6	HLAFZ03CHG_01_32	90	26.6	27.5
2009 - 7	HLAFZ03CHG_01_32	10	26.1	28.3
2009 - 7	HLAFZ03CHG_01_32	20	31.0	29.9
2009 - 7	HLAFZ03CHG_01_32	30	29.1	30.9
2009 - 7	HLAFZ03CHG_01_32	40	32.5	34.1
2009 - 7	HLAFZ03CHG_01_32	50	33.3	31.7
2009 - 7	HLAFZ03CHG_01_32	70	30.3	29.9
2009 - 7	HLAFZ03CHG_01_32	90	30.3	30.5
2009 - 8	HLAFZ03CHG_01_32	10	18.0	19.0
2009 - 8	HLAFZ03CHG_01_32	20	19.6	27.3
2009 - 8	HLAFZ03CHG_01_32	30	23.7	25.8
2009 - 8	HLAFZ03CHG_01_32	40	28.5	28.3
2009 - 8	HLAFZ03CHG_01_32	50	27.2	28.6
2009 - 8	HLAFZ03CHG_01_32	70	26.8	25.7
2009 - 8	HLAFZ03CHG_01_32	90	24.6	24.7
2009 - 9	HLAFZ03CHG_01_32	10	28.4	25.2
2009 - 9	HLAFZ03CHG_01_32	20	28.0	28.6
2009 - 9	HLAFZ03CHG_01_32	30	29.1	27.3
2009 - 9	HLAFZ03CHG_01_32	40	30.1	30.2

（续）

时间（年-月）	样点编号	采样层次/cm	质量含水量/%	
2009-9	HLAFZ03CHG_01_32	50	27.9	28.4
2009-9	HLAFZ03CHG_01_32	70	25.3	26.5
2009-9	HLAFZ03CHG_01_32	90	30.2	30.1
2009-10	HLAFZ03CHG_01_32	10	24.8	23.8
2009-10	HLAFZ03CHG_01_32	20	27.0	26.3
2009-10	HLAFZ03CHG_01_32	30	29.9	26.9
2009-10	HLAFZ03CHG_01_32	40	28.1	28.4
2009-10	HLAFZ03CHG_01_32	50	26.5	25.9
2009-10	HLAFZ03CHG_01_32	70	25.7	25.4
2009-10	HLAFZ03CHG_01_32	90	25.5	25.0
2009-5	HLAFZ03CHG_01_33	10	24.5	22.1
2009-5	HLAFZ03CHG_01_33	20	26.4	26.8
2009-5	HLAFZ03CHG_01_33	30	28.1	27.4
2009-5	HLAFZ03CHG_01_33	40	28.7	29.0
2009-5	HLAFZ03CHG_01_33	50	27.3	26.7
2009-5	HLAFZ03CHG_01_33	70	25.7	25.8
2009-5	HLAFZ03CHG_01_33	90	—	—
2009-6	HLAFZ03CHG_01_33	10	26.3	24.7
2009-6	HLAFZ03CHG_01_33	20	27.3	27.2
2009-6	HLAFZ03CHG_01_33	30	26.9	25.6
2009-6	HLAFZ03CHG_01_33	40	28.2	28.8
2009-6	HLAFZ03CHG_01_33	50	26.5	27.9
2009-6	HLAFZ03CHG_01_33	70	27.1	27.6
2009-6	HLAFZ03CHG_01_33	90	26.9	25.9
2009-7	HLAFZ03CHG_01_33	10	30.7	30.9
2009-7	HLAFZ03CHG_01_33	20	30.4	30.6
2009-7	HLAFZ03CHG_01_33	30	32.7	31.4
2009-7	HLAFZ03CHG_01_33	40	32.3	30.4
2009-7	HLAFZ03CHG_01_33	50	32.0	30.8
2009-7	HLAFZ03CHG_01_33	70	31.8	30.8
2009-7	HLAFZ03CHG_01_33	90	31.1	31.1
2009-8	HLAFZ03CHG_01_33	10	22.8	24.1
2009-8	HLAFZ03CHG_01_33	20	25.5	26.8
2009-8	HLAFZ03CHG_01_33	30	30.8	31.0
2009-8	HLAFZ03CHG_01_33	40	28.4	31.0

（续）

时间（年-月）	样点编号	采样层次/cm	质量含水量/%	
2009-8	HLAFZ03CHG_01_33	50	26.1	26.1
2009-8	HLAFZ03CHG_01_33	70	26.5	26.6
2009-8	HLAFZ03CHG_01_33	90	24.2	25.5
2009-9	HLAFZ03CHG_01_33	10	28.0	29.4
2009-9	HLAFZ03CHG_01_33	20	31.3	31.6
2009-9	HLAFZ03CHG_01_33	30	31.0	31.3
2009-9	HLAFZ03CHG_01_33	40	29.9	31.6
2009-9	HLAFZ03CHG_01_33	50	25.4	27.4
2009-9	HLAFZ03CHG_01_33	70	26.9	27.6
2009-9	HLAFZ03CHG_01_33	90	27.5	27.4
2009-10	HLAFZ03CHG_01_33	10	26.3	25.4
2009-10	HLAFZ03CHG_01_33	20	28.9	24.6
2009-10	HLAFZ03CHG_01_33	30	29.3	32.0
2009-10	HLAFZ03CHG_01_33	40	28.0	27.7
2009-10	HLAFZ03CHG_01_33	50	26.1	33.6
2009-10	HLAFZ03CHG_01_33	70	24.0	25.6
2009-10	HLAFZ03CHG_01_33	90	25.1	25.7
2009-5	HLAFZ03CHG_01_34	10	21.1	24.3
2009-5	HLAFZ03CHG_01_34	20	23.8	23.4
2009-5	HLAFZ03CHG_01_34	30	24.6	23.9
2009-5	HLAFZ03CHG_01_34	40	23.0	22.6
2009-5	HLAFZ03CHG_01_34	50	23.2	22.4
2009-5	HLAFZ03CHG_01_34	70	24.8	23.2
2009-5	HLAFZ03CHG_01_34	90	—	—
2009-6	HLAFZ03CHG_01_34	10	27.5	26.1
2009-6	HLAFZ03CHG_01_34	20	27.9	29.1
2009-6	HLAFZ03CHG_01_34	30	28.3	27.8
2009-6	HLAFZ03CHG_01_34	40	28.8	26.2
2009-6	HLAFZ03CHG_01_34	50	28.4	30.9
2009-6	HLAFZ03CHG_01_34	70	26.5	27.8
2009-6	HLAFZ03CHG_01_34	90	30.3	27.6
2009-7	HLAFZ03CHG_01_34	10	32.9	34.4
2009-7	HLAFZ03CHG_01_34	20	27.6	27.6
2009-7	HLAFZ03CHG_01_34	30	28.8	30.0
2009-7	HLAFZ03CHG_01_34	40	33.1	32.5

（续）

时间（年-月）	样点编号	采样层次/cm	质量含水量/%	
2009 - 7	HLAFZ03CHG _ 01 _ 34	50	31.1	30.9
2009 - 7	HLAFZ03CHG _ 01 _ 34	70	29.8	29.3
2009 - 7	HLAFZ03CHG _ 01 _ 34	90	29.5	27.9
2009 - 8	HLAFZ03CHG _ 01 _ 34	10	16.9	26.2
2009 - 8	HLAFZ03CHG _ 01 _ 34	20	21.2	18.8
2009 - 8	HLAFZ03CHG _ 01 _ 34	30	25.2	18.5
2009 - 8	HLAFZ03CHG _ 01 _ 34	40	27.6	23.4
2009 - 8	HLAFZ03CHG _ 01 _ 34	50	27.1	35.0
2009 - 8	HLAFZ03CHG _ 01 _ 34	70	24.3	27.2
2009 - 8	HLAFZ03CHG _ 01 _ 34	90	24.5	25.5
2009 - 9	HLAFZ03CHG _ 01 _ 34	10	24.7	22.8
2009 - 9	HLAFZ03CHG _ 01 _ 34	20	26.0	26.2
2009 - 9	HLAFZ03CHG _ 01 _ 34	30	29.3	27.1
2009 - 9	HLAFZ03CHG _ 01 _ 34	40	36.4	27.5
2009 - 9	HLAFZ03CHG _ 01 _ 34	50	28.6	26.1
2009 - 9	HLAFZ03CHG _ 01 _ 34	70	26.1	27.0
2009 - 9	HLAFZ03CHG _ 01 _ 34	90	24.7	25.7
2009 - 10	HLAFZ03CHG _ 01 _ 34	10	22.9	25.1
2009 - 10	HLAFZ03CHG _ 01 _ 34	20	24.4	23.0
2009 - 10	HLAFZ03CHG _ 01 _ 34	30	28.4	27.1
2009 - 10	HLAFZ03CHG _ 01 _ 34	40	24.8	28.1
2009 - 10	HLAFZ03CHG _ 01 _ 34	50	25.6	26.1
2009 - 10	HLAFZ03CHG _ 01 _ 34	70	25.6	25.1
2009 - 10	HLAFZ03CHG _ 01 _ 34	90	25.0	25.5
2009 - 5	HLAFZ03CHG _ 01 _ 35	10	19.7	23.3
2009 - 5	HLAFZ03CHG _ 01 _ 35	20	25.2	24.6
2009 - 5	HLAFZ03CHG _ 01 _ 35	30	24.6	26.3
2009 - 5	HLAFZ03CHG _ 01 _ 35	40	22.2	23.2
2009 - 5	HLAFZ03CHG _ 01 _ 35	50	18.5	21.4
2009 - 5	HLAFZ03CHG _ 01 _ 35	70	21.7	21.1
2009 - 5	HLAFZ03CHG _ 01 _ 35	90	—	—
2009 - 6	HLAFZ03CHG _ 01 _ 35	10	27.8	26.2
2009 - 6	HLAFZ03CHG _ 01 _ 35	20	27.3	27.8
2009 - 6	HLAFZ03CHG _ 01 _ 35	30	28.0	26.7
2009 - 6	HLAFZ03CHG _ 01 _ 35	40	27.8	28.4

（续）

时间（年-月）	样点编号	采样层次/cm	质量含水量/%	
2009-6	HLAFZ03CHG_01_35	50	26.1	26.1
2009-6	HLAFZ03CHG_01_35	70	26.0	29.7
2009-6	HLAFZ03CHG_01_35	90	39.5	12.8
2009-7	HLAFZ03CHG_01_35	10	27.6	28.6
2009-7	HLAFZ03CHG_01_35	20	30.0	30.2
2009-7	HLAFZ03CHG_01_35	30	29.3	28.8
2009-7	HLAFZ03CHG_01_35	40	31.5	31.9
2009-7	HLAFZ03CHG_01_35	50	35.5	30.1
2009-7	HLAFZ03CHG_01_35	70	29.4	29.1
2009-7	HLAFZ03CHG_01_35	90	28.5	28.9
2009-8	HLAFZ03CHG_01_35	10	20.8	19.6
2009-8	HLAFZ03CHG_01_35	20	22.2	23.3
2009-8	HLAFZ03CHG_01_35	30	24.9	25.1
2009-8	HLAFZ03CHG_01_35	40	26.7	26.0
2009-8	HLAFZ03CHG_01_35	50	25.5	23.7
2009-8	HLAFZ03CHG_01_35	70	23.7	20.9
2009-8	HLAFZ03CHG_01_35	90	23.8	25.5
2009-9	HLAFZ03CHG_01_35	10	24.5	25.6
2009-9	HLAFZ03CHG_01_35	20	28.0	22.6
2009-9	HLAFZ03CHG_01_35	30	32.2	28.4
2009-9	HLAFZ03CHG_01_35	40	24.9	28.5
2009-9	HLAFZ03CHG_01_35	50	27.6	27.7
2009-9	HLAFZ03CHG_01_35	70	27.1	26.6
2009-9	HLAFZ03CHG_01_35	90	26.7	26.2
2009-10	HLAFZ03CHG_01_35	10	22.7	27.3
2009-10	HLAFZ03CHG_01_35	20	26.0	35.4
2009-10	HLAFZ03CHG_01_35	30	27.1	26.5
2009-10	HLAFZ03CHG_01_35	40	29.8	28.2
2009-10	HLAFZ03CHG_01_35	50	24.7	28.3
2009-10	HLAFZ03CHG_01_35	70	24.7	27.3
2009-10	HLAFZ03CHG_01_35	90	26.4	25.6
2010-5	HLAFZ03CHG_01_01	10	28.6	29.5
2010-5	HLAFZ03CHG_01_01	20	29.5	29.6
2010-5	HLAFZ03CHG_01_01	30	28.6	29.0
2010-5	HLAFZ03CHG_01_01	40	30.6	29.9

（续）

时间（年-月）	样点编号	采样层次/cm	质量含水量/%	
2010-5	HLAFZ03CHG_01_01	50	30.3	31.8
2010-6	HLAFZ03CHG_01_01	10	15.0	13.7
2010-6	HLAFZ03CHG_01_01	20	21.2	19.5
2010-6	HLAFZ03CHG_01_01	30	25.7	24.1
2010-6	HLAFZ03CHG_01_01	40	24.9	24.2
2010-6	HLAFZ03CHG_01_01	50	25.5	25.9
2010-7	HLAFZ03CHG_01_01	10	13.1	17.0
2010-7	HLAFZ03CHG_01_01	20	18.4	17.4
2010-7	HLAFZ03CHG_01_01	30	20.7	18.7
2010-7	HLAFZ03CHG_01_01	40	24.9	23.8
2010-7	HLAFZ03CHG_01_01	50	24.6	24.5
2010-7	HLAFZ03CHG_01_01	70	23.5	23.9
2010-7	HLAFZ03CHG_01_01	90	23.2	23.8
2010-8	HLAFZ03CHG_01_01	10	22.8	22.1
2010-8	HLAFZ03CHG_01_01	20	20.1	27.1
2010-8	HLAFZ03CHG_01_01	30	23.1	20.5
2010-8	HLAFZ03CHG_01_01	40	22.0	21.6
2010-8	HLAFZ03CHG_01_01	50	24.3	24.1
2010-8	HLAFZ03CHG_01_01	70	25.7	26.1
2010-8	HLAFZ03CHG_01_01	90	26.0	25.6
2010-9	HLAFZ03CHG_01_01	10	22.5	21.4
2010-9	HLAFZ03CHG_01_01	20	22.9	22.6
2010-9	HLAFZ03CHG_01_01	30	24.4	26.2
2010-9	HLAFZ03CHG_01_01	40	26.0	26.0
2010-9	HLAFZ03CHG_01_01	50	26.8	26.7
2010-9	HLAFZ03CHG_01_01	70	24.5	25.7
2010-9	HLAFZ03CHG_01_01	90	24.7	25.3
2010-10	HLAFZ03CHG_01_01	10	22.9	22.5
2010-10	HLAFZ03CHG_01_01	20	23.5	24.2
2010-10	HLAFZ03CHG_01_01	30	26.8	25.0
2010-10	HLAFZ03CHG_01_01	40	25.7	24.8
2010-10	HLAFZ03CHG_01_01	50	25.6	25.7
2010-10	HLAFZ03CHG_01_01	70	25.6	25.1
2010-10	HLAFZ03CHG_01_01	90	25.3	25.4
2010-5	HLAFZ03CHG_01_02	10	31.8	32.1

（续）

时间（年-月）	样点编号	采样层次/cm	质量含水量/%	
2010-5	HLAFZ03CHG_01_02	20	28.5	30.2
2010-5	HLAFZ03CHG_01_02	30	26.0	29.9
2010-5	HLAFZ03CHG_01_02	40	31.0	28.7
2010-5	HLAFZ03CHG_01_02	50	32.0	31.6
2010-6	HLAFZ03CHG_01_02	10	23.9	21.2
2010-6	HLAFZ03CHG_01_02	20	24.4	24.9
2010-6	HLAFZ03CHG_01_02	30	27.4	25.8
2010-6	HLAFZ03CHG_01_02	40	26.0	28.1
2010-6	HLAFZ03CHG_01_02	50	22.5	25.2
2010-6	HLAFZ03CHG_01_02	70	23.9	23.8
2010-6	HLAFZ03CHG_01_02	90	24.3	23.8
2010-7	HLAFZ03CHG_01_02	10	19.9	17.7
2010-7	HLAFZ03CHG_01_02	20	20.8	23.1
2010-7	HLAFZ03CHG_01_02	30	21.7	17.1
2010-7	HLAFZ03CHG_01_02	40	24.0	23.7
2010-7	HLAFZ03CHG_01_02	50	26.7	23.7
2010-7	HLAFZ03CHG_01_02	70	24.7	24.0
2010-7	HLAFZ03CHG_01_02	90	24.4	30.4
2010-8	HLAFZ03CHG_01_02	10	32.0	35.6
2010-8	HLAFZ03CHG_01_02	20	25.2	28.8
2010-8	HLAFZ03CHG_01_02	30	23.2	27.6
2010-8	HLAFZ03CHG_01_02	40	24.9	25.3
2010-8	HLAFZ03CHG_01_02	50	24.6	24.1
2010-8	HLAFZ03CHG_01_02	70	24.7	24.1
2010-8	HLAFZ03CHG_01_02	90	23.3	24.3
2010-9	HLAFZ03CHG_01_02	10	20.8	19.5
2010-9	HLAFZ03CHG_01_02	20	24.7	22.3
2010-9	HLAFZ03CHG_01_02	30	24.7	24.5
2010-9	HLAFZ03CHG_01_02	40	26.0	25.7
2010-9	HLAFZ03CHG_01_02	50	26.1	27.1
2010-9	HLAFZ03CHG_01_02	70	23.6	24.2
2010-9	HLAFZ03CHG_01_02	90	23.7	24.1
2010-10	HLAFZ03CHG_01_02	10	21.2	21.6
2010-10	HLAFZ03CHG_01_02	20	22.6	20.3
2010-10	HLAFZ03CHG_01_02	30	22.1	23.3

（续）

时间（年-月）	样点编号	采样层次/cm	质量含水量/%	
2010 - 10	HLAFZ03CHG _ 01 _ 02	40	25.8	23.7
2010 - 10	HLAFZ03CHG _ 01 _ 02	50	26.3	25.9
2010 - 10	HLAFZ03CHG _ 01 _ 02	70	25.1	24.8
2010 - 10	HLAFZ03CHG _ 01 _ 02	90	24.5	24.5
2010 - 5	HLAFZ03CHG _ 01 _ 03	10	31.0	35.9
2010 - 5	HLAFZ03CHG _ 01 _ 03	20	30.9	34.9
2010 - 5	HLAFZ03CHG _ 01 _ 03	30	27.6	29.7
2010 - 5	HLAFZ03CHG _ 01 _ 03	40	27.8	26.8
2010 - 5	HLAFZ03CHG _ 01 _ 03	50	27.8	31.6
2010 - 6	HLAFZ03CHG _ 01 _ 03	10	17.2	13.3
2010 - 6	HLAFZ03CHG _ 01 _ 03	20	23.7	23.2
2010 - 6	HLAFZ03CHG _ 01 _ 03	30	23.9	28.0
2010 - 6	HLAFZ03CHG _ 01 _ 03	40	27.2	26.7
2010 - 6	HLAFZ03CHG _ 01 _ 03	50	25.3	21.5
2010 - 6	HLAFZ03CHG _ 01 _ 03	70	24.2	23.6
2010 - 6	HLAFZ03CHG _ 01 _ 03	90	22.2	23.5
2010 - 7	HLAFZ03CHG _ 01 _ 03	10	16.7	21.6
2010 - 7	HLAFZ03CHG _ 01 _ 03	20	16.3	17.1
2010 - 7	HLAFZ03CHG _ 01 _ 03	30	18.1	16.8
2010 - 7	HLAFZ03CHG _ 01 _ 03	40	21.4	20.9
2010 - 7	HLAFZ03CHG _ 01 _ 03	50	22.5	21.5
2010 - 7	HLAFZ03CHG _ 01 _ 03	70	22.6	22.1
2010 - 7	HLAFZ03CHG _ 01 _ 03	90	23.7	23.9
2010 - 8	HLAFZ03CHG _ 01 _ 03	10	22.2	24.0
2010 - 8	HLAFZ03CHG _ 01 _ 03	20	21.2	23.4
2010 - 8	HLAFZ03CHG _ 01 _ 03	30	18.3	18.5
2010 - 8	HLAFZ03CHG _ 01 _ 03	40	18.2	18.7
2010 - 8	HLAFZ03CHG _ 01 _ 03	50	17.8	15.1
2010 - 8	HLAFZ03CHG _ 01 _ 03	70	18.6	18.1
2010 - 8	HLAFZ03CHG _ 01 _ 03	90	18.1	17.8
2010 - 9	HLAFZ03CHG _ 01 _ 03	10	24.9	22.4
2010 - 9	HLAFZ03CHG _ 01 _ 03	20	25.8	23.3
2010 - 9	HLAFZ03CHG _ 01 _ 03	30	24.0	24.4
2010 - 9	HLAFZ03CHG _ 01 _ 03	40	24.6	23.5
2010 - 9	HLAFZ03CHG _ 01 _ 03	50	19.7	21.4

（续）

时间（年-月）	样点编号	采样层次/cm	质量含水量/%	
2010-9	HLAFZ03CHG_01_03	70	17.2	16.0
2010-9	HLAFZ03CHG_01_03	90	17.3	17.9
2010-10	HLAFZ03CHG_01_03	10	25.6	26.5
2010-10	HLAFZ03CHG_01_03	20	25.9	24.8
2010-10	HLAFZ03CHG_01_03	30	23.8	23.7
2010-10	HLAFZ03CHG_01_03	40	22.5	26.5
2010-10	HLAFZ03CHG_01_03	50	20.5	19.8
2010-10	HLAFZ03CHG_01_03	70	20.1	19.8
2010-10	HLAFZ03CHG_01_03	90	20.4	21.0
2010-5	HLAFZ03CHG_01_04	10	29.3	29.7
2010-5	HLAFZ03CHG_01_04	20	30.7	29.3
2010-5	HLAFZ03CHG_01_04	30	28.9	30.1
2010-5	HLAFZ03CHG_01_04	40	32.3	30.4
2010-5	HLAFZ03CHG_01_04	50	34.3	30.8
2010-6	HLAFZ03CHG_01_04	10	14.3	11.8
2010-6	HLAFZ03CHG_01_04	20	19.1	22.4
2010-6	HLAFZ03CHG_01_04	30	26.8	27.2
2010-6	HLAFZ03CHG_01_04	40	26.1	24.9
2010-6	HLAFZ03CHG_01_04	50	25.4	23.5
2010-6	HLAFZ03CHG_01_04	70	23.2	23.8
2010-6	HLAFZ03CHG_01_04	90	22.1	22.6
2010-7	HLAFZ03CHG_01_04	10	17.9	17.4
2010-7	HLAFZ03CHG_01_04	20	22.0	21.9
2010-7	HLAFZ03CHG_01_04	30	16.8	18.6
2010-7	HLAFZ03CHG_01_04	40	25.9	25.8
2010-7	HLAFZ03CHG_01_04	50	26.5	25.7
2010-7	HLAFZ03CHG_01_04	70	27.8	23.8
2010-7	HLAFZ03CHG_01_04	90	25.5	24.8
2010-8	HLAFZ03CHG_01_04	10	23.5	22.7
2010-8	HLAFZ03CHG_01_04	20	20.5	21.1
2010-8	HLAFZ03CHG_01_04	30	23.5	21.4
2010-8	HLAFZ03CHG_01_04	40	22.1	23.0
2010-8	HLAFZ03CHG_01_04	50	23.9	22.5
2010-8	HLAFZ03CHG_01_04	70	23.7	23.1
2010-8	HLAFZ03CHG_01_04	90	23.7	23.0

（续）

时间（年-月）	样点编号	采样层次/cm	质量含水量/%	
2010－9	HLAFZ03CHG_01_04	10	18.7	17.8
2010－9	HLAFZ03CHG_01_04	20	22.8	22.3
2010－9	HLAFZ03CHG_01_04	30	23.7	23.0
2010－9	HLAFZ03CHG_01_04	40	27.4	25.0
2010－9	HLAFZ03CHG_01_04	50	26.3	26.9
2010－9	HLAFZ03CHG_01_04	70	24.8	25.0
2010－9	HLAFZ03CHG_01_04	90	25.8	26.6
2010－10	HLAFZ03CHG_01_04	10	21.2	21.4
2010－10	HLAFZ03CHG_01_04	20	22.1	21.5
2010－10	HLAFZ03CHG_01_04	30	23.6	19.9
2010－10	HLAFZ03CHG_01_04	40	23.8	26.8
2010－10	HLAFZ03CHG_01_04	50	26.1	26.7
2010－10	HLAFZ03CHG_01_04	70	25.7	26.1
2010－10	HLAFZ03CHG_01_04	90	26.4	26.0
2010－5	HLAFZ03CHG_01_05	10	31.9	30.0
2010－5	HLAFZ03CHG_01_05	20	31.1	32.7
2010－5	HLAFZ03CHG_01_05	30	30.1	30.6
2010－5	HLAFZ03CHG_01_05	40	26.4	27.6
2010－5	HLAFZ03CHG_01_05	50	28.1	24.3
2010－6	HLAFZ03CHG_01_05	10	21.0	18.4
2010－6	HLAFZ03CHG_01_05	20	22.8	18.3
2010－6	HLAFZ03CHG_01_05	30	22.3	23.3
2010－6	HLAFZ03CHG_01_05	40	25.2	24.3
2010－6	HLAFZ03CHG_01_05	50	25.5	24.8
2010－6	HLAFZ03CHG_01_05	70	23.8	24.1
2010－6	HLAFZ03CHG_01_05	90	22.8	22.4
2010－7	HLAFZ03CHG_01_05	10	17.5	23.1
2010－7	HLAFZ03CHG_01_05	20	19.4	19.0
2010－7	HLAFZ03CHG_01_05	30	20.7	18.8
2010－7	HLAFZ03CHG_01_05	40	21.7	20.4
2010－7	HLAFZ03CHG_01_05	50	21.0	23.3
2010－7	HLAFZ03CHG_01_05	70	25.9	26.6
2010－7	HLAFZ03CHG_01_05	90	25.3	24.8
2010－8	HLAFZ03CHG_01_05	10	21.6	22.6
2010－8	HLAFZ03CHG_01_05	20	21.7	23.9

（续）

时间（年-月）	样点编号	采样层次/cm	质量含水量/%	
2010-8	HLAFZ03CHG_01_05	30	19.8	20.0
2010-8	HLAFZ03CHG_01_05	40	17.6	17.6
2010-8	HLAFZ03CHG_01_05	50	17.4	16.7
2010-8	HLAFZ03CHG_01_05	70	17.6	17.5
2010-8	HLAFZ03CHG_01_05	90	18.9	22.1
2010-9	HLAFZ03CHG_01_05	10	19.4	24.4
2010-9	HLAFZ03CHG_01_05	20	23.8	21.8
2010-9	HLAFZ03CHG_01_05	30	22.5	21.2
2010-9	HLAFZ03CHG_01_05	40	21.9	22.0
2010-9	HLAFZ03CHG_01_05	50	18.9	19.4
2010-9	HLAFZ03CHG_01_05	70	16.9	17.2
2010-9	HLAFZ03CHG_01_05	90	19.3	18.5
2010-10	HLAFZ03CHG_01_05	10	26.4	26.4
2010-10	HLAFZ03CHG_01_05	20	21.9	26.8
2010-10	HLAFZ03CHG_01_05	30	25.5	24.9
2010-10	HLAFZ03CHG_01_05	40	24.4	25.4
2010-10	HLAFZ03CHG_01_05	50	19.2	20.1
2010-10	HLAFZ03CHG_01_05	70	19.3	19.1
2010-10	HLAFZ03CHG_01_05	90	21.3	17.7
2010-5	HLAFZ03CHG_01_06	10	33.7	34.9
2010-5	HLAFZ03CHG_01_06	20	31.0	31.2
2010-5	HLAFZ03CHG_01_06	30	22.3	23.7
2010-5	HLAFZ03CHG_01_06	40	25.7	25.4
2010-5	HLAFZ03CHG_01_06	50	28.5	30.0
2010-6	HLAFZ03CHG_01_06	10	16.1	15.1
2010-6	HLAFZ03CHG_01_06	20	21.2	18.1
2010-6	HLAFZ03CHG_01_06	30	25.8	22.8
2010-6	HLAFZ03CHG_01_06	40	25.8	24.5
2010-6	HLAFZ03CHG_01_06	50	24.4	24.9
2010-6	HLAFZ03CHG_01_06	70	24.2	25.6
2010-6	HLAFZ03CHG_01_06	90	23.8	24.2
2010-7	HLAFZ03CHG_01_06	10	19.0	21.1
2010-7	HLAFZ03CHG_01_06	20	22.0	23.0
2010-7	HLAFZ03CHG_01_06	30	20.9	19.5
2010-7	HLAFZ03CHG_01_06	40	20.2	21.0

（续）

时间（年-月）	样点编号	采样层次/cm	质量含水量/%	
2010-7	HLAFZ03CHG_01_06	50	22.6	21.1
2010-7	HLAFZ03CHG_01_06	70	23.4	23.1
2010-7	HLAFZ03CHG_01_06	90	22.4	23.7
2010-8	HLAFZ03CHG_01_06	10	27.6	28.4
2010-8	HLAFZ03CHG_01_06	20	25.6	26.6
2010-8	HLAFZ03CHG_01_06	30	19.8	18.7
2010-8	HLAFZ03CHG_01_06	40	18.8	19.4
2010-8	HLAFZ03CHG_01_06	50	18.0	17.7
2010-8	HLAFZ03CHG_01_06	70	17.2	17.7
2010-8	HLAFZ03CHG_01_06	90	18.9	18.8
2010-9	HLAFZ03CHG_01_06	10	25.9	23.0
2010-9	HLAFZ03CHG_01_06	20	25.1	26.1
2010-9	HLAFZ03CHG_01_06	30	23.6	23.6
2010-9	HLAFZ03CHG_01_06	40	23.6	26.8
2010-9	HLAFZ03CHG_01_06	50	21.2	22.2
2010-9	HLAFZ03CHG_01_06	70	18.9	19.8
2010-9	HLAFZ03CHG_01_06	90	15.7	18.4
2010-10	HLAFZ03CHG_01_06	10	35.6	41.0
2010-10	HLAFZ03CHG_01_06	20	29.6	29.4
2010-10	HLAFZ03CHG_01_06	30	25.4	26.2
2010-10	HLAFZ03CHG_01_06	40	26.3	25.4
2010-10	HLAFZ03CHG_01_06	50	23.1	24.3
2010-10	HLAFZ03CHG_01_06	70	20.1	20.8
2010-10	HLAFZ03CHG_01_06	90	20.4	20.3
2010-5	HLAFZ03CHG_01_07	10	31.0	30.4
2010-5	HLAFZ03CHG_01_07	20	26.8	22.3
2010-5	HLAFZ03CHG_01_07	30	31.4	27.7
2010-5	HLAFZ03CHG_01_07	40	29.3	29.1
2010-5	HLAFZ03CHG_01_07	50	31.1	26.8
2010-6	HLAFZ03CHG_01_07	10	15.7	12.3
2010-6	HLAFZ03CHG_01_07	20	19.9	21.1
2010-6	HLAFZ03CHG_01_07	30	25.5	24.6
2010-6	HLAFZ03CHG_01_07	40	25.0	20.7
2010-6	HLAFZ03CHG_01_07	50	23.7	23.4
2010-6	HLAFZ03CHG_01_07	70	23.4	22.9

（续）

时间（年-月）	样点编号	采样层次/cm	质量含水量/%	
2010-6	HLAFZ03CHG_01_07	90	20.9	21.3
2010-7	HLAFZ03CHG_01_07	10	20.1	19.2
2010-7	HLAFZ03CHG_01_07	20	20.2	20.0
2010-7	HLAFZ03CHG_01_07	30	23.9	22.2
2010-7	HLAFZ03CHG_01_07	40	25.4	25.8
2010-7	HLAFZ03CHG_01_07	50	25.6	25.1
2010-7	HLAFZ03CHG_01_07	70	25.0	25.4
2010-7	HLAFZ03CHG_01_07	90	25.0	25.9
2010-8	HLAFZ03CHG_01_07	10	21.7	21.7
2010-8	HLAFZ03CHG_01_07	20	21.4	20.9
2010-8	HLAFZ03CHG_01_07	30	25.2	24.7
2010-8	HLAFZ03CHG_01_07	40	25.9	25.1
2010-8	HLAFZ03CHG_01_07	50	26.3	25.7
2010-8	HLAFZ03CHG_01_07	70	25.6	25.2
2010-8	HLAFZ03CHG_01_07	90	24.5	24.9
2010-9	HLAFZ03CHG_01_07	10	19.2	16.6
2010-9	HLAFZ03CHG_01_07	20	21.2	19.6
2010-9	HLAFZ03CHG_01_07	30	26.9	24.7
2010-9	HLAFZ03CHG_01_07	40	27.9	27.8
2010-9	HLAFZ03CHG_01_07	50	26.0	26.6
2010-9	HLAFZ03CHG_01_07	70	25.4	25.4
2010-9	HLAFZ03CHG_01_07	90	23.8	24.5
2010-10	HLAFZ03CHG_01_07	10	23.3	21.7
2010-10	HLAFZ03CHG_01_07	20	20.8	20.3
2010-10	HLAFZ03CHG_01_07	30	22.6	21.8
2010-10	HLAFZ03CHG_01_07	40	25.4	26.0
2010-10	HLAFZ03CHG_01_07	50	28.7	23.4
2010-10	HLAFZ03CHG_01_07	70	24.5	24.2
2010-10	HLAFZ03CHG_01_07	90	27.1	29.3
2010-5	HLAFZ03CHG_01_08	10	24.0	25.8
2010-5	HLAFZ03CHG_01_08	20	24.0	28.3
2010-5	HLAFZ03CHG_01_08	30	27.9	29.3
2010-5	HLAFZ03CHG_01_08	40	27.8	27.8
2010-5	HLAFZ03CHG_01_08	50	25.2	26.6
2010-6	HLAFZ03CHG_01_08	10	13.5	9.9

（续）

时间（年-月）	样点编号	采样层次/cm	质量含水量/%	
2010 - 6	HLAFZ03CHG _ 01 _ 08	20	22.5	19.0
2010 - 6	HLAFZ03CHG _ 01 _ 08	30	25.5	22.9
2010 - 6	HLAFZ03CHG _ 01 _ 08	40	24.6	23.1
2010 - 6	HLAFZ03CHG _ 01 _ 08	50	22.7	24.1
2010 - 6	HLAFZ03CHG _ 01 _ 08	70	21.1	20.8
2010 - 6	HLAFZ03CHG _ 01 _ 08	90	22.5	23.0
2010 - 7	HLAFZ03CHG _ 01 _ 08	10	18.8	16.5
2010 - 7	HLAFZ03CHG _ 01 _ 08	20	21.1	18.5
2010 - 7	HLAFZ03CHG _ 01 _ 08	30	24.2	18.0
2010 - 7	HLAFZ03CHG _ 01 _ 08	40	25.3	25.0
2010 - 7	HLAFZ03CHG _ 01 _ 08	50	25.6	25.6
2010 - 7	HLAFZ03CHG _ 01 _ 08	70	24.3	24.0
2010 - 7	HLAFZ03CHG _ 01 _ 08	90	24.5	23.6
2010 - 8	HLAFZ03CHG _ 01 _ 08	10	21.9	18.2
2010 - 8	HLAFZ03CHG _ 01 _ 08	20	22.3	22.3
2010 - 8	HLAFZ03CHG _ 01 _ 08	30	25.4	24.2
2010 - 8	HLAFZ03CHG _ 01 _ 08	40	25.7	25.0
2010 - 8	HLAFZ03CHG _ 01 _ 08	50	24.7	25.0
2010 - 8	HLAFZ03CHG _ 01 _ 08	70	24.4	24.6
2010 - 8	HLAFZ03CHG _ 01 _ 08	90	24.4	23.1
2010 - 9	HLAFZ03CHG _ 01 _ 08	10	17.4	19.4
2010 - 9	HLAFZ03CHG _ 01 _ 08	20	22.2	16.7
2010 - 9	HLAFZ03CHG _ 01 _ 08	30	24.5	23.7
2010 - 9	HLAFZ03CHG _ 01 _ 08	40	23.1	23.6
2010 - 9	HLAFZ03CHG _ 01 _ 08	50	23.2	22.6
2010 - 9	HLAFZ03CHG _ 01 _ 08	70	23.6	23.6
2010 - 9	HLAFZ03CHG _ 01 _ 08	90	25.2	24.4
2010 - 10	HLAFZ03CHG _ 01 _ 08	10	20.9	18.6
2010 - 10	HLAFZ03CHG _ 01 _ 08	20	21.8	22.9
2010 - 10	HLAFZ03CHG _ 01 _ 08	30	24.3	22.1
2010 - 10	HLAFZ03CHG _ 01 _ 08	40	26.4	26.1
2010 - 10	HLAFZ03CHG _ 01 _ 08	50	27.5	25.7
2010 - 10	HLAFZ03CHG _ 01 _ 08	70	30.0	29.6
2010 - 10	HLAFZ03CHG _ 01 _ 08	90	30.4	30.7
2010 - 5	HLAFZ03CHG _ 01 _ 09	10	27.7	28.0

（续）

时间（年-月）	样点编号	采样层次/cm	质量含水量/%	
2010-5	HLAFZ03CHG_01_09	20	30.1	29.4
2010-5	HLAFZ03CHG_01_09	30	32.8	29.6
2010-5	HLAFZ03CHG_01_09	40	30.3	29.1
2010-5	HLAFZ03CHG_01_09	50	30.5	30.6
2010-6	HLAFZ03CHG_01_09	10	13.3	11.3
2010-6	HLAFZ03CHG_01_09	20	19.6	18.5
2010-6	HLAFZ03CHG_01_09	30	21.9	22.7
2010-6	HLAFZ03CHG_01_09	40	23.0	21.1
2010-6	HLAFZ03CHG_01_09	50	14.0	22.5
2010-6	HLAFZ03CHG_01_09	70	21.7	22.7
2010-6	HLAFZ03CHG_01_09	90	21.6	22.5
2010-7	HLAFZ03CHG_01_09	10	23.7	20.4
2010-7	HLAFZ03CHG_01_09	20	22.9	24.9
2010-7	HLAFZ03CHG_01_09	30	26.4	26.0
2010-7	HLAFZ03CHG_01_09	40	25.8	25.8
2010-7	HLAFZ03CHG_01_09	50	28.2	24.0
2010-7	HLAFZ03CHG_01_09	70	24.7	24.3
2010-7	HLAFZ03CHG_01_09	90	25.2	24.1
2010-8	HLAFZ03CHG_01_09	10	23.4	21.9
2010-8	HLAFZ03CHG_01_09	20	25.4	23.5
2010-8	HLAFZ03CHG_01_09	30	26.5	27.6
2010-8	HLAFZ03CHG_01_09	40	24.5	25.1
2010-8	HLAFZ03CHG_01_09	50	24.0	24.9
2010-8	HLAFZ03CHG_01_09	70	25.0	24.7
2010-8	HLAFZ03CHG_01_09	90	26.5	25.7
2010-9	HLAFZ03CHG_01_09	10	18.2	18.9
2010-9	HLAFZ03CHG_01_09	20	21.7	19.7
2010-9	HLAFZ03CHG_01_09	30	24.3	23.0
2010-9	HLAFZ03CHG_01_09	40	28.0	27.5
2010-9	HLAFZ03CHG_01_09	50	26.2	26.7
2010-9	HLAFZ03CHG_01_09	70	24.2	24.9
2010-9	HLAFZ03CHG_01_09	90	22.5	20.4
2010-10	HLAFZ03CHG_01_09	10	23.3	22.3
2010-10	HLAFZ03CHG_01_09	20	24.3	20.1
2010-10	HLAFZ03CHG_01_09	30	26.9	29.9

（续）

时间（年-月）	样点编号	采样层次/cm	质量含水量/%	
2010-10	HLAFZ03CHG_01_09	40	27.9	27.7
2010-10	HLAFZ03CHG_01_09	50	25.8	28.4
2010-10	HLAFZ03CHG_01_09	70	26.7	26.1
2010-10	HLAFZ03CHG_01_09	90	39.8	26.7
2010-5	HLAFZ03CHG_01_10	10	28.2	28.3
2010-5	HLAFZ03CHG_01_10	20	29.7	30.4
2010-5	HLAFZ03CHG_01_10	30	28.4	30.3
2010-5	HLAFZ03CHG_01_10	40	30.1	28.8
2010-5	HLAFZ03CHG_01_10	50	29.7	29.0
2010-6	HLAFZ03CHG_01_10	10	12.0	19.5
2010-6	HLAFZ03CHG_01_10	20	19.0	17.5
2010-6	HLAFZ03CHG_01_10	30	20.3	20.4
2010-6	HLAFZ03CHG_01_10	40	25.3	24.6
2010-6	HLAFZ03CHG_01_10	50	20.4	24.3
2010-6	HLAFZ03CHG_01_10	70	22.7	22.3
2010-6	HLAFZ03CHG_01_10	90	22.5	22.7
2010-7	HLAFZ03CHG_01_10	10	18.1	16.8
2010-7	HLAFZ03CHG_01_10	20	16.1	20.2
2010-7	HLAFZ03CHG_01_10	30	25.9	23.9
2010-7	HLAFZ03CHG_01_10	40	28.1	25.7
2010-7	HLAFZ03CHG_01_10	50	26.3	26.7
2010-7	HLAFZ03CHG_01_10	70	26.3	27.3
2010-7	HLAFZ03CHG_01_10	90	25.4	25.2
2010-8	HLAFZ03CHG_01_10	10	22.5	21.3
2010-8	HLAFZ03CHG_01_10	20	19.2	18.5
2010-8	HLAFZ03CHG_01_10	30	23.0	22.5
2010-8	HLAFZ03CHG_01_10	40	23.7	22.8
2010-8	HLAFZ03CHG_01_10	50	24.4	23.0
2010-8	HLAFZ03CHG_01_10	70	20.9	23.3
2010-8	HLAFZ03CHG_01_10	90	24.3	24.9
2010-9	HLAFZ03CHG_01_10	10	22.7	20.0
2010-9	HLAFZ03CHG_01_10	20	24.3	22.2
2010-9	HLAFZ03CHG_01_10	30	21.6	19.9
2010-9	HLAFZ03CHG_01_10	40	22.7	20.9
2010-9	HLAFZ03CHG_01_10	50	22.2	22.0

（续）

时间（年-月）	样点编号	采样层次/cm	质量含水量/%	
2010 - 9	HLAFZ03CHG _ 01 _ 10	70	23.3	24.4
2010 - 9	HLAFZ03CHG _ 01 _ 10	90	24.6	23.7
2010 - 10	HLAFZ03CHG _ 01 _ 10	10	23.3	19.9
2010 - 10	HLAFZ03CHG _ 01 _ 10	20	25.2	26.3
2010 - 10	HLAFZ03CHG _ 01 _ 10	30	26.8	25.3
2010 - 10	HLAFZ03CHG _ 01 _ 10	40	24.6	25.0
2010 - 10	HLAFZ03CHG _ 01 _ 10	50	24.2	24.6
2010 - 10	HLAFZ03CHG _ 01 _ 10	70	25.1	24.9
2010 - 10	HLAFZ03CHG _ 01 _ 10	90	23.7	24.4
2010 - 5	HLAFZ03CHG _ 01 _ 11	10	30.1	30.4
2010 - 5	HLAFZ03CHG _ 01 _ 11	20	31.3	31.3
2010 - 5	HLAFZ03CHG _ 01 _ 11	30	34.3	28.0
2010 - 5	HLAFZ03CHG _ 01 _ 11	40	29.9	28.8
2010 - 5	HLAFZ03CHG _ 01 _ 11	50	29.2	29.4
2010 - 6	HLAFZ03CHG _ 01 _ 11	10	13.0	14.4
2010 - 6	HLAFZ03CHG _ 01 _ 11	20	20.1	21.8
2010 - 6	HLAFZ03CHG _ 01 _ 11	30	23.9	25.1
2010 - 6	HLAFZ03CHG _ 01 _ 11	40	25.3	23.5
2010 - 6	HLAFZ03CHG _ 01 _ 11	50	24.7	23.5
2010 - 6	HLAFZ03CHG _ 01 _ 11	70	24.4	24.9
2010 - 6	HLAFZ03CHG _ 01 _ 11	90	23.7	24.4
2010 - 7	HLAFZ03CHG _ 01 _ 11	10	15.9	17.7
2010 - 7	HLAFZ03CHG _ 01 _ 11	20	19.9	18.7
2010 - 7	HLAFZ03CHG _ 01 _ 11	30	23.7	22.3
2010 - 7	HLAFZ03CHG _ 01 _ 11	40	24.5	25.0
2010 - 7	HLAFZ03CHG _ 01 _ 11	50	23.7	24.3
2010 - 7	HLAFZ03CHG _ 01 _ 11	70	25.3	23.2
2010 - 7	HLAFZ03CHG _ 01 _ 11	90	23.3	23.9
2010 - 8	HLAFZ03CHG _ 01 _ 11	10	24.2	23.8
2010 - 8	HLAFZ03CHG _ 01 _ 11	20	21.9	22.7
2010 - 8	HLAFZ03CHG _ 01 _ 11	30	21.0	22.6
2010 - 8	HLAFZ03CHG _ 01 _ 11	40	22.8	22.9
2010 - 8	HLAFZ03CHG _ 01 _ 11	50	24.5	24.3
2010 - 8	HLAFZ03CHG _ 01 _ 11	70	25.0	24.4
2010 - 8	HLAFZ03CHG _ 01 _ 11	90	23.0	24.8

（续）

时间（年-月）	样点编号	采样层次/cm	质量含水量/%	
2010-9	HLAFZ03CHG_01_11	10	16.7	12.7
2010-9	HLAFZ03CHG_01_11	20	18.6	18.2
2010-9	HLAFZ03CHG_01_11	30	21.8	22.2
2010-9	HLAFZ03CHG_01_11	40	19.9	25.5
2010-9	HLAFZ03CHG_01_11	50	23.7	23.8
2010-9	HLAFZ03CHG_01_11	70	23.8	23.5
2010-9	HLAFZ03CHG_01_11	90	22.9	23.0
2010-10	HLAFZ03CHG_01_11	10	22.7	21.2
2010-10	HLAFZ03CHG_01_11	20	21.9	20.9
2010-10	HLAFZ03CHG_01_11	30	21.9	23.4
2010-10	HLAFZ03CHG_01_11	40	26.4	25.7
2010-10	HLAFZ03CHG_01_11	50	24.5	25.1
2010-10	HLAFZ03CHG_01_11	70	23.9	23.6
2010-10	HLAFZ03CHG_01_11	90	24.2	24.4
2010-5	HLAFZ03CHG_01_12	10	31.0	31.9
2010-5	HLAFZ03CHG_01_12	20	30.0	30.2
2010-5	HLAFZ03CHG_01_12	30	29.1	27.9
2010-5	HLAFZ03CHG_01_12	40	30.4	29.8
2010-5	HLAFZ03CHG_01_12	50	31.8	32.7
2010-6	HLAFZ03CHG_01_12	10	12.2	12.9
2010-6	HLAFZ03CHG_01_12	20	23.8	25.5
2010-6	HLAFZ03CHG_01_12	30	24.9	23.1
2010-6	HLAFZ03CHG_01_12	40	24.0	25.0
2010-6	HLAFZ03CHG_01_12	50	23.9	22.7
2010-6	HLAFZ03CHG_01_12	70	24.8	23.7
2010-6	HLAFZ03CHG_01_12	90	24.0	22.8
2010-7	HLAFZ03CHG_01_12	10	17.4	17.5
2010-7	HLAFZ03CHG_01_12	20	22.0	20.1
2010-7	HLAFZ03CHG_01_12	30	22.8	22.2
2010-7	HLAFZ03CHG_01_12	40	23.9	23.2
2010-7	HLAFZ03CHG_01_12	50	23.9	24.0
2010-7	HLAFZ03CHG_01_12	70	25.3	23.3
2010-7	HLAFZ03CHG_01_12	90	23.1	23.1
2010-8	HLAFZ03CHG_01_12	10	20.7	20.7
2010-8	HLAFZ03CHG_01_12	20	20.0	20.2

（续）

时间（年-月）	样点编号	采样层次/cm	质量含水量/%	
2010-8	HLAFZ03CHG_01_12	30	20.3	18.0
2010-8	HLAFZ03CHG_01_12	40	21.4	21.4
2010-8	HLAFZ03CHG_01_12	50	23.6	22.4
2010-8	HLAFZ03CHG_01_12	70	23.8	23.5
2010-8	HLAFZ03CHG_01_12	90	23.0	22.1
2010-9	HLAFZ03CHG_01_12	10	30.6	20.7
2010-9	HLAFZ03CHG_01_12	20	22.6	22.1
2010-9	HLAFZ03CHG_01_12	30	25.1	24.1
2010-9	HLAFZ03CHG_01_12	40	25.0	25.2
2010-9	HLAFZ03CHG_01_12	50	23.7	24.3
2010-9	HLAFZ03CHG_01_12	70	24.6	23.8
2010-9	HLAFZ03CHG_01_12	90	23.8	25.2
2010-10	HLAFZ03CHG_01_12	10	24.7	22.7
2010-10	HLAFZ03CHG_01_12	20	23.5	21.5
2010-10	HLAFZ03CHG_01_12	30	26.4	23.0
2010-10	HLAFZ03CHG_01_12	40	25.6	28.0
2010-10	HLAFZ03CHG_01_12	50	25.7	25.7
2010-10	HLAFZ03CHG_01_12	70	24.7	25.4
2010-10	HLAFZ03CHG_01_12	90	25.1	24.1
2010-5	HLAFZ03CHG_01_13	10	32.3	30.0
2010-5	HLAFZ03CHG_01_13	20	27.9	29.5
2010-5	HLAFZ03CHG_01_13	30	28.4	30.5
2010-5	HLAFZ03CHG_01_13	40	33.4	32.3
2010-5	HLAFZ03CHG_01_13	50	33.7	33.0
2010-6	HLAFZ03CHG_01_13	10	14.2	14.6
2010-6	HLAFZ03CHG_01_13	20	23.0	23.6
2010-6	HLAFZ03CHG_01_13	30	23.8	24.8
2010-6	HLAFZ03CHG_01_13	40	25.4	23.5
2010-6	HLAFZ03CHG_01_13	50	25.6	21.4
2010-6	HLAFZ03CHG_01_13	70	24.3	21.9
2010-6	HLAFZ03CHG_01_13	90	22.0	23.3
2010-7	HLAFZ03CHG_01_13	10	21.2	18.5
2010-7	HLAFZ03CHG_01_13	20	24.2	22.2
2010-7	HLAFZ03CHG_01_13	30	23.9	23.4
2010-7	HLAFZ03CHG_01_13	40	23.9	23.2

（续）

时间（年-月）	样点编号	采样层次/cm	质量含水量/%	
2010-7	HLAFZ03CHG_01_13	50	24.3	23.8
2010-7	HLAFZ03CHG_01_13	70	24.9	22.8
2010-7	HLAFZ03CHG_01_13	90	22.7	22.8
2010-8	HLAFZ03CHG_01_13	10	21.5	23.5
2010-8	HLAFZ03CHG_01_13	20	21.1	20.9
2010-8	HLAFZ03CHG_01_13	30	22.3	22.2
2010-8	HLAFZ03CHG_01_13	40	22.7	21.7
2010-8	HLAFZ03CHG_01_13	50	23.6	24.3
2010-8	HLAFZ03CHG_01_13	70	21.3	23.3
2010-8	HLAFZ03CHG_01_13	90	23.9	23.9
2010-9	HLAFZ03CHG_01_13	10	19.7	22.2
2010-9	HLAFZ03CHG_01_13	20	22.4	24.1
2010-9	HLAFZ03CHG_01_13	30	24.8	24.6
2010-9	HLAFZ03CHG_01_13	40	26.3	26.1
2010-9	HLAFZ03CHG_01_13	50	25.4	25.2
2010-9	HLAFZ03CHG_01_13	70	24.4	24.4
2010-9	HLAFZ03CHG_01_13	90	24.2	24.7
2010-10	HLAFZ03CHG_01_13	10	24.3	23.3
2010-10	HLAFZ03CHG_01_13	20	25.9	25.1
2010-10	HLAFZ03CHG_01_13	30	26.2	26.3
2010-10	HLAFZ03CHG_01_13	40	28.6	27.6
2010-10	HLAFZ03CHG_01_13	50	24.5	28.0
2010-10	HLAFZ03CHG_01_13	70	25.6	26.1
2010-10	HLAFZ03CHG_01_13	90	27.2	26.6
2010-5	HLAFZ03CHG_01_14	10	30.5	30.1
2010-5	HLAFZ03CHG_01_14	20	31.1	31.8
2010-5	HLAFZ03CHG_01_14	30	30.9	31.0
2010-5	HLAFZ03CHG_01_14	40	32.4	33.2
2010-5	HLAFZ03CHG_01_14	50	28.1	29.1
2010-6	HLAFZ03CHG_01_14	10	17.3	16.6
2010-6	HLAFZ03CHG_01_14	20	23.9	21.0
2010-6	HLAFZ03CHG_01_14	30	24.3	26.6
2010-6	HLAFZ03CHG_01_14	40	25.4	23.6
2010-6	HLAFZ03CHG_01_14	50	24.0	25.3
2010-6	HLAFZ03CHG_01_14	70	26.8	26.4

（续）

时间（年-月）	样点编号	采样层次/cm	质量含水量/%	
2010-6	HLAFZ03CHG_01_14	90	26.7	27.0
2010-7	HLAFZ03CHG_01_14	10	19.7	16.6
2010-7	HLAFZ03CHG_01_14	20	19.7	19.7
2010-7	HLAFZ03CHG_01_14	30	21.9	21.9
2010-7	HLAFZ03CHG_01_14	40	24.4	23.3
2010-7	HLAFZ03CHG_01_14	50	24.1	27.2
2010-7	HLAFZ03CHG_01_14	70	23.0	23.2
2010-7	HLAFZ03CHG_01_14	90	24.8	24.4
2010-8	HLAFZ03CHG_01_14	10	21.0	20.3
2010-8	HLAFZ03CHG_01_14	20	16.4	17.6
2010-8	HLAFZ03CHG_01_14	30	19.9	20.2
2010-8	HLAFZ03CHG_01_14	40	20.1	20.0
2010-8	HLAFZ03CHG_01_14	50	19.7	19.3
2010-8	HLAFZ03CHG_01_14	70	22.8	22.2
2010-8	HLAFZ03CHG_01_14	90	24.2	24.4
2010-9	HLAFZ03CHG_01_14	10	20.8	20.0
2010-9	HLAFZ03CHG_01_14	20	21.7	22.6
2010-9	HLAFZ03CHG_01_14	30	23.2	20.9
2010-9	HLAFZ03CHG_01_14	40	24.7	25.4
2010-9	HLAFZ03CHG_01_14	50	25.2	24.0
2010-9	HLAFZ03CHG_01_14	70	25.3	24.3
2010-9	HLAFZ03CHG_01_14	90	23.6	23.7
2010-10	HLAFZ03CHG_01_14	10	24.0	21.0
2010-10	HLAFZ03CHG_01_14	20	23.4	23.7
2010-10	HLAFZ03CHG_01_14	30	24.6	24.5
2010-10	HLAFZ03CHG_01_14	40	29.4	27.9
2010-10	HLAFZ03CHG_01_14	50	25.7	26.4
2010-10	HLAFZ03CHG_01_14	70	23.1	24.0
2010-10	HLAFZ03CHG_01_14	90	22.3	24.4
2010-5	HLAFZ03CHG_01_15	10	27.8	29.4
2010-5	HLAFZ03CHG_01_15	20	28.0	28.1
2010-5	HLAFZ03CHG_01_15	30	24.3	25.7
2010-5	HLAFZ03CHG_01_15	40	25.5	25.4
2010-5	HLAFZ03CHG_01_15	50	28.5	28.2
2010-6	HLAFZ03CHG_01_15	10	15.8	16.7

（续）

时间（年-月）	样点编号	采样层次/cm	质量含水量/%	
2010 - 6	HLAFZ03CHG _ 01 _ 15	20	18.5	22.7
2010 - 6	HLAFZ03CHG _ 01 _ 15	30	26.3	25.2
2010 - 6	HLAFZ03CHG _ 01 _ 15	40	26.5	27.7
2010 - 6	HLAFZ03CHG _ 01 _ 15	50	25.9	26.2
2010 - 6	HLAFZ03CHG _ 01 _ 15	70	26.4	26.4
2010 - 6	HLAFZ03CHG _ 01 _ 15	90	26.4	26.2
2010 - 7	HLAFZ03CHG _ 01 _ 15	10	19.2	20.6
2010 - 7	HLAFZ03CHG _ 01 _ 15	20	19.9	18.4
2010 - 7	HLAFZ03CHG _ 01 _ 15	30	19.9	20.4
2010 - 7	HLAFZ03CHG _ 01 _ 15	40	23.1	23.9
2010 - 7	HLAFZ03CHG _ 01 _ 15	50	23.6	23.4
2010 - 7	HLAFZ03CHG _ 01 _ 15	70	23.6	24.1
2010 - 7	HLAFZ03CHG _ 01 _ 15	90	25.8	24.7
2010 - 8	HLAFZ03CHG _ 01 _ 15	10	20.6	18.8
2010 - 8	HLAFZ03CHG _ 01 _ 15	20	18.2	21.0
2010 - 8	HLAFZ03CHG _ 01 _ 15	30	18.7	18.9
2010 - 8	HLAFZ03CHG _ 01 _ 15	40	17.5	17.8
2010 - 8	HLAFZ03CHG _ 01 _ 15	50	17.1	17.3
2010 - 8	HLAFZ03CHG _ 01 _ 15	70	19.2	19.8
2010 - 8	HLAFZ03CHG _ 01 _ 15	90	22.9	22.0
2010 - 9	HLAFZ03CHG _ 01 _ 15	10	19.3	20.5
2010 - 9	HLAFZ03CHG _ 01 _ 15	20	20.9	22.3
2010 - 9	HLAFZ03CHG _ 01 _ 15	30	23.7	23.6
2010 - 9	HLAFZ03CHG _ 01 _ 15	40	21.7	23.9
2010 - 9	HLAFZ03CHG _ 01 _ 15	50	21.3	20.7
2010 - 9	HLAFZ03CHG _ 01 _ 15	70	22.0	21.6
2010 - 9	HLAFZ03CHG _ 01 _ 15	90	22.7	23.0
2010 - 10	HLAFZ03CHG _ 01 _ 15	10	24.6	25.0
2010 - 10	HLAFZ03CHG _ 01 _ 15	20	25.1	20.4
2010 - 10	HLAFZ03CHG _ 01 _ 15	30	25.4	25.3
2010 - 10	HLAFZ03CHG _ 01 _ 15	40	25.1	24.6
2010 - 10	HLAFZ03CHG _ 01 _ 15	50	24.4	23.9
2010 - 10	HLAFZ03CHG _ 01 _ 15	70	24.6	21.0
2010 - 10	HLAFZ03CHG _ 01 _ 15	90	27.2	24.0
2010 - 5	HLAFZ03CHG _ 01 _ 16	10	28.2	29.7

（续）

时间（年-月）	样点编号	采样层次/cm	质量含水量/%	
2010-5	HLAFZ03CHG_01_16	20	28.9	29.8
2010-5	HLAFZ03CHG_01_16	30	29.0	30.4
2010-5	HLAFZ03CHG_01_16	40	26.6	29.1
2010-5	HLAFZ03CHG_01_16	50	33.2	28.8
2010-6	HLAFZ03CHG_01_16	10	14.5	17.5
2010-6	HLAFZ03CHG_01_16	20	21.9	21.9
2010-6	HLAFZ03CHG_01_16	30	27.0	28.2
2010-6	HLAFZ03CHG_01_16	40	27.1	26.5
2010-6	HLAFZ03CHG_01_16	50	25.1	26.2
2010-6	HLAFZ03CHG_01_16	70	25.9	25.8
2010-6	HLAFZ03CHG_01_16	90	26.7	26.1
2010-7	HLAFZ03CHG_01_16	10	17.8	18.7
2010-7	HLAFZ03CHG_01_16	20	17.3	17.8
2010-7	HLAFZ03CHG_01_16	30	21.4	21.5
2010-7	HLAFZ03CHG_01_16	40	24.4	24.6
2010-7	HLAFZ03CHG_01_16	50	24.4	23.3
2010-7	HLAFZ03CHG_01_16	70	23.6	23.5
2010-7	HLAFZ03CHG_01_16	90	23.4	23.9
2010-8	HLAFZ03CHG_01_16	10	21.2	16.5
2010-8	HLAFZ03CHG_01_16	20	21.0	19.8
2010-8	HLAFZ03CHG_01_16	30	19.2	19.0
2010-8	HLAFZ03CHG_01_16	40	18.1	18.0
2010-8	HLAFZ03CHG_01_16	50	19.5	18.2
2010-8	HLAFZ03CHG_01_16	70	22.1	21.1
2010-8	HLAFZ03CHG_01_16	90	22.5	21.2
2010-9	HLAFZ03CHG_01_16	10	21.6	21.8
2010-9	HLAFZ03CHG_01_16	20	23.2	23.5
2010-9	HLAFZ03CHG_01_16	30	23.0	22.8
2010-9	HLAFZ03CHG_01_16	40	23.5	25.8
2010-9	HLAFZ03CHG_01_16	50	22.5	22.3
2010-9	HLAFZ03CHG_01_16	70	21.7	21.8
2010-9	HLAFZ03CHG_01_16	90	22.5	22.4
2010-10	HLAFZ03CHG_01_16	10	23.0	22.8
2010-10	HLAFZ03CHG_01_16	20	22.5	24.1
2010-10	HLAFZ03CHG_01_16	30	24.4	25.4

（续）

时间（年-月）	样点编号	采样层次/cm	质量含水量/%	
2010 - 10	HLAFZ03CHG _ 01 _ 16	40	24.6	24.5
2010 - 10	HLAFZ03CHG _ 01 _ 16	50	24.3	22.6
2010 - 10	HLAFZ03CHG _ 01 _ 16	70	24.7	23.6
2010 - 10	HLAFZ03CHG _ 01 _ 16	90	24.3	24.8
2010 - 5	HLAFZ03CHG _ 01 _ 17	10	30.5	31.7
2010 - 5	HLAFZ03CHG _ 01 _ 17	20	33.9	32.6
2010 - 5	HLAFZ03CHG _ 01 _ 17	30	34.7	31.8
2010 - 5	HLAFZ03CHG _ 01 _ 17	40	33.7	31.2
2010 - 5	HLAFZ03CHG _ 01 _ 17	50	32.8	33.4
2010 - 6	HLAFZ03CHG _ 01 _ 17	10	17.0	11.7
2010 - 6	HLAFZ03CHG _ 01 _ 17	20	24.2	26.1
2010 - 6	HLAFZ03CHG _ 01 _ 17	30	30.9	27.4
2010 - 6	HLAFZ03CHG _ 01 _ 17	40	29.2	28.9
2010 - 6	HLAFZ03CHG _ 01 _ 17	50	25.6	27.4
2010 - 6	HLAFZ03CHG _ 01 _ 17	70	26.4	26.9
2010 - 6	HLAFZ03CHG _ 01 _ 17	90	25.9	27.1
2010 - 7	HLAFZ03CHG _ 01 _ 17	10	21.0	19.3
2010 - 7	HLAFZ03CHG _ 01 _ 17	20	22.9	20.5
2010 - 7	HLAFZ03CHG _ 01 _ 17	30	29.3	28.1
2010 - 7	HLAFZ03CHG _ 01 _ 17	40	26.8	27.2
2010 - 7	HLAFZ03CHG _ 01 _ 17	50	26.3	26.2
2010 - 7	HLAFZ03CHG _ 01 _ 17	70	25.7	25.1
2010 - 7	HLAFZ03CHG _ 01 _ 17	90	25.7	25.7
2010 - 8	HLAFZ03CHG _ 01 _ 17	10	18.8	22.4
2010 - 8	HLAFZ03CHG _ 01 _ 17	20	19.4	18.9
2010 - 8	HLAFZ03CHG _ 01 _ 17	30	23.3	22.9
2010 - 8	HLAFZ03CHG _ 01 _ 17	40	25.2	23.2
2010 - 8	HLAFZ03CHG _ 01 _ 17	50	24.4	24.0
2010 - 8	HLAFZ03CHG _ 01 _ 17	70	22.9	24.9
2010 - 8	HLAFZ03CHG _ 01 _ 17	90	26.1	24.3
2010 - 9	HLAFZ03CHG _ 01 _ 17	10	17.9	16.9
2010 - 9	HLAFZ03CHG _ 01 _ 17	20	21.0	20.5
2010 - 9	HLAFZ03CHG _ 01 _ 17	30	24.1	23.3
2010 - 9	HLAFZ03CHG _ 01 _ 17	40	24.6	24.7
2010 - 9	HLAFZ03CHG _ 01 _ 17	50	24.0	24.1

（续）

时间（年-月）	样点编号	采样层次/cm	质量含水量/%	
2010-9	HLAFZ03CHG_01_17	70	22.6	23.5
2010-9	HLAFZ03CHG_01_17	90	22.0	22.6
2010-10	HLAFZ03CHG_01_17	10	22.7	21.0
2010-10	HLAFZ03CHG_01_17	20	21.7	21.1
2010-10	HLAFZ03CHG_01_17	30	26.8	25.1
2010-10	HLAFZ03CHG_01_17	40	26.6	27.4
2010-10	HLAFZ03CHG_01_17	50	24.5	24.5
2010-10	HLAFZ03CHG_01_17	70	24.5	25.1
2010-10	HLAFZ03CHG_01_17	90	24.4	24.5
2010-5	HLAFZ03CHG_01_18	10	32.3	34.4
2010-5	HLAFZ03CHG_01_18	20	33.6	30.8
2010-5	HLAFZ03CHG_01_18	30	33.2	26.9
2010-5	HLAFZ03CHG_01_18	40	37.1	33.3
2010-5	HLAFZ03CHG_01_18	50	33.1	34.1
2010-6	HLAFZ03CHG_01_18	10	15.8	10.9
2010-6	HLAFZ03CHG_01_18	20	24.6	18.0
2010-6	HLAFZ03CHG_01_18	30	28.4	27.3
2010-6	HLAFZ03CHG_01_18	40	26.5	26.1
2010-6	HLAFZ03CHG_01_18	50	25.7	25.8
2010-6	HLAFZ03CHG_01_18	70	24.9	22.3
2010-6	HLAFZ03CHG_01_18	90	24.4	24.5
2010-7	HLAFZ03CHG_01_18	10	22.8	22.6
2010-7	HLAFZ03CHG_01_18	20	25.3	23.9
2010-7	HLAFZ03CHG_01_18	30	25.8	26.0
2010-7	HLAFZ03CHG_01_18	40	27.7	28.2
2010-7	HLAFZ03CHG_01_18	50	26.3	27.1
2010-7	HLAFZ03CHG_01_18	70	26.5	26.5
2010-7	HLAFZ03CHG_01_18	90	25.2	21.7
2010-8	HLAFZ03CHG_01_18	10	24.7	23.5
2010-8	HLAFZ03CHG_01_18	20	22.1	23.9
2010-8	HLAFZ03CHG_01_18	30	24.5	21.5
2010-8	HLAFZ03CHG_01_18	40	23.0	22.9
2010-8	HLAFZ03CHG_01_18	50	24.6	24.2
2010-8	HLAFZ03CHG_01_18	70	26.1	24.7
2010-8	HLAFZ03CHG_01_18	90	24.6	23.0

（续）

时间（年-月）	样点编号	采样层次/cm	质量含水量/%	
2010-9	HLAFZ03CHG_01_18	10	18.6	18.6
2010-9	HLAFZ03CHG_01_18	20	22.3	21.5
2010-9	HLAFZ03CHG_01_18	30	24.5	22.6
2010-9	HLAFZ03CHG_01_18	40	25.0	25.8
2010-9	HLAFZ03CHG_01_18	50	22.3	23.2
2010-9	HLAFZ03CHG_01_18	70	21.9	21.5
2010-9	HLAFZ03CHG_01_18	90	22.8	22.4
2010-10	HLAFZ03CHG_01_18	10	23.2	21.7
2010-10	HLAFZ03CHG_01_18	20	24.1	24.1
2010-10	HLAFZ03CHG_01_18	30	28.3	26.6
2010-10	HLAFZ03CHG_01_18	40	26.1	27.9
2010-10	HLAFZ03CHG_01_18	50	24.8	24.1
2010-10	HLAFZ03CHG_01_18	70	25.0	25.0
2010-10	HLAFZ03CHG_01_18	90	25.1	25.6
2010-5	HLAFZ03CHG_01_19	10	31.6	30.4
2010-5	HLAFZ03CHG_01_19	20	31.8	31.9
2010-5	HLAFZ03CHG_01_19	30	28.7	30.4
2010-5	HLAFZ03CHG_01_19	40	30.1	31.6
2010-5	HLAFZ03CHG_01_19	50	32.1	32.3
2010-6	HLAFZ03CHG_01_19	10	16.4	10.8
2010-6	HLAFZ03CHG_01_19	20	26.3	23.1
2010-6	HLAFZ03CHG_01_19	30	29.6	31.1
2010-6	HLAFZ03CHG_01_19	40	27.9	26.6
2010-6	HLAFZ03CHG_01_19	50	26.1	26.4
2010-6	HLAFZ03CHG_01_19	70	26.0	25.2
2010-6	HLAFZ03CHG_01_19	90	22.9	25.9
2010-7	HLAFZ03CHG_01_19	10	20.5	21.2
2010-7	HLAFZ03CHG_01_19	20	23.6	24.1
2010-7	HLAFZ03CHG_01_19	30	26.7	25.1
2010-7	HLAFZ03CHG_01_19	40	26.0	25.7
2010-7	HLAFZ03CHG_01_19	50	25.4	25.4
2010-7	HLAFZ03CHG_01_19	70	25.4	25.3
2010-7	HLAFZ03CHG_01_19	90	24.3	24.5
2010-8	HLAFZ03CHG_01_19	10	21.2	20.8
2010-8	HLAFZ03CHG_01_19	20	20.9	18.9

（续）

时间（年-月）	样点编号	采样层次/cm	质量含水量/%	
2010-8	HLAFZ03CHG_01_19	30	20.8	21.5
2010-8	HLAFZ03CHG_01_19	40	20.8	22.7
2010-8	HLAFZ03CHG_01_19	50	23.0	22.8
2010-8	HLAFZ03CHG_01_19	70	22.5	20.5
2010-8	HLAFZ03CHG_01_19	90	23.0	23.4
2010-9	HLAFZ03CHG_01_19	10	17.3	14.8
2010-9	HLAFZ03CHG_01_19	20	18.1	18.6
2010-9	HLAFZ03CHG_01_19	30	21.4	21.1
2010-9	HLAFZ03CHG_01_19	40	22.4	21.6
2010-9	HLAFZ03CHG_01_19	50	20.3	20.0
2010-9	HLAFZ03CHG_01_19	70	97.0	21.9
2010-9	HLAFZ03CHG_01_19	90	22.8	22.2
2010-10	HLAFZ03CHG_01_19	10	23.2	22.5
2010-10	HLAFZ03CHG_01_19	20	21.1	21.7
2010-10	HLAFZ03CHG_01_19	30	21.0	22.3
2010-10	HLAFZ03CHG_01_19	40	24.8	24.2
2010-10	HLAFZ03CHG_01_19	50	23.5	25.1
2010-10	HLAFZ03CHG_01_19	70	23.8	23.0
2010-10	HLAFZ03CHG_01_19	90	24.3	23.8
2010-5	HLAFZ03CHG_01_20	10	27.5	23.7
2010-5	HLAFZ03CHG_01_20	20	32.5	32.6
2010-5	HLAFZ03CHG_01_20	30	30.7	31.9
2010-5	HLAFZ03CHG_01_20	40	31.5	31.4
2010-5	HLAFZ03CHG_01_20	50	30.9	30.9
2010-6	HLAFZ03CHG_01_20	10	15.4	13.7
2010-6	HLAFZ03CHG_01_20	20	27.3	21.7
2010-6	HLAFZ03CHG_01_20	30	30.2	25.1
2010-6	HLAFZ03CHG_01_20	40	30.0	27.0
2010-6	HLAFZ03CHG_01_20	50	25.6	25.7
2010-6	HLAFZ03CHG_01_20	70	25.4	24.1
2010-6	HLAFZ03CHG_01_20	90	25.0	23.9
2010-7	HLAFZ03CHG_01_20	10	17.4	17.7
2010-7	HLAFZ03CHG_01_20	20	18.7	18.8
2010-7	HLAFZ03CHG_01_20	30	23.5	20.8
2010-7	HLAFZ03CHG_01_20	40	26.0	27.8

（续）

时间（年-月）	样点编号	采样层次/cm	质量含水量/%	
2010-7	HLAFZ03CHG_01_20	50	25.3	25.8
2010-7	HLAFZ03CHG_01_20	70	25.8	26.0
2010-7	HLAFZ03CHG_01_20	90	24.6	27.0
2010-8	HLAFZ03CHG_01_20	10	21.1	20.9
2010-8	HLAFZ03CHG_01_20	20	22.5	20.4
2010-8	HLAFZ03CHG_01_20	30	17.2	18.2
2010-8	HLAFZ03CHG_01_20	40	17.2	17.3
2010-8	HLAFZ03CHG_01_20	50	20.6	19.5
2010-8	HLAFZ03CHG_01_20	70	22.0	22.1
2010-8	HLAFZ03CHG_01_20	90	21.9	22.4
2010-9	HLAFZ03CHG_01_20	10	20.7	17.8
2010-9	HLAFZ03CHG_01_20	20	21.6	18.0
2010-9	HLAFZ03CHG_01_20	30	21.9	21.3
2010-9	HLAFZ03CHG_01_20	40	23.9	23.5
2010-9	HLAFZ03CHG_01_20	50	22.4	22.5
2010-9	HLAFZ03CHG_01_20	70	22.1	25.7
2010-9	HLAFZ03CHG_01_20	90	21.9	22.2
2010-10	HLAFZ03CHG_01_20	10	22.7	20.7
2010-10	HLAFZ03CHG_01_20	20	21.1	20.0
2010-10	HLAFZ03CHG_01_20	30	23.6	23.6
2010-10	HLAFZ03CHG_01_20	40	26.5	25.4
2010-10	HLAFZ03CHG_01_20	50	25.5	24.4
2010-10	HLAFZ03CHG_01_20	70	23.5	24.0
2010-10	HLAFZ03CHG_01_20	90	25.4	24.4
2010-5	HLAFZ03CHG_01_21	10	31.3	29.8
2010-5	HLAFZ03CHG_01_21	20	30.3	30.9
2010-5	HLAFZ03CHG_01_21	30	33.5	32.3
2010-5	HLAFZ03CHG_01_21	40	37.4	34.5
2010-5	HLAFZ03CHG_01_21	50	37.0	32.1
2010-6	HLAFZ03CHG_01_21	10	19.7	18.6
2010-6	HLAFZ03CHG_01_21	20	21.1	26.8
2010-6	HLAFZ03CHG_01_21	30	28.8	29.9
2010-6	HLAFZ03CHG_01_21	40	30.2	26.3
2010-6	HLAFZ03CHG_01_21	50	24.3	29.2
2010-6	HLAFZ03CHG_01_21	70	28.3	28.5

（续）

时间（年-月）	样点编号	采样层次/cm	质量含水量/%	
2010-6	HLAFZ03CHG_01_21	90	26.0	27.1
2010-7	HLAFZ03CHG_01_21	10	18.4	17.7
2010-7	HLAFZ03CHG_01_21	20	22.5	19.3
2010-7	HLAFZ03CHG_01_21	30	23.5	17.7
2010-7	HLAFZ03CHG_01_21	40	25.0	25.0
2010-7	HLAFZ03CHG_01_21	50	28.4	25.9
2010-7	HLAFZ03CHG_01_21	70	26.4	25.6
2010-7	HLAFZ03CHG_01_21	90	25.3	25.6
2010-8	HLAFZ03CHG_01_21	10	19.5	18.9
2010-8	HLAFZ03CHG_01_21	20	19.2	10.7
2010-8	HLAFZ03CHG_01_21	30	8.3	19.5
2010-8	HLAFZ03CHG_01_21	40	21.8	19.4
2010-8	HLAFZ03CHG_01_21	50	24.4	23.0
2010-8	HLAFZ03CHG_01_21	70	23.8	23.4
2010-8	HLAFZ03CHG_01_21	90	24.5	24.5
2010-9	HLAFZ03CHG_01_21	10	18.4	17.9
2010-9	HLAFZ03CHG_01_21	20	20.6	18.4
2010-9	HLAFZ03CHG_01_21	30	23.1	21.9
2010-9	HLAFZ03CHG_01_21	40	22.0	22.4
2010-9	HLAFZ03CHG_01_21	50	18.7	20.1
2010-9	HLAFZ03CHG_01_21	70	20.2	18.8
2010-9	HLAFZ03CHG_01_21	90	21.7	21.1
2010-10	HLAFZ03CHG_01_21	10	23.5	21.0
2010-10	HLAFZ03CHG_01_21	20	24.2	24.2
2010-10	HLAFZ03CHG_01_21	30	25.1	25.0
2010-10	HLAFZ03CHG_01_21	40	24.4	25.4
2010-10	HLAFZ03CHG_01_21	50	24.3	23.9
2010-10	HLAFZ03CHG_01_21	70	23.4	23.3
2010-10	HLAFZ03CHG_01_21	90	23.9	23.4
2010-5	HLAFZ03CHG_01_22	10	33.9	34.4
2010-5	HLAFZ03CHG_01_22	20	34.6	32.8
2010-5	HLAFZ03CHG_01_22	30	29.7	33.6
2010-5	HLAFZ03CHG_01_22	40	34.2	34.5
2010-5	HLAFZ03CHG_01_22	50	35.0	34.3
2010-6	HLAFZ03CHG_01_22	10	16.4	15.0

（续）

时间（年-月）	样点编号	采样层次/cm	质量含水量/%	
2010 - 6	HLAFZ03CHG _ 01 _ 22	20	26.1	23.3
2010 - 6	HLAFZ03CHG _ 01 _ 22	30	30.5	27.0
2010 - 6	HLAFZ03CHG _ 01 _ 22	40	29.6	29.7
2010 - 6	HLAFZ03CHG _ 01 _ 22	50	29.4	26.2
2010 - 6	HLAFZ03CHG _ 01 _ 22	70	27.6	26.9
2010 - 6	HLAFZ03CHG _ 01 _ 22	90	24.4	28.4
2010 - 7	HLAFZ03CHG _ 01 _ 22	10	12.2	16.6
2010 - 7	HLAFZ03CHG _ 01 _ 22	20	20.9	23.5
2010 - 7	HLAFZ03CHG _ 01 _ 22	30	20.8	23.9
2010 - 7	HLAFZ03CHG _ 01 _ 22	40	24.5	25.2
2010 - 7	HLAFZ03CHG _ 01 _ 22	50	25.8	25.6
2010 - 7	HLAFZ03CHG _ 01 _ 22	70	22.3	25.0
2010 - 7	HLAFZ03CHG _ 01 _ 22	90	26.5	24.8
2010 - 8	HLAFZ03CHG _ 01 _ 22	10	19.6	19.0
2010 - 8	HLAFZ03CHG _ 01 _ 22	20	21.6	22.5
2010 - 8	HLAFZ03CHG _ 01 _ 22	30	19.0	20.0
2010 - 8	HLAFZ03CHG _ 01 _ 22	40	20.0	19.7
2010 - 8	HLAFZ03CHG _ 01 _ 22	50	21.6	20.0
2010 - 8	HLAFZ03CHG _ 01 _ 22	70	21.7	22.0
2010 - 8	HLAFZ03CHG _ 01 _ 22	90	21.5	24.3
2010 - 9	HLAFZ03CHG _ 01 _ 22	10	16.2	14.7
2010 - 9	HLAFZ03CHG _ 01 _ 22	20	19.0	17.7
2010 - 9	HLAFZ03CHG _ 01 _ 22	30	24.3	20.6
2010 - 9	HLAFZ03CHG _ 01 _ 22	40	22.7	22.5
2010 - 9	HLAFZ03CHG _ 01 _ 22	50	24.7	26.1
2010 - 9	HLAFZ03CHG _ 01 _ 22	70	23.2	23.6
2010 - 9	HLAFZ03CHG _ 01 _ 22	90	24.1	21.9
2010 - 10	HLAFZ03CHG _ 01 _ 22	10	21.9	23.1
2010 - 10	HLAFZ03CHG _ 01 _ 22	20	21.4	21.5
2010 - 10	HLAFZ03CHG _ 01 _ 22	30	24.6	23.3
2010 - 10	HLAFZ03CHG _ 01 _ 22	40	25.7	26.2
2010 - 10	HLAFZ03CHG _ 01 _ 22	50	25.5	24.5
2010 - 10	HLAFZ03CHG _ 01 _ 22	70	24.8	22.9
2010 - 10	HLAFZ03CHG _ 01 _ 22	90	24.8	24.9
2010 - 5	HLAFZ03CHG _ 01 _ 23	10	30.8	31.4

（续）

时间（年-月）	样点编号	采样层次/cm	质量含水量/%	
2010-5	HLAFZ03CHG_01_23	20	31.6	32.2
2010-5	HLAFZ03CHG_01_23	30	31.7	28.3
2010-5	HLAFZ03CHG_01_23	40	28.7	30.8
2010-5	HLAFZ03CHG_01_23	50	29.3	31.7
2010-6	HLAFZ03CHG_01_23	10	14.4	11.2
2010-6	HLAFZ03CHG_01_23	20	20.0	22.7
2010-6	HLAFZ03CHG_01_23	30	24.7	25.6
2010-6	HLAFZ03CHG_01_23	40	24.3	22.7
2010-6	HLAFZ03CHG_01_23	50	25.9	25.6
2010-6	HLAFZ03CHG_01_23	70	26.6	27.6
2010-6	HLAFZ03CHG_01_23	90	26.2	25.9
2010-7	HLAFZ03CHG_01_23	10	17.9	20.5
2010-7	HLAFZ03CHG_01_23	20	19.1	18.7
2010-7	HLAFZ03CHG_01_23	30	20.8	19.9
2010-7	HLAFZ03CHG_01_23	40	23.6	23.2
2010-7	HLAFZ03CHG_01_23	50	24.6	25.1
2010-7	HLAFZ03CHG_01_23	70	23.3	23.3
2010-7	HLAFZ03CHG_01_23	90	25.6	27.1
2010-8	HLAFZ03CHG_01_23	10	19.8	20.9
2010-8	HLAFZ03CHG_01_23	20	16.9	15.9
2010-8	HLAFZ03CHG_01_23	30	19.7	19.0
2010-8	HLAFZ03CHG_01_23	40	21.6	21.3
2010-8	HLAFZ03CHG_01_23	50	20.5	21.2
2010-8	HLAFZ03CHG_01_23	70	23.1	22.3
2010-8	HLAFZ03CHG_01_23	90	23.8	24.1
2010-9	HLAFZ03CHG_01_23	10	21.7	17.8
2010-9	HLAFZ03CHG_01_23	20	22.6	21.9
2010-9	HLAFZ03CHG_01_23	30	23.8	22.9
2010-9	HLAFZ03CHG_01_23	40	22.3	22.5
2010-9	HLAFZ03CHG_01_23	50	20.9	21.0
2010-9	HLAFZ03CHG_01_23	70	21.7	20.0
2010-9	HLAFZ03CHG_01_23	90	22.6	22.0
2010-10	HLAFZ03CHG_01_23	10	24.6	25.9
2010-10	HLAFZ03CHG_01_23	20	24.5	24.5
2010-10	HLAFZ03CHG_01_23	30	25.2	23.8

（续）

时间（年-月）	样点编号	采样层次/cm	质量含水量/%	
2010-10	HLAFZ03CHG_01_23	40	24.2	25.6
2010-10	HLAFZ03CHG_01_23	50	24.3	22.8
2010-10	HLAFZ03CHG_01_23	70	25.0	24.8
2010-10	HLAFZ03CHG_01_23	90	24.7	23.7
2010-5	HLAFZ03CHG_01_24	10	30.6	29.7
2010-5	HLAFZ03CHG_01_24	20	29.7	26.4
2010-5	HLAFZ03CHG_01_24	30	28.8	29.4
2010-5	HLAFZ03CHG_01_24	40	31.9	27.3
2010-5	HLAFZ03CHG_01_24	50	29.1	29.4
2010-6	HLAFZ03CHG_01_24	10	25.5	25.2
2010-6	HLAFZ03CHG_01_24	20	28.0	28.5
2010-6	HLAFZ03CHG_01_24	30	29.5	25.1
2010-6	HLAFZ03CHG_01_24	40	28.8	25.9
2010-6	HLAFZ03CHG_01_24	50	27.7	30.5
2010-6	HLAFZ03CHG_01_24	70	27.0	26.9
2010-6	HLAFZ03CHG_01_24	90	25.4	24.7
2010-7	HLAFZ03CHG_01_24	10	13.0	16.8
2010-7	HLAFZ03CHG_01_24	20	24.8	24.9
2010-7	HLAFZ03CHG_01_24	30	22.8	23.4
2010-7	HLAFZ03CHG_01_24	40	26.0	25.1
2010-7	HLAFZ03CHG_01_24	50	25.9	26.0
2010-7	HLAFZ03CHG_01_24	70	25.1	25.8
2010-7	HLAFZ03CHG_01_24	90	25.3	25.0
2010-8	HLAFZ03CHG_01_24	10	26.2	27.7
2010-8	HLAFZ03CHG_01_24	20	24.4	26.3
2010-8	HLAFZ03CHG_01_24	30	22.5	23.7
2010-8	HLAFZ03CHG_01_24	40	20.4	20.7
2010-8	HLAFZ03CHG_01_24	50	18.2	18.9
2010-8	HLAFZ03CHG_01_24	70	17.5	17.4
2010-8	HLAFZ03CHG_01_24	90	19.3	20.7
2010-9	HLAFZ03CHG_01_24	10	30.5	23.8
2010-9	HLAFZ03CHG_01_24	20	25.9	27.7
2010-9	HLAFZ03CHG_01_24	30	22.9	22.1
2010-9	HLAFZ03CHG_01_24	40	23.3	24.4
2010-9	HLAFZ03CHG_01_24	50	21.7	21.5

（续）

时间（年-月）	样点编号	采样层次/cm	质量含水量/%	
2010-9	HLAFZ03CHG_01_24	70	18.5	19.3
2010-9	HLAFZ03CHG_01_24	90	18.7	18.4
2010-10	HLAFZ03CHG_01_24	10	29.0	24.7
2010-10	HLAFZ03CHG_01_24	20	28.7	25.1
2010-10	HLAFZ03CHG_01_24	30	25.2	25.6
2010-10	HLAFZ03CHG_01_24	40	24.0	25.3
2010-10	HLAFZ03CHG_01_24	50	22.1	21.9
2010-10	HLAFZ03CHG_01_24	70	21.9	21.5
2010-10	HLAFZ03CHG_01_24	90	21.8	21.1
2010-5	HLAFZ03CHG_01_25	10	25.4	30.4
2010-5	HLAFZ03CHG_01_25	20	28.0	30.6
2010-5	HLAFZ03CHG_01_25	30	31.8	33.4
2010-5	HLAFZ03CHG_01_25	40	29.9	30.4
2010-5	HLAFZ03CHG_01_25	50	26.6	32.0
2010-6	HLAFZ03CHG_01_25	10	17.4	17.7
2010-6	HLAFZ03CHG_01_25	20	21.1	22.7
2010-6	HLAFZ03CHG_01_25	30	23.3	22.2
2010-6	HLAFZ03CHG_01_25	40	25.4	28.2
2010-6	HLAFZ03CHG_01_25	50	25.9	27.9
2010-6	HLAFZ03CHG_01_25	70	23.3	26.4
2010-6	HLAFZ03CHG_01_25	90	24.6	25.5
2010-7	HLAFZ03CHG_01_25	10	19.7	20.3
2010-7	HLAFZ03CHG_01_25	20	22.2	22.3
2010-7	HLAFZ03CHG_01_25	30	24.7	23.8
2010-7	HLAFZ03CHG_01_25	40	27.1	26.1
2010-7	HLAFZ03CHG_01_25	50	27.1	26.5
2010-7	HLAFZ03CHG_01_25	70	26.5	26.7
2010-7	HLAFZ03CHG_01_25	90	24.6	25.4
2010-8	HLAFZ03CHG_01_25	10	23.2	21.5
2010-8	HLAFZ03CHG_01_25	20	18.4	20.9
2010-8	HLAFZ03CHG_01_25	30	21.7	21.1
2010-8	HLAFZ03CHG_01_25	40	22.1	20.2
2010-8	HLAFZ03CHG_01_25	50	23.1	22.3
2010-8	HLAFZ03CHG_01_25	70	22.8	23.5
2010-8	HLAFZ03CHG_01_25	90	24.5	24.1

（续）

时间（年-月）	样点编号	采样层次/cm	质量含水量/%	
2010 - 9	HLAFZ03CHG _ 01 _ 25	10	18.9	16.2
2010 - 9	HLAFZ03CHG _ 01 _ 25	20	21.8	21.3
2010 - 9	HLAFZ03CHG _ 01 _ 25	30	25.9	23.6
2010 - 9	HLAFZ03CHG _ 01 _ 25	40	23.4	23.6
2010 - 9	HLAFZ03CHG _ 01 _ 25	50	23.0	23.8
2010 - 9	HLAFZ03CHG _ 01 _ 25	70	22.6	22.2
2010 - 9	HLAFZ03CHG _ 01 _ 25	90	23.2	22.0
2010 - 10	HLAFZ03CHG _ 01 _ 25	10	21.8	20.6
2010 - 10	HLAFZ03CHG _ 01 _ 25	20	29.1	24.2
2010 - 10	HLAFZ03CHG _ 01 _ 25	30	26.7	25.4
2010 - 10	HLAFZ03CHG _ 01 _ 25	40	25.9	26.3
2010 - 10	HLAFZ03CHG _ 01 _ 25	50	24.4	24.8
2010 - 10	HLAFZ03CHG _ 01 _ 25	70	24.2	21.6
2010 - 10	HLAFZ03CHG _ 01 _ 25	90	25.6	25.1
2010 - 5	HLAFZ03CHG _ 01 _ 26	10	30.5	31.8
2010 - 5	HLAFZ03CHG _ 01 _ 26	20	26.9	30.1
2010 - 5	HLAFZ03CHG _ 01 _ 26	30	32.3	32.3
2010 - 5	HLAFZ03CHG _ 01 _ 26	40	26.8	29.4
2010 - 5	HLAFZ03CHG _ 01 _ 26	50	27.6	27.8
2010 - 6	HLAFZ03CHG _ 01 _ 26	10	11.9	10.6
2010 - 6	HLAFZ03CHG _ 01 _ 26	20	21.0	21.7
2010 - 6	HLAFZ03CHG _ 01 _ 26	30	22.8	27.0
2010 - 6	HLAFZ03CHG _ 01 _ 26	40	26.5	27.2
2010 - 6	HLAFZ03CHG _ 01 _ 26	50	23.2	25.7
2010 - 6	HLAFZ03CHG _ 01 _ 26	70	25.7	24.0
2010 - 6	HLAFZ03CHG _ 01 _ 26	90	25.7	23.7
2010 - 7	HLAFZ03CHG _ 01 _ 26	10	19.1	19.1
2010 - 7	HLAFZ03CHG _ 01 _ 26	20	15.7	17.2
2010 - 7	HLAFZ03CHG _ 01 _ 26	30	20.9	23.4
2010 - 7	HLAFZ03CHG _ 01 _ 26	40	25.7	25.8
2010 - 7	HLAFZ03CHG _ 01 _ 26	50	26.5	25.5
2010 - 7	HLAFZ03CHG _ 01 _ 26	70	26.0	26.0
2010 - 7	HLAFZ03CHG _ 01 _ 26	90	25.3	26.6
2010 - 8	HLAFZ03CHG _ 01 _ 26	10	22.2	19.5
2010 - 8	HLAFZ03CHG _ 01 _ 26	20	20.7	21.5

（续）

时间（年-月）	样点编号	采样层次/cm	质量含水量/%	
2010-8	HLAFZ03CHG_01_26	30	19.3	18.8
2010-8	HLAFZ03CHG_01_26	40	18.7	18.8
2010-8	HLAFZ03CHG_01_26	50	20.0	18.3
2010-8	HLAFZ03CHG_01_26	70	24.6	25.0
2010-8	HLAFZ03CHG_01_26	90	22.8	23.5
2010-9	HLAFZ03CHG_01_26	10	17.8	10.5
2010-9	HLAFZ03CHG_01_26	20	19.3	18.2
2010-9	HLAFZ03CHG_01_26	30	22.9	20.8
2010-9	HLAFZ03CHG_01_26	40	22.8	24.5
2010-9	HLAFZ03CHG_01_26	50	22.1	20.7
2010-9	HLAFZ03CHG_01_26	70	20.5	21.1
2010-9	HLAFZ03CHG_01_26	90	21.9	21.2
2010-10	HLAFZ03CHG_01_26	10	22.5	21.5
2010-10	HLAFZ03CHG_01_26	20	24.1	23.1
2010-10	HLAFZ03CHG_01_26	30	25.2	23.5
2010-10	HLAFZ03CHG_01_26	40	27.6	29.4
2010-10	HLAFZ03CHG_01_26	50	25.2	25.3
2010-10	HLAFZ03CHG_01_26	70	24.9	25.5
2010-10	HLAFZ03CHG_01_26	90	24.9	23.1
2010-5	HLAFZ03CHG_01_27	10	32.6	30.6
2010-5	HLAFZ03CHG_01_27	20	29.9	29.2
2010-5	HLAFZ03CHG_01_27	30	29.6	28.1
2010-5	HLAFZ03CHG_01_27	40	29.5	28.4
2010-5	HLAFZ03CHG_01_27	50	28.7	32.6
2010-6	HLAFZ03CHG_01_27	10	17.6	20.6
2010-6	HLAFZ03CHG_01_27	20	23.7	24.3
2010-6	HLAFZ03CHG_01_27	30	25.3	27.8
2010-6	HLAFZ03CHG_01_27	40	26.8	26.7
2010-6	HLAFZ03CHG_01_27	50	25.7	26.0
2010-6	HLAFZ03CHG_01_27	70	25.3	25.3
2010-6	HLAFZ03CHG_01_27	90	24.6	24.3
2010-7	HLAFZ03CHG_01_27	10	25.1	26.2
2010-7	HLAFZ03CHG_01_27	20	17.6	24.1
2010-7	HLAFZ03CHG_01_27	30	14.0	19.1
2010-7	HLAFZ03CHG_01_27	40	20.8	22.7

（续）

时间（年-月）	样点编号	采样层次/cm	质量含水量/%	
2010 - 7	HLAFZ03CHG _ 01 _ 27	50	27.2	23.1
2010 - 7	HLAFZ03CHG _ 01 _ 27	70	23.6	24.1
2010 - 7	HLAFZ03CHG _ 01 _ 27	90	25.3	23.5
2010 - 8	HLAFZ03CHG _ 01 _ 27	10	25.7	25.2
2010 - 8	HLAFZ03CHG _ 01 _ 27	20	20.4	22.1
2010 - 8	HLAFZ03CHG _ 01 _ 27	30	21.0	20.9
2010 - 8	HLAFZ03CHG _ 01 _ 27	40	21.7	22.5
2010 - 8	HLAFZ03CHG _ 01 _ 27	50	21.9	23.2
2010 - 8	HLAFZ03CHG _ 01 _ 27	70	24.3	23.7
2010 - 8	HLAFZ03CHG _ 01 _ 27	90	23.9	23.4
2010 - 9	HLAFZ03CHG _ 01 _ 27	10	24.1	20.2
2010 - 9	HLAFZ03CHG _ 01 _ 27	20	23.8	23.2
2010 - 9	HLAFZ03CHG _ 01 _ 27	30	27.2	22.7
2010 - 9	HLAFZ03CHG _ 01 _ 27	40	22.6	22.4
2010 - 9	HLAFZ03CHG _ 01 _ 27	50	20.8	20.4
2010 - 9	HLAFZ03CHG _ 01 _ 27	70	20.6	20.4
2010 - 9	HLAFZ03CHG _ 01 _ 27	90	20.1	19.3
2010 - 10	HLAFZ03CHG _ 01 _ 27	10	31.8	33.0
2010 - 10	HLAFZ03CHG _ 01 _ 27	20	27.9	28.8
2010 - 10	HLAFZ03CHG _ 01 _ 27	30	27.0	27.0
2010 - 10	HLAFZ03CHG _ 01 _ 27	40	25.4	24.9
2010 - 10	HLAFZ03CHG _ 01 _ 27	50	25.3	25.8
2010 - 10	HLAFZ03CHG _ 01 _ 27	70	21.7	22.0
2010 - 10	HLAFZ03CHG _ 01 _ 27	90	22.7	21.0
2010 - 5	HLAFZ03CHG _ 01 _ 28	10	32.6	34.0
2010 - 5	HLAFZ03CHG _ 01 _ 28	20	29.3	27.7
2010 - 5	HLAFZ03CHG _ 01 _ 28	30	30.1	30.3
2010 - 5	HLAFZ03CHG _ 01 _ 28	40	29.4	26.2
2010 - 5	HLAFZ03CHG _ 01 _ 28	50	27.3	28.7
2010 - 6	HLAFZ03CHG _ 01 _ 28	10	16.3	18.5
2010 - 6	HLAFZ03CHG _ 01 _ 28	20	23.2	19.8
2010 - 6	HLAFZ03CHG _ 01 _ 28	30	25.8	27.0
2010 - 6	HLAFZ03CHG _ 01 _ 28	40	26.6	26.7
2010 - 6	HLAFZ03CHG _ 01 _ 28	50	24.9	25.7
2010 - 6	HLAFZ03CHG _ 01 _ 28	70	23.7	25.2

（续）

时间（年-月）	样点编号	采样层次/cm	质量含水量/%	
2010 - 6	HLAFZ03CHG _ 01 _ 28	90	24.4	25.9
2010 - 7	HLAFZ03CHG _ 01 _ 28	10	26.8	30.0
2010 - 7	HLAFZ03CHG _ 01 _ 28	20	25.6	26.3
2010 - 7	HLAFZ03CHG _ 01 _ 28	30	21.9	19.4
2010 - 7	HLAFZ03CHG _ 01 _ 28	40	22.2	23.0
2010 - 7	HLAFZ03CHG _ 01 _ 28	50	24.6	24.9
2010 - 7	HLAFZ03CHG _ 01 _ 28	70	24.0	24.0
2010 - 7	HLAFZ03CHG _ 01 _ 28	90	25.1	24.1
2010 - 8	HLAFZ03CHG _ 01 _ 28	10	22.7	20.6
2010 - 8	HLAFZ03CHG _ 01 _ 28	20	18.4	20.5
2010 - 8	HLAFZ03CHG _ 01 _ 28	30	15.9	17.0
2010 - 8	HLAFZ03CHG _ 01 _ 28	40	15.8	15.3
2010 - 8	HLAFZ03CHG _ 01 _ 28	50	17.1	15.6
2010 - 8	HLAFZ03CHG _ 01 _ 28	70	17.1	18.0
2010 - 8	HLAFZ03CHG _ 01 _ 28	90	18.6	17.7
2010 - 9	HLAFZ03CHG _ 01 _ 28	10	25.6	26.2
2010 - 9	HLAFZ03CHG _ 01 _ 28	20	23.1	26.3
2010 - 9	HLAFZ03CHG _ 01 _ 28	30	22.2	22.8
2010 - 9	HLAFZ03CHG _ 01 _ 28	40	22.1	22.4
2010 - 9	HLAFZ03CHG _ 01 _ 28	50	18.4	20.1
2010 - 9	HLAFZ03CHG _ 01 _ 28	70	17.1	15.9
2010 - 9	HLAFZ03CHG _ 01 _ 28	90	18.3	18.1
2010 - 10	HLAFZ03CHG _ 01 _ 28	10	16.5	28.7
2010 - 10	HLAFZ03CHG _ 01 _ 28	20	27.3	28.0
2010 - 10	HLAFZ03CHG _ 01 _ 28	30	24.5	27.0
2010 - 10	HLAFZ03CHG _ 01 _ 28	40	26.3	25.4
2010 - 10	HLAFZ03CHG _ 01 _ 28	50	24.3	24.7
2010 - 10	HLAFZ03CHG _ 01 _ 28	70	20.4	21.6
2010 - 10	HLAFZ03CHG _ 01 _ 28	90	20.9	21.0
2010 - 5	HLAFZ03CHG _ 01 _ 29	10	26.8	27.3
2010 - 5	HLAFZ03CHG _ 01 _ 29	20	26.9	27.5
2010 - 5	HLAFZ03CHG _ 01 _ 29	30	28.2	28.3
2010 - 5	HLAFZ03CHG _ 01 _ 29	40	27.2	27.3
2010 - 5	HLAFZ03CHG _ 01 _ 29	50	27.6	28.4
2010 - 6	HLAFZ03CHG _ 01 _ 29	10	17.1	11.3

（续）

时间（年-月）	样点编号	采样层次/cm	质量含水量/%	
2010 - 6	HLAFZ03CHG _ 01 _ 29	20	18.0	21.2
2010 - 6	HLAFZ03CHG _ 01 _ 29	30	24.6	21.0
2010 - 6	HLAFZ03CHG _ 01 _ 29	40	24.9	25.2
2010 - 6	HLAFZ03CHG _ 01 _ 29	50	24.0	24.9
2010 - 6	HLAFZ03CHG _ 01 _ 29	70	25.6	24.4
2010 - 6	HLAFZ03CHG _ 01 _ 29	90	24.1	24.1
2010 - 7	HLAFZ03CHG _ 01 _ 29	10	22.1	19.7
2010 - 7	HLAFZ03CHG _ 01 _ 29	20	22.1	21.6
2010 - 7	HLAFZ03CHG _ 01 _ 29	30	24.3	23.2
2010 - 7	HLAFZ03CHG _ 01 _ 29	40	26.4	27.3
2010 - 7	HLAFZ03CHG _ 01 _ 29	50	26.3	25.9
2010 - 7	HLAFZ03CHG _ 01 _ 29	70	25.5	25.9
2010 - 7	HLAFZ03CHG _ 01 _ 29	90	23.8	25.0
2010 - 8	HLAFZ03CHG _ 01 _ 29	10	21.2	20.9
2010 - 8	HLAFZ03CHG _ 01 _ 29	20	18.1	18.4
2010 - 8	HLAFZ03CHG _ 01 _ 29	30	22.1	21.2
2010 - 8	HLAFZ03CHG _ 01 _ 29	40	22.0	21.1
2010 - 8	HLAFZ03CHG _ 01 _ 29	50	22.4	22.3
2010 - 8	HLAFZ03CHG _ 01 _ 29	70	23.3	23.0
2010 - 8	HLAFZ03CHG _ 01 _ 29	90	24.4	24.6
2010 - 9	HLAFZ03CHG _ 01 _ 29	10	21.5	19.1
2010 - 9	HLAFZ03CHG _ 01 _ 29	20	22.7	21.4
2010 - 9	HLAFZ03CHG _ 01 _ 29	30	23.6	23.4
2010 - 9	HLAFZ03CHG _ 01 _ 29	40	24.6	23.7
2010 - 9	HLAFZ03CHG _ 01 _ 29	50	25.0	24.0
2010 - 9	HLAFZ03CHG _ 01 _ 29	70	23.7	23.9
2010 - 9	HLAFZ03CHG _ 01 _ 29	90	24.3	24.0
2010 - 10	HLAFZ03CHG _ 01 _ 29	10	24.9	21.3
2010 - 10	HLAFZ03CHG _ 01 _ 29	20	24.2	23.4
2010 - 10	HLAFZ03CHG _ 01 _ 29	30	23.9	25.7
2010 - 10	HLAFZ03CHG _ 01 _ 29	40	24.9	25.5
2010 - 10	HLAFZ03CHG _ 01 _ 29	50	25.5	20.3
2010 - 10	HLAFZ03CHG _ 01 _ 29	70	24.3	23.5
2010 - 10	HLAFZ03CHG _ 01 _ 29	90	25.4	25.2
2010 - 5	HLAFZ03CHG _ 01 _ 30	10	34.4	32.1

（续）

时间（年-月）	样点编号	采样层次/cm	质量含水量/%	
2010-5	HLAFZ03CHG_01_30	20	30.8	29.7
2010-5	HLAFZ03CHG_01_30	30	29.6	30.3
2010-5	HLAFZ03CHG_01_30	40	32.1	30.7
2010-5	HLAFZ03CHG_01_30	50	34.7	32.6
2010-6	HLAFZ03CHG_01_30	10	15.1	15.0
2010-6	HLAFZ03CHG_01_30	20	27.9	23.3
2010-6	HLAFZ03CHG_01_30	30	31.0	28.7
2010-6	HLAFZ03CHG_01_30	40	28.1	28.3
2010-6	HLAFZ03CHG_01_30	50	26.0	27.3
2010-6	HLAFZ03CHG_01_30	70	29.8	28.3
2010-6	HLAFZ03CHG_01_30	90	27.5	25.4
2010-7	HLAFZ03CHG_01_30	10	19.8	19.5
2010-7	HLAFZ03CHG_01_30	20	23.5	20.5
2010-7	HLAFZ03CHG_01_30	30	27.0	25.7
2010-7	HLAFZ03CHG_01_30	40	26.5	25.8
2010-7	HLAFZ03CHG_01_30	50	26.7	26.9
2010-7	HLAFZ03CHG_01_30	70	24.7	25.0
2010-7	HLAFZ03CHG_01_30	90	26.3	25.6
2010-8	HLAFZ03CHG_01_30	10	20.5	19.2
2010-8	HLAFZ03CHG_01_30	20	13.1	14.7
2010-8	HLAFZ03CHG_01_30	30	20.2	18.1
2010-8	HLAFZ03CHG_01_30	40	20.5	19.9
2010-8	HLAFZ03CHG_01_30	50	21.2	20.2
2010-8	HLAFZ03CHG_01_30	70	22.1	21.0
2010-8	HLAFZ03CHG_01_30	90	21.8	22.6
2010-9	HLAFZ03CHG_01_30	10	16.9	15.4
2010-9	HLAFZ03CHG_01_30	20	19.9	18.4
2010-9	HLAFZ03CHG_01_30	30	22.7	24.1
2010-9	HLAFZ03CHG_01_30	40	23.6	23.6
2010-9	HLAFZ03CHG_01_30	50	22.1	21.5
2010-9	HLAFZ03CHG_01_30	70	19.5	21.1
2010-9	HLAFZ03CHG_01_30	90	22.2	23.0
2010-10	HLAFZ03CHG_01_30	10	22.6	21.1
2010-10	HLAFZ03CHG_01_30	20	23.1	22.0
2010-10	HLAFZ03CHG_01_30	30	23.1	22.0

（续）

时间（年-月）	样点编号	采样层次/cm	质量含水量/%	
2010-10	HLAFZ03CHG_01_30	40	24.1	23.6
2010-10	HLAFZ03CHG_01_30	50	23.1	23.4
2010-10	HLAFZ03CHG_01_30	70	23.7	23.5
2010-10	HLAFZ03CHG_01_30	90	23.2	23.6
2010-5	HLAFZ03CHG_01_31	10	32.5	29.6
2010-5	HLAFZ03CHG_01_31	20	28.6	25.7
2010-5	HLAFZ03CHG_01_31	30	30.7	27.9
2010-5	HLAFZ03CHG_01_31	40	30.3	29.7
2010-5	HLAFZ03CHG_01_31	50	33.5	30.2
2010-6	HLAFZ03CHG_01_31	10	14.9	11.6
2010-6	HLAFZ03CHG_01_31	20	23.9	18.4
2010-6	HLAFZ03CHG_01_31	30	29.8	25.0
2010-6	HLAFZ03CHG_01_31	40	33.8	29.1
2010-6	HLAFZ03CHG_01_31	50	28.4	28.6
2010-6	HLAFZ03CHG_01_31	70	26.9	27.7
2010-6	HLAFZ03CHG_01_31	90	25.5	25.2
2010-7	HLAFZ03CHG_01_31	10	21.0	19.7
2010-7	HLAFZ03CHG_01_31	20	20.6	19.7
2010-7	HLAFZ03CHG_01_31	30	20.5	23.0
2010-7	HLAFZ03CHG_01_31	40	26.6	26.0
2010-7	HLAFZ03CHG_01_31	50	32.7	33.2
2010-7	HLAFZ03CHG_01_31	70	27.2	24.8
2010-7	HLAFZ03CHG_01_31	90	26.0	24.9
2010-8	HLAFZ03CHG_01_31	10	18.3	18.7
2010-8	HLAFZ03CHG_01_31	20	14.4	15.6
2010-8	HLAFZ03CHG_01_31	30	16.8	15.7
2010-8	HLAFZ03CHG_01_31	40	18.8	18.4
2010-8	HLAFZ03CHG_01_31	50	23.8	21.8
2010-8	HLAFZ03CHG_01_31	70	22.4	22.8
2010-8	HLAFZ03CHG_01_31	90	21.8	21.8
2010-9	HLAFZ03CHG_01_31	10	15.6	15.9
2010-9	HLAFZ03CHG_01_31	20	15.7	14.3
2010-9	HLAFZ03CHG_01_31	30	21.5	19.6
2010-9	HLAFZ03CHG_01_31	40	23.9	23.5
2010-9	HLAFZ03CHG_01_31	50	23.7	23.9

（续）

时间（年-月）	样点编号	采样层次/cm	质量含水量/%	
2010-9	HLAFZ03CHG_01_31	70	23.1	23.3
2010-9	HLAFZ03CHG_01_31	90	21.3	22.8
2010-10	HLAFZ03CHG_01_31	10	24.0	23.1
2010-10	HLAFZ03CHG_01_31	20	23.7	23.2
2010-10	HLAFZ03CHG_01_31	30	24.4	23.5
2010-10	HLAFZ03CHG_01_31	40	25.3	24.4
2010-10	HLAFZ03CHG_01_31	50	25.1	23.8
2010-10	HLAFZ03CHG_01_31	70	25.1	22.8
2010-10	HLAFZ03CHG_01_31	90	23.5	24.4
2010-5	HLAFZ03CHG_01_32	10	36.0	34.3
2010-5	HLAFZ03CHG_01_32	20	34.3	31.5
2010-5	HLAFZ03CHG_01_32	30	28.3	29.5
2010-5	HLAFZ03CHG_01_32	40	31.1	30.5
2010-5	HLAFZ03CHG_01_32	50	30.1	31.5
2010-6	HLAFZ03CHG_01_32	10	16.0	17.9
2010-6	HLAFZ03CHG_01_32	20	22.5	19.8
2010-6	HLAFZ03CHG_01_32	30	28.6	27.7
2010-6	HLAFZ03CHG_01_32	40	24.5	23.6
2010-6	HLAFZ03CHG_01_32	50	23.6	23.3
2010-6	HLAFZ03CHG_01_32	70	22.7	22.4
2010-6	HLAFZ03CHG_01_32	90	22.3	22.3
2010-7	HLAFZ03CHG_01_32	10	21.0	26.0
2010-7	HLAFZ03CHG_01_32	20	18.3	20.9
2010-7	HLAFZ03CHG_01_32	30	19.6	18.6
2010-7	HLAFZ03CHG_01_32	40	21.9	20.4
2010-7	HLAFZ03CHG_01_32	50	22.3	22.4
2010-7	HLAFZ03CHG_01_32	70	25.2	24.8
2010-7	HLAFZ03CHG_01_32	90	24.7	25.2
2010-8	HLAFZ03CHG_01_32	10	19.5	18.4
2010-8	HLAFZ03CHG_01_32	20	18.0	19.3
2010-8	HLAFZ03CHG_01_32	30	16.2	17.8
2010-8	HLAFZ03CHG_01_32	40	14.3	15.7
2010-8	HLAFZ03CHG_01_32	50	12.7	14.0
2010-8	HLAFZ03CHG_01_32	70	14.0	13.9
2010-9	HLAFZ03CHG_01_32	10	21.1	17.0

（续）

时间（年-月）	样点编号	采样层次/cm	质量含水量/%	
2010-9	HLAFZ03CHG_01_32	20	19.6	20.0
2010-9	HLAFZ03CHG_01_32	30	21.9	21.1
2010-9	HLAFZ03CHG_01_32	40	17.9	18.9
2010-9	HLAFZ03CHG_01_32	50	16.3	17.3
2010-9	HLAFZ03CHG_01_32	70	17.9	16.7
2010-9	HLAFZ03CHG_01_32	90	19.5	19.0
2010-10	HLAFZ03CHG_01_32	10	30.7	25.2
2010-10	HLAFZ03CHG_01_32	20	25.7	25.0
2010-10	HLAFZ03CHG_01_32	30	25.6	24.0
2010-10	HLAFZ03CHG_01_32	40	21.2	21.4
2010-10	HLAFZ03CHG_01_32	50	25.0	24.2
2010-10	HLAFZ03CHG_01_32	70	21.2	20.0
2010-10	HLAFZ03CHG_01_32	90	21.4	20.2
2010-5	HLAFZ03CHG_01_33	10	33.2	36.2
2010-5	HLAFZ03CHG_01_33	20	34.6	33.9
2010-5	HLAFZ03CHG_01_33	30	33.2	34.8
2010-5	HLAFZ03CHG_01_33	40	30.6	32.2
2010-5	HLAFZ03CHG_01_33	50	30.7	33.4
2010-6	HLAFZ03CHG_01_33	10	19.7	19.3
2010-6	HLAFZ03CHG_01_33	20	27.6	27.1
2010-6	HLAFZ03CHG_01_33	30	26.3	26.6
2010-6	HLAFZ03CHG_01_33	40	26.0	26.5
2010-6	HLAFZ03CHG_01_33	50	24.3	25.3
2010-6	HLAFZ03CHG_01_33	70	22.3	23.2
2010-6	HLAFZ03CHG_01_33	90	22.8	23.1
2010-7	HLAFZ03CHG_01_33	10	22.4	21.2
2010-7	HLAFZ03CHG_01_33	20	25.8	22.1
2010-7	HLAFZ03CHG_01_33	30	26.6	25.5
2010-7	HLAFZ03CHG_01_33	40	25.6	25.6
2010-7	HLAFZ03CHG_01_33	50	24.8	25.4
2010-7	HLAFZ03CHG_01_33	70	27.7	27.0
2010-7	HLAFZ03CHG_01_33	90	26.4	25.9
2010-8	HLAFZ03CHG_01_33	90	15.3	14.9
2010-8	HLAFZ03CHG_01_33	10	22.3	22.5
2010-8	HLAFZ03CHG_01_33	20	25.5	24.7

（续）

时间（年-月）	样点编号	采样层次/cm	质量含水量/%	
2010-8	HLAFZ03CHG_01_33	30	23.4	24.5
2010-8	HLAFZ03CHG_01_33	40	20.0	21.0
2010-8	HLAFZ03CHG_01_33	50	22.6	21.7
2010-8	HLAFZ03CHG_01_33	70	23.2	22.4
2010-8	HLAFZ03CHG_01_33	90	23.2	26.5
2010-9	HLAFZ03CHG_01_33	10	20.6	18.5
2010-9	HLAFZ03CHG_01_33	20	20.7	19.0
2010-9	HLAFZ03CHG_01_33	30	24.4	24.4
2010-9	HLAFZ03CHG_01_33	40	24.1	23.0
2010-9	HLAFZ03CHG_01_33	50	22.2	22.9
2010-9	HLAFZ03CHG_01_33	70	22.3	21.9
2010-9	HLAFZ03CHG_01_33	90	21.9	20.6
2010-10	HLAFZ03CHG_01_33	10	22.7	18.9
2010-10	HLAFZ03CHG_01_33	20	23.2	22.0
2010-10	HLAFZ03CHG_01_33	30	24.4	23.4
2010-10	HLAFZ03CHG_01_33	40	24.5	24.7
2010-10	HLAFZ03CHG_01_33	50	24.5	24.8
2010-10	HLAFZ03CHG_01_33	70	24.5	24.9
2010-10	HLAFZ03CHG_01_33	90	25.2	25.3
2010-5	HLAFZ03CHG_01_34	10	29.6	29.6
2010-5	HLAFZ03CHG_01_34	20	27.7	31.2
2010-5	HLAFZ03CHG_01_34	30	28.9	29.5
2010-5	HLAFZ03CHG_01_34	40	30.5	30.8
2010-5	HLAFZ03CHG_01_34	50	29.8	30.5
2010-6	HLAFZ03CHG_01_34	10	10.6	13.5
2010-6	HLAFZ03CHG_01_34	20	18.1	19.8
2010-6	HLAFZ03CHG_01_34	30	26.5	26.6
2010-6	HLAFZ03CHG_01_34	40	25.4	25.6
2010-6	HLAFZ03CHG_01_34	50	24.6	25.0
2010-6	HLAFZ03CHG_01_34	70	24.0	23.3
2010-6	HLAFZ03CHG_01_34	90	23.3	24.2
2010-7	HLAFZ03CHG_01_34	10	21.3	19.5
2010-7	HLAFZ03CHG_01_34	20	19.2	19.7
2010-7	HLAFZ03CHG_01_34	30	22.4	21.4
2010-7	HLAFZ03CHG_01_34	40	25.0	24.6

（续）

时间（年-月）	样点编号	采样层次/cm	质量含水量/%	
2010 - 7	HLAFZ03CHG _ 01 _ 34	50	26.1	26.3
2010 - 7	HLAFZ03CHG _ 01 _ 34	70	26.0	25.7
2010 - 7	HLAFZ03CHG _ 01 _ 34	90	25.6	26.0
2010 - 8	HLAFZ03CHG _ 01 _ 34	10	23.0	19.9
2010 - 8	HLAFZ03CHG _ 01 _ 34	20	20.9	21.0
2010 - 8	HLAFZ03CHG _ 01 _ 34	30	19.4	20.5
2010 - 8	HLAFZ03CHG _ 01 _ 34	40	20.5	20.4
2010 - 8	HLAFZ03CHG _ 01 _ 34	50	20.1	19.5
2010 - 8	HLAFZ03CHG _ 01 _ 34	70	20.4	21.4
2010 - 8	HLAFZ03CHG _ 01 _ 34	90	22.2	21.5
2010 - 9	HLAFZ03CHG _ 01 _ 34	10	21.1	19.4
2010 - 9	HLAFZ03CHG _ 01 _ 34	20	21.4	20.7
2010 - 9	HLAFZ03CHG _ 01 _ 34	30	23.6	22.8
2010 - 9	HLAFZ03CHG _ 01 _ 34	40	21.9	22.9
2010 - 9	HLAFZ03CHG _ 01 _ 34	50	19.0	19.4
2010 - 9	HLAFZ03CHG _ 01 _ 34	70	21.6	20.4
2010 - 9	HLAFZ03CHG _ 01 _ 34	90	21.8	21.8
2010 - 10	HLAFZ03CHG _ 01 _ 34	10	22.3	21.0
2010 - 10	HLAFZ03CHG _ 01 _ 34	20	23.9	23.4
2010 - 10	HLAFZ03CHG _ 01 _ 34	30	23.7	23.5
2010 - 10	HLAFZ03CHG _ 01 _ 34	40	28.2	24.2
2010 - 10	HLAFZ03CHG _ 01 _ 34	50	24.4	25.7
2010 - 10	HLAFZ03CHG _ 01 _ 34	70	21.6	21.8
2010 - 10	HLAFZ03CHG _ 01 _ 34	90	23.7	23.0
2010 - 5	HLAFZ03CHG _ 01 _ 35	10	30.8	31.9
2010 - 5	HLAFZ03CHG _ 01 _ 35	20	31.3	24.6
2010 - 5	HLAFZ03CHG _ 01 _ 35	30	31.0	31.4
2010 - 5	HLAFZ03CHG _ 01 _ 35	40	28.4	29.9
2010 - 5	HLAFZ03CHG _ 01 _ 35	50	28.8	29.9
2010 - 6	HLAFZ03CHG _ 01 _ 35	10	11.0	14.3
2010 - 6	HLAFZ03CHG _ 01 _ 35	20	15.5	18.7
2010 - 6	HLAFZ03CHG _ 01 _ 35	30	22.5	26.4
2010 - 6	HLAFZ03CHG _ 01 _ 35	40	26.5	24.6
2010 - 6	HLAFZ03CHG _ 01 _ 35	50	24.3	24.0
2010 - 6	HLAFZ03CHG _ 01 _ 35	70	23.7	29.4

（续）

时间（年-月）	样点编号	采样层次/cm	质量含水量/%	
2010-6	HLAFZ03CHG_01_35	90	25.5	28.9
2010-7	HLAFZ03CHG_01_35	10	23.5	25.1
2010-7	HLAFZ03CHG_01_35	20	18.7	21.8
2010-7	HLAFZ03CHG_01_35	30	20.4	20.4
2010-7	HLAFZ03CHG_01_35	40	24.8	24.7
2010-7	HLAFZ03CHG_01_35	50	24.7	25.2
2010-7	HLAFZ03CHG_01_35	70	25.4	25.1
2010-7	HLAFZ03CHG_01_35	90	25.2	26.6
2010-8	HLAFZ03CHG_01_35	10	20.4	20.5
2010-8	HLAFZ03CHG_01_35	20	18.5	20.2
2010-8	HLAFZ03CHG_01_35	30	23.0	22.6
2010-8	HLAFZ03CHG_01_35	40	23.8	23.9
2010-8	HLAFZ03CHG_01_35	50	23.8	21.9
2010-8	HLAFZ03CHG_01_35	70	25.9	26.0
2010-8	HLAFZ03CHG_01_35	90	24.4	24.1
2010-9	HLAFZ03CHG_01_35	10	19.2	15.3
2010-9	HLAFZ03CHG_01_35	20	21.7	21.2
2010-9	HLAFZ03CHG_01_35	30	23.7	19.8
2010-9	HLAFZ03CHG_01_35	40	24.4	26.8
2010-9	HLAFZ03CHG_01_35	50	24.1	24.2
2010-9	HLAFZ03CHG_01_35	70	23.8	23.7
2010-9	HLAFZ03CHG_01_35	90	24.8	23.5
2010-10	HLAFZ03CHG_01_35	10	22.3	21.1
2010-10	HLAFZ03CHG_01_35	20	23.3	21.1
2010-10	HLAFZ03CHG_01_35	30	23.8	23.3
2010-10	HLAFZ03CHG_01_35	40	25.1	24.6
2010-10	HLAFZ03CHG_01_35	50	24.9	23.3
2010-10	HLAFZ03CHG_01_35	70	23.8	23.6
2010-10	HLAFZ03CHG_01_35	90	22.4	23.0
2011-5	HLAFZ03CHG_01_01	10	26.5	—
2011-5	HLAFZ03CHG_01_01	20	28.0	—
2011-5	HLAFZ03CHG_01_01	30	28.1	—
2011-5	HLAFZ03CHG_01_01	40	27.9	—
2011-5	HLAFZ03CHG_01_01	50	26.9	—
2011-6	HLAFZ03CHG_01_01	10	13.4	—

（续）

时间（年-月）	样点编号	采样层次/cm	质量含水量/%	
2011-6	HLAFZ03CHG_01_01	20	21.2	—
2011-6	HLAFZ03CHG_01_01	30	21.9	—
2011-6	HLAFZ03CHG_01_01	40	22.6	—
2011-6	HLAFZ03CHG_01_01	50	22.5	—
2011-6	HLAFZ03CHG_01_01	70	20.5	—
2011-6	HLAFZ03CHG_01_01	90	22.7	—
2011-7	HLAFZ03CHG_01_01	10	11.4	—
2011-7	HLAFZ03CHG_01_01	20	16.2	—
2011-7	HLAFZ03CHG_01_01	30	20.2	—
2011-7	HLAFZ03CHG_01_01	40	22.7	—
2011-7	HLAFZ03CHG_01_01	50	23.5	—
2011-7	HLAFZ03CHG_01_01	70	22.5	—
2011-7	HLAFZ03CHG_01_01	90	18.8	—
2011-8	HLAFZ03CHG_01_01	10	22.3	—
2011-8	HLAFZ03CHG_01_01	20	18.7	—
2011-8	HLAFZ03CHG_01_01	30	22.9	—
2011-8	HLAFZ03CHG_01_01	40	18.6	—
2011-8	HLAFZ03CHG_01_01	50	21.5	—
2011-8	HLAFZ03CHG_01_01	70	22.3	—
2011-8	HLAFZ03CHG_01_01	90	23.5	—
2011-9	HLAFZ03CHG_01_01	10	20.3	—
2011-9	HLAFZ03CHG_01_01	20	20.7	—
2011-9	HLAFZ03CHG_01_01	30	21.0	—
2011-9	HLAFZ03CHG_01_01	40	25.5	—
2011-9	HLAFZ03CHG_01_01	50	25.4	—
2011-9	HLAFZ03CHG_01_01	70	23.2	—
2011-9	HLAFZ03CHG_01_01	90	21.3	—
2011-10	HLAFZ03CHG_01_01	10	22.2	—
2011-10	HLAFZ03CHG_01_01	20	22.6	—
2011-10	HLAFZ03CHG_01_01	30	24.5	—
2011-10	HLAFZ03CHG_01_01	40	23.6	—
2011-10	HLAFZ03CHG_01_01	50	25.3	—
2011-10	HLAFZ03CHG_01_01	70	21.9	—
2011-10	HLAFZ03CHG_01_01	90	23.3	—
2011-5	HLAFZ03CHG_01_02	10	31.0	—

（续）

时间（年-月）	样点编号	采样层次/cm	质量含水量/%	
2011-5	HLAFZ03CHG_01_02	20	24.7	—
2011-5	HLAFZ03CHG_01_02	30	21.5	—
2011-5	HLAFZ03CHG_01_02	40	28.1	—
2011-5	HLAFZ03CHG_01_02	50	27.0	—
2011-6	HLAFZ03CHG_01_02	10	21.2	—
2011-6	HLAFZ03CHG_01_02	20	20.0	—
2011-6	HLAFZ03CHG_01_02	30	22.0	—
2011-6	HLAFZ03CHG_01_02	40	22.3	—
2011-6	HLAFZ03CHG_01_02	50	19.3	—
2011-6	HLAFZ03CHG_01_02	70	22.6	—
2011-6	HLAFZ03CHG_01_02	90	21.8	—
2011-7	HLAFZ03CHG_01_02	10	16.2	—
2011-7	HLAFZ03CHG_01_02	20	18.3	—
2011-7	HLAFZ03CHG_01_02	30	17.6	—
2011-7	HLAFZ03CHG_01_02	40	20.1	—
2011-7	HLAFZ03CHG_01_02	50	21.6	—
2011-7	HLAFZ03CHG_01_02	70	20.1	—
2011-7	HLAFZ03CHG_01_02	90	19.8	—
2011-8	HLAFZ03CHG_01_02	10	27.3	—
2011-8	HLAFZ03CHG_01_02	20	23.5	—
2011-8	HLAFZ03CHG_01_02	30	20.0	—
2011-8	HLAFZ03CHG_01_02	40	21.6	—
2011-8	HLAFZ03CHG_01_02	50	22.1	—
2011-8	HLAFZ03CHG_01_02	70	22.5	—
2011-8	HLAFZ03CHG_01_02	90	21.7	—
2011-9	HLAFZ03CHG_01_02	10	18.9	—
2011-9	HLAFZ03CHG_01_02	20	24.7	—
2011-9	HLAFZ03CHG_01_02	30	20.8	—
2011-9	HLAFZ03CHG_01_02	40	23.1	—
2011-9	HLAFZ03CHG_01_02	50	23.8	—
2011-9	HLAFZ03CHG_01_02	70	21.3	—
2011-9	HLAFZ03CHG_01_02	90	20.0	—
2011-10	HLAFZ03CHG_01_02	10	18.5	—
2011-10	HLAFZ03CHG_01_02	20	18.8	—
2011-10	HLAFZ03CHG_01_02	30	21.9	—

（续）

时间（年-月）	样点编号	采样层次/cm	质量含水量/%	
2011 - 10	HLAFZ03CHG _ 01 _ 02	40	25.7	—
2011 - 10	HLAFZ03CHG _ 01 _ 02	50	22.9	—
2011 - 10	HLAFZ03CHG _ 01 _ 02	70	23.5	—
2011 - 10	HLAFZ03CHG _ 01 _ 02	90	22.4	—
2011 - 5	HLAFZ03CHG _ 01 _ 03	10	25.9	—
2011 - 5	HLAFZ03CHG _ 01 _ 03	20	30.7	—
2011 - 5	HLAFZ03CHG _ 01 _ 03	30	24.8	—
2011 - 5	HLAFZ03CHG _ 01 _ 03	40	24.9	—
2011 - 5	HLAFZ03CHG _ 01 _ 03	50	24.6	—
2011 - 6	HLAFZ03CHG _ 01 _ 03	10	15.6	—
2011 - 6	HLAFZ03CHG _ 01 _ 03	20	19.2	—
2011 - 6	HLAFZ03CHG _ 01 _ 03	30	20.9	—
2011 - 6	HLAFZ03CHG _ 01 _ 03	40	22.0	—
2011 - 6	HLAFZ03CHG _ 01 _ 03	50	22.7	—
2011 - 6	HLAFZ03CHG _ 01 _ 03	70	24.0	—
2011 - 6	HLAFZ03CHG _ 01 _ 03	90	19.1	—
2011 - 7	HLAFZ03CHG _ 01 _ 03	10	16.0	—
2011 - 7	HLAFZ03CHG _ 01 _ 03	20	13.6	—
2011 - 7	HLAFZ03CHG _ 01 _ 03	30	14.9	—
2011 - 7	HLAFZ03CHG _ 01 _ 03	40	20.2	—
2011 - 7	HLAFZ03CHG _ 01 _ 03	50	20.6	—
2011 - 7	HLAFZ03CHG _ 01 _ 03	70	22.2	—
2011 - 7	HLAFZ03CHG _ 01 _ 03	90	19.7	—
2011 - 8	HLAFZ03CHG _ 01 _ 03	10	18.8	—
2011 - 8	HLAFZ03CHG _ 01 _ 03	20	19.6	—
2011 - 8	HLAFZ03CHG _ 01 _ 03	30	18.1	—
2011 - 8	HLAFZ03CHG _ 01 _ 03	40	18.1	—
2011 - 8	HLAFZ03CHG _ 01 _ 03	50	14.9	—
2011 - 8	HLAFZ03CHG _ 01 _ 03	70	17.7	—
2011 - 8	HLAFZ03CHG _ 01 _ 03	90	16.7	—
2011 - 9	HLAFZ03CHG _ 01 _ 03	10	21.9	—
2011 - 9	HLAFZ03CHG _ 01 _ 03	20	21.4	—
2011 - 9	HLAFZ03CHG _ 01 _ 03	30	21.4	—
2011 - 9	HLAFZ03CHG _ 01 _ 03	40	21.2	—
2011 - 9	HLAFZ03CHG _ 01 _ 03	50	19.2	—

（续）

时间（年-月）	样点编号	采样层次/cm	质量含水量/%	
2011 - 9	HLAFZ03CHG _ 01 _ 03	70	16.1	—
2011 - 9	HLAFZ03CHG _ 01 _ 03	90	15.4	—
2011 - 10	HLAFZ03CHG _ 01 _ 03	10	23.3	—
2011 - 10	HLAFZ03CHG _ 01 _ 03	20	24.3	—
2011 - 10	HLAFZ03CHG _ 01 _ 03	30	19.6	—
2011 - 10	HLAFZ03CHG _ 01 _ 03	40	19.0	—
2011 - 10	HLAFZ03CHG _ 01 _ 03	50	19.2	—
2011 - 10	HLAFZ03CHG _ 01 _ 03	70	19.4	—
2011 - 10	HLAFZ03CHG _ 01 _ 03	90	18.0	—
2011 - 5	HLAFZ03CHG _ 01 _ 04	10	29.0	—
2011 - 5	HLAFZ03CHG _ 01 _ 04	20	24.9	—
2011 - 5	HLAFZ03CHG _ 01 _ 04	30	25.9	—
2011 - 5	HLAFZ03CHG _ 01 _ 04	40	29.4	—
2011 - 5	HLAFZ03CHG _ 01 _ 04	50	33.4	—
2011 - 6	HLAFZ03CHG _ 01 _ 04	10	12.8	—
2011 - 6	HLAFZ03CHG _ 01 _ 04	20	18.6	—
2011 - 6	HLAFZ03CHG _ 01 _ 04	30	26.3	—
2011 - 6	HLAFZ03CHG _ 01 _ 04	40	23.8	—
2011 - 6	HLAFZ03CHG _ 01 _ 04	50	22.8	—
2011 - 6	HLAFZ03CHG _ 01 _ 04	70	19.7	—
2011 - 6	HLAFZ03CHG _ 01 _ 04	90	20.3	—
2011 - 7	HLAFZ03CHG _ 01 _ 04	10	16.2	—
2011 - 7	HLAFZ03CHG _ 01 _ 04	20	20.6	—
2011 - 7	HLAFZ03CHG _ 01 _ 04	30	14.9	—
2011 - 7	HLAFZ03CHG _ 01 _ 04	40	21.0	—
2011 - 7	HLAFZ03CHG _ 01 _ 04	50	25.5	—
2011 - 7	HLAFZ03CHG _ 01 _ 04	70	27.2	—
2011 - 7	HLAFZ03CHG _ 01 _ 04	90	22.9	—
2011 - 8	HLAFZ03CHG _ 01 _ 04	10	20.8	—
2011 - 8	HLAFZ03CHG _ 01 _ 04	20	19.6	—
2011 - 8	HLAFZ03CHG _ 01 _ 04	30	18.8	—
2011 - 8	HLAFZ03CHG _ 01 _ 04	40	20.9	—
2011 - 8	HLAFZ03CHG _ 01 _ 04	50	23.4	—
2011 - 8	HLAFZ03CHG _ 01 _ 04	70	22.1	—
2011 - 8	HLAFZ03CHG _ 01 _ 04	90	20.2	—

（续）

时间（年-月）	样点编号	采样层次/cm	质量含水量/%	
2011 - 9	HLAFZ03CHG _ 01 _ 04	10	15.0	—
2011 - 9	HLAFZ03CHG _ 01 _ 04	20	19.7	—
2011 - 9	HLAFZ03CHG _ 01 _ 04	30	21.0	—
2011 - 9	HLAFZ03CHG _ 01 _ 04	40	22.6	—
2011 - 9	HLAFZ03CHG _ 01 _ 04	50	23.9	—
2011 - 9	HLAFZ03CHG _ 01 _ 04	70	20.6	—
2011 - 9	HLAFZ03CHG _ 01 _ 04	90	22.4	—
2011 - 10	HLAFZ03CHG _ 01 _ 04	10	17.7	—
2011 - 10	HLAFZ03CHG _ 01 _ 04	20	19.1	—
2011 - 10	HLAFZ03CHG _ 01 _ 04	30	21.2	—
2011 - 10	HLAFZ03CHG _ 01 _ 04	40	21.8	—
2011 - 10	HLAFZ03CHG _ 01 _ 04	50	24.7	—
2011 - 10	HLAFZ03CHG _ 01 _ 04	70	20.7	—
2011 - 10	HLAFZ03CHG _ 01 _ 04	90	23.1	—
2011 - 5	HLAFZ03CHG _ 01 _ 05	10	25.6	—
2011 - 5	HLAFZ03CHG _ 01 _ 05	20	28.6	—
2011 - 5	HLAFZ03CHG _ 01 _ 05	30	26.8	—
2011 - 5	HLAFZ03CHG _ 01 _ 05	40	26.0	—
2011 - 5	HLAFZ03CHG _ 01 _ 05	50	25.0	—
2011 - 6	HLAFZ03CHG _ 01 _ 05	10	20.7	—
2011 - 6	HLAFZ03CHG _ 01 _ 05	20	19.3	—
2011 - 6	HLAFZ03CHG _ 01 _ 05	30	22.2	—
2011 - 6	HLAFZ03CHG _ 01 _ 05	40	24.9	—
2011 - 6	HLAFZ03CHG _ 01 _ 05	50	23.6	—
2011 - 6	HLAFZ03CHG _ 01 _ 05	70	20.5	—
2011 - 6	HLAFZ03CHG _ 01 _ 05	90	19.9	—
2011 - 7	HLAFZ03CHG _ 01 _ 05	10	15.3	—
2011 - 7	HLAFZ03CHG _ 01 _ 05	20	18.6	—
2011 - 7	HLAFZ03CHG _ 01 _ 05	30	19.9	—
2011 - 7	HLAFZ03CHG _ 01 _ 05	40	20.0	—
2011 - 7	HLAFZ03CHG _ 01 _ 05	50	18.3	—
2011 - 7	HLAFZ03CHG _ 01 _ 05	70	21.6	—
2011 - 7	HLAFZ03CHG _ 01 _ 05	90	24.2	—
2011 - 8	HLAFZ03CHG _ 01 _ 05	10	21.1	—
2011 - 8	HLAFZ03CHG _ 01 _ 05	20	18.4	—

（续）

时间（年-月）	样点编号	采样层次/cm	质量含水量/%	
2011-8	HLAFZ03CHG_01_05	30	17.0	—
2011-8	HLAFZ03CHG_01_05	40	15.6	—
2011-8	HLAFZ03CHG_01_05	50	16.1	—
2011-8	HLAFZ03CHG_01_05	70	14.5	—
2011-8	HLAFZ03CHG_01_05	90	15.7	—
2011-9	HLAFZ03CHG_01_05	10	17.0	—
2011-9	HLAFZ03CHG_01_05	20	21.3	—
2011-9	HLAFZ03CHG_01_05	30	22.2	—
2011-9	HLAFZ03CHG_01_05	40	17.6	—
2011-9	HLAFZ03CHG_01_05	50	15.3	—
2011-9	HLAFZ03CHG_01_05	70	14.6	—
2011-9	HLAFZ03CHG_01_05	90	16.8	—
2011-10	HLAFZ03CHG_01_05	10	23.3	—
2011-10	HLAFZ03CHG_01_05	20	19.9	—
2011-10	HLAFZ03CHG_01_05	30	24.1	—
2011-10	HLAFZ03CHG_01_05	40	24.1	—
2011-10	HLAFZ03CHG_01_05	50	18.5	—
2011-10	HLAFZ03CHG_01_05	70	18.3	—
2011-10	HLAFZ03CHG_01_05	90	17.7	—
2011-5	HLAFZ03CHG_01_06	10	33.5	—
2011-5	HLAFZ03CHG_01_06	20	30.8	—
2011-5	HLAFZ03CHG_01_06	30	22.0	—
2011-5	HLAFZ03CHG_01_06	40	22.2	—
2011-5	HLAFZ03CHG_01_06	50	23.0	—
2011-6	HLAFZ03CHG_01_06	10	15.5	—
2011-6	HLAFZ03CHG_01_06	20	20.0	—
2011-6	HLAFZ03CHG_01_06	30	22.4	—
2011-6	HLAFZ03CHG_01_06	40	22.9	—
2011-6	HLAFZ03CHG_01_06	50	22.8	—
2011-6	HLAFZ03CHG_01_06	70	21.6	—
2011-6	HLAFZ03CHG_01_06	90	23.4	—
2011-7	HLAFZ03CHG_01_06	10	16.9	—
2011-7	HLAFZ03CHG_01_06	20	20.6	—
2011-7	HLAFZ03CHG_01_06	30	20.7	—
2011-7	HLAFZ03CHG_01_06	40	19.8	—

（续）

时间（年-月）	样点编号	采样层次/cm	质量含水量/%	
2011-7	HLAFZ03CHG_01_06	50	21.5	—
2011-7	HLAFZ03CHG_01_06	70	19.3	—
2011-7	HLAFZ03CHG_01_06	90	21.3	—
2011-8	HLAFZ03CHG_01_06	10	25.0	—
2011-8	HLAFZ03CHG_01_06	20	22.9	—
2011-8	HLAFZ03CHG_01_06	30	16.8	—
2011-8	HLAFZ03CHG_01_06	40	18.4	—
2011-8	HLAFZ03CHG_01_06	50	17.3	—
2011-8	HLAFZ03CHG_01_06	70	16.9	—
2011-8	HLAFZ03CHG_01_06	90	17.5	—
2011-9	HLAFZ03CHG_01_06	10	22.6	—
2011-9	HLAFZ03CHG_01_06	20	23.8	—
2011-9	HLAFZ03CHG_01_06	30	19.9	—
2011-9	HLAFZ03CHG_01_06	40	21.3	—
2011-9	HLAFZ03CHG_01_06	50	19.4	—
2011-9	HLAFZ03CHG_01_06	70	18.9	—
2011-9	HLAFZ03CHG_01_06	90	14.1	—
2011-10	HLAFZ03CHG_01_06	10	30.4	—
2011-10	HLAFZ03CHG_01_06	20	26.9	—
2011-10	HLAFZ03CHG_01_06	30	23.2	—
2011-10	HLAFZ03CHG_01_06	40	22.4	—
2011-10	HLAFZ03CHG_01_06	50	19.8	—
2011-10	HLAFZ03CHG_01_06	70	19.1	—
2011-10	HLAFZ03CHG_01_06	90	19.1	—
2011-5	HLAFZ03CHG_01_07	10	29.3	—
2011-5	HLAFZ03CHG_01_07	20	25.9	—
2011-5	HLAFZ03CHG_01_07	30	28.5	—
2011-5	HLAFZ03CHG_01_07	40	25.8	—
2011-5	HLAFZ03CHG_01_07	50	28.8	—
2011-6	HLAFZ03CHG_01_07	10	13.0	—
2011-6	HLAFZ03CHG_01_07	20	16.9	—
2011-6	HLAFZ03CHG_01_07	30	21.0	—
2011-6	HLAFZ03CHG_01_07	40	23.4	—
2011-6	HLAFZ03CHG_01_07	50	23.1	—
2011-6	HLAFZ03CHG_01_07	70	18.7	—

（续）

时间（年-月）	样点编号	采样层次/cm	质量含水量/%	
2011-6	HLAFZ03CHG_01_07	90	16.7	—
2011-7	HLAFZ03CHG_01_07	10	16.5	—
2011-7	HLAFZ03CHG_01_07	20	17.1	—
2011-7	HLAFZ03CHG_01_07	30	21.2	—
2011-7	HLAFZ03CHG_01_07	40	21.1	—
2011-7	HLAFZ03CHG_01_07	50	24.2	—
2011-7	HLAFZ03CHG_01_07	70	23.5	—
2011-7	HLAFZ03CHG_01_07	90	20.7	—
2011-8	HLAFZ03CHG_01_07	10	21.1	—
2011-8	HLAFZ03CHG_01_07	20	18.4	—
2011-8	HLAFZ03CHG_01_07	30	23.6	—
2011-8	HLAFZ03CHG_01_07	40	25.2	—
2011-8	HLAFZ03CHG_01_07	50	22.9	—
2011-8	HLAFZ03CHG_01_07	70	23.6	—
2011-8	HLAFZ03CHG_01_07	90	22.1	—
2011-9	HLAFZ03CHG_01_07	10	18.7	—
2011-9	HLAFZ03CHG_01_07	20	18.2	—
2011-9	HLAFZ03CHG_01_07	30	23.8	—
2011-9	HLAFZ03CHG_01_07	40	27.1	—
2011-9	HLAFZ03CHG_01_07	50	21.7	—
2011-9	HLAFZ03CHG_01_07	70	21.7	—
2011-9	HLAFZ03CHG_01_07	90	21.1	—
2011-10	HLAFZ03CHG_01_07	10	19.7	—
2011-10	HLAFZ03CHG_01_07	20	18.2	—
2011-10	HLAFZ03CHG_01_07	30	19.0	—
2011-10	HLAFZ03CHG_01_07	40	24.1	—
2011-10	HLAFZ03CHG_01_07	50	28.4	—
2011-10	HLAFZ03CHG_01_07	70	22.3	—
2011-10	HLAFZ03CHG_01_07	90	26.6	—
2011-5	HLAFZ03CHG_01_08	10	19.8	—
2011-5	HLAFZ03CHG_01_08	20	21.6	—
2011-5	HLAFZ03CHG_01_08	30	23.8	—
2011-5	HLAFZ03CHG_01_08	40	27.1	—
2011-5	HLAFZ03CHG_01_08	50	22.8	—
2011-6	HLAFZ03CHG_01_08	10	13.1	—

（续）

时间（年-月）	样点编号	采样层次/cm	质量含水量/%	
2011 - 6	HLAFZ03CHG _ 01 _ 08	20	18.4	—
2011 - 6	HLAFZ03CHG _ 01 _ 08	30	23.4	—
2011 - 6	HLAFZ03CHG _ 01 _ 08	40	24.6	—
2011 - 6	HLAFZ03CHG _ 01 _ 08	50	19.1	—
2011 - 6	HLAFZ03CHG _ 01 _ 08	70	17.3	—
2011 - 6	HLAFZ03CHG _ 01 _ 08	90	18.2	—
2011 - 7	HLAFZ03CHG _ 01 _ 08	10	18.4	—
2011 - 7	HLAFZ03CHG _ 01 _ 08	20	19.0	—
2011 - 7	HLAFZ03CHG _ 01 _ 08	30	20.1	—
2011 - 7	HLAFZ03CHG _ 01 _ 08	40	25.0	—
2011 - 7	HLAFZ03CHG _ 01 _ 08	50	23.3	—
2011 - 7	HLAFZ03CHG _ 01 _ 08	70	23.6	—
2011 - 7	HLAFZ03CHG _ 01 _ 08	90	24.2	—
2011 - 8	HLAFZ03CHG _ 01 _ 08	10	21.6	—
2011 - 8	HLAFZ03CHG _ 01 _ 08	20	21.2	—
2011 - 8	HLAFZ03CHG _ 01 _ 08	30	20.4	—
2011 - 8	HLAFZ03CHG _ 01 _ 08	40	22.5	—
2011 - 8	HLAFZ03CHG _ 01 _ 08	50	22.1	—
2011 - 8	HLAFZ03CHG _ 01 _ 08	70	22.1	—
2011 - 8	HLAFZ03CHG _ 01 _ 08	90	24.2	—
2011 - 9	HLAFZ03CHG _ 01 _ 08	10	15.4	—
2011 - 9	HLAFZ03CHG _ 01 _ 08	20	22.0	—
2011 - 9	HLAFZ03CHG _ 01 _ 08	30	23.5	—
2011 - 9	HLAFZ03CHG _ 01 _ 08	40	20.4	—
2011 - 9	HLAFZ03CHG _ 01 _ 08	50	20.9	—
2011 - 9	HLAFZ03CHG _ 01 _ 08	70	19.7	—
2011 - 9	HLAFZ03CHG _ 01 _ 08	90	20.2	—
2011 - 10	HLAFZ03CHG _ 01 _ 08	10	20.9	—
2011 - 10	HLAFZ03CHG _ 01 _ 08	20	20.2	—
2011 - 10	HLAFZ03CHG _ 01 _ 08	30	21.1	—
2011 - 10	HLAFZ03CHG _ 01 _ 08	40	24.0	—
2011 - 10	HLAFZ03CHG _ 01 _ 08	50	24.4	—
2011 - 10	HLAFZ03CHG _ 01 _ 08	70	29.1	—
2011 - 10	HLAFZ03CHG _ 01 _ 08	90	25.5	—
2011 - 5	HLAFZ03CHG _ 01 _ 09	10	27.4	—

（续）

时间（年-月）	样点编号	采样层次/cm	质量含水量/%	
2011-5	HLAFZ03CHG_01_09	20	29.1	—
2011-5	HLAFZ03CHG_01_09	30	31.3	—
2011-5	HLAFZ03CHG_01_09	40	24.4	—
2011-5	HLAFZ03CHG_01_09	50	29.6	—
2011-6	HLAFZ03CHG_01_09	10	13.2	—
2011-6	HLAFZ03CHG_01_09	20	18.5	—
2011-6	HLAFZ03CHG_01_09	30	21.2	—
2011-6	HLAFZ03CHG_01_09	40	21.3	—
2011-6	HLAFZ03CHG_01_09	50	12.7	—
2011-6	HLAFZ03CHG_01_09	70	20.4	—
2011-6	HLAFZ03CHG_01_09	90	18.4	—
2011-7	HLAFZ03CHG_01_09	10	19.8	—
2011-7	HLAFZ03CHG_01_09	20	22.5	—
2011-7	HLAFZ03CHG_01_09	30	24.3	—
2011-7	HLAFZ03CHG_01_09	40	23.1	—
2011-7	HLAFZ03CHG_01_09	50	26.7	—
2011-7	HLAFZ03CHG_01_09	70	20.4	—
2011-7	HLAFZ03CHG_01_09	90	24.7	—
2011-8	HLAFZ03CHG_01_09	10	20.0	—
2011-8	HLAFZ03CHG_01_09	20	21.6	—
2011-8	HLAFZ03CHG_01_09	30	21.5	—
2011-8	HLAFZ03CHG_01_09	40	20.8	—
2011-8	HLAFZ03CHG_01_09	50	21.8	—
2011-8	HLAFZ03CHG_01_09	70	20.1	—
2011-8	HLAFZ03CHG_01_09	90	24.0	—
2011-9	HLAFZ03CHG_01_09	10	16.8	—
2011-9	HLAFZ03CHG_01_09	20	20.0	—
2011-9	HLAFZ03CHG_01_09	30	23.3	—
2011-9	HLAFZ03CHG_01_09	40	27.1	—
2011-9	HLAFZ03CHG_01_09	50	22.8	—
2011-9	HLAFZ03CHG_01_09	70	21.9	—
2011-9	HLAFZ03CHG_01_09	90	19.6	—
2011-10	HLAFZ03CHG_01_09	10	23.1	—
2011-10	HLAFZ03CHG_01_09	20	23.3	—
2011-10	HLAFZ03CHG_01_09	30	25.8	—

（续）

时间（年-月）	样点编号	采样层次/cm	质量含水量/%	
2011-10	HLAFZ03CHG_01_09	40	25.6	—
2011-10	HLAFZ03CHG_01_09	50	21.9	—
2011-10	HLAFZ03CHG_01_09	70	23.5	—
2011-10	HLAFZ03CHG_01_09	90	37.7	—
2011-5	HLAFZ03CHG_01_10	10	27.0	—
2011-5	HLAFZ03CHG_01_10	20	29.1	—
2011-5	HLAFZ03CHG_01_10	30	25.0	—
2011-5	HLAFZ03CHG_01_10	40	25.4	—
2011-5	HLAFZ03CHG_01_10	50	25.4	—
2011-6	HLAFZ03CHG_01_10	10	11.0	—
2011-6	HLAFZ03CHG_01_10	20	16.2	—
2011-6	HLAFZ03CHG_01_10	30	20.0	—
2011-6	HLAFZ03CHG_01_10	40	23.5	—
2011-6	HLAFZ03CHG_01_10	50	17.4	—
2011-6	HLAFZ03CHG_01_10	70	22.4	—
2011-6	HLAFZ03CHG_01_10	90	19.4	—
2011-7	HLAFZ03CHG_01_10	10	18.0	—
2011-7	HLAFZ03CHG_01_10	20	15.7	—
2011-7	HLAFZ03CHG_01_10	30	24.8	—
2011-7	HLAFZ03CHG_01_10	40	27.1	—
2011-7	HLAFZ03CHG_01_10	50	24.6	—
2011-7	HLAFZ03CHG_01_10	70	25.5	—
2011-7	HLAFZ03CHG_01_10	90	25.0	—
2011-8	HLAFZ03CHG_01_10	10	22.3	—
2011-8	HLAFZ03CHG_01_10	20	16.4	—
2011-8	HLAFZ03CHG_01_10	30	18.5	—
2011-8	HLAFZ03CHG_01_10	40	19.7	—
2011-8	HLAFZ03CHG_01_10	50	23.5	—
2011-8	HLAFZ03CHG_01_10	70	20.1	—
2011-8	HLAFZ03CHG_01_10	90	20.4	—
2011-9	HLAFZ03CHG_01_10	10	19.9	—
2011-9	HLAFZ03CHG_01_10	20	24.2	—
2011-9	HLAFZ03CHG_01_10	30	21.0	—
2011-9	HLAFZ03CHG_01_10	40	19.6	—
2011-9	HLAFZ03CHG_01_10	50	20.5	—

（续）

时间（年-月）	样点编号	采样层次/cm	质量含水量/%	
2011-9	HLAFZ03CHG_01_10	70	21.0	—
2011-9	HLAFZ03CHG_01_10	90	20.7	—
2011-10	HLAFZ03CHG_01_10	10	20.9	—
2011-10	HLAFZ03CHG_01_10	20	24.8	—
2011-10	HLAFZ03CHG_01_10	30	22.8	—
2011-10	HLAFZ03CHG_01_10	40	23.8	—
2011-10	HLAFZ03CHG_01_10	50	24.1	—
2011-10	HLAFZ03CHG_01_10	70	21.9	—
2011-10	HLAFZ03CHG_01_10	90	20.0	—
2011-5	HLAFZ03CHG_01_11	10	29.1	—
2011-5	HLAFZ03CHG_01_11	20	30.1	—
2011-5	HLAFZ03CHG_01_11	30	32.0	—
2011-5	HLAFZ03CHG_01_11	40	27.7	—
2011-5	HLAFZ03CHG_01_11	50	28.8	—
2011-6	HLAFZ03CHG_01_11	10	11.0	—
2011-6	HLAFZ03CHG_01_11	20	17.7	—
2011-6	HLAFZ03CHG_01_11	30	20.3	—
2011-6	HLAFZ03CHG_01_11	40	21.4	—
2011-6	HLAFZ03CHG_01_11	50	23.3	—
2011-6	HLAFZ03CHG_01_11	70	22.8	—
2011-6	HLAFZ03CHG_01_11	90	20.5	—
2011-7	HLAFZ03CHG_01_11	10	14.8	—
2011-7	HLAFZ03CHG_01_11	20	18.1	—
2011-7	HLAFZ03CHG_01_11	30	20.0	—
2011-7	HLAFZ03CHG_01_11	40	20.2	—
2011-7	HLAFZ03CHG_01_11	50	22.1	—
2011-7	HLAFZ03CHG_01_11	70	22.8	—
2011-7	HLAFZ03CHG_01_11	90	23.2	—
2011-8	HLAFZ03CHG_01_11	10	22.9	—
2011-8	HLAFZ03CHG_01_11	20	17.7	—
2011-8	HLAFZ03CHG_01_11	30	20.7	—
2011-8	HLAFZ03CHG_01_11	40	21.0	—
2011-8	HLAFZ03CHG_01_11	50	22.2	—
2011-8	HLAFZ03CHG_01_11	70	21.4	—
2011-8	HLAFZ03CHG_01_11	90	21.0	—

（续）

时间（年-月）	样点编号	采样层次/cm	质量含水量/%	
2011-9	HLAFZ03CHG_01_11	10	13.4	—
2011-9	HLAFZ03CHG_01_11	20	15.8	—
2011-9	HLAFZ03CHG_01_11	30	17.6	—
2011-9	HLAFZ03CHG_01_11	40	18.8	—
2011-9	HLAFZ03CHG_01_11	50	20.5	—
2011-9	HLAFZ03CHG_01_11	70	23.6	—
2011-9	HLAFZ03CHG_01_11	90	20.3	—
2011-10	HLAFZ03CHG_01_11	10	19.4	—
2011-10	HLAFZ03CHG_01_11	20	19.2	—
2011-10	HLAFZ03CHG_01_11	30	21.1	—
2011-10	HLAFZ03CHG_01_11	40	22.8	—
2011-10	HLAFZ03CHG_01_11	50	20.7	—
2011-10	HLAFZ03CHG_01_11	70	23.8	—
2011-10	HLAFZ03CHG_01_11	90	21.0	—
2011-5	HLAFZ03CHG_01_12	10	26.1	—
2011-5	HLAFZ03CHG_01_12	20	27.1	—
2011-5	HLAFZ03CHG_01_12	30	27.4	—
2011-5	HLAFZ03CHG_01_12	40	27.7	—
2011-5	HLAFZ03CHG_01_12	50	30.9	—
2011-6	HLAFZ03CHG_01_12	10	11.7	—
2011-6	HLAFZ03CHG_01_12	20	20.6	—
2011-6	HLAFZ03CHG_01_12	30	21.1	—
2011-6	HLAFZ03CHG_01_12	40	19.8	—
2011-6	HLAFZ03CHG_01_12	50	22.8	—
2011-6	HLAFZ03CHG_01_12	70	23.8	—
2011-6	HLAFZ03CHG_01_12	90	19.6	—
2011-7	HLAFZ03CHG_01_12	10	14.5	—
2011-7	HLAFZ03CHG_01_12	20	19.6	—
2011-7	HLAFZ03CHG_01_12	30	22.0	—
2011-7	HLAFZ03CHG_01_12	40	20.4	—
2011-7	HLAFZ03CHG_01_12	50	23.1	—
2011-7	HLAFZ03CHG_01_12	70	24.8	—
2011-7	HLAFZ03CHG_01_12	90	22.7	—
2011-8	HLAFZ03CHG_01_12	10	17.2	—
2011-8	HLAFZ03CHG_01_12	20	17.8	—

（续）

时间（年-月）	样点编号	采样层次/cm	质量含水量/%	
2011 - 8	HLAFZ03CHG _ 01 _ 12	30	19.0	—
2011 - 8	HLAFZ03CHG _ 01 _ 12	40	21.3	—
2011 - 8	HLAFZ03CHG _ 01 _ 12	50	20.3	—
2011 - 8	HLAFZ03CHG _ 01 _ 12	70	22.0	—
2011 - 8	HLAFZ03CHG _ 01 _ 12	90	20.6	—
2011 - 9	HLAFZ03CHG _ 01 _ 12	10	27.1	—
2011 - 9	HLAFZ03CHG _ 01 _ 12	20	19.0	—
2011 - 9	HLAFZ03CHG _ 01 _ 12	30	20.8	—
2011 - 9	HLAFZ03CHG _ 01 _ 12	40	22.7	—
2011 - 9	HLAFZ03CHG _ 01 _ 12	50	23.2	—
2011 - 9	HLAFZ03CHG _ 01 _ 12	70	21.6	—
2011 - 9	HLAFZ03CHG _ 01 _ 12	90	21.1	—
2011 - 10	HLAFZ03CHG _ 01 _ 12	10	20.5	—
2011 - 10	HLAFZ03CHG _ 01 _ 12	20	20.7	—
2011 - 10	HLAFZ03CHG _ 01 _ 12	30	23.8	—
2011 - 10	HLAFZ03CHG _ 01 _ 12	40	24.8	—
2011 - 10	HLAFZ03CHG _ 01 _ 12	50	21.8	—
2011 - 10	HLAFZ03CHG _ 01 _ 12	70	20.0	—
2011 - 10	HLAFZ03CHG _ 01 _ 12	90	20.6	—
2011 - 5	HLAFZ03CHG _ 01 _ 13	10	28.0	—
2011 - 5	HLAFZ03CHG _ 01 _ 13	20	23.2	—
2011 - 5	HLAFZ03CHG _ 01 _ 13	30	26.0	—
2011 - 5	HLAFZ03CHG _ 01 _ 13	40	31.9	—
2011 - 5	HLAFZ03CHG _ 01 _ 13	50	32.3	—
2011 - 6	HLAFZ03CHG _ 01 _ 13	10	14.1	—
2011 - 6	HLAFZ03CHG _ 01 _ 13	20	18.9	—
2011 - 6	HLAFZ03CHG _ 01 _ 13	30	20.3	—
2011 - 6	HLAFZ03CHG _ 01 _ 13	40	22.2	—
2011 - 6	HLAFZ03CHG _ 01 _ 13	50	20.5	—
2011 - 6	HLAFZ03CHG _ 01 _ 13	70	24.1	—
2011 - 6	HLAFZ03CHG _ 01 _ 13	90	20.6	—
2011 - 7	HLAFZ03CHG _ 01 _ 13	10	17.9	—
2011 - 7	HLAFZ03CHG _ 01 _ 13	20	20.3	—
2011 - 7	HLAFZ03CHG _ 01 _ 13	30	21.9	—
2011 - 7	HLAFZ03CHG _ 01 _ 13	40	22.9	—

（续）

时间（年-月）	样点编号	采样层次/cm	质量含水量/%	
2011 - 7	HLAFZ03CHG _ 01 _ 13	50	23.8	—
2011 - 7	HLAFZ03CHG _ 01 _ 13	70	22.5	—
2011 - 7	HLAFZ03CHG _ 01 _ 13	90	20.6	—
2011 - 8	HLAFZ03CHG _ 01 _ 13	10	20.7	—
2011 - 8	HLAFZ03CHG _ 01 _ 13	20	20.0	—
2011 - 8	HLAFZ03CHG _ 01 _ 13	30	21.5	—
2011 - 8	HLAFZ03CHG _ 01 _ 13	40	20.0	—
2011 - 8	HLAFZ03CHG _ 01 _ 13	50	22.5	—
2011 - 8	HLAFZ03CHG _ 01 _ 13	70	20.8	—
2011 - 8	HLAFZ03CHG _ 01 _ 13	90	19.2	—
2011 - 9	HLAFZ03CHG _ 01 _ 13	10	17.8	—
2011 - 9	HLAFZ03CHG _ 01 _ 13	20	19.0	—
2011 - 9	HLAFZ03CHG _ 01 _ 13	30	23.8	—
2011 - 9	HLAFZ03CHG _ 01 _ 13	40	25.5	—
2011 - 9	HLAFZ03CHG _ 01 _ 13	50	22.8	—
2011 - 9	HLAFZ03CHG _ 01 _ 13	70	19.7	—
2011 - 9	HLAFZ03CHG _ 01 _ 13	90	23.7	—
2011 - 10	HLAFZ03CHG _ 01 _ 13	10	23.4	—
2011 - 10	HLAFZ03CHG _ 01 _ 13	20	24.5	—
2011 - 10	HLAFZ03CHG _ 01 _ 13	30	21.1	—
2011 - 10	HLAFZ03CHG _ 01 _ 13	40	26.2	—
2011 - 10	HLAFZ03CHG _ 01 _ 13	50	20.1	—
2011 - 10	HLAFZ03CHG _ 01 _ 13	70	20.8	—
2011 - 10	HLAFZ03CHG _ 01 _ 13	90	25.6	—
2011 - 5	HLAFZ03CHG _ 01 _ 14	10	30.2	—
2011 - 5	HLAFZ03CHG _ 01 _ 14	20	25.2	—
2011 - 5	HLAFZ03CHG _ 01 _ 14	30	30.5	—
2011 - 5	HLAFZ03CHG _ 01 _ 14	40	32.0	—
2011 - 5	HLAFZ03CHG _ 01 _ 14	50	23.0	—
2011 - 6	HLAFZ03CHG _ 01 _ 14	10	16.9	—
2011 - 6	HLAFZ03CHG _ 01 _ 14	20	21.9	—
2011 - 6	HLAFZ03CHG _ 01 _ 14	30	19.9	—
2011 - 6	HLAFZ03CHG _ 01 _ 14	40	25.3	—
2011 - 6	HLAFZ03CHG _ 01 _ 14	50	22.3	—
2011 - 6	HLAFZ03CHG _ 01 _ 14	70	25.4	—

（续）

时间（年-月）	样点编号	采样层次/cm	质量含水量/%	
2011-6	HLAFZ03CHG_01_14	90	26.1	—
2011-7	HLAFZ03CHG_01_14	10	18.1	—
2011-7	HLAFZ03CHG_01_14	20	19.2	—
2011-7	HLAFZ03CHG_01_14	30	21.2	—
2011-7	HLAFZ03CHG_01_14	40	24.0	—
2011-7	HLAFZ03CHG_01_14	50	23.7	—
2011-7	HLAFZ03CHG_01_14	70	19.0	—
2011-7	HLAFZ03CHG_01_14	90	24.5	—
2011-8	HLAFZ03CHG_01_14	10	18.8	—
2011-8	HLAFZ03CHG_01_14	20	15.1	—
2011-8	HLAFZ03CHG_01_14	30	17.0	—
2011-8	HLAFZ03CHG_01_14	40	17.4	—
2011-8	HLAFZ03CHG_01_14	50	18.9	—
2011-8	HLAFZ03CHG_01_14	70	19.0	—
2011-8	HLAFZ03CHG_01_14	90	23.0	—
2011-9	HLAFZ03CHG_01_14	10	19.1	—
2011-9	HLAFZ03CHG_01_14	20	18.7	—
2011-9	HLAFZ03CHG_01_14	30	19.4	—
2011-9	HLAFZ03CHG_01_14	40	20.7	—
2011-9	HLAFZ03CHG_01_14	50	20.7	—
2011-9	HLAFZ03CHG_01_14	70	22.2	—
2011-9	HLAFZ03CHG_01_14	90	22.6	—
2011-10	HLAFZ03CHG_01_14	10	20.4	—
2011-10	HLAFZ03CHG_01_14	20	23.1	—
2011-10	HLAFZ03CHG_01_14	30	21.6	—
2011-10	HLAFZ03CHG_01_14	40	29.1	—
2011-10	HLAFZ03CHG_01_14	50	22.9	—
2011-10	HLAFZ03CHG_01_14	70	22.4	—
2011-10	HLAFZ03CHG_01_14	90	21.4	—
2011-5	HLAFZ03CHG_01_15	10	27.2	—
2011-5	HLAFZ03CHG_01_15	20	25.7	—
2011-5	HLAFZ03CHG_01_15	30	20.0	—
2011-5	HLAFZ03CHG_01_15	40	22.4	—
2011-5	HLAFZ03CHG_01_15	50	25.1	—
2011-6	HLAFZ03CHG_01_15	10	14.4	—

（续）

时间（年-月）	样点编号	采样层次/cm	质量含水量/%	
2011－6	HLAFZ03CHG_01_15	20	17.5	—
2011－6	HLAFZ03CHG_01_15	30	25.4	—
2011－6	HLAFZ03CHG_01_15	40	25.6	—
2011－6	HLAFZ03CHG_01_15	50	23.8	—
2011－6	HLAFZ03CHG_01_15	70	25.9	—
2011－6	HLAFZ03CHG_01_15	90	23.9	—
2011－7	HLAFZ03CHG_01_15	10	15.8	—
2011－7	HLAFZ03CHG_01_15	20	19.2	—
2011－7	HLAFZ03CHG_01_15	30	19.1	—
2011－7	HLAFZ03CHG_01_15	40	21.6	—
2011－7	HLAFZ03CHG_01_15	50	20.0	—
2011－7	HLAFZ03CHG_01_15	70	20.7	—
2011－7	HLAFZ03CHG_01_15	90	20.8	—
2011－8	HLAFZ03CHG_01_15	10	19.9	—
2011－8	HLAFZ03CHG_01_15	20	17.6	—
2011－8	HLAFZ03CHG_01_15	30	17.9	—
2011－8	HLAFZ03CHG_01_15	40	14.2	—
2011－8	HLAFZ03CHG_01_15	50	14.0	—
2011－8	HLAFZ03CHG_01_15	70	17.3	—
2011－8	HLAFZ03CHG_01_15	90	18.8	—
2011－9	HLAFZ03CHG_01_15	10	16.8	—
2011－9	HLAFZ03CHG_01_15	20	17.0	—
2011－9	HLAFZ03CHG_01_15	30	23.2	—
2011－9	HLAFZ03CHG_01_15	40	21.0	—
2011－9	HLAFZ03CHG_01_15	50	18.3	—
2011－9	HLAFZ03CHG_01_15	70	17.8	—
2011－9	HLAFZ03CHG_01_15	90	18.7	—
2011－10	HLAFZ03CHG_01_15	10	24.3	—
2011－10	HLAFZ03CHG_01_15	20	20.6	—
2011－10	HLAFZ03CHG_01_15	30	22.6	—
2011－10	HLAFZ03CHG_01_15	40	24.0	—
2011－10	HLAFZ03CHG_01_15	50	22.2	—
2011－10	HLAFZ03CHG_01_15	70	23.6	—
2011－10	HLAFZ03CHG_01_15	90	27.2	—
2011－5	HLAFZ03CHG_01_16	10	23.6	—

（续）

时间（年-月）	样点编号	采样层次/cm	质量含水量/%	
2011-5	HLAFZ03CHG_01_16	20	24.2	—
2011-5	HLAFZ03CHG_01_16	30	27.1	—
2011-5	HLAFZ03CHG_01_16	40	23.7	—
2011-5	HLAFZ03CHG_01_16	50	33.0	—
2011-6	HLAFZ03CHG_01_16	10	12.7	—
2011-6	HLAFZ03CHG_01_16	20	19.4	—
2011-6	HLAFZ03CHG_01_16	30	22.6	—
2011-6	HLAFZ03CHG_01_16	40	22.2	—
2011-6	HLAFZ03CHG_01_16	50	21.8	—
2011-6	HLAFZ03CHG_01_16	70	21.2	—
2011-6	HLAFZ03CHG_01_16	90	25.6	—
2011-7	HLAFZ03CHG_01_16	10	16.5	—
2011-7	HLAFZ03CHG_01_16	20	14.4	—
2011-7	HLAFZ03CHG_01_16	30	18.0	—
2011-7	HLAFZ03CHG_01_16	40	19.6	—
2011-7	HLAFZ03CHG_01_16	50	22.8	—
2011-7	HLAFZ03CHG_01_16	70	23.2	—
2011-7	HLAFZ03CHG_01_16	90	22.7	—
2011-8	HLAFZ03CHG_01_16	10	18.3	—
2011-8	HLAFZ03CHG_01_16	20	18.5	—
2011-8	HLAFZ03CHG_01_16	30	16.2	—
2011-8	HLAFZ03CHG_01_16	40	14.7	—
2011-8	HLAFZ03CHG_01_16	50	17.2	—
2011-8	HLAFZ03CHG_01_16	70	18.2	—
2011-8	HLAFZ03CHG_01_16	90	20.6	—
2011-9	HLAFZ03CHG_01_16	10	19.8	—
2011-9	HLAFZ03CHG_01_16	20	22.6	—
2011-9	HLAFZ03CHG_01_16	30	21.7	—
2011-9	HLAFZ03CHG_01_16	40	21.2	—
2011-9	HLAFZ03CHG_01_16	50	20.2	—
2011-9	HLAFZ03CHG_01_16	70	17.7	—
2011-9	HLAFZ03CHG_01_16	90	20.4	—
2011-10	HLAFZ03CHG_01_16	10	20.9	—
2011-10	HLAFZ03CHG_01_16	20	21.1	—
2011-10	HLAFZ03CHG_01_16	30	22.1	—

（续）

时间（年-月）	样点编号	采样层次/cm	质量含水量/%	
2011-10	HLAFZ03CHG_01_16	40	22.9	—
2011-10	HLAFZ03CHG_01_16	50	20.5	—
2011-10	HLAFZ03CHG_01_16	70	22.8	—
2011-10	HLAFZ03CHG_01_16	90	20.8	—
2011-5	HLAFZ03CHG_01_17	10	29.2	—
2011-5	HLAFZ03CHG_01_17	20	33.8	—
2011-5	HLAFZ03CHG_01_17	30	31.2	—
2011-5	HLAFZ03CHG_01_17	40	29.9	—
2011-5	HLAFZ03CHG_01_17	50	26.5	—
2011-6	HLAFZ03CHG_01_17	10	15.3	—
2011-6	HLAFZ03CHG_01_17	20	20.5	—
2011-6	HLAFZ03CHG_01_17	30	26.8	—
2011-6	HLAFZ03CHG_01_17	40	25.4	—
2011-6	HLAFZ03CHG_01_17	50	20.8	—
2011-6	HLAFZ03CHG_01_17	70	23.8	—
2011-6	HLAFZ03CHG_01_17	90	25.6	—
2011-7	HLAFZ03CHG_01_17	10	17.2	—
2011-7	HLAFZ03CHG_01_17	20	22.7	—
2011-7	HLAFZ03CHG_01_17	30	27.9	—
2011-7	HLAFZ03CHG_01_17	40	25.1	—
2011-7	HLAFZ03CHG_01_17	50	25.8	—
2011-7	HLAFZ03CHG_01_17	70	21.8	—
2011-7	HLAFZ03CHG_01_17	90	20.9	—
2011-8	HLAFZ03CHG_01_17	10	17.4	—
2011-8	HLAFZ03CHG_01_17	20	16.8	—
2011-8	HLAFZ03CHG_01_17	30	19.4	—
2011-8	HLAFZ03CHG_01_17	40	21.8	—
2011-8	HLAFZ03CHG_01_17	50	23.7	—
2011-8	HLAFZ03CHG_01_17	70	19.5	—
2011-8	HLAFZ03CHG_01_17	90	21.5	—
2011-9	HLAFZ03CHG_01_17	10	15.1	—
2011-9	HLAFZ03CHG_01_17	20	19.4	—
2011-9	HLAFZ03CHG_01_17	30	23.8	—
2011-9	HLAFZ03CHG_01_17	40	22.5	—
2011-9	HLAFZ03CHG_01_17	50	23.5	—

（续）

时间（年-月）	样点编号	采样层次/cm	质量含水量/%	
2011-9	HLAFZ03CHG_01_17	70	18.6	—
2011-9	HLAFZ03CHG_01_17	90	19.3	—
2011-10	HLAFZ03CHG_01_17	10	20.1	—
2011-10	HLAFZ03CHG_01_17	20	17.9	—
2011-10	HLAFZ03CHG_01_17	30	25.3	—
2011-10	HLAFZ03CHG_01_17	40	26.4	—
2011-10	HLAFZ03CHG_01_17	50	23.1	—
2011-10	HLAFZ03CHG_01_17	70	24.0	—
2011-10	HLAFZ03CHG_01_17	90	21.4	—
2011-5	HLAFZ03CHG_01_18	10	26.4	—
2011-5	HLAFZ03CHG_01_18	20	33.4	—
2011-5	HLAFZ03CHG_01_18	30	33.1	—
2011-5	HLAFZ03CHG_01_18	40	35.0	—
2011-5	HLAFZ03CHG_01_18	50	27.3	—
2011-6	HLAFZ03CHG_01_18	10	15.3	—
2011-6	HLAFZ03CHG_01_18	20	21.8	—
2011-6	HLAFZ03CHG_01_18	30	24.6	—
2011-6	HLAFZ03CHG_01_18	40	22.9	—
2011-6	HLAFZ03CHG_01_18	50	24.9	—
2011-6	HLAFZ03CHG_01_18	70	23.7	—
2011-6	HLAFZ03CHG_01_18	90	24.3	—
2011-7	HLAFZ03CHG_01_18	10	19.9	—
2011-7	HLAFZ03CHG_01_18	20	22.7	—
2011-7	HLAFZ03CHG_01_18	30	21.2	—
2011-7	HLAFZ03CHG_01_18	40	26.0	—
2011-7	HLAFZ03CHG_01_18	50	25.1	—
2011-7	HLAFZ03CHG_01_18	70	24.7	—
2011-7	HLAFZ03CHG_01_18	90	23.1	—
2011-8	HLAFZ03CHG_01_18	10	21.7	—
2011-8	HLAFZ03CHG_01_18	20	18.6	—
2011-8	HLAFZ03CHG_01_18	30	23.0	—
2011-8	HLAFZ03CHG_01_18	40	19.1	—
2011-8	HLAFZ03CHG_01_18	50	19.8	—
2011-8	HLAFZ03CHG_01_18	70	26.0	—
2011-8	HLAFZ03CHG_01_18	90	21.8	—

（续）

时间（年-月）	样点编号	采样层次/cm	质量含水量/%	
2011 - 9	HLAFZ03CHG _ 01 _ 18	10	17.0	—
2011 - 9	HLAFZ03CHG _ 01 _ 18	20	20.5	—
2011 - 9	HLAFZ03CHG _ 01 _ 18	30	20.1	—
2011 - 9	HLAFZ03CHG _ 01 _ 18	40	22.7	—
2011 - 9	HLAFZ03CHG _ 01 _ 18	50	19.1	—
2011 - 9	HLAFZ03CHG _ 01 _ 18	70	19.8	—
2011 - 9	HLAFZ03CHG _ 01 _ 18	90	19.3	—
2011 - 10	HLAFZ03CHG _ 01 _ 18	10	20.0	—
2011 - 10	HLAFZ03CHG _ 01 _ 18	20	23.8	—
2011 - 10	HLAFZ03CHG _ 01 _ 18	30	22.7	—
2011 - 10	HLAFZ03CHG _ 01 _ 18	40	24.2	—
2011 - 10	HLAFZ03CHG _ 01 _ 18	50	23.6	—
2011 - 10	HLAFZ03CHG _ 01 _ 18	70	20.9	—
2011 - 10	HLAFZ03CHG _ 01 _ 18	90	23.6	—
2011 - 5	HLAFZ03CHG _ 01 _ 19	10	27.5	—
2011 - 5	HLAFZ03CHG _ 01 _ 19	20	28.7	—
2011 - 5	HLAFZ03CHG _ 01 _ 19	30	23.1	—
2011 - 5	HLAFZ03CHG _ 01 _ 19	40	24.2	—
2011 - 5	HLAFZ03CHG _ 01 _ 19	50	30.9	—
2011 - 6	HLAFZ03CHG _ 01 _ 19	10	16.2	—
2011 - 6	HLAFZ03CHG _ 01 _ 19	20	23.7	—
2011 - 6	HLAFZ03CHG _ 01 _ 19	30	28.6	—
2011 - 6	HLAFZ03CHG _ 01 _ 19	40	22.4	—
2011 - 6	HLAFZ03CHG _ 01 _ 19	50	21.9	—
2011 - 6	HLAFZ03CHG _ 01 _ 19	70	21.2	—
2011 - 6	HLAFZ03CHG _ 01 _ 19	90	22.2	—
2011 - 7	HLAFZ03CHG _ 01 _ 19	10	18.1	—
2011 - 7	HLAFZ03CHG _ 01 _ 19	20	22.6	—
2011 - 7	HLAFZ03CHG _ 01 _ 19	30	25.3	—
2011 - 7	HLAFZ03CHG _ 01 _ 19	40	24.5	—
2011 - 7	HLAFZ03CHG _ 01 _ 19	50	24.2	—
2011 - 7	HLAFZ03CHG _ 01 _ 19	70	21.2	—
2011 - 7	HLAFZ03CHG _ 01 _ 19	90	23.3	—
2011 - 8	HLAFZ03CHG _ 01 _ 19	10	20.1	—
2011 - 8	HLAFZ03CHG _ 01 _ 19	20	17.7	—

（续）

时间（年-月）	样点编号	采样层次/cm	质量含水量/%	
2011-8	HLAFZ03CHG_01_19	30	16.7	—
2011-8	HLAFZ03CHG_01_19	40	17.5	—
2011-8	HLAFZ03CHG_01_19	50	19.5	—
2011-8	HLAFZ03CHG_01_19	70	21.7	—
2011-8	HLAFZ03CHG_01_19	90	19.0	—
2011-9	HLAFZ03CHG_01_19	10	13.9	—
2011-9	HLAFZ03CHG_01_19	20	17.2	—
2011-9	HLAFZ03CHG_01_19	30	21.0	—
2011-9	HLAFZ03CHG_01_19	40	18.6	—
2011-9	HLAFZ03CHG_01_19	50	19.6	—
2011-9	HLAFZ03CHG_01_19	70	79.4	—
2011-9	HLAFZ03CHG_01_19	90	22.2	—
2011-10	HLAFZ03CHG_01_19	10	22.0	—
2011-10	HLAFZ03CHG_01_19	20	20.4	—
2011-10	HLAFZ03CHG_01_19	30	18.5	—
2011-10	HLAFZ03CHG_01_19	40	21.1	—
2011-10	HLAFZ03CHG_01_19	50	19.4	—
2011-10	HLAFZ03CHG_01_19	70	21.9	—
2011-10	HLAFZ03CHG_01_19	90	20.1	—
2011-5	HLAFZ03CHG_01_20	10	25.3	—
2011-5	HLAFZ03CHG_01_20	20	29.1	—
2011-5	HLAFZ03CHG_01_20	30	30.2	—
2011-5	HLAFZ03CHG_01_20	40	25.6	—
2011-5	HLAFZ03CHG_01_20	50	27.3	—
2011-6	HLAFZ03CHG_01_20	10	13.8	—
2011-6	HLAFZ03CHG_01_20	20	22.4	—
2011-6	HLAFZ03CHG_01_20	30	27.9	—
2011-6	HLAFZ03CHG_01_20	40	26.0	—
2011-6	HLAFZ03CHG_01_20	50	23.0	—
2011-6	HLAFZ03CHG_01_20	70	21.8	—
2011-6	HLAFZ03CHG_01_20	90	22.4	—
2011-7	HLAFZ03CHG_01_20	10	17.3	—
2011-7	HLAFZ03CHG_01_20	20	15.1	—
2011-7	HLAFZ03CHG_01_20	30	20.2	—
2011-7	HLAFZ03CHG_01_20	40	24.5	—

（续）

时间（年-月）	样点编号	采样层次/cm	质量含水量/%	
2011-7	HLAFZ03CHG_01_20	50	22.4	—
2011-7	HLAFZ03CHG_01_20	70	22.4	—
2011-7	HLAFZ03CHG_01_20	90	24.2	—
2011-8	HLAFZ03CHG_01_20	10	20.4	—
2011-8	HLAFZ03CHG_01_20	20	20.8	—
2011-8	HLAFZ03CHG_01_20	30	17.0	—
2011-8	HLAFZ03CHG_01_20	40	14.9	—
2011-8	HLAFZ03CHG_01_20	50	17.1	—
2011-8	HLAFZ03CHG_01_20	70	21.9	—
2011-8	HLAFZ03CHG_01_20	90	21.2	—
2011-9	HLAFZ03CHG_01_20	10	16.7	—
2011-9	HLAFZ03CHG_01_20	20	21.3	—
2011-9	HLAFZ03CHG_01_20	30	21.8	—
2011-9	HLAFZ03CHG_01_20	40	20.8	—
2011-9	HLAFZ03CHG_01_20	50	18.7	—
2011-9	HLAFZ03CHG_01_20	70	18.7	—
2011-9	HLAFZ03CHG_01_20	90	19.7	—
2011-10	HLAFZ03CHG_01_20	10	19.8	—
2011-10	HLAFZ03CHG_01_20	20	18.7	—
2011-10	HLAFZ03CHG_01_20	30	21.8	—
2011-10	HLAFZ03CHG_01_20	40	21.4	—
2011-10	HLAFZ03CHG_01_20	50	21.1	—
2011-10	HLAFZ03CHG_01_20	70	23.4	—
2011-10	HLAFZ03CHG_01_20	90	22.7	—
2011-5	HLAFZ03CHG_01_21	10	29.9	—
2011-5	HLAFZ03CHG_01_21	20	30.3	—
2011-5	HLAFZ03CHG_01_21	30	33.2	—
2011-5	HLAFZ03CHG_01_21	40	33.7	—
2011-5	HLAFZ03CHG_01_21	50	31.3	—
2011-6	HLAFZ03CHG_01_21	10	16.8	—
2011-6	HLAFZ03CHG_01_21	20	18.0	—
2011-6	HLAFZ03CHG_01_21	30	26.0	—
2011-6	HLAFZ03CHG_01_21	40	24.5	—
2011-6	HLAFZ03CHG_01_21	50	20.3	—
2011-6	HLAFZ03CHG_01_21	70	25.4	—

（续）

时间（年-月）	样点编号	采样层次/cm	质量含水量/%	
2011-6	HLAFZ03CHG_01_21	90	21.7	—
2011-7	HLAFZ03CHG_01_21	10	18.1	—
2011-7	HLAFZ03CHG_01_21	20	22.3	—
2011-7	HLAFZ03CHG_01_21	30	19.8	—
2011-7	HLAFZ03CHG_01_21	40	22.5	—
2011-7	HLAFZ03CHG_01_21	50	27.0	—
2011-7	HLAFZ03CHG_01_21	70	23.3	—
2011-7	HLAFZ03CHG_01_21	90	21.0	—
2011-8	HLAFZ03CHG_01_21	10	16.9	—
2011-8	HLAFZ03CHG_01_21	20	17.2	—
2011-8	HLAFZ03CHG_01_21	30	7.9	—
2011-8	HLAFZ03CHG_01_21	40	21.0	—
2011-8	HLAFZ03CHG_01_21	50	23.2	—
2011-8	HLAFZ03CHG_01_21	70	19.7	—
2011-8	HLAFZ03CHG_01_21	90	24.0	—
2011-9	HLAFZ03CHG_01_21	10	17.4	—
2011-9	HLAFZ03CHG_01_21	20	18.7	—
2011-9	HLAFZ03CHG_01_21	30	21.4	—
2011-9	HLAFZ03CHG_01_21	40	17.9	—
2011-9	HLAFZ03CHG_01_21	50	18.3	—
2011-9	HLAFZ03CHG_01_21	70	19.9	—
2011-9	HLAFZ03CHG_01_21	90	18.0	—
2011-10	HLAFZ03CHG_01_21	10	20.4	—
2011-10	HLAFZ03CHG_01_21	20	22.4	—
2011-10	HLAFZ03CHG_01_21	30	23.2	—
2011-10	HLAFZ03CHG_01_21	40	20.7	—
2011-10	HLAFZ03CHG_01_21	50	20.2	—
2011-10	HLAFZ03CHG_01_21	70	22.4	—
2011-10	HLAFZ03CHG_01_21	90	22.8	—
2011-5	HLAFZ03CHG_01_22	10	32.5	—
2011-5	HLAFZ03CHG_01_22	20	32.6	—
2011-5	HLAFZ03CHG_01_22	30	25.7	—
2011-5	HLAFZ03CHG_01_22	40	32.6	—
2011-5	HLAFZ03CHG_01_22	50	29.7	—
2011-6	HLAFZ03CHG_01_22	10	15.5	—

（续）

时间（年-月）	样点编号	采样层次/cm	质量含水量/%	
2011-6	HLAFZ03CHG_01_22	20	21.9	—
2011-6	HLAFZ03CHG_01_22	30	24.6	—
2011-6	HLAFZ03CHG_01_22	40	27.8	—
2011-6	HLAFZ03CHG_01_22	50	26.9	—
2011-6	HLAFZ03CHG_01_22	70	26.0	—
2011-6	HLAFZ03CHG_01_22	90	22.7	—
2011-7	HLAFZ03CHG_01_22	10	9.9	—
2011-7	HLAFZ03CHG_01_22	20	19.5	—
2011-7	HLAFZ03CHG_01_22	30	19.6	—
2011-7	HLAFZ03CHG_01_22	40	22.1	—
2011-7	HLAFZ03CHG_01_22	50	24.7	—
2011-7	HLAFZ03CHG_01_22	70	21.0	—
2011-7	HLAFZ03CHG_01_22	90	21.3	—
2011-8	HLAFZ03CHG_01_22	10	17.3	—
2011-8	HLAFZ03CHG_01_22	20	17.5	—
2011-8	HLAFZ03CHG_01_22	30	16.7	—
2011-8	HLAFZ03CHG_01_22	40	18.5	—
2011-8	HLAFZ03CHG_01_22	50	20.2	—
2011-8	HLAFZ03CHG_01_22	70	20.4	—
2011-8	HLAFZ03CHG_01_22	90	20.0	—
2011-9	HLAFZ03CHG_01_22	10	14.6	—
2011-9	HLAFZ03CHG_01_22	20	17.4	—
2011-9	HLAFZ03CHG_01_22	30	21.0	—
2011-9	HLAFZ03CHG_01_22	40	18.6	—
2011-9	HLAFZ03CHG_01_22	50	24.5	—
2011-9	HLAFZ03CHG_01_22	70	23.2	—
2011-9	HLAFZ03CHG_01_22	90	20.9	—
2011-10	HLAFZ03CHG_01_22	10	19.4	—
2011-10	HLAFZ03CHG_01_22	20	18.4	—
2011-10	HLAFZ03CHG_01_22	30	19.8	—
2011-10	HLAFZ03CHG_01_22	40	21.3	—
2011-10	HLAFZ03CHG_01_22	50	22.3	—
2011-10	HLAFZ03CHG_01_22	70	23.5	—
2011-10	HLAFZ03CHG_01_22	90	24.6	—
2011-5	HLAFZ03CHG_01_23	10	27.4	—

（续）

时间（年-月）	样点编号	采样层次/cm	质量含水量/%	
2011-5	HLAFZ03CHG_01_23	20	26.3	—
2011-5	HLAFZ03CHG_01_23	30	30.7	—
2011-5	HLAFZ03CHG_01_23	40	23.6	—
2011-5	HLAFZ03CHG_01_23	50	29.1	—
2011-6	HLAFZ03CHG_01_23	10	11.7	—
2011-6	HLAFZ03CHG_01_23	20	17.6	—
2011-6	HLAFZ03CHG_01_23	30	20.4	—
2011-6	HLAFZ03CHG_01_23	40	19.7	—
2011-6	HLAFZ03CHG_01_23	50	21.2	—
2011-6	HLAFZ03CHG_01_23	70	22.6	—
2011-6	HLAFZ03CHG_01_23	90	25.4	—
2011-7	HLAFZ03CHG_01_23	10	15.9	—
2011-7	HLAFZ03CHG_01_23	20	15.5	—
2011-7	HLAFZ03CHG_01_23	30	17.6	—
2011-7	HLAFZ03CHG_01_23	40	20.4	—
2011-7	HLAFZ03CHG_01_23	50	23.0	—
2011-7	HLAFZ03CHG_01_23	70	19.2	—
2011-7	HLAFZ03CHG_01_23	90	25.0	—
2011-8	HLAFZ03CHG_01_23	10	19.3	—
2011-8	HLAFZ03CHG_01_23	20	14.2	—
2011-8	HLAFZ03CHG_01_23	30	16.1	—
2011-8	HLAFZ03CHG_01_23	40	19.1	—
2011-8	HLAFZ03CHG_01_23	50	20.2	—
2011-8	HLAFZ03CHG_01_23	70	21.4	—
2011-8	HLAFZ03CHG_01_23	90	21.4	—
2011-9	HLAFZ03CHG_01_23	10	21.7	—
2011-9	HLAFZ03CHG_01_23	20	22.2	—
2011-9	HLAFZ03CHG_01_23	30	20.4	—
2011-9	HLAFZ03CHG_01_23	40	19.7	—
2011-9	HLAFZ03CHG_01_23	50	18.1	—
2011-9	HLAFZ03CHG_01_23	70	17.5	—
2011-9	HLAFZ03CHG_01_23	90	19.0	—
2011-10	HLAFZ03CHG_01_23	10	24.2	—
2011-10	HLAFZ03CHG_01_23	20	20.3	—
2011-10	HLAFZ03CHG_01_23	30	22.4	—

（续）

时间（年-月）	样点编号	采样层次/cm	质量含水量/%	
2011 - 10	HLAFZ03CHG _ 01 _ 23	40	23.9	—
2011 - 10	HLAFZ03CHG _ 01 _ 23	50	19.7	—
2011 - 10	HLAFZ03CHG _ 01 _ 23	70	24.5	—
2011 - 10	HLAFZ03CHG _ 01 _ 23	90	20.7	—
2011 - 5	HLAFZ03CHG _ 01 _ 24	10	29.0	—
2011 - 5	HLAFZ03CHG _ 01 _ 24	20	29.1	—
2011 - 5	HLAFZ03CHG _ 01 _ 24	30	25.4	—
2011 - 5	HLAFZ03CHG _ 01 _ 24	40	27.8	—
2011 - 5	HLAFZ03CHG _ 01 _ 24	50	26.8	—
2011 - 6	HLAFZ03CHG _ 01 _ 24	10	21.2	—
2011 - 6	HLAFZ03CHG _ 01 _ 24	20	26.6	—
2011 - 6	HLAFZ03CHG _ 01 _ 24	30	26.9	—
2011 - 6	HLAFZ03CHG _ 01 _ 24	40	24.8	—
2011 - 6	HLAFZ03CHG _ 01 _ 24	50	24.4	—
2011 - 6	HLAFZ03CHG _ 01 _ 24	70	24.9	—
2011 - 6	HLAFZ03CHG _ 01 _ 24	90	21.9	—
2011 - 7	HLAFZ03CHG _ 01 _ 24	10	11.5	—
2011 - 7	HLAFZ03CHG _ 01 _ 24	20	23.9	—
2011 - 7	HLAFZ03CHG _ 01 _ 24	30	21.4	—
2011 - 7	HLAFZ03CHG _ 01 _ 24	40	21.3	—
2011 - 7	HLAFZ03CHG _ 01 _ 24	50	21.0	—
2011 - 7	HLAFZ03CHG _ 01 _ 24	70	22.0	—
2011 - 7	HLAFZ03CHG _ 01 _ 24	90	23.6	—
2011 - 8	HLAFZ03CHG _ 01 _ 24	10	22.6	—
2011 - 8	HLAFZ03CHG _ 01 _ 24	20	23.3	—
2011 - 8	HLAFZ03CHG _ 01 _ 24	30	19.5	—
2011 - 8	HLAFZ03CHG _ 01 _ 24	40	19.4	—
2011 - 8	HLAFZ03CHG _ 01 _ 24	50	17.4	—
2011 - 8	HLAFZ03CHG _ 01 _ 24	70	15.3	—
2011 - 8	HLAFZ03CHG _ 01 _ 24	90	15.8	—
2011 - 9	HLAFZ03CHG _ 01 _ 24	10	27.0	—
2011 - 9	HLAFZ03CHG _ 01 _ 24	20	24.9	—
2011 - 9	HLAFZ03CHG _ 01 _ 24	30	22.3	—
2011 - 9	HLAFZ03CHG _ 01 _ 24	40	18.8	—
2011 - 9	HLAFZ03CHG _ 01 _ 24	50	18.1	—

（续）

时间（年-月）	样点编号	采样层次/cm	质量含水量/%	
2011-9	HLAFZ03CHG_01_24	70	18.3	—
2011-9	HLAFZ03CHG_01_24	90	15.7	—
2011-10	HLAFZ03CHG_01_24	10	28.1	—
2011-10	HLAFZ03CHG_01_24	20	28.2	—
2011-10	HLAFZ03CHG_01_24	30	20.3	—
2011-10	HLAFZ03CHG_01_24	40	21.0	—
2011-10	HLAFZ03CHG_01_24	50	17.9	—
2011-10	HLAFZ03CHG_01_24	70	20.8	—
2011-10	HLAFZ03CHG_01_24	90	17.9	—
2011-5	HLAFZ03CHG_01_25	10	25.0	—
2011-5	HLAFZ03CHG_01_25	20	27.9	—
2011-5	HLAFZ03CHG_01_25	30	25.9	—
2011-5	HLAFZ03CHG_01_25	40	26.4	—
2011-5	HLAFZ03CHG_01_25	50	25.6	—
2011-6	HLAFZ03CHG_01_25	10	15.5	—
2011-6	HLAFZ03CHG_01_25	20	20.3	—
2011-6	HLAFZ03CHG_01_25	30	21.2	—
2011-6	HLAFZ03CHG_01_25	40	23.9	—
2011-6	HLAFZ03CHG_01_25	50	21.3	—
2011-6	HLAFZ03CHG_01_25	70	19.9	—
2011-6	HLAFZ03CHG_01_25	90	20.5	—
2011-7	HLAFZ03CHG_01_25	10	17.9	—
2011-7	HLAFZ03CHG_01_25	20	19.9	—
2011-7	HLAFZ03CHG_01_25	30	24.4	—
2011-7	HLAFZ03CHG_01_25	40	22.3	—
2011-7	HLAFZ03CHG_01_25	50	24.6	—
2011-7	HLAFZ03CHG_01_25	70	24.5	—
2011-7	HLAFZ03CHG_01_25	90	24.2	—
2011-8	HLAFZ03CHG_01_25	10	18.9	—
2011-8	HLAFZ03CHG_01_25	20	18.0	—
2011-8	HLAFZ03CHG_01_25	30	17.8	—
2011-8	HLAFZ03CHG_01_25	40	21.1	—
2011-8	HLAFZ03CHG_01_25	50	20.6	—
2011-8	HLAFZ03CHG_01_25	70	21.3	—
2011-8	HLAFZ03CHG_01_25	90	22.6	—

（续）

时间（年-月）	样点编号	采样层次/cm	质量含水量/%	
2011-9	HLAFZ03CHG_01_25	10	15.5	—
2011-9	HLAFZ03CHG_01_25	20	21.6	—
2011-9	HLAFZ03CHG_01_25	30	22.4	—
2011-9	HLAFZ03CHG_01_25	40	21.0	—
2011-9	HLAFZ03CHG_01_25	50	18.6	—
2011-9	HLAFZ03CHG_01_25	70	19.2	—
2011-9	HLAFZ03CHG_01_25	90	20.9	—
2011-10	HLAFZ03CHG_01_25	10	21.3	—
2011-10	HLAFZ03CHG_01_25	20	24.0	—
2011-10	HLAFZ03CHG_01_25	30	22.0	—
2011-10	HLAFZ03CHG_01_25	40	21.2	—
2011-10	HLAFZ03CHG_01_25	50	23.7	—
2011-10	HLAFZ03CHG_01_25	70	19.9	—
2011-10	HLAFZ03CHG_01_25	90	21.2	—
2011-5	HLAFZ03CHG_01_26	10	26.2	—
2011-5	HLAFZ03CHG_01_26	20	26.0	—
2011-5	HLAFZ03CHG_01_26	30	29.2	—
2011-5	HLAFZ03CHG_01_26	40	22.4	—
2011-5	HLAFZ03CHG_01_26	50	25.9	—
2011-6	HLAFZ03CHG_01_26	10	11.4	—
2011-6	HLAFZ03CHG_01_26	20	17.0	—
2011-6	HLAFZ03CHG_01_26	30	19.3	—
2011-6	HLAFZ03CHG_01_26	40	25.2	—
2011-6	HLAFZ03CHG_01_26	50	22.2	—
2011-6	HLAFZ03CHG_01_26	70	21.5	—
2011-6	HLAFZ03CHG_01_26	90	24.0	—
2011-7	HLAFZ03CHG_01_26	10	18.0	—
2011-7	HLAFZ03CHG_01_26	20	13.0	—
2011-7	HLAFZ03CHG_01_26	30	18.9	—
2011-7	HLAFZ03CHG_01_26	40	21.0	—
2011-7	HLAFZ03CHG_01_26	50	23.3	—
2011-7	HLAFZ03CHG_01_26	70	23.8	—
2011-7	HLAFZ03CHG_01_26	90	22.0	—
2011-8	HLAFZ03CHG_01_26	10	18.3	—
2011-8	HLAFZ03CHG_01_26	20	17.5	—

（续）

时间（年-月）	样点编号	采样层次/cm	质量含水量/%	
2011-8	HLAFZ03CHG_01_26	30	17.2	—
2011-8	HLAFZ03CHG_01_26	40	18.5	—
2011-8	HLAFZ03CHG_01_26	50	17.8	—
2011-8	HLAFZ03CHG_01_26	70	22.8	—
2011-8	HLAFZ03CHG_01_26	90	20.4	—
2011-9	HLAFZ03CHG_01_26	10	15.5	—
2011-9	HLAFZ03CHG_01_26	20	16.4	—
2011-9	HLAFZ03CHG_01_26	30	20.0	—
2011-9	HLAFZ03CHG_01_26	40	21.4	—
2011-9	HLAFZ03CHG_01_26	50	18.7	—
2011-9	HLAFZ03CHG_01_26	70	20.3	—
2011-9	HLAFZ03CHG_01_26	90	20.9	—
2011-10	HLAFZ03CHG_01_26	10	21.3	—
2011-10	HLAFZ03CHG_01_26	20	20.6	—
2011-10	HLAFZ03CHG_01_26	30	23.0	—
2011-10	HLAFZ03CHG_01_26	40	22.4	—
2011-10	HLAFZ03CHG_01_26	50	23.4	—
2011-10	HLAFZ03CHG_01_26	70	21.4	—
2011-10	HLAFZ03CHG_01_26	90	24.5	—
2011-5	HLAFZ03CHG_01_27	10	26.8	—
2011-5	HLAFZ03CHG_01_27	20	24.8	—
2011-5	HLAFZ03CHG_01_27	30	26.8	—
2011-5	HLAFZ03CHG_01_27	40	29.4	—
2011-5	HLAFZ03CHG_01_27	50	23.6	—
2011-6	HLAFZ03CHG_01_27	10	15.4	—
2011-6	HLAFZ03CHG_01_27	20	21.5	—
2011-6	HLAFZ03CHG_01_27	30	23.1	—
2011-6	HLAFZ03CHG_01_27	40	23.7	—
2011-6	HLAFZ03CHG_01_27	50	25.5	—
2011-6	HLAFZ03CHG_01_27	70	21.4	—
2011-6	HLAFZ03CHG_01_27	90	22.8	—
2011-7	HLAFZ03CHG_01_27	10	21.2	—
2011-7	HLAFZ03CHG_01_27	20	17.0	—
2011-7	HLAFZ03CHG_01_27	30	12.5	—
2011-7	HLAFZ03CHG_01_27	40	18.2	—

（续）

时间（年-月）	样点编号	采样层次/cm	质量含水量/%	
2011-7	HLAFZ03CHG_01_27	50	24.6	—
2011-7	HLAFZ03CHG_01_27	70	20.6	—
2011-7	HLAFZ03CHG_01_27	90	21.7	—
2011-8	HLAFZ03CHG_01_27	10	25.4	—
2011-8	HLAFZ03CHG_01_27	20	17.1	—
2011-8	HLAFZ03CHG_01_27	30	16.8	—
2011-8	HLAFZ03CHG_01_27	40	21.7	—
2011-8	HLAFZ03CHG_01_27	50	20.1	—
2011-8	HLAFZ03CHG_01_27	70	20.8	—
2011-8	HLAFZ03CHG_01_27	90	19.8	—
2011-9	HLAFZ03CHG_01_27	10	21.5	—
2011-9	HLAFZ03CHG_01_27	20	20.4	—
2011-9	HLAFZ03CHG_01_27	30	24.3	—
2011-9	HLAFZ03CHG_01_27	40	18.8	—
2011-9	HLAFZ03CHG_01_27	50	20.0	—
2011-9	HLAFZ03CHG_01_27	70	20.6	—
2011-9	HLAFZ03CHG_01_27	90	17.9	—
2011-10	HLAFZ03CHG_01_27	10	25.9	—
2011-10	HLAFZ03CHG_01_27	20	25.8	—
2011-10	HLAFZ03CHG_01_27	30	26.6	—
2011-10	HLAFZ03CHG_01_27	40	24.6	—
2011-10	HLAFZ03CHG_01_27	50	23.8	—
2011-10	HLAFZ03CHG_01_27	70	21.6	—
2011-10	HLAFZ03CHG_01_27	90	21.2	—
2011-5	HLAFZ03CHG_01_28	10	31.9	—
2011-5	HLAFZ03CHG_01_28	20	28.9	—
2011-5	HLAFZ03CHG_01_28	30	25.3	—
2011-5	HLAFZ03CHG_01_28	40	27.7	—
2011-5	HLAFZ03CHG_01_28	50	25.7	—
2011-6	HLAFZ03CHG_01_28	10	13.6	—
2011-6	HLAFZ03CHG_01_28	20	20.5	—
2011-6	HLAFZ03CHG_01_28	30	23.9	—
2011-6	HLAFZ03CHG_01_28	40	21.5	—
2011-6	HLAFZ03CHG_01_28	50	24.3	—
2011-6	HLAFZ03CHG_01_28	70	23.2	—

（续）

时间（年-月）	样点编号	采样层次/cm	质量含水量/%	
2011-6	HLAFZ03CHG_01_28	90	24.3	—
2011-7	HLAFZ03CHG_01_28	10	23.7	—
2011-7	HLAFZ03CHG_01_28	20	23.3	—
2011-7	HLAFZ03CHG_01_28	30	20.2	—
2011-7	HLAFZ03CHG_01_28	40	17.9	—
2011-7	HLAFZ03CHG_01_28	50	24.5	—
2011-7	HLAFZ03CHG_01_28	70	20.8	—
2011-7	HLAFZ03CHG_01_28	90	20.2	—
2011-8	HLAFZ03CHG_01_28	10	18.8	—
2011-8	HLAFZ03CHG_01_28	20	15.4	—
2011-8	HLAFZ03CHG_01_28	30	13.5	—
2011-8	HLAFZ03CHG_01_28	40	14.9	—
2011-8	HLAFZ03CHG_01_28	50	14.2	—
2011-8	HLAFZ03CHG_01_28	70	15.2	—
2011-8	HLAFZ03CHG_01_28	90	18.0	—
2011-9	HLAFZ03CHG_01_28	10	25.3	—
2011-9	HLAFZ03CHG_01_28	20	18.8	—
2011-9	HLAFZ03CHG_01_28	30	20.6	—
2011-9	HLAFZ03CHG_01_28	40	19.4	—
2011-9	HLAFZ03CHG_01_28	50	15.2	—
2011-9	HLAFZ03CHG_01_28	70	15.0	—
2011-9	HLAFZ03CHG_01_28	90	15.2	—
2011-10	HLAFZ03CHG_01_28	10	14.5	—
2011-10	HLAFZ03CHG_01_28	20	22.3	—
2011-10	HLAFZ03CHG_01_28	30	20.8	—
2011-10	HLAFZ03CHG_01_28	40	21.1	—
2011-10	HLAFZ03CHG_01_28	50	23.4	—
2011-10	HLAFZ03CHG_01_28	70	20.1	—
2011-10	HLAFZ03CHG_01_28	90	17.1	—
2011-5	HLAFZ03CHG_01_29	10	23.2	—
2011-5	HLAFZ03CHG_01_29	20	21.7	—
2011-5	HLAFZ03CHG_01_29	30	22.7	—
2011-5	HLAFZ03CHG_01_29	40	26.1	—
2011-5	HLAFZ03CHG_01_29	50	24.6	—
2011-6	HLAFZ03CHG_01_29	10	13.8	—

（续）

时间（年-月）	样点编号	采样层次/cm	质量含水量/%	
2011 - 6	HLAFZ03CHG _ 01 _ 29	20	17.2	—
2011 - 6	HLAFZ03CHG _ 01 _ 29	30	19.9	—
2011 - 6	HLAFZ03CHG _ 01 _ 29	40	24.4	—
2011 - 6	HLAFZ03CHG _ 01 _ 29	50	19.7	—
2011 - 6	HLAFZ03CHG _ 01 _ 29	70	20.6	—
2011 - 6	HLAFZ03CHG _ 01 _ 29	90	23.9	—
2011 - 7	HLAFZ03CHG _ 01 _ 29	10	18.4	—
2011 - 7	HLAFZ03CHG _ 01 _ 29	20	19.0	—
2011 - 7	HLAFZ03CHG _ 01 _ 29	30	22.1	—
2011 - 7	HLAFZ03CHG _ 01 _ 29	40	25.9	—
2011 - 7	HLAFZ03CHG _ 01 _ 29	50	22.1	—
2011 - 7	HLAFZ03CHG _ 01 _ 29	70	25.5	—
2011 - 7	HLAFZ03CHG _ 01 _ 29	90	22.2	—
2011 - 8	HLAFZ03CHG _ 01 _ 29	10	19.9	—
2011 - 8	HLAFZ03CHG _ 01 _ 29	20	16.5	—
2011 - 8	HLAFZ03CHG _ 01 _ 29	30	18.7	—
2011 - 8	HLAFZ03CHG _ 01 _ 29	40	20.0	—
2011 - 8	HLAFZ03CHG _ 01 _ 29	50	19.7	—
2011 - 8	HLAFZ03CHG _ 01 _ 29	70	20.3	—
2011 - 8	HLAFZ03CHG _ 01 _ 29	90	19.8	—
2011 - 9	HLAFZ03CHG _ 01 _ 29	10	18.7	—
2011 - 9	HLAFZ03CHG _ 01 _ 29	20	21.0	—
2011 - 9	HLAFZ03CHG _ 01 _ 29	30	22.0	—
2011 - 9	HLAFZ03CHG _ 01 _ 29	40	23.5	—
2011 - 9	HLAFZ03CHG _ 01 _ 29	50	23.4	—
2011 - 9	HLAFZ03CHG _ 01 _ 29	70	23.1	—
2011 - 9	HLAFZ03CHG _ 01 _ 29	90	21.2	—
2011 - 10	HLAFZ03CHG _ 01 _ 29	10	22.8	—
2011 - 10	HLAFZ03CHG _ 01 _ 29	20	19.9	—
2011 - 10	HLAFZ03CHG _ 01 _ 29	30	22.8	—
2011 - 10	HLAFZ03CHG _ 01 _ 29	40	23.0	—
2011 - 10	HLAFZ03CHG _ 01 _ 29	50	23.1	—
2011 - 10	HLAFZ03CHG _ 01 _ 29	70	20.3	—
2011 - 10	HLAFZ03CHG _ 01 _ 29	90	20.6	—
2011 - 5	HLAFZ03CHG _ 01 _ 30	10	30.4	—

（续）

时间（年-月）	样点编号	采样层次/cm	质量含水量/%	
2011-5	HLAFZ03CHG_01_30	20	29.8	—
2011-5	HLAFZ03CHG_01_30	30	26.3	—
2011-5	HLAFZ03CHG_01_30	40	32.0	—
2011-5	HLAFZ03CHG_01_30	50	30.8	—
2011-6	HLAFZ03CHG_01_30	10	12.4	—
2011-6	HLAFZ03CHG_01_30	20	22.6	—
2011-6	HLAFZ03CHG_01_30	30	26.2	—
2011-6	HLAFZ03CHG_01_30	40	24.6	—
2011-6	HLAFZ03CHG_01_30	50	23.9	—
2011-6	HLAFZ03CHG_01_30	70	29.7	—
2011-6	HLAFZ03CHG_01_30	90	22.5	—
2011-7	HLAFZ03CHG_01_30	10	17.0	—
2011-7	HLAFZ03CHG_01_30	20	22.5	—
2011-7	HLAFZ03CHG_01_30	30	25.7	—
2011-7	HLAFZ03CHG_01_30	40	22.6	—
2011-7	HLAFZ03CHG_01_30	50	21.4	—
2011-7	HLAFZ03CHG_01_30	70	23.3	—
2011-7	HLAFZ03CHG_01_30	90	25.2	—
2011-8	HLAFZ03CHG_01_30	10	19.9	—
2011-8	HLAFZ03CHG_01_30	20	11.9	—
2011-8	HLAFZ03CHG_01_30	30	19.6	—
2011-8	HLAFZ03CHG_01_30	40	19.0	—
2011-8	HLAFZ03CHG_01_30	50	18.7	—
2011-8	HLAFZ03CHG_01_30	70	19.9	—
2011-8	HLAFZ03CHG_01_30	90	18.9	—
2011-9	HLAFZ03CHG_01_30	10	15.2	—
2011-9	HLAFZ03CHG_01_30	20	16.1	—
2011-9	HLAFZ03CHG_01_30	30	20.2	—
2011-9	HLAFZ03CHG_01_30	40	19.7	—
2011-9	HLAFZ03CHG_01_30	50	18.7	—
2011-9	HLAFZ03CHG_01_30	70	18.0	—
2011-9	HLAFZ03CHG_01_30	90	21.8	—
2011-10	HLAFZ03CHG_01_30	10	19.7	—
2011-10	HLAFZ03CHG_01_30	20	18.6	—
2011-10	HLAFZ03CHG_01_30	30	19.7	—

（续）

时间（年-月）	样点编号	采样层次/cm	质量含水量/%	
2011-10	HLAFZ03CHG_01_30	40	19.6	—
2011-10	HLAFZ03CHG_01_30	50	22.9	—
2011-10	HLAFZ03CHG_01_30	70	23.1	—
2011-10	HLAFZ03CHG_01_30	90	21.9	—
2011-5	HLAFZ03CHG_01_31	10	26.4	—
2011-5	HLAFZ03CHG_01_31	20	24.6	—
2011-5	HLAFZ03CHG_01_31	30	25.3	—
2011-5	HLAFZ03CHG_01_31	40	24.3	—
2011-5	HLAFZ03CHG_01_31	50	28.0	—
2011-6	HLAFZ03CHG_01_31	10	13.5	—
2011-6	HLAFZ03CHG_01_31	20	21.0	—
2011-6	HLAFZ03CHG_01_31	30	24.7	—
2011-6	HLAFZ03CHG_01_31	40	31.6	—
2011-6	HLAFZ03CHG_01_31	50	25.9	—
2011-6	HLAFZ03CHG_01_31	70	25.1	—
2011-6	HLAFZ03CHG_01_31	90	24.0	—
2011-7	HLAFZ03CHG_01_31	10	19.0	—
2011-7	HLAFZ03CHG_01_31	20	16.6	—
2011-7	HLAFZ03CHG_01_31	30	19.7	—
2011-7	HLAFZ03CHG_01_31	40	23.3	—
2011-7	HLAFZ03CHG_01_31	50	27.8	—
2011-7	HLAFZ03CHG_01_31	70	25.7	—
2011-7	HLAFZ03CHG_01_31	90	25.6	—
2011-8	HLAFZ03CHG_01_31	10	15.3	—
2011-8	HLAFZ03CHG_01_31	20	13.0	—
2011-8	HLAFZ03CHG_01_31	30	14.8	—
2011-8	HLAFZ03CHG_01_31	40	18.4	—
2011-8	HLAFZ03CHG_01_31	50	22.3	—
2011-8	HLAFZ03CHG_01_31	70	21.2	—
2011-8	HLAFZ03CHG_01_31	90	17.8	—
2011-9	HLAFZ03CHG_01_31	10	15.4	—
2011-9	HLAFZ03CHG_01_31	20	13.8	—
2011-9	HLAFZ03CHG_01_31	30	18.4	—
2011-9	HLAFZ03CHG_01_31	40	20.8	—
2011-9	HLAFZ03CHG_01_31	50	23.3	—

（续）

时间（年-月）	样点编号	采样层次/cm	质量含水量/%	
2011-9	HLAFZ03CHG_01_31	70	19.3	—
2011-9	HLAFZ03CHG_01_31	90	18.4	—
2011-10	HLAFZ03CHG_01_31	10	20.9	—
2011-10	HLAFZ03CHG_01_31	20	22.0	—
2011-10	HLAFZ03CHG_01_31	30	19.7	—
2011-10	HLAFZ03CHG_01_31	40	25.0	—
2011-10	HLAFZ03CHG_01_31	50	21.9	—
2011-10	HLAFZ03CHG_01_31	70	24.9	—
2011-10	HLAFZ03CHG_01_31	90	22.3	—
2011-5	HLAFZ03CHG_01_32	10	30.5	—
2011-5	HLAFZ03CHG_01_32	20	32.1	—
2011-5	HLAFZ03CHG_01_32	30	25.1	—
2011-5	HLAFZ03CHG_01_32	40	26.2	—
2011-5	HLAFZ03CHG_01_32	50	25.6	—
2011-6	HLAFZ03CHG_01_32	10	13.3	—
2011-6	HLAFZ03CHG_01_32	20	20.3	—
2011-6	HLAFZ03CHG_01_32	30	25.0	—
2011-6	HLAFZ03CHG_01_32	40	23.6	—
2011-6	HLAFZ03CHG_01_32	50	19.2	—
2011-6	HLAFZ03CHG_01_32	70	19.8	—
2011-6	HLAFZ03CHG_01_32	90	22.3	—
2011-7	HLAFZ03CHG_01_32	10	17.5	—
2011-7	HLAFZ03CHG_01_32	20	14.7	—
2011-7	HLAFZ03CHG_01_32	30	18.8	—
2011-7	HLAFZ03CHG_01_32	40	21.4	—
2011-7	HLAFZ03CHG_01_32	50	18.5	—
2011-7	HLAFZ03CHG_01_32	70	23.3	—
2011-7	HLAFZ03CHG_01_32	90	20.9	—
2011-8	HLAFZ03CHG_01_32	10	17.6	—
2011-8	HLAFZ03CHG_01_32	20	15.3	—
2011-8	HLAFZ03CHG_01_32	30	13.6	—
2011-8	HLAFZ03CHG_01_32	40	11.8	—
2011-8	HLAFZ03CHG_01_32	50	11.3	—
2011-8	HLAFZ03CHG_01_32	70	11.4	—
2011-8	HLAFZ03CHG_01_32	90	14.2	—

（续）

时间（年-月）	样点编号	采样层次/cm	质量含水量/%	
2011 - 9	HLAFZ03CHG _ 01 _ 32	10	19.7	—
2011 - 9	HLAFZ03CHG _ 01 _ 32	20	18.9	—
2011 - 9	HLAFZ03CHG _ 01 _ 32	30	18.5	—
2011 - 9	HLAFZ03CHG _ 01 _ 32	40	16.2	—
2011 - 9	HLAFZ03CHG _ 01 _ 32	50	15.2	—
2011 - 9	HLAFZ03CHG _ 01 _ 32	70	14.7	—
2011 - 9	HLAFZ03CHG _ 01 _ 32	90	18.7	—
2011 - 10	HLAFZ03CHG _ 01 _ 32	10	29.6	—
2011 - 10	HLAFZ03CHG _ 01 _ 32	20	22.3	—
2011 - 10	HLAFZ03CHG _ 01 _ 32	30	21.8	—
2011 - 10	HLAFZ03CHG _ 01 _ 32	40	20.6	—
2011 - 10	HLAFZ03CHG _ 01 _ 32	50	23.2	—
2011 - 10	HLAFZ03CHG _ 01 _ 32	70	18.6	—
2011 - 10	HLAFZ03CHG _ 01 _ 32	90	19.8	—
2011 - 5	HLAFZ03CHG _ 01 _ 33	10	31.7	—
2011 - 5	HLAFZ03CHG _ 01 _ 33	20	33.5	—
2011 - 5	HLAFZ03CHG _ 01 _ 33	30	30.5	—
2011 - 5	HLAFZ03CHG _ 01 _ 33	40	26.8	—
2011 - 5	HLAFZ03CHG _ 01 _ 33	50	28.2	—
2011 - 6	HLAFZ03CHG _ 01 _ 33	10	19.6	—
2011 - 6	HLAFZ03CHG _ 01 _ 33	20	25.5	—
2011 - 6	HLAFZ03CHG _ 01 _ 33	30	22.9	—
2011 - 6	HLAFZ03CHG _ 01 _ 33	40	21.7	—
2011 - 6	HLAFZ03CHG _ 01 _ 33	50	22.7	—
2011 - 6	HLAFZ03CHG _ 01 _ 33	70	22.2	—
2011 - 6	HLAFZ03CHG _ 01 _ 33	90	21.4	—
2011 - 7	HLAFZ03CHG _ 01 _ 33	10	21.9	—
2011 - 7	HLAFZ03CHG _ 01 _ 33	20	23.4	—
2011 - 7	HLAFZ03CHG _ 01 _ 33	30	23.0	—
2011 - 7	HLAFZ03CHG _ 01 _ 33	40	22.7	—
2011 - 7	HLAFZ03CHG _ 01 _ 33	50	21.2	—
2011 - 7	HLAFZ03CHG _ 01 _ 33	70	26.8	—
2011 - 7	HLAFZ03CHG _ 01 _ 33	90	22.2	—
2011 - 8	HLAFZ03CHG _ 01 _ 33	10	18.8	—
2011 - 8	HLAFZ03CHG _ 01 _ 33	20	25.4	—

（续）

时间（年-月）	样点编号	采样层次/cm	质量含水量/%	
2011 - 8	HLAFZ03CHG _ 01 _ 33	30	20.4	—
2011 - 8	HLAFZ03CHG _ 01 _ 33	40	16.4	—
2011 - 8	HLAFZ03CHG _ 01 _ 33	50	22.1	—
2011 - 8	HLAFZ03CHG _ 01 _ 33	70	18.6	—
2011 - 8	HLAFZ03CHG _ 01 _ 33	90	22.4	—
2011 - 9	HLAFZ03CHG _ 01 _ 33	10	17.4	—
2011 - 9	HLAFZ03CHG _ 01 _ 33	20	17.9	—
2011 - 9	HLAFZ03CHG _ 01 _ 33	30	22.9	—
2011 - 9	HLAFZ03CHG _ 01 _ 33	40	20.7	—
2011 - 9	HLAFZ03CHG _ 01 _ 33	50	18.5	—
2011 - 9	HLAFZ03CHG _ 01 _ 33	70	22.0	—
2011 - 9	HLAFZ03CHG _ 01 _ 33	90	21.1	—
2011 - 10	HLAFZ03CHG _ 01 _ 33	10	20.9	—
2011 - 10	HLAFZ03CHG _ 01 _ 33	20	20.8	—
2011 - 10	HLAFZ03CHG _ 01 _ 33	30	21.4	—
2011 - 10	HLAFZ03CHG _ 01 _ 33	40	23.2	—
2011 - 10	HLAFZ03CHG _ 01 _ 33	50	24.1	—
2011 - 10	HLAFZ03CHG _ 01 _ 33	70	20.7	—
2011 - 10	HLAFZ03CHG _ 01 _ 33	90	23.8	—
2011 - 5	HLAFZ03CHG _ 01 _ 34	10	28.4	—
2011 - 5	HLAFZ03CHG _ 01 _ 34	20	22.3	—
2011 - 5	HLAFZ03CHG _ 01 _ 34	30	23.8	—
2011 - 5	HLAFZ03CHG _ 01 _ 34	40	26.3	—
2011 - 5	HLAFZ03CHG _ 01 _ 34	50	25.5	—
2011 - 6	HLAFZ03CHG _ 01 _ 34	10	8.8	—
2011 - 6	HLAFZ03CHG _ 01 _ 34	20	17.4	—
2011 - 6	HLAFZ03CHG _ 01 _ 34	30	23.2	—
2011 - 6	HLAFZ03CHG _ 01 _ 34	40	21.3	—
2011 - 6	HLAFZ03CHG _ 01 _ 34	50	24.0	—
2011 - 6	HLAFZ03CHG _ 01 _ 34	70	21.9	—
2011 - 6	HLAFZ03CHG _ 01 _ 34	90	23.1	—
2011 - 7	HLAFZ03CHG _ 01 _ 34	10	18.1	—
2011 - 7	HLAFZ03CHG _ 01 _ 34	20	17.3	—
2011 - 7	HLAFZ03CHG _ 01 _ 34	30	18.0	—
2011 - 7	HLAFZ03CHG _ 01 _ 34	40	22.9	—

（续）

时间（年-月）	样点编号	采样层次/cm	质量含水量/%	
2011 - 7	HLAFZ03CHG _ 01 _ 34	50	21.8	—
2011 - 7	HLAFZ03CHG _ 01 _ 34	70	23.2	—
2011 - 7	HLAFZ03CHG _ 01 _ 34	90	24.3	—
2011 - 8	HLAFZ03CHG _ 01 _ 34	10	22.6	—
2011 - 8	HLAFZ03CHG _ 01 _ 34	20	17.7	—
2011 - 8	HLAFZ03CHG _ 01 _ 34	30	18.7	—
2011 - 8	HLAFZ03CHG _ 01 _ 34	40	17.7	—
2011 - 8	HLAFZ03CHG _ 01 _ 34	50	19.9	—
2011 - 8	HLAFZ03CHG _ 01 _ 34	70	20.2	—
2011 - 8	HLAFZ03CHG _ 01 _ 34	90	21.2	—
2011 - 9	HLAFZ03CHG _ 01 _ 34	10	18.5	—
2011 - 9	HLAFZ03CHG _ 01 _ 34	20	20.1	—
2011 - 9	HLAFZ03CHG _ 01 _ 34	30	21.2	—
2011 - 9	HLAFZ03CHG _ 01 _ 34	40	17.6	—
2011 - 9	HLAFZ03CHG _ 01 _ 34	50	15.6	—
2011 - 9	HLAFZ03CHG _ 01 _ 34	70	20.5	—
2011 - 9	HLAFZ03CHG _ 01 _ 34	90	17.5	—
2011 - 10	HLAFZ03CHG _ 01 _ 34	10	21.0	—
2011 - 10	HLAFZ03CHG _ 01 _ 34	20	20.7	—
2011 - 10	HLAFZ03CHG _ 01 _ 34	30	20.1	—
2011 - 10	HLAFZ03CHG _ 01 _ 34	40	23.0	—
2011 - 10	HLAFZ03CHG _ 01 _ 34	50	23.5	—
2011 - 10	HLAFZ03CHG _ 01 _ 34	70	19.3	—
2011 - 10	HLAFZ03CHG _ 01 _ 34	90	20.8	—
2011 - 5	HLAFZ03CHG _ 01 _ 35	10	28.8	—
2011 - 5	HLAFZ03CHG _ 01 _ 35	20	30.0	—
2011 - 5	HLAFZ03CHG _ 01 _ 35	30	27.9	—
2011 - 5	HLAFZ03CHG _ 01 _ 35	40	25.5	—
2011 - 5	HLAFZ03CHG _ 01 _ 35	50	28.7	—
2011 - 6	HLAFZ03CHG _ 01 _ 35	10	9.7	—
2011 - 6	HLAFZ03CHG _ 01 _ 35	20	13.2	—
2011 - 6	HLAFZ03CHG _ 01 _ 35	30	18.1	—
2011 - 6	HLAFZ03CHG _ 01 _ 35	40	24.6	—
2011 - 6	HLAFZ03CHG _ 01 _ 35	50	24.1	—
2011 - 6	HLAFZ03CHG _ 01 _ 35	70	20.9	—

（续）

时间（年-月）	样点编号	采样层次/cm	质量含水量/%	
2011 - 6	HLAFZ03CHG _ 01 _ 35	90	21.5	—
2011 - 7	HLAFZ03CHG _ 01 _ 35	10	22.8	—
2011 - 7	HLAFZ03CHG _ 01 _ 35	20	18.1	—
2011 - 7	HLAFZ03CHG _ 01 _ 35	30	18.3	—
2011 - 7	HLAFZ03CHG _ 01 _ 35	40	23.5	—
2011 - 7	HLAFZ03CHG _ 01 _ 35	50	21.5	—
2011 - 7	HLAFZ03CHG _ 01 _ 35	70	23.0	—
2011 - 7	HLAFZ03CHG _ 01 _ 35	90	24.5	—
2011 - 8	HLAFZ03CHG _ 01 _ 35	10	18.7	—
2011 - 8	HLAFZ03CHG _ 01 _ 35	20	15.5	—
2011 - 8	HLAFZ03CHG _ 01 _ 35	30	20.5	—
2011 - 8	HLAFZ03CHG _ 01 _ 35	40	19.7	—
2011 - 8	HLAFZ03CHG _ 01 _ 35	50	20.5	—
2011 - 8	HLAFZ03CHG _ 01 _ 35	70	21.5	—
2011 - 8	HLAFZ03CHG _ 01 _ 35	90	23.8	—
2011 - 9	HLAFZ03CHG _ 01 _ 35	10	17.7	—
2011 - 9	HLAFZ03CHG _ 01 _ 35	20	18.4	—
2011 - 9	HLAFZ03CHG _ 01 _ 35	30	19.4	—
2011 - 9	HLAFZ03CHG _ 01 _ 35	40	24.4	—
2011 - 9	HLAFZ03CHG _ 01 _ 35	50	19.4	—
2011 - 9	HLAFZ03CHG _ 01 _ 35	70	21.2	—
2011 - 9	HLAFZ03CHG _ 01 _ 35	90	22.2	—
2011 - 10	HLAFZ03CHG _ 01 _ 35	10	19.5	—
2011 - 10	HLAFZ03CHG _ 01 _ 35	20	22.0	—
2011 - 10	HLAFZ03CHG _ 01 _ 35	30	23.2	—
2011 - 10	HLAFZ03CHG _ 01 _ 35	40	23.4	—
2011 - 10	HLAFZ03CHG _ 01 _ 35	50	22.9	—
2011 - 10	HLAFZ03CHG _ 01 _ 35	70	19.7	—
2011 - 10	HLAFZ03CHG _ 01 _ 35	90	18.7	—
2012 - 5	HLAFZ03CHG _ 01 _ 11	10	28.4	23.4
2012 - 5	HLAFZ03CHG _ 01 _ 11	20	25.2	16.4
2012 - 5	HLAFZ03CHG _ 01 _ 11	30	25.3	28.9
2012 - 5	HLAFZ03CHG _ 01 _ 11	40	20.5	24.1
2012 - 5	HLAFZ03CHG _ 01 _ 11	50	21.5	23.4
2012 - 5	HLAFZ03CHG _ 01 _ 11	70	20.0	23.0

（续）

时间（年-月）	样点编号	采样层次/cm	质量含水量/%	
2012-5	HLAFZ03CHG_01_11	90	30.9	22.6
2012-5	HLAFZ03CHG_01_19	10	25.9	22.2
2012-5	HLAFZ03CHG_01_19	20	31.3	16.1
2012-5	HLAFZ03CHG_01_19	30	25.7	20.0
2012-5	HLAFZ03CHG_01_19	40	23.7	21.5
2012-5	HLAFZ03CHG_01_19	50	35.4	23.1
2012-5	HLAFZ03CHG_01_19	70	30.7	19.6
2012-5	HLAFZ03CHG_01_19	90	23.9	23.3
2012-5	HLAFZ03CHG_01_20	10	28.9	20.9
2012-5	HLAFZ03CHG_01_20	20	24.0	16.0
2012-5	HLAFZ03CHG_01_20	30	32.3	18.8
2012-5	HLAFZ03CHG_01_20	40	20.7	23.8
2012-5	HLAFZ03CHG_01_20	50	29.0	27.3
2012-5	HLAFZ03CHG_01_20	70	28.8	24.1
2012-5	HLAFZ03CHG_01_20	90	26.3	28.4
2012-7	HLAFZ03CHG_01_11	10	32.7	30.8
2012-7	HLAFZ03CHG_01_11	20	28.7	26.5
2012-7	HLAFZ03CHG_01_11	30	24.9	20.9
2012-7	HLAFZ03CHG_01_11	40	38.8	28.6
2012-7	HLAFZ03CHG_01_11	50	25.6	27.5
2012-7	HLAFZ03CHG_01_11	70	27.6	32.3
2012-7	HLAFZ03CHG_01_11	90	36.6	25.9
2012-7	HLAFZ03CHG_01_19	10	26.3	34.7
2012-7	HLAFZ03CHG_01_19	20	37.0	14.5
2012-7	HLAFZ03CHG_01_19	30	29.5	16.4
2012-7	HLAFZ03CHG_01_19	40	30.4	29.0
2012-7	HLAFZ03CHG_01_19	50	47.2	8.2
2012-7	HLAFZ03CHG_01_19	70	35.4	27.2
2012-7	HLAFZ03CHG_01_19	90	40.9	29.4
2012-7	HLAFZ03CHG_01_20	10	26.3	34.7
2012-7	HLAFZ03CHG_01_20	20	37.0	14.5
2012-7	HLAFZ03CHG_01_20	30	29.5	16.4
2012-7	HLAFZ03CHG_01_20	40	30.4	29.0
2012-7	HLAFZ03CHG_01_20	50	28.2	23.8
2012-7	HLAFZ03CHG_01_20	70	34.4	27.2

（续）

时间（年-月）	样点编号	采样层次/cm	质量含水量/%	
2012-7	HLAFZ03CHG_01_20	90	40.9	29.4
2012-10	HLAFZ03CHG_01_11	10	23.8	22.0
2012-10	HLAFZ03CHG_01_11	20	33.0	16.4
2012-10	HLAFZ03CHG_01_11	30	37.0	27.1
2012-10	HLAFZ03CHG_01_11	40	21.7	29.1
2012-10	HLAFZ03CHG_01_11	50	17.9	36.4
2012-10	HLAFZ03CHG_01_11	70	36.1	27.7
2012-10	HLAFZ03CHG_01_11	90	38.6	38.8
2012-10	HLAFZ03CHG_01_19	10	25.9	23.2
2012-10	HLAFZ03CHG_01_19	20	18.8	21.4
2012-10	HLAFZ03CHG_01_19	30	31.6	29.7
2012-10	HLAFZ03CHG_01_19	40	27.4	23.0
2012-10	HLAFZ03CHG_01_19	50	26.0	26.2
2012-10	HLAFZ03CHG_01_19	70	39.5	27.2
2012-10	HLAFZ03CHG_01_19	90	38.2	21.9
2012-10	HLAFZ03CHG_01_20	10	32.0	32.4
2012-10	HLAFZ03CHG_01_20	20	31.0	26.7
2012-10	HLAFZ03CHG_01_20	30	27.4	27.7
2012-10	HLAFZ03CHG_01_20	40	36.0	24.6
2012-10	HLAFZ03CHG_01_20	50	30.4	27.4
2012-10	HLAFZ03CHG_01_20	70	33.0	22.5
2012-10	HLAFZ03CHG_01_20	90	28.7	28.5
2013-7	HLAFZ03CHG_01_11	10	22.6	22.4
2013-7	HLAFZ03CHG_01_11	20	22.6	29.3
2013-7	HLAFZ03CHG_01_11	30	29.1	30.7
2013-7	HLAFZ03CHG_01_11	40	27.5	28.0
2013-7	HLAFZ03CHG_01_11	50	26.0	26.8
2013-7	HLAFZ03CHG_01_11	70	24.6	24.1
2013-7	HLAFZ03CHG_01_11	90	31.4	28.8
2013-7	HLAFZ03CHG_01_12	10	24.5	22.5
2013-7	HLAFZ03CHG_01_12	20	25.2	24.0
2013-7	HLAFZ03CHG_01_12	30	26.0	23.6
2013-7	HLAFZ03CHG_01_12	40	26.0	24.0
2013-7	HLAFZ03CHG_01_12	50	28.2	26.7
2013-7	HLAFZ03CHG_01_12	70	25.9	27.6

（续）

时间（年-月）	样点编号	采样层次/cm	质量含水量/%	
2013 - 7	HLAFZ03CHG _ 01 _ 12	90	27.4	26.5
2013 - 9	HLAFZ03CHG _ 01 _ 11	10	37.1	33.3
2013 - 9	HLAFZ03CHG _ 01 _ 11	20	36.1	34.2
2013 - 9	HLAFZ03CHG _ 01 _ 11	30	37.2	35.1
2013 - 9	HLAFZ03CHG _ 01 _ 11	40	36.9	36.3
2013 - 9	HLAFZ03CHG _ 01 _ 11	50	35.9	32.7
2013 - 9	HLAFZ03CHG _ 01 _ 11	70	31.2	32.7
2013 - 9	HLAFZ03CHG _ 01 _ 11	90	31.5	30.2
2013 - 9	HLAFZ03CHG _ 01 _ 11	10	39.1	38.1
2013 - 9	HLAFZ03CHG _ 01 _ 12	10	42.2	42.9
2013 - 9	HLAFZ03CHG _ 01 _ 12	20	40.4	40.6
2013 - 9	HLAFZ03CHG _ 01 _ 12	30	40.3	34.3
2013 - 9	HLAFZ03CHG _ 01 _ 12	40	35.7	33.8
2013 - 9	HLAFZ03CHG _ 01 _ 12	50	36.6	36.7
2013 - 9	HLAFZ03CHG _ 01 _ 12	70	37.8	32.8
2013 - 9	HLAFZ03CHG _ 01 _ 12	90	32.0	31.9
2014 - 4	HLAFZ03CHG _ 01 _ 01	10	23.4	—
2014 - 4	HLAFZ03CHG _ 01 _ 01	20	31.5	—
2014 - 4	HLAFZ03CHG _ 01 _ 01	30	35.4	—
2014 - 4	HLAFZ03CHG _ 01 _ 01	40	35.2	—
2014 - 4	HLAFZ03CHG _ 01 _ 01	50	35.4	—
2014 - 4	HLAFZ03CHG _ 01 _ 02	10	27.6	—
2014 - 4	HLAFZ03CHG _ 01 _ 02	20	32.5	—
2014 - 4	HLAFZ03CHG _ 01 _ 02	30	34.9	—
2014 - 4	HLAFZ03CHG _ 01 _ 02	40	35.9	—
2014 - 4	HLAFZ03CHG _ 01 _ 02	50	39.3	—
2014 - 4	HLAFZ03CHG _ 01 _ 03	10	25.9	—
2014 - 4	HLAFZ03CHG _ 01 _ 03	20	34.3	—
2014 - 4	HLAFZ03CHG _ 01 _ 03	30	37.9	—
2014 - 4	HLAFZ03CHG _ 01 _ 03	40	40.2	—
2014 - 4	HLAFZ03CHG _ 01 _ 03	50	44.2	—
2014 - 4	HLAFZ03CHG _ 01 _ 04	10	30.8	—
2014 - 4	HLAFZ03CHG _ 01 _ 04	20	35.7	—
2014 - 4	HLAFZ03CHG _ 01 _ 04	30	37.1	—
2014 - 4	HLAFZ03CHG _ 01 _ 04	40	38.3	—

（续）

时间（年-月）	样点编号	采样层次/cm	质量含水量/%	
2014-4	HLAFZ03CHG_01_04	50	37.0	—
2014-4	HLAFZ03CHG_01_05	10	27.8	—
2014-4	HLAFZ03CHG_01_05	20	32.8	—
2014-4	HLAFZ03CHG_01_05	30	35.7	—
2014-4	HLAFZ03CHG_01_05	40	36.88	—
2014-4	HLAFZ03CHG_01_05	50	39.78	—
2014-4	HLAFZ03CHG_01_06	10	27.38	—
2014-4	HLAFZ03CHG_01_06	20	33.93	—
2014-4	HLAFZ03CHG_01_06	30	35.91	—
2014-4	HLAFZ03CHG_01_06	40	35.99	—
2014-4	HLAFZ03CHG_01_06	50	43.05	—
2014-4	HLAFZ03CHG_01_07	10	23.68	—
2014-4	HLAFZ03CHG_01_07	20	33.47	—
2014-4	HLAFZ03CHG_01_07	30	35.49	—
2014-4	HLAFZ03CHG_01_07	40	36.41	—
2014-4	HLAFZ03CHG_01_07	50	39.27	—
2014-4	HLAFZ03CHG_01_08	10	24.02	—
2014-4	HLAFZ03CHG_01_08	20	34.94	—
2014-4	HLAFZ03CHG_01_08	30	36.92	—
2014-4	HLAFZ03CHG_01_08	40	36.12	—
2014-4	HLAFZ03CHG_01_08	50	40.57	—
2014-4	HLAFZ03CHG_01_09	10	31.58	—
2014-4	HLAFZ03CHG_01_09	20	35.24	—
2014-4	HLAFZ03CHG_01_09	30	36.04	—
2014-4	HLAFZ03CHG_01_09	40	38.09	—
2014-4	HLAFZ03CHG_01_09	50	39.57	—
2014-4	HLAFZ03CHG_01_10	10	31.20	—
2014-4	HLAFZ03CHG_01_10	20	36.46	—
2014-4	HLAFZ03CHG_01_10	30	37.76	—
2014-4	HLAFZ03CHG_01_10	40	39.69	—
2014-4	HLAFZ03CHG_01_10	50	41.92	—
2014-7	HLAFZ03CHG_01_01	10	30.70	—
2014-7	HLAFZ03CHG_01_01	20	34.69	—
2014-7	HLAFZ03CHG_01_01	30	35.91	—
2014-7	HLAFZ03CHG_01_01	40	35.11	—

（续）

时间（年-月）	样点编号	采样层次/cm	质量含水量/%	
2014 - 7	HLAFZ03CHG _ 01 _ 01	50	35.15	—
2014 - 7	HLAFZ03CHG _ 01 _ 02	10	31.08	—
2014 - 7	HLAFZ03CHG _ 01 _ 02	20	33.18	—
2014 - 7	HLAFZ03CHG _ 01 _ 02	30	33.85	—
2014 - 7	HLAFZ03CHG _ 01 _ 02	40	34.82	—
2014 - 7	HLAFZ03CHG _ 01 _ 02	50	33.51	—
2014 - 7	HLAFZ03CHG _ 01 _ 03	10	29.27	—
2014 - 7	HLAFZ03CHG _ 01 _ 03	20	34.82	—
2014 - 7	HLAFZ03CHG _ 01 _ 03	30	34.99	—
2014 - 7	HLAFZ03CHG _ 01 _ 03	40	38.93	—
2014 - 7	HLAFZ03CHG _ 01 _ 03	50	39.73	—
2014 - 7	HLAFZ03CHG _ 01 _ 04	10	36.29	—
2014 - 7	HLAFZ03CHG _ 01 _ 04	20	35.91	—
2014 - 7	HLAFZ03CHG _ 01 _ 04	30	35.24	—
2014 - 7	HLAFZ03CHG _ 01 _ 04	40	36.08	—
2014 - 7	HLAFZ03CHG _ 01 _ 04	50	34.69	—
2014 - 7	HLAFZ03CHG _ 01 _ 05	10	30.03	—
2014 - 7	HLAFZ03CHG _ 01 _ 05	20	32.59	—
2014 - 7	HLAFZ03CHG _ 01 _ 05	30	34.44	—
2014 - 7	HLAFZ03CHG _ 01 _ 05	40	33.64	—
2014 - 7	HLAFZ03CHG _ 01 _ 05	50	35.07	—
2014 - 7	HLAFZ03CHG _ 01 _ 06	10	32.04	—
2014 - 7	HLAFZ03CHG _ 01 _ 06	20	33.72	—
2014 - 7	HLAFZ03CHG _ 01 _ 06	30	33.09	—
2014 - 7	HLAFZ03CHG _ 01 _ 06	40	30.99	—
2014 - 7	HLAFZ03CHG _ 01 _ 06	50	34.61	—
2014 - 7	HLAFZ03CHG _ 01 _ 07	10	30.20	—
2014 - 7	HLAFZ03CHG _ 01 _ 07	20	33.77	—
2014 - 7	HLAFZ03CHG _ 01 _ 07	30	35.32	—
2014 - 7	HLAFZ03CHG _ 01 _ 07	40	34.78	—
2014 - 7	HLAFZ03CHG _ 01 _ 07	50	35.83	—
2014 - 7	HLAFZ03CHG _ 01 _ 08	10	31.37	—
2014 - 7	HLAFZ03CHG _ 01 _ 08	20	34.99	—
2014 - 7	HLAFZ03CHG _ 01 _ 08	30	35.45	—
2014 - 7	HLAFZ03CHG _ 01 _ 08	40	35.45	—

（续）

时间（年-月）	样点编号	采样层次/cm	质量含水量/%	
2014-7	HLAFZ03CHG_01_08	50	33.26	—
2014-10	HLAFZ03CHG_01_01	10	9.65	—
2014-10	HLAFZ03CHG_01_01	20	28.94	—
2014-10	HLAFZ03CHG_01_01	30	36.58	—
2014-10	HLAFZ03CHG_01_01	40	33.93	—
2014-10	HLAFZ03CHG_01_01	50	38.85	—
2014-10	HLAFZ03CHG_01_02	10	15.32	—
2014-10	HLAFZ03CHG_01_02	20	32.21	—
2014-10	HLAFZ03CHG_01_02	30	35.20	—
2014-10	HLAFZ03CHG_01_02	40	32.72	—
2014-10	HLAFZ03CHG_01_02	50	34.02	—
2014-10	HLAFZ03CHG_01_03	10	22.93	—
2014-10	HLAFZ03CHG_01_03	20	32.13	—
2014-10	HLAFZ03CHG_01_03	30	32.13	—
2014-10	HLAFZ03CHG_01_03	40	34.19	—
2014-10	HLAFZ03CHG_01_03	50	35.07	—
2014-10	HLAFZ03CHG_01_04	10	21.62	—
2014-10	HLAFZ03CHG_01_04	20	32.04	—
2014-10	HLAFZ03CHG_01_04	30	32.67	—
2014-10	HLAFZ03CHG_01_04	40	32.88	—
2014-10	HLAFZ03CHG_01_04	50	33.77	—
2014-10	HLAFZ03CHG_01_05	10	19.52	—
2014-10	HLAFZ03CHG_01_05	20	29.36	—
2014-10	HLAFZ03CHG_01_05	30	32.63	—
2014-10	HLAFZ03CHG_01_05	40	34.23	—
2014-10	HLAFZ03CHG_01_05	50	35.28	—
2014-10	HLAFZ03CHG_01_06	10	23.09	—
2014-10	HLAFZ03CHG_01_06	20	32.84	—
2014-10	HLAFZ03CHG_01_06	30	35.41	—
2014-10	HLAFZ03CHG_01_06	40	34.82	—
2014-10	HLAFZ03CHG_01_06	50	33.39	—
2014-10	HLAFZ03CHG_01_07	10	27.72	—
2014-10	HLAFZ03CHG_01_07	20	31.62	—
2014-10	HLAFZ03CHG_01_07	30	34.23	—
2014-10	HLAFZ03CHG_01_07	40	34.78	—

（续）

时间（年-月）	样点编号	采样层次/cm	质量含水量/%	
2014-10	HLAFZ03CHG_01_07	50	35.49	—
2014-10	HLAFZ03CHG_01_08	10	27.38	—
2014-10	HLAFZ03CHG_01_08	20	31.41	—
2014-10	HLAFZ03CHG_01_08	30	34.73	—
2014-10	HLAFZ03CHG_01_08	40	34.27	—
2014-10	HLAFZ03CHG_01_08	50	34.94	—
2014-10	HLAFZ03CHG_01_09	10	23.39	—
2014-10	HLAFZ03CHG_01_09	20	31.50	—
2014-10	HLAFZ03CHG_01_09	30	35.45	—
2014-10	HLAFZ03CHG_01_09	40	35.28	—
2014-10	HLAFZ03CHG_01_09	50	35.41	—
2014-10	HLAFZ03CHG_01_10	10	27.67	—
2014-10	HLAFZ03CHG_01_10	20	32.59	—
2014-10	HLAFZ03CHG_01_10	30	34.90	—
2014-10	HLAFZ03CHG_01_10	40	35.99	—
2014-10	HLAFZ03CHG_01_10	50	39.36	—
2015-4	HLAFZ03CHG_01_01	10	21.28	—
2015-4	HLAFZ03CHG_01_01	20	30.34	—
2015-4	HLAFZ03CHG_01_01	30	33.45	—
2015-4	HLAFZ03CHG_01_01	40	35.37	—
2015-4	HLAFZ03CHG_01_01	50	35.17	—
2015-4	HLAFZ03CHG_01_02	10	22.34	—
2015-4	HLAFZ03CHG_01_02	20	33.51	—
2015-4	HLAFZ03CHG_01_02	30	34.90	—
2015-4	HLAFZ03CHG_01_02	40	34.68	—
2015-4	HLAFZ03CHG_01_02	50	37.84	—
2015-4	HLAFZ03CHG_01_03	10	26.81	—
2015-4	HLAFZ03CHG_01_03	20	31.29	—
2015-4	HLAFZ03CHG_01_03	30	36.81	—
2015-4	HLAFZ03CHG_01_03	40	39.82	—
2015-4	HLAFZ03CHG_01_03	50	38.09	—
2015-4	HLAFZ03CHG_01_04	10	29.83	—
2015-4	HLAFZ03CHG_01_04	20	36.71	—
2015-4	HLAFZ03CHG_01_04	30	38.13	—
2015-4	HLAFZ03CHG_01_04	40	37.82	—

（续）

时间（年-月）	样点编号	采样层次/cm	质量含水量/%	
2015 - 4	HLAFZ03CHG _ 01 _ 04	50	39.81	—
2015 - 4	HLAFZ03CHG _ 01 _ 05	10	27.80	—
2015 - 4	HLAFZ03CHG _ 01 _ 05	20	32.80	—
2015 - 4	HLAFZ03CHG _ 01 _ 05	30	38.76	—
2015 - 4	HLAFZ03CHG _ 01 _ 05	40	36.88	—
2015 - 4	HLAFZ03CHG _ 01 _ 05	50	40.21	—
2015 - 4	HLAFZ03CHG _ 01 _ 06	10	28.93	—
2015 - 4	HLAFZ03CHG _ 01 _ 06	20	33.93	—
2015 - 4	HLAFZ03CHG _ 01 _ 06	30	36.71	—
2015 - 4	HLAFZ03CHG _ 01 _ 06	40	38.71	—
2015 - 4	HLAFZ03CHG _ 01 _ 06	50	42.16	—
2015 - 4	HLAFZ03CHG _ 01 _ 07	10	23.18	—
2015 - 4	HLAFZ03CHG _ 01 _ 07	20	33.47	—
2015 - 4	HLAFZ03CHG _ 01 _ 07	30	33.81	—
2015 - 4	HLAFZ03CHG _ 01 _ 07	40	38.13	—
2015 - 4	HLAFZ03CHG _ 01 _ 07	50	40.31	—
2015 - 4	HLAFZ03CHG _ 01 _ 08	10	25.79	—
2015 - 4	HLAFZ03CHG _ 01 _ 08	20	35.17	—
2015 - 4	HLAFZ03CHG _ 01 _ 08	30	36.92	—
2015 - 4	HLAFZ03CHG _ 01 _ 08	40	36.12	—
2015 - 4	HLAFZ03CHG _ 01 _ 08	50	39.74	—
2015 - 4	HLAFZ03CHG _ 01 _ 09	10	31.58	—
2015 - 4	HLAFZ03CHG _ 01 _ 09	20	26.78	—
2015 - 4	HLAFZ03CHG _ 01 _ 09	30	33.28	—
2015 - 4	HLAFZ03CHG _ 01 _ 09	40	37.81	—
2015 - 4	HLAFZ03CHG _ 01 _ 09	50	40.13	—
2015 - 4	HLAFZ03CHG _ 01 _ 10	10	29.71	—
2015 - 4	HLAFZ03CHG _ 01 _ 10	20	33.75	—
2015 - 4	HLAFZ03CHG _ 01 _ 10	30	36.78	—
2015 - 4	HLAFZ03CHG _ 01 _ 10	40	39.69	—
2015 - 4	HLAFZ03CHG _ 01 _ 10	50	41.92	—
2015 - 5	HLAFZ03CHG _ 01 _ 01	10	22.30	—
2015 - 5	HLAFZ03CHG _ 01 _ 01	20	25.17	—
2015 - 5	HLAFZ03CHG _ 01 _ 01	30	25.74	—

（续）

时间（年-月）	样点编号	采样层次/cm	质量含水量/%	
2015-5	HLAFZ03CHG_01_01	40	26.16	—
2015-5	HLAFZ03CHG_01_01	50	29.86	—
2015-5	HLAFZ03CHG_01_02	10	21.04	—
2015-5	HLAFZ03CHG_01_02	20	23.41	—
2015-5	HLAFZ03CHG_01_02	30	23.17	—
2015-5	HLAFZ03CHG_01_02	40	27.91	—
2015-5	HLAFZ03CHG_01_02	50	28.31	—
2015-5	HLAFZ03CHG_01_03	10	19.08	—
2015-5	HLAFZ03CHG_01_03	20	23.17	—
2015-5	HLAFZ03CHG_01_03	30	25.71	—
2015-5	HLAFZ03CHG_01_03	40	25.11	—
2015-5	HLAFZ03CHG_01_03	50	27.98	—
2015-5	HLAFZ03CHG_01_04	10	22.36	—
2015-5	HLAFZ03CHG_01_04	20	23.86	—
2015-5	HLAFZ03CHG_01_04	30	25.11	—
2015-5	HLAFZ03CHG_01_04	40	26.71	—
2015-5	HLAFZ03CHG_01_04	50	29.17	—
2015-5	HLAFZ03CHG_01_05	10	21.96	—
2015-5	HLAFZ03CHG_01_05	20	22.87	—
2015-5	HLAFZ03CHG_01_05	30	22.69	—
2015-5	HLAFZ03CHG_01_05	40	25.18	—
2015-5	HLAFZ03CHG_01_05	50	27.19	—
2015-5	HLAFZ03CHG_01_06	10	23.08	—
2015-5	HLAFZ03CHG_01_06	20	23.16	—
2015-5	HLAFZ03CHG_01_06	30	25.64	—
2015-5	HLAFZ03CHG_01_06	40	26.17	—
2015-5	HLAFZ03CHG_01_06	50	28.46	—
2015-5	HLAFZ03CHG_01_07	10	22.09	—
2015-5	HLAFZ03CHG_01_07	20	22.98	—
2015-5	HLAFZ03CHG_01_07	30	24.71	—
2015-5	HLAFZ03CHG_01_07	40	26.18	—
2015-5	HLAFZ03CHG_01_07	50	27.18	—
2015-5	HLAFZ03CHG_01_08	10	23.74	—

（续）

时间（年-月）	样点编号	采样层次/cm	质量含水量/%	
2015 - 5	HLAFZ03CHG _ 01 _ 08	20	24.71	—
2015 - 5	HLAFZ03CHG _ 01 _ 08	30	26.19	—
2015 - 5	HLAFZ03CHG _ 01 _ 08	40	28.17	—
2015 - 5	HLAFZ03CHG _ 01 _ 08	50	29.45	—
2015 - 5	HLAFZ03CHG _ 01 _ 09	10	21.37	—
2015 - 5	HLAFZ03CHG _ 01 _ 09	20	22.75	—
2015 - 5	HLAFZ03CHG _ 01 _ 09	30	24.54	—
2015 - 5	HLAFZ03CHG _ 01 _ 09	40	26.18	—
2015 - 5	HLAFZ03CHG _ 01 _ 09	50	27.84	—
2015 - 5	HLAFZ03CHG _ 01 _ 10	10	22.38	—
2015 - 5	HLAFZ03CHG _ 01 _ 10	20	23.84	—
2015 - 5	HLAFZ03CHG _ 01 _ 10	30	25.18	—
2015 - 5	HLAFZ03CHG _ 01 _ 10	40	26.17	—
2015 - 5	HLAFZ03CHG _ 01 _ 10	50	28.94	—
2015 - 6	HLAFZ03CHG _ 01 _ 01	10	19.38	—
2015 - 6	HLAFZ03CHG _ 01 _ 01	20	20.17	—
2015 - 6	HLAFZ03CHG _ 01 _ 01	30	22.94	—
2015 - 6	HLAFZ03CHG _ 01 _ 01	40	25.17	—
2015 - 6	HLAFZ03CHG _ 01 _ 01	50	26.23	—
2015 - 6	HLAFZ03CHG _ 01 _ 02	10	17.95	—
2015 - 6	HLAFZ03CHG _ 01 _ 02	20	19.32	—
2015 - 6	HLAFZ03CHG _ 01 _ 02	30	22.94	—
2015 - 6	HLAFZ03CHG _ 01 _ 02	40	23.47	—
2015 - 6	HLAFZ03CHG _ 01 _ 02	50	26.48	—
2015 - 6	HLAFZ03CHG _ 01 _ 03	10	20.03	—
2015 - 6	HLAFZ03CHG _ 01 _ 03	20	21.74	—
2015 - 6	HLAFZ03CHG _ 01 _ 03	30	21.74	—
2015 - 6	HLAFZ03CHG _ 01 _ 03	40	23.95	—
2015 - 6	HLAFZ03CHG _ 01 _ 03	50	25.74	—
2015 - 6	HLAFZ03CHG _ 01 _ 04	10	21.94	—
2015 - 6	HLAFZ03CHG _ 01 _ 04	20	22.74	—
2015 - 6	HLAFZ03CHG _ 01 _ 04	30	23.58	—
2015 - 6	HLAFZ03CHG _ 01 _ 04	40	25.87	—

（续）

时间（年-月）	样点编号	采样层次/cm	质量含水量/%	
2015-6	HLAFZ03CHG_01_04	50	26.71	—
2015-6	HLAFZ03CHG_01_05	10	21.94	—
2015-6	HLAFZ03CHG_01_05	20	23.75	—
2015-6	HLAFZ03CHG_01_05	30	25.71	—
2015-6	HLAFZ03CHG_01_05	40	27.94	—
2015-6	HLAFZ03CHG_01_05	50	27.46	—
2015-6	HLAFZ03CHG_01_06	10	21.48	—
2015-6	HLAFZ03CHG_01_06	20	22.46	—
2015-6	HLAFZ03CHG_01_06	30	23.95	—
2015-6	HLAFZ03CHG_01_06	40	24.85	—
2015-6	HLAFZ03CHG_01_06	50	26.94	—
2015-6	HLAFZ03CHG_01_07	10	21.85	—
2015-6	HLAFZ03CHG_01_07	20	23.58	—
2015-6	HLAFZ03CHG_01_07	30	26.85	—
2015-6	HLAFZ03CHG_01_07	40	26.98	—
2015-6	HLAFZ03CHG_01_07	50	27.94	—
2015-6	HLAFZ03CHG_01_08	10	21.09	—
2015-6	HLAFZ03CHG_01_08	20	22.57	—
2015-6	HLAFZ03CHG_01_08	30	23.58	—
2015-6	HLAFZ03CHG_01_08	40	24.75	—
2015-6	HLAFZ03CHG_01_08	50	27.48	—
2015-6	HLAFZ03CHG_01_09	10	22.94	—
2015-6	HLAFZ03CHG_01_09	20	23.74	—
2015-6	HLAFZ03CHG_01_09	30	24.71	—
2015-6	HLAFZ03CHG_01_09	40	26.21	—
2015-6	HLAFZ03CHG_01_09	50	26.94	—
2015-6	HLAFZ03CHG_01_10	10	22.03	—
2015-6	HLAFZ03CHG_01_10	20	23.94	—
2015-6	HLAFZ03CHG_01_10	30	24.75	—
2015-6	HLAFZ03CHG_01_10	40	25.78	—
2015-6	HLAFZ03CHG_01_10	50	26.81	—
2015-7	HLAFZ03CHG_01_01	10	31.74	—
2015-7	HLAFZ03CHG_01_01	20	34.86	—

（续）

时间（年-月）	样点编号	采样层次/cm	质量含水量/%	
2015-7	HLAFZ03CHG_01_01	30	35.91	—
2015-7	HLAFZ03CHG_01_01	40	35.11	—
2015-7	HLAFZ03CHG_01_01	50	36.21	—
2015-7	HLAFZ03CHG_01_02	10	32.19	—
2015-7	HLAFZ03CHG_01_02	20	33.18	—
2015-7	HLAFZ03CHG_01_02	30	33.75	—
2015-7	HLAFZ03CHG_01_02	40	34.82	—
2015-7	HLAFZ03CHG_01_02	50	36.49	—
2015-7	HLAFZ03CHG_01_03	10	29.47	—
2015-7	HLAFZ03CHG_01_03	20	35.27	—
2015-7	HLAFZ03CHG_01_03	30	36.18	—
2015-7	HLAFZ03CHG_01_03	40	38.93	—
2015-7	HLAFZ03CHG_01_03	50	39.84	—
2015-7	HLAFZ03CHG_01_04	10	36.29	—
2015-7	HLAFZ03CHG_01_04	20	35.28	—
2015-7	HLAFZ03CHG_01_04	30	36.81	—
2015-7	HLAFZ03CHG_01_04	40	36.08	—
2015-7	HLAFZ03CHG_01_04	50	36.49	—
2015-7	HLAFZ03CHG_01_05	10	28.90	—
2015-7	HLAFZ03CHG_01_05	20	33.61	—
2015-7	HLAFZ03CHG_01_05	30	34.44	—
2015-7	HLAFZ03CHG_01_05	40	35.22	—
2015-7	HLAFZ03CHG_01_05	50	36.78	—
2015-7	HLAFZ03CHG_01_06	10	32.19	—
2015-7	HLAFZ03CHG_01_06	20	33.75	—
2015-7	HLAFZ03CHG_01_06	30	32.09	—
2015-7	HLAFZ03CHG_01_06	40	29.99	—
2015-7	HLAFZ03CHG_01_06	50	33.61	—
2015-7	HLAFZ03CHG_01_07	10	29.20	—
2015-7	HLAFZ03CHG_01_07	20	32.77	—
2015-7	HLAFZ03CHG_01_07	30	34.32	—
2015-7	HLAFZ03CHG_01_07	40	33.78	—
2015-7	HLAFZ03CHG_01_07	50	34.83	—

（续）

时间（年-月）	样点编号	采样层次/cm	质量含水量/%	
2015-7	HLAFZ03CHG_01_08	10	30.37	—
2015-7	HLAFZ03CHG_01_08	20	33.99	—
2015-7	HLAFZ03CHG_01_08	30	34.45	—
2015-7	HLAFZ03CHG_01_08	40	34.45	—
2015-7	HLAFZ03CHG_01_08	50	32.26	—
2015-7	HLAFZ03CHG_01_09	10	29.24	—
2015-7	HLAFZ03CHG_01_09	20	33.15	—
2015-7	HLAFZ03CHG_01_09	30	33.52	—
2015-7	HLAFZ03CHG_01_09	40	33.69	—
2015-7	HLAFZ03CHG_01_09	50	33.48	—
2015-7	HLAFZ03CHG_01_10	10	31.55	—
2015-7	HLAFZ03CHG_01_10	20	31.93	—
2015-7	HLAFZ03CHG_01_10	30	33.65	—
2015-7	HLAFZ03CHG_01_10	40	34.78	—
2015-7	HLAFZ03CHG_01_10	50	33.94	—
2015-8	HLAFZ03CHG_01_01	10	31.70	—
2015-8	HLAFZ03CHG_01_01	20	35.69	—
2015-8	HLAFZ03CHG_01_01	30	36.91	—
2015-8	HLAFZ03CHG_01_01	40	36.11	—
2015-8	HLAFZ03CHG_01_01	50	36.15	—
2015-8	HLAFZ03CHG_01_02	10	32.08	—
2015-8	HLAFZ03CHG_01_02	20	34.18	—
2015-8	HLAFZ03CHG_01_02	30	34.85	—
2015-8	HLAFZ03CHG_01_02	40	35.82	—
2015-8	HLAFZ03CHG_01_02	50	34.51	—
2015-8	HLAFZ03CHG_01_03	10	30.27	—
2015-8	HLAFZ03CHG_01_03	20	35.82	—
2015-8	HLAFZ03CHG_01_03	30	35.99	—
2015-8	HLAFZ03CHG_01_03	40	39.93	—
2015-8	HLAFZ03CHG_01_03	50	40.73	—
2015-8	HLAFZ03CHG_01_04	10	37.29	—
2015-8	HLAFZ03CHG_01_04	20	36.91	—
2015-8	HLAFZ03CHG_01_04	30	36.24	—

（续）

时间（年-月）	样点编号	采样层次/cm	质量含水量/%	
2015-8	HLAFZ03CHG_01_04	40	37.08	—
2015-8	HLAFZ03CHG_01_04	50	35.69	—
2015-8	HLAFZ03CHG_01_05	10	31.03	—
2015-8	HLAFZ03CHG_01_05	20	33.59	—
2015-8	HLAFZ03CHG_01_05	30	35.44	—
2015-8	HLAFZ03CHG_01_05	40	34.64	—
2015-8	HLAFZ03CHG_01_05	50	36.07	—
2015-8	HLAFZ03CHG_01_06	10	33.04	—
2015-8	HLAFZ03CHG_01_06	20	34.72	—
2015-8	HLAFZ03CHG_01_06	30	34.09	—
2015-8	HLAFZ03CHG_01_06	40	31.99	—
2015-8	HLAFZ03CHG_01_06	50	35.61	—
2015-8	HLAFZ03CHG_01_07	10	31.20	—
2015-8	HLAFZ03CHG_01_07	20	34.77	—
2015-8	HLAFZ03CHG_01_07	30	36.32	—
2015-8	HLAFZ03CHG_01_07	40	35.78	—
2015-8	HLAFZ03CHG_01_07	50	36.83	—
2015-8	HLAFZ03CHG_01_08	10	32.37	—
2015-8	HLAFZ03CHG_01_08	20	35.99	—
2015-8	HLAFZ03CHG_01_08	30	36.45	—
2015-8	HLAFZ03CHG_01_08	40	36.45	—
2015-8	HLAFZ03CHG_01_08	50	34.26	—
2015-8	HLAFZ03CHG_01_09	10	31.24	—
2015-8	HLAFZ03CHG_01_09	20	35.15	—
2015-8	HLAFZ03CHG_01_09	30	35.52	—
2015-8	HLAFZ03CHG_01_09	40	35.69	—
2015-8	HLAFZ03CHG_01_09	50	35.48	—
2015-8	HLAFZ03CHG_01_10	10	33.55	—
2015-8	HLAFZ03CHG_01_10	20	33.93	—
2015-8	HLAFZ03CHG_01_10	30	35.65	—
2015-8	HLAFZ03CHG_01_10	40	36.78	—
2015-8	HLAFZ03CHG_01_10	50	35.94	—
2015-9	HLAFZ03CHG_01_01	10	29.40	—

（续）

时间（年-月）	样点编号	采样层次/cm	质量含水量/%	
2015-9	HLAFZ03CHG_01_01	20	33.39	—
2015-9	HLAFZ03CHG_01_01	30	34.61	—
2015-9	HLAFZ03CHG_01_01	40	33.81	—
2015-9	HLAFZ03CHG_01_01	50	33.85	—
2015-9	HLAFZ03CHG_01_02	10	29.78	—
2015-9	HLAFZ03CHG_01_02	20	31.88	—
2015-9	HLAFZ03CHG_01_02	30	32.55	—
2015-9	HLAFZ03CHG_01_02	40	33.52	—
2015-9	HLAFZ03CHG_01_02	50	32.21	—
2015-9	HLAFZ03CHG_01_03	10	27.97	—
2015-9	HLAFZ03CHG_01_03	20	33.52	—
2015-9	HLAFZ03CHG_01_03	30	33.69	—
2015-9	HLAFZ03CHG_01_03	40	40.23	—
2015-9	HLAFZ03CHG_01_03	50	41.03	—
2015-9	HLAFZ03CHG_01_04	10	37.59	—
2015-9	HLAFZ03CHG_01_04	20	37.21	—
2015-9	HLAFZ03CHG_01_04	30	36.54	—
2015-9	HLAFZ03CHG_01_04	40	37.38	—
2015-9	HLAFZ03CHG_01_04	50	35.99	—
2015-9	HLAFZ03CHG_01_05	10	31.33	—
2015-9	HLAFZ03CHG_01_05	20	33.89	—
2015-9	HLAFZ03CHG_01_05	30	35.74	—
2015-9	HLAFZ03CHG_01_05	40	34.94	—
2015-9	HLAFZ03CHG_01_05	50	36.37	—
2015-9	HLAFZ03CHG_01_06	10	33.34	—
2015-9	HLAFZ03CHG_01_06	20	35.02	—
2015-9	HLAFZ03CHG_01_06	30	34.39	—
2015-9	HLAFZ03CHG_01_06	40	32.29	—
2015-9	HLAFZ03CHG_01_06	50	35.91	—
2015-9	HLAFZ03CHG_01_07	10	31.50	—
2015-9	HLAFZ03CHG_01_07	20	35.07	—
2015-9	HLAFZ03CHG_01_07	30	36.62	—
2015-9	HLAFZ03CHG_01_07	40	36.08	—

（续）

时间（年-月）	样点编号	采样层次/cm	质量含水量/%	
2015-9	HLAFZ03CHG_01_07	50	37.13	—
2015-9	HLAFZ03CHG_01_08	10	32.67	—
2015-9	HLAFZ03CHG_01_08	20	36.29	—
2015-9	HLAFZ03CHG_01_08	30	36.75	—
2015-9	HLAFZ03CHG_01_08	40	36.75	—
2015-9	HLAFZ03CHG_01_08	50	34.56	—
2015-9	HLAFZ03CHG_01_09	10	31.54	—
2015-9	HLAFZ03CHG_01_09	20	35.45	—
2015-9	HLAFZ03CHG_01_09	30	35.82	—
2015-9	HLAFZ03CHG_01_09	40	35.99	—
2015-9	HLAFZ03CHG_01_09	50	35.78	—
2015-9	HLAFZ03CHG_01_10	10	33.85	—
2015-9	HLAFZ03CHG_01_10	20	34.23	—
2015-9	HLAFZ03CHG_01_10	30	35.95	—
2015-9	HLAFZ03CHG_01_10	40	37.08	—
2015-9	HLAFZ03CHG_01_10	50	36.24	—
2015-10	HLAFZ03CHG_01_01	10	27.88	—
2015-10	HLAFZ03CHG_01_01	20	31.91	—
2015-10	HLAFZ03CHG_01_01	30	35.23	—
2015-10	HLAFZ03CHG_01_01	40	34.77	—
2015-10	HLAFZ03CHG_01_01	50	35.44	—
2015-10	HLAFZ03CHG_01_02	10	16.70	—
2015-10	HLAFZ03CHG_01_02	20	28.76	—
2015-10	HLAFZ03CHG_01_02	30	31.12	—
2015-10	HLAFZ03CHG_01_02	40	35.49	—
2015-10	HLAFZ03CHG_01_02	50	33.68	—
2015-10	HLAFZ03CHG_01_03	10	10.15	—
2015-10	HLAFZ03CHG_01_03	20	29.44	—
2015-10	HLAFZ03CHG_01_03	30	37.08	—
2015-10	HLAFZ03CHG_01_03	40	34.43	—
2015-10	HLAFZ03CHG_01_03	50	39.35	—
2015-10	HLAFZ03CHG_01_04	10	15.82	—
2015-10	HLAFZ03CHG_01_04	20	32.71	—

（续）

时间（年-月）	样点编号	采样层次/cm	质量含水量/%	
2015-10	HLAFZ03CHG_01_04	30	35.70	—
2015-10	HLAFZ03CHG_01_04	40	33.22	—
2015-10	HLAFZ03CHG_01_04	50	34.52	—
2015-10	HLAFZ03CHG_01_05	10	23.43	—
2015-10	HLAFZ03CHG_01_05	20	32.63	—
2015-10	HLAFZ03CHG_01_05	30	32.63	—
2015-10	HLAFZ03CHG_01_05	40	34.69	—
2015-10	HLAFZ03CHG_01_05	50	35.57	—
2015-10	HLAFZ03CHG_01_06	10	22.12	—
2015-10	HLAFZ03CHG_01_06	20	32.54	—
2015-10	HLAFZ03CHG_01_06	30	33.17	—
2015-10	HLAFZ03CHG_01_06	40	33.38	—
2015-10	HLAFZ03CHG_01_06	50	34.27	—
2015-10	HLAFZ03CHG_01_07	10	20.02	—
2015-10	HLAFZ03CHG_01_07	20	29.86	—
2015-10	HLAFZ03CHG_01_07	30	33.13	—
2015-10	HLAFZ03CHG_01_07	40	34.73	—
2015-10	HLAFZ03CHG_01_07	50	35.78	—
2015-10	HLAFZ03CHG_01_08	10	23.59	—
2015-10	HLAFZ03CHG_01_08	20	33.34	—
2015-10	HLAFZ03CHG_01_08	30	35.91	—
2015-10	HLAFZ03CHG_01_08	40	35.32	—
2015-10	HLAFZ03CHG_01_08	50	33.89	—
2015-10	HLAFZ03CHG_01_09	10	28.22	—
2015-10	HLAFZ03CHG_01_09	20	32.12	—
2015-10	HLAFZ03CHG_01_09	30	34.73	—
2015-10	HLAFZ03CHG_01_09	40	35.28	—
2015-10	HLAFZ03CHG_01_09	50	35.99	—
2015-10	HLAFZ03CHG_01_10	10	27.88	—
2015-10	HLAFZ03CHG_01_10	20	31.91	—
2015-10	HLAFZ03CHG_01_10	30	35.23	—
2015-10	HLAFZ03CHG_01_10	40	34.77	—
2015-10	HLAFZ03CHG_01_10	50	35.44	—

注：表中同一层次质量含水量的2列数值为2次重复观测值。

3.3.2　地表水、地下水水质数据集

3.3.2.1　概述

农田生态系统水质的长期监测是农田生态系统水分观测的重要内容，可以全面地反映出生态系统中水质现状及发展趋势，对整个农田生态系统水环境管理、污染源控制以及维护水环境健康等方面起着至关重要的作用。农田生态系统中由于连年的使用化肥和机械翻耕，导致养分淋洗流失进入土壤水中，会造成地下水污染和富营养化，所以长期连续的观测水质变化规律可以为我们制定合理的施肥和耕作提供数据支持。海伦农田生态系统水质观测数据集为 2009—2015 年观测数据，包括地表水、地下水以及降水水质数据。

3.3.2.2　数据采集和处理方法

（1）数据采集

本部分数据为海伦站 2009—2015 年观测的农田生态系统水质数据。水质数据集采样地点为 HLAZH01CDX_01（综合观测场地下水井 1 号）、HLAZQ02CLB_01（流动地表水水质监测长期采样点）、HLAQX01（气象观测场）。地表水和地下水每年定期采样，采样方式为将地表水和地下水装入 600 mL 塑料瓶中冷冻保存，集中分析。降水水样在 2009—2012 年 1 月、4 月、7 月和 10 月分别采集；自 2013 年起，每月采集 1 次，由水分分中心集中分析。海伦站气象站内安装有降水采样器，每次降水之后都会进行人工收集。由于每月降水不均匀导致一些月份没有降水水质数据。

（2）数据测定

水质分析方法采用《中国生态系统研究网络观测与分析标准方法　水环境要素观测与分析》推荐的方法。pH 测量采用玻璃电极法，钙离子、镁离子、钾离子和钠离子测量采用火焰原子吸收光谱法，碳酸根离子和重碳酸根离子测量采用酸碱滴定法，氯化物测量采用硝酸银滴定法，硫酸根离子测定采用铬酸钡分光光度法，磷酸根离子测定采用磷钼蓝分光光度法，硝酸根离子测定采用酚二磺酸分光光度法，矿化度测定采用质量法，化学需氧量测定采用重铬酸盐法，水中溶解氧测定采用电化学探头法，总氮测定采用紫外分光光度法，总磷测定采用钼酸铵分光光度法。

3.3.2.3　数据质量控制和评估

针对原始观测数据和实验室分析的数据，数据质量控制过程包括对源数据的检查整理，单个数据点的检查、数据转换和入库，以及元数据的编写、检查和入库。对源数据的检查包括文件格式化错误、存储损坏等明显的数据问题，以及文件格式、字段标准化命名、字段量纲、数据完整性等。单个数据点的检查中，主要修正、剔除异常数据。

针对海伦站开展的水质观测项目中，用滴定法测定的项目都有空白样品平行测试。数据整理和入库过程的质量控制方面，主要分为两个步骤：

①整理、转换原始数据，并统一格式。

②通过一系列质量控制方法，去除随机及系统误差，以保障数据的质量。使用的质量控制方法，包括极值检查、内部一致性检查。

3.3.2.4　数据使用方法和建议

2009—2015 年，由于降水等自然原因产生了一些缺失值，这是室外人工监测无法避免的情况。实验仪器零件老化更换维修等因素也会影响样品分析。

3.3.2.5　地表水、地下水水质观测数据

具体数据见表 3-130～表 3-132。

表 3-130 海伦站光荣村小流域站区调查点地表水水质观测数据

样地代码	采样日期（年-月-日）	水温/℃	pH	Ca^{2+}/(mg/L)	Mg^{2+}/(mg/L)	K^{+}/(mg/L)	Na^{+}/(mg/L)	HCO_3^-/(mg/L)	Cl^-/(mg/L)	SO_4^{2-}/(mg/L)	NO_3^-/(mg/L)	矿化度/(mg/L)	化学需氧量/(mg/L)	溶解氧/(mg/L)	总氮/(mg/L)	总磷/(mg/L)	电导率/(μs/cm)
HLAZQ02CLB_01	2009-2-16	1.1	7.34	25.61	21.89	36.37	38.89	90.89	54.89	60.58	24.31	398.0	98.94	13.42	56.18	31.57	
HLAZQ02CLB_01	2009-6-12	7.8	7.23	36.12	23.95	38.59	34.89	103.95	51.48	53.89	34.89	415.0	102.24	14.23	74.86	33.24	
HLAZQ02CLB_01	2009-11-17	1.8	7.36	28.01	18.48	31.89	32.07	87.68	52.91	49.95	21.20	324.0	85.93	12.14	52.25	21.45	
HLAZQ02CLB_01	2010-2-5	1.2	7.30	25.93	22.16	35.93	39.04	92.11	57.08	61.53	23.75	388.0	97.40	13.31	54.61	31.18	
HLAZQ02CLB_01	2010-7-10	9.9	7.25	35.51	24.02	39.17	34.67	104.79	50.81	52.74	35.82	424.9	107.30	14.75	75.93	34.42	
HLAZQ02CLB_01	2010-10-20	3.7	7.24	29.31	18.66	31.72	31.82	86.64	53.89	50.46	20.52	327.5	85.70	11.50	51.61	20.80	
HLAZQ02CLB_01	2011-1-15	10.4	8.41	24.43	19.03	31.52	24.43	87.41	55.33	58.75	24.56	338.0	92.39	12.48	58.73	35.15	494
HLAZQ02CLB_01	2011-7-19	11.6	7.47	21.82	20.26	33.05	27.98	88.87	51.72	51.06	33.73	276.0	96.45	13.50	66.09	36.77	413
HLAZQ02CLB_01	2011-10-29	5.0	7.25	29.47	18.72	30.29	25.63	87.34	52.03	53.58	31.08	274.0	90.54	12.82	56.84	30.64	414
HLAZQ02CLB_01	2012-1-16	17.0	7.79	22.65	20.62	32.94	26.28	77.58	58.31	54.24	29.43	325.6	120.40	10.77	53.21	38.44	463
HLAZQ02CLB_01	2012-7-14	28.0	7.06	23.19	23.71	34.36	25.32	83.03	53.26	55.82	25.01	278.2	105.80	11.52	56.36	40.18	407
HLAZQ02CLB_01	2012-10-25	4.6	7.51	22.93	24.05	33.02	27.19	86.51	55.11	51.39	26.66	296.5	143.70	14.14	51.03	36.97	425
HLAZQ02CLB_01	2013-1-16	1.4	8.31	25.93	22.16	35.93	39.04	92.11	57.08	61.53	23.75	388.0	97.40	13.31	54.61	31.18	
HLAZQ02CLB_01	2013-4-11	8.2	7.86	30.22	23.19	36.76	38.91	95.49	55.83	60.01	25.33	401.0	99.49	13.39	60.33	31.89	
HLAZQ02CLB_01	2013-7-14	16.3	7.25	35.51	24.02	39.17	34.67	104.79	50.81	52.74	35.82	424.9	107.30	14.75	75.93	34.42	
HLAZQ02CLB_01	2013-10-25	3.1	7.71	29.31	18.66	31.72	31.82	86.64	53.89	50.46	20.52	327.5	85.70	11.50	51.61	20.80	
HLAZQ02CLB_01	2014-1-10	0.9	7.50	28.30	20.06	33.98	38.76	92.30	55.09	61.51	23.01	399.0	96.38	14.98	51.33	28.19	
HLAZQ02CLB_01	2014-4-5	7.5	7.10	33.10	23.75	36.17	38.91	90.17	57.28	59.29	24.65	395.0	98.79	13.87	58.87	30.98	
HLAZQ02CLB_01	2014-7-7	17.0	6.90	27.60	22.18	38.84	36.01	97.69	51.17	53.18	33.10	421.1	100.34	13.16	73.11	33.67	
HLAZQ02CLB_01	2014-10-13	5.0	7.70	29.80	19.10	31.16	36.99	90.11	54.06	56.22	25.61	357.0	93.77	14.11	55.87	25.17	
HLAZQ02CLB_01	2015-1-5	0.4	7.50	—	—	—	—	—	—	—	—	399.0	96.38	14.35	—		
HLAZQ02CLB_01	2015-4-10	4.3	7.10	—	—	—	—	—	—	—	—	395.0	98.79	15.37	—		
HLAZQ02CLB_01	2015-7-6	18.0	6.90	—	—	—	—	—	—	—	—	421.1	100.34	17.85	—		
HLAZQ02CLB_01	2015-10-18	8.0	7.70	—	—	—	—	—	—	—	—	357.0	93.77	14.28	—		

表 3-131　海伦站综合观测场地下水水质观测数据

样地代码	采样日期（年-月-日）	水温/℃	pH	Ca^{2+}/(mg/L)	Mg^{2+}/(mg/L)	K^{+}/(mg/L)	Na^{+}/(mg/L)	HCO_3^-/(mg/L)	Cl^-/(mg/L)	SO_4^{2-}/(mg/L)	NO_3^-/(mg/L)	矿化度/(mg/L)	化学需氧量/(mg/L)	溶解氧/(mg/L)	总氮/(mg/L)	总磷/(mg/L)	电导率/(μs/cm)
HLAZH01CDX_01	2009-5-13	5.3	6.87	22.14	20.82	0.740	5.13	73.18	9.12	15.08	1.31	154	12.93	11.16	1.65	1.60	
HLAZH01CDX_01	2009-8-26	6.6	6.85	21.91	20.14	0.750	5.14	73.12	8.95	14.78	1.27	152	12.88	11.09	1.62	1.59	
HLAZH01CDX_01	2010-5-12	5.2	6.81	22.80	20.76	0.734	5.08	72.10	9.25	15.19	1.30	156.8	12.75	11.15	1.69	1.61	
HLAZH01CDX_01	2010-8-25	7.0	6.85	21.85	20.04	0.749	5.06	72.26	8.93	14.98	1.26	150.9	12.97	11.21	1.63	1.58	
HLAZH01CDX_01	2011-5-21	4.8	6.91	22.19	19.87	0.753	5.73	71.40	9.44	14.73	1.35	145.0	12.34	11.82	1.71	1.63	224
HLAZH01CDX_01	2011-8-26	6.7	6.87	21.78	20.53	0.766	5.27	72.03	9.18	14.69	1.29	149.0	12.46	11.25	1.67	1.72	236
HLAZH01CDX_01	2012-5-15	5.4	6.88	23.39	21.28	0.749	5.22	72.83	9.03	14.51	1.27	155	13.52	10.95	1.82	1.66	215
HLAZH01CDX_01	2012-8-16	6.3	6.75	22.18	21.07	0.771	5.27	70.44	9.36	14.46	1.35	152	14.37	11.14	1.75	1.71	241
HLAZH01CDX_01	2013-5-15	5.5	6.81	22.80	20.76	0.734	5.08	72.10	9.25	15.19	1.30	156.8	12.75	11.15	1.69	1.61	
HLAZH01CDX_01	2013-8-16	7.9	6.85	21.85	20.04	0.749	5.06	72.26	8.93	14.98	1.26	150.9	12.97	11.21	1.63	1.58	
HLAZH01CDX_01	2014-5-5	4.5	6.72	21.10	19.78	0.710	6.04	72.40	9.17	15.44	1.09	165.1	12.64	10.73	1.57	1.98	
HLAZH01CDX_01	2014-7-7	8.0	6.50	22.20	20.09	0.699	5.98	70.13	7.98	16.97	1.99	156.9	11.97	11.01	1.81	2.04	
HLAZH01CDX_01	2014-10-14	6.0	6.90	21.57	21.13	0.681	5.48	71.95	8.65	15.76	1.42	149.1	11.99	11.00	1.67	1.68	
HLAZH01CDX_01	2015-1-22	2.0	—	—	—	—	—	—	—	—	—	—	—	—	—	—	
HLAZH01CDX_01	2015-5-8	4.0	6.72	—	—	—	—	—	—	—	—	165.1	12.64	10.11	—		
HLAZH01CDX_01	2015-7-5	6.6	6.50	—	—	—	—	—	—	—	—	156.9	11.97	10.74	—		
HLAZH01CDX_01	2015-10-19	5.0	6.90	—	—	—	—	—	—	—	—	149.1	11.99	12.13	—		

表3-132 海伦站气象观测场降水水质观测数据

时间（年-月）	水温/℃	pH	矿化度/（mg/L）	硫酸根（SO_4^{2-}）/（mg/L）	非溶性物质总含量/（mg/L）	电导率/（μs/cm）
2010-1	−18.9	6.73	28.54	0.389	186.00	—
2010-4	1.7	6.46	26.51	0.576	167.30	—
2010-7	22.6	6.39	27.57	0.301	121.30	—
2010-10	3.5	6.69	15.06	0.604	132.80	—
2011-1	−10.7	6.72	36.00	0.354	170.50	68.00
2011-4	4.5	6.47	82.00	0.449	152.20	152.00
2011-7	19.2	6.82	25.00	0.416	134.10	60.00
2011-10	5.0	7.33	70.00	0.538	141.60	117.00
2012-1	14.5	6.55	22.25	0.421	121.70	—
2012-4	5.1	6.62	26.49	0.375	132.30	—
2012-7	24.0	6.24	15.32	0.338	109.40	—
2012-10	12.0	5.89	16.08	0.417	122.10	—
2013-1	−22.4	7.57	106.00	2.286	178.80	159.50
2013-2	−18.1	8.56	81.01	3.460	253.80	122.10
2013-3	−10.8	6.75	73.42	2.054	274.80	110.90
2013-4	1.2	7.10	20.08	3.398	42.80	30.62
2013-5	7.9	6.95	55.25	20.660	157.80	82.85
2013-6	13.6	8.63	51.53	9.550	115.80	77.29
2013-7	23.1	9.24	14.88	1.562	67.80	23.00
2013-8	25.6	8.57	18.95	3.806	22.80	28.95
2013-9	15.3	6.95	19.33	6.255	44.80	29.52
2013-10	5.0	7.61	62.62	7.102	126.30	96.86
2013-11	3.1	6.83	30.57	4.728	106.30	47.36
2013-12	−9.8	6.06	8.27	1.152	63.30	12.87
2014-1	−13.0	7.71	40.13	7.588	341.90	63.35
2014-2	17.0	4.86	28.31	5.154	77.23	44.80
2014-4	4.0	6.11	15.84	6.292	88.90	—
2014-5	5.1	6.50	34.15	8.001	60.90	53.95
2014-6	5.8	6.68	12.94	2.370	43.90	20.76
2014-7	7.2	7.71	11.53	4.176	18.78	18.07
2014-8	12.4	7.23	12.39	4.312	90.78	19.43
2014-9	9.4	7.09	8.43	1.915	105.78	13.20
2014-10	5.3	7.07	46.41	12.380	58.78	71.85
2014-11	4.2	5.80	34.64	10.530	77.23	53.68
2014-12	−1.8	5.64	34.88	9.305	39.78	54.06
2015-1	—	7.24	—	6.780	9.17	2.50
2015-2	—	7.12	—	5.120	8.12	156.00
2015-3	—	6.41	—	16.650	7.81	0.00

(续)

时间（年-月）	水温/℃	pH	矿化度/(mg/L)	硫酸根（SO_4^{2-}）/(mg/L)	非溶性物质总含量/(mg/L)	电导率/(μs/cm)
2015-4	—	6.87	—	3.200	6.04	1.60
2015-5	—	6.31	—	4.850	3.00	131.60
2015-6	—	6.57	—	3.600	1.98	40.00
2015-7	—	6.79	—	2.900	3.56	87.60
2015-8	—	6.49	—	2.490	2.02	59.90
2015-9	—	6.36	—	9.460	3.85	59.90
2015-10	—	—	—	—	—	—
2015-11	—	6.09	—	2.050	2.99	105.60
2015-12	—	6.30	—	4.830	4.93	68.00

3.3.3 蒸发量和地下水位数据集

3.3.3.1 概述

水面蒸发和地下水位观测是农田生态系统水分循环观测重要组成部分。掌握它们的变化规律对农田水分管理有重要意义。

3.3.3.2 数据采集和处理方法

水面蒸发采用E601型蒸发器观测，每日定时观测。观测时先调整测针尖至与水面恰好相接，然后从游标尺上读出水面高度。读数方法：通过游尺零线所对标尺的刻度，即可读出整数；再从游尺刻度线上找出一根与标尺上某一刻度线相吻合的刻度线，游尺上这根刻度线的数字，就是小数读数。如果调整过度，使针尖伸入水中，此时必须将针尖调出水面，重新调好后才能读数。

蒸发量＝前一日水面高度＋降水量（以雨量器观测值为准）－测量时水面高度

地下水位的监测施用吊索进行测量。在吊索上标记出米数，将吊索放入水井中，井口位置到水线的距离即是地下水位。每年5—10月作物生长季内每月观测3次，其他月份每月观测1次。地面高程为234.64 m。

3.3.3.3 数据质量控制和评估

水面蒸发观测后应立即调整蒸发桶内的水面高度，水面如低（高）于水面指示针尖1 cm时，则需加（汲）水，使水面恰与针尖齐平。每次加水或汲水后，均应用测针测量器中水面高度值，记入观测簿次日的蒸发“原量”栏，作为次日观测器内水面高度的起算点。如因降水，蒸发器内有水流入溢流桶时，应测量溢出量，并从蒸发量中减去此值。

蒸发用水的要求：应尽可能用代表当地自然水体（江、河、湖）的水。在取自然水有困难的地区，也可使用饮用水（井水、自来水）。器内水要保持清洁，水面无漂浮物，水中无小虫及悬浮污物，无青苔，水色无显著改变。如不合要求，应及时换水。蒸发器换水时，换入水的温度应与原有水的温度相接近。要经常清除掉入器内的蛙、虫、杂物。

与自动观测水位计相比，人工观测精度要差一些，人工测量允许的偏差为（5±10）mm。

3.3.3.4 观测数据

具体数据见表3-133、表3-134。

表 3-133 海伦站气象观测场蒸发量观测数据

时间（年-月）	月蒸发量/mm	水温/℃
2010-5	67.30	18.50
2010-6	145.30	24.10
2010-7	87.50	24.70
2010-8	56.40	21.60
2010-9	91.90	15.50
2010-10	31.00	8.80
2011-5	64.57	15.00
2011-6	125.83	20.34
2011-7	96.96	25.93
2011-8	81.64	22.13
2011-9	82.63	12.59
2011-10	26.23	8.94
2012-5	74.75	15.70
2012-6	119.66	18.50
2012-7	121.55	19.70
2012-8	105.26	16.90
2012-9	57.79	11.90
2012-10	33.98	5.60
2013-5	73.15	14.94
2013-6	95.49	20.34
2013-7	99.42	25.92
2013-8	73.04	21.77
2013-9	74.24	12.59
2013-10	28.54	8.94
2014-5	116.15	14.40
2014-6	169.12	19.70
2014-7	164.50	25.30
2015-5	62.44	—
2015-6	104.07	—
2015-7	120.37	—
2015-8	75.40	—
2015-9	70.42	—
2015-10	27.92	—

表3-134　海伦站气象观测场地下水位观测数据

时间（年-月）	植被名称	地下水埋深/m	标准差	重复数
2009-1	无	19.00	—	1
2009-2	无	20.00	—	1
2009-3	无	20.90	—	1
2009-4	无	21.20	—	1
2009-5	玉米	22.00	0.40	3
2009-6	玉米	22.60	0.12	3
2009-7	玉米	21.60	0.55	3
2009-8	玉米	20.20	0.25	3
2009-9	玉米	19.70	0.26	3
2009-10	玉米	19.60	0.06	3
2009-11	无	19.70	—	1
2009-12	无	20.00	—	1
2010-1	无	20.00	—	1
2010-2	无	20.40	—	1
2010-3	无	20.40	—	1
2010-4	无	20.30	—	1
2010-5	大豆	20.20	0.12	3
2010-6	大豆	20.10	0.12	3
2010-7	大豆	20.50	0.30	3
2010-8	大豆	21.40	0.12	3
2010-9	大豆	21.50	0.06	3
2010-10	大豆	21.30	0.06	3
2010-11	无	21.20	—	1
2010-12	无	20.90	—	1
2011-1	无	21.50	—	1
2011-2	无	22.20	—	1
2011-3	无	23.00	—	1
2011-4	无	22.30	—	1
2011-5	玉米	22.30	—	1
2011-6	玉米	21.20	0.67	3
2011-7	玉米	20.20	0.06	3
2011-8	玉米	20.00	0.06	3
2011-9	玉米	20.00	0.00	3
2011-10	玉米	20.00	—	1
2011-11	无	20.00	—	1
2011-12	无	19.90	—	1
2012-1	无	19.90	—	1
2012-2	无	19.80	—	1
2012-3	无	19.80	—	1

（续）

时间（年-月）	植被名称	地下水埋深/m	标准差	重复数
2012-4	无	20.10	—	1
2012-5	大豆	20.10	—	1
2012-6	大豆	19.83	0.29	3
2012-7	大豆	19.10	0.17	3
2012-8	大豆	18.50	0.40	3
2012-9	大豆	17.53	0.35	3
2012-10	大豆	17.20	—	1
2012-11	无	17.00	—	1
2012-12	无	17.00	—	1
2013-1	无	17.00	—	1
2013-2	无	17.00	—	1
2013-3	无	17.10	—	1
2013-4	无	17.10	—	1
2013-5	玉米	17.20	0.00	3
2013-6	玉米	17.37	0.06	3
2013-7	玉米	17.33	0.06	3
2013-8	玉米	16.77	0.21	3
2013-9	玉米	16.30	0.10	3
2013-10	玉米	16.10	0.00	3
2013-11	无	16.20	—	1
2013-12	无	15.90	—	1
2014-1	无	16.60	—	1
2014-2	无	16.60	—	1
2014-3	无	16.60	—	1
2014-4	无	16.70	—	1
2014-5	大豆	17.27	0.23	3
2014-6	大豆	16.70	0.20	3
2014-7	大豆	16.37	0.12	3
2014-8	大豆	16.50	0.00	3
2014-9	大豆	16.33	0.06	3
2014-10	大豆	16.10	0.00	3
2014-11	无	16.10	—	1
2014-12	无	15.80	—	1
2015-1	无	16.60	—	1
2015-2	无	16.70	—	1
2015-3	无	16.70	—	1
2015-4	无	16.70	—	1
2015-5	玉米	17.23	0.06	3
2015-6	玉米	16.60	0.10	3

（续）

时间（年-月）	植被名称	地下水埋深/m	标准差	重复数
2015 - 7	玉米	16.27	0.15	3
2015 - 8	玉米	16.13	0.06	3
2015 - 9	玉米	16.23	0.12	3
2015 - 10	玉米	16.17	0.12	3
2015 - 11	无	16.10	—	1
2015 - 12	无	16.30	—	1

3.4 气象观测数据

本数据集包括 2009—2015 年的气象数据，采集地为海伦站气象观测场，47°27′14″N，126°55′12″E，2004 年 11 月 12 日起，启用芬兰 VAISALA 生产的 MILOS520 自动监测系统。2015 年，启用芬兰 VAISALA 生产的 MAWS 自动监测系统。

观测项目有气温、最高气温、最低气温、相对湿度、最小湿度、露点温度、水气压、大气压、气压最大、气压最小、海平面气压、10 min 平均风向、10 min 平均风速、1 h 极大风向、1 h 极大风速、降水、地表温度、土壤温度（5、10、15、20、40、60、100 cm）。辐射要素有总辐射辐照度、反射辐射辐照度、紫外辐射辐照度、净辐射辐照度、光量子通量、光通量密度、紫外、净辐射、光通量、热通量及日照时数。

用“生态气象工作站”处理观测得到的数据，数据处理程序对观测数据进行质量审核，按照观测规范最终编制出观测报表文件。软件按照 Milos520 和 MAWS301 数据采集器的各要素观测的顺序，分别制成气象数据报表和辐射数据报表，简称 M 报表，在这个报表中进行质量审核和日统计处理部分的工作。M 报表最终审核处理完成，每月的数据文件达到了日观测的数据得到正确处理和确认，这时即可把 M 报表转换成“规范气象数据报表（A）”，简称为 A 报表，在 A 报表中统计处理旬、候、月的各要素，A 报表最后完成到达观测规范的要求，数据处理完成。

海伦站气象数据管理由气象监测支撑岗和数据库管理岗两个岗共同负责，两岗对数据管理及备份上互相交叉，职责都是保存和备份站大气监测数据及原始数据。气象监测支撑岗整理及计算每年度的年报表，并负责站自动数据原始资料、纸质资料、报表资料的保管归案工作。数据库负责人主要负责入库和备份原始数据及报表数据。

气象观察信息和数据是开展天气预报预警、气候预测预估、科学研究的基础，是推动气象科学发展的原动力，在防灾减灾，应对气候变化和大气科学方面具有重要的意义。海伦站自动气象仪器有时出故障，造成数据缺失，本部分数据只包括月尺度数据，如果想获得小时尺度和日尺度数据，可以登录 http：//hla. cern. ac. cn/查寻，或联系数据管理员，邮箱：limeng@iga. ac. cn。

3.4.1 自动观测气象数据

3.4.1.1 气温数据集

（1）概述

空气温度（简称气温）是表示空气冷热程度的物理量。观测项目及其单位：定时气温，日最高、日最低气温，以摄氏度（℃）为单位，取 1 位小数。本数据集包括 2009—2015 年的数据，采集地为海伦站气象观测场，47°27′14″N，126°55′12″E，使用芬兰 VAISALA 生产的 MILOS520 和 MAWS 自动监测系统。观测项目有气温、最高气温、最低气温。数据来源：观测报表文件（T 表）。

（2）数据采集和处理方法

数据采集由芬兰 VAISALA 生产的 MILOS520 和 MAWS 自动气象站采集，由中国生态系统研究网络气象报表分自动生成的 M 报表、A 报表和数据质量控制表（B2 表）组成。数据报表编制打开“生态气象工作站”，启动数据处理程序，数据处理程序将对观测数据进行自动处理、质量审核，按照观测规范最终编制出 T 表。

HMP45D 温度传感器观测。每 10 s 采测 1 个温度值，每分钟采测 6 个温度值，去除 1 个最大值和 1 个最小值后取平均值，作为每分钟的温度值存储。采测整点的温度值作为正点数据存储。观测层次：1.5 m。

（3）数据质量控制和评估

按 CERN 监测规范的要求，海伦站自动观测采用 MILOS520 和 MAWS 自动气象站，从 2004 年 11 月开始运行，系统稳定性较好，产生的数据质量也较好，但海伦站所处地域为高寒地区，寒冷期长达 6 个月，同时夏季降雨集中，有时会产生涝灾，因此对自动站的维护要求较高。

数据质量控制：

①超出气候学界限值域－80～60 ℃的数据为错误数据。

②1 min 内允许的最大变化值为 3 ℃，1 h 内变化幅度的最小值为 0.1 ℃。

③定时气温大于等于日最低气温且小于等于日最高气温。

④气温大于等于露点温度。

⑤24 h 气温变化范围小于 50 ℃。

⑥利用与台站下垫面及周围环境相似的一个或多个邻近站观测数据计算本站气温值，比较台站观测值和计算值，如果超出阈值即认为观测数据可疑。

⑦某一定时气温缺测时，用前、后两次的定时数据内插求得，按正常数据统计，若连续两个或以上定时数据缺测时，不能内插，仍按缺测处理。

⑧一日中若 24 次定时观测记录有缺测时，该日用 2：00、8：00、14：00、20：00 的定时记录的数据求日平均，若 4 次定时记录缺测 1 次或以上，但该日各定时记录缺测 5 次或以下时，按实有记录作日统计，缺测 6 次或以上时，不做日平均。本部分数据质量较高，没有缺测。

（4）数据价值/数据使用方法和建议

气象学上把表示空气冷热程度的物理量称为气温。天气预报中所说的气温，指在野外空气流通、不受太阳直射下测得的空气温度（一般在百叶箱内测定）。最高气温是一日内气温的最高值，一般出现在 14：00—15：00；最低气温是一日内气温的最低值，一般出现在日出前。温度除受地理纬度影响外，还受地势高低的影响，随地势高度的增加而降低。海伦的地理纬度南北相差不到 1°，而地势高度自西南向东北逐渐升高，高差 200 m 左右，因此温度自西南向东北递降。海伦站气温数据没有缺失，并且自动数据和人工数据均较好，有较高利用价值。

（5）观测数据

具体数据见表 3－135、表 3－136。

表 3－135　空气温度

时间（年-月）	日平均值月平均/℃	日最大值月平均/℃	日最小值月平均/℃	月极大值/℃	极大值日期（日）	月极小值/℃	极小值日期（日）
2009－1	－21.1	－15.4	－26.8	－6.2	28	－33.0	24
2009－2	－17.7	－11.9	－23.6	－4.4	12	－30.9	18
2009－3	－9.2	－3.1	－15.4	4.7	31	－25.5	1

（续）

时间（年-月）	日平均值月平均/℃	日最大值月平均/℃	日最小值月平均/℃	月极大值/℃	极大值日期（日）	月极小值/℃	极小值日期（日）
2009-4	7.6	14.0	0.8	24.7	29	−7.9	15
2009-5	16.2	24.1	8.3	33.6	20	−2.3	13
2009-6	17.1	21.8	13.4	26.3	26	7.3	1
2009-7	21.0	25.8	16.7	30.9	29	13.2	19
2009-8	20.1	25.5	15.2	31.0	9	6.6	29
2009-9	12.9	19.7	6.7	27.4	4	−0.4	26
2009-10	4.5	10.6	−1.3	18.2	1	−11.1	31
2009-11	−11.2	−6.3	−15.9	12.8	6	−26.5	27
2009-12	−20.9	−16.4	−25.5	−3.4	11	−38.1	31
2010-1	−22.6	−17.3	−27.6	−6.1	19	−37.2	13
2010-2	−20.3	−14.1	−26.3	−3.3	24	−38.9	2
2010-3	−11.7	−5.7	−18.2	2.6	30	−26.5	7
2010-4	1.6	6.3	−2.5	16.3	25	−12.2	6
2010-5	14.6	20.4	9.2	32.1	23	1.8	9
2010-6	24.1	35.3	17.5	154.3	2	9.9	22
2010-7	22.0	27.3	17.1	30.5	3	11.1	28
2010-8	19.5	24.8	14.9	29.9	26	10.5	31
2010-9	14.7	22.7	7.5	32.9	14	−3.5	23
2010-10	4.3	10.7	−1.1	25.6	9	−10.4	27
2010-11	−6.5	−2.0	−10.7	8.6	6	−24.4	30
2010-12	−20.4	−15.9	−25.3	−7.1	31	−35.7	24
2011-1	−25.1	−20.3	−29.6	−8.9	1	−38.2	14
2011-2	−16.6	−10.6	−22.6	2.1	22	−31.0	9
2011-3	−8.3	−2.3	−14.3	13.2	31	−23.1	2
2011-4	5.5	12.0	−0.4	23.1	14	−4.9	2
2011-5	13.7	19.8	7.9	29.5	25	1.8	2
2011-6	20.1	26.9	14.1	45.7	16	9.6	24
2011-7	22.9	27.9	18.9	31.8	5	15.8	3
2011-8	20.6	26.5	15.4	29.5	8	10.0	17
2011-9	12.4	19.8	5.7	25.0	12	−3.3	30
2011-10	6.6	13.1	1.0	19.4	12	−6.2	17
2011-11	−8.0	−2.7	−12.5	12.6	1	−25.2	30
2011-12	−20.3	−14.9	−25.1	−8.7	2	−33.9	24
2012-1	−24.9	−19.3	−29.8	−14.8	18	−33.4	23
2012-2	−18.2	−11.2	−24.3	−1.6	28	−33.3	1
2012-3	−5.8	0.7	−12.1	13.1	28	−21.0	3
2012-4	4.8	11.7	−1.0	23.8	19	−14.3	6
2012-5	14.7	21.0	7.9	31.5	21	0.4	1

（续）

时间（年-月）	日平均值月平均/℃	日最大值月平均/℃	日最小值月平均/℃	月极大值/℃	极大值日期（日）	月极小值/℃	极小值日期（日）
2012-6	20.5	25.8	15.7	31.8	28	11.5	1
2012-7	22.4	27.3	17.2	31.9	8	−16.2	1
2012-8	19.5	25.7	14.0	29.8	7	8.3	30
2012-9	14.5	20.8	9.7	27.4	1	−0.5	30
2012-10	4.3	9.8	−0.3	20.5	2	−11.2	30
2012-11	−8.5	−3.9	−13.3	5.3	6	−27.4	30
2012-12	−23.3	−18.9	−27.8	−8.7	3	−34.6	26
2013-1	−24.8	−19.7	−29.5	−10.0	31	−36.4	12
2013-2	−19.5	−13.7	−25.2	−5.1	28	−35.1	7
2013-3	−11.4	−5.7	−17.3	0.6	27	−26.7	8
2013-4	5.5	11.1	−0.4	23.1	12	−9.9	1
2013-5	15.9	22.0	10.1	34.4	31	0.3	1
2013-6	20.2	25.7	15.1	32.8	24	8.8	2
2013-7	21.9	26.6	17.9	30.0	14	12.9	13
2013-8	20.6	25.3	16.2	30.5	1	5.5	30
2013-9	13.4	20.3	6.9	25.5	5	0.6	29
2013-10	5.3	10.4	0.2	18.3	6	−7.5	29
2013-11	−5.9	−1.9	−9.9	10.9	4	−19.9	11
2013-12	−17.3	−12.8	−21.5	−2.1	4	−27.4	13
2014-1	−22.3	−17.3	−27.5	−3.9	24	−34.7	12
2014-2	−18.7	−12.0	−25.1	3.1	26	−33.7	4
2014-3	−3.9	2.1	−9.7	13.8	26	−24.1	2
2014-4	8.7	15.5	1.6	27.9	30	−5.4	17
2014-5	13.0	18.3	8.2	32.7	31	0.5	8
2014-6	21.8	27.8	15.8	36.0	2	11.8	13
2014-7	21.3	26.1	17.1	30.5	1	12.2	25
2014-8	20.4	26.1	15.7	29.0	1	10.8	7
2014-9	13.8	20.2	8.2	26.7	6	−2.6	30
2014-10	3.9	11.7	−1.6	49.7	28	−9.1	21
2014-11	−5.5	−0.4	−10.0	5.8	26	−16.4	13
2014-12	−19.6	−15.5	−23.6	−6.8	28	−32.6	17
2015-1	−18.5	−13.2	−23.2	−7.5	23	−28.4	27
2015-2	−13.4	−7.7	−19.4	0.3	21	−31.3	9
2015-3	−4.5	1.0	−9.9	16.8	26	−25.7	10
2015-4	5.9	12.0	0.0	27.3	26	−13.0	7
2015-5	12.1	18.2	6.7	29.8	24	−1.1	7
2015-6	20.5	26.0	15.6	34.2	16	7.6	3
2015-7	22.2	27.6	17.0	32.6	10	10.9	3

（续）

时间（年-月）	日平均值月平均/℃	日最大值月平均/℃	日最小值月平均/℃	月极大值/℃	极大值日期（日）	月极小值/℃	极小值日期（日）
2015-8	21.2	25.9	17.3	29.7	13	13.3	26
2015-9	13.5	20.2	7.0	29.3	17	−2.3	29
2015-10	4.5	10.5	−0.8	22.8	7	−9.5	30
2015-11	−7.5	−2.5	−12.4	11.6	4	−22.8	24
2015-12	−16.4	−12.3	−20.7	−5.1	9	−34.3	26

表3-136　露点温度

时间（年-月）	日平均值月平均/℃	日最大值月平均/℃	日最小值月平均/℃	月极大值/℃	极大值日期（日）	月极小值/℃	极小值日期（日）
2009-1	−26.4	−21.3	−31.4	−6.6	28	−44.9	3
2009-2	−21.2	−17.1	−25.6	−10.9	8	−33.4	18
2009-3	−13.2	−8.2	−18.2	0.3	5	−28.1	1
2009-4	−4.1	−0.6	−7.6	5.1	14	−13.3	6
2009-5	−1.2	4.0	−6.1	13.7	1	−16.2	12
2009-6	14.1	16.2	12.1	22.1	28	3.0	1
2009-7	18.1	19.9	16.2	23.0	30	10.9	7
2009-8	17.1	19.3	14.8	24.3	11	3.0	28
2009-9	7.9	11.1	4.8	19.7	4	−3.2	24
2009-10	−2.6	0.6	−5.4	13.2	1	−21.0	31
2009-11	−16.6	−13.0	−20.7	4.5	7	−28.8	27
2009-12	−23.8	−19.6	−28.1	−3.5	11	−42.1	31
2010-1	−25.3	−20.5	−30.0	−6.4	19	−41.2	13
2010-2	−24.0	−19.4	−28.7	−3.8	24	−42.2	2
2010-3	−15.5	−11.1	−20.3	1.0	31	−28.9	8
2010-4	−3.3	0.2	−6.3	8.2	30	−11.8	6
2010-5	7.6	10.5	4.7	15.7	18	−7.2	4
2010-6	13.9	16.9	10.9	23.7	30	2.1	7
2010-7	18.7	20.9	16.0	24.8	26	7.6	31
2010-8	16.9	19.3	14.5	23.5	18	8.2	31
2010-9	5.7	9.2	2.0	18.1	5	−11.8	23
2010-10	−3.3	−0.4	−6.5	12.9	9	−17.7	26
2010-11	−11.5	−8.2	−14.6	2.0	20	−27.1	30
2010-12	−23.7	−19.4	−28.1	−10.1	19	−38.3	24
2011-1	−28.7	−25.0	−32.7	−13.5	1	−43.0	14
2011-2	−20.7	−16.2	−25.4	−3.9	23	−33.3	9
2011-3	−13.0	−8.7	−16.9	2.0	31	−25.7	2
2011-4	−6.9	−2.6	−10.4	4.8	30	−21.1	9

（续）

时间（年-月）	日平均值月平均/℃	日最大值月平均/℃	日最小值月平均/℃	月极大值/℃	极大值日期（日）	月极小值/℃	极小值日期（日）
2011-5	3.4	6.5	−0.1	15.1	29	−10.6	2
2011-6	11.4	14.0	8.8	19.0	20	2.6	21
2011-7	19.0	20.7	17.1	23.1	24	13.4	4
2011-8	16.9	19.0	14.6	24.7	9	7.9	16
2011-9	4.3	7.4	1.4	15.5	14	−5.1	17
2011-10	−0.4	2.7	−3.6	8.8	21	−11.4	17
2011-11	−12.5	−9.0	−15.8	9.2	1	−28.9	30
2011-12	−24.0	−20.2	−28.0	−9.9	14	−37.4	24
2012-1	−28.9	−24.9	−32.6	−20.0	19	−37.1	25
2012-2	−23.8	−19.1	−28.0	−8.8	29	−35.4	1
2012-3	−15.1	−10.3	−19.4	2.3	29	−29.6	17
2012-4	—	−2.0	−11.7	11.8	25	−21.7	6
2012-5	3.3	6.9	−0.4	13.4	31	−10.4	23
2012-6	14.2	16.5	11.7	19.2	25	6.5	2
2012-7	18.4	20.2	16.6	24.5	26	12.7	30
2012-8	15.0	17.7	12.6	23.0	8	5.8	21
2012-9	9.9	12.5	7.5	20.2	2	−1.7	30
2012-10	−0.9	2.0	−3.2	11.1	10	−13.5	30
2012-11	−11.3	−8.5	−14.6	1.0	12	−29.7	30
2012-12	−26.1	−22.0	−30.3	−9.7	3	−38.5	26
2013-1	−28.1	−24.2	−32.0	−14.7	31	−39.7	8
2013-2	−23.1	−19.0	−27.4	−8.2	27	−38.1	7
2013-3	−15.4	−10.5	−19.7	0.1	27	−29.8	8
2013-4	−6.7	−3.0	−10.1	4.8	28	−21.1	7
2013-5	5.7	9.1	2.1	16.4	28	−10.9	1
2013-6	13.3	15.6	10.5	19.2	30	−3.6	2
2013-7	18.2	20.1	16.3	22.6	19	10.5	11
2013-8	17.4	19.1	15.0	23.9	8	4.2	27
2013-9	6.9	10.3	3.5	16.7	10	−6.8	29
2013-10	−1.1	2.4	−4.2	10.8	10	−12.1	15
2013-11	−9.2	−5.6	−12.1	4.7	6	−23.1	11
2013-12	−19.7	−16.3	−23.3	−5.7	4	−30.2	13
2014-1	−25.9	−21.5	−30.2	−7.1	24	−38.9	12
2014-2	−22.9	−18.4	−27.6	0.0	26	−37.6	12
2014-3	−9.7	−6.2	−13.1	5.8	26	−27.4	1
2014-4	−5.4	−1.3	−9.6	8.0	25	−25.1	17
2014-5	6.2	9.1	2.7	16.0	31	−14.9	2
2014-6	13.9	16.9	10.7	22.5	30	4.0	14

（续）

时间（年-月）	日平均值月平均/℃	日最大值月平均/℃	日最小值月平均/℃	月极大值/℃	极大值日期（日）	月极小值/℃	极小值日期（日）
2014-7	18.1	20.2	15.8	24.7	21	11.0	4
2014-8	16.7	18.6	14.7	23.5	1	10.2	11
2014-9	8.0	10.6	5.3	17.8	5	−9.9	29
2014-10	−3.7	0.2	−7.3	12.1	11	−17.7	20
2014-11	−10.5	−7.0	−13.5	1.8	21	−23.8	13
2014-12	−22.6	−19.2	−26.0	−8.7	28	−35.1	17
2015-1	−22.1	−18.6	−25.7	−11.5	5	−31.2	27
2015-2	−16.9	−12.5	−21.7	−0.2	21	−34.1	9
2015-3	−10.0	−6.2	−14.0	3.7	29	−27.1	10
2015-4	−3.8	−0.3	−7.6	8.1	29	−17.9	4
2015-5	4.1	7.9	0.8	14.5	28	−9.8	1
2015-6	13.2	15.7	10.5	20.5	23	−1.1	2
2015-7	16.6	18.4	14.7	22.7	24	8.8	4
2015-8	17.9	19.6	16.1	22.8	6	12.3	27
2015-9	8.2	11.0	5.4	18.7	1	−5.3	29
2015-10	−2.2	1.3	−5.5	13.4	6	−15.6	25
2015-11	−13.5	−10.6	−16.3	5.4	14	−25.5	24
2015-12	−19.6	−16.3	−23.1	−7.1	2	−37.4	26

3.4.1.2　降水数据集

（1）概述

降水是指从天空降落到地面上的液态或固态（经融化后）的水。降水观测包括降水量和降水强度。降水量是指某一时段内的未经蒸发、渗透、流失的降水，在水平面上积累的深度。以 mm 为单位，取 1 位小数。海伦站测量降水的仪器为翻斗式雨量计。本数据集包括 2009—2015 年的数据，采集地为海伦站气象观测场，47°27′14″N，126°55′12″E，使用芬兰 VAISALA 生产的 MILOS520 和 MAWS 自动监测系统。观测项目为降水。

（2）数据采集和处理方法

数据采集由芬兰 VAISALA 生产的 MILOS520 和 MAWS 自动气象站采集，由中国生态系统研究网络气象报表分自动生成的 M 报表、A 报表和 B2 表组成。报表大部分由软件自动生成。海伦站采用 RG13 h 型雨量计观测降水，每分钟计算出 1 min 降水量，正点时计算、存储 1 h 的累积降水量，每日 20：00 存储每日累积降水。观测层次：距地面 70 cm。

（3）数据质量控制和评估

按 CERN 监测规范的要求，海伦站自动观测采用 MILOS520 和 MAWS 自动气象站，从 2004 年 11 月开始运行，系统稳定性较好，产生的数据质量也较好，但海伦站处于高寒地区，对自动站的维护要求较高。同时需保持雨量器清洁，每次巡视仪器时，注意清除承水器、储水瓶内的昆虫、尘土、树叶等杂物。定期检查雨量器的高度、水平，发现不符合要求时应及时纠正；如外筒有漏水现象，应及时修理或撤换。

数据质量控制：

①降雨强度超出气候学界限值域 0～400 mm/min 的数据为错误数据。

②降水量大于 0.0 mm 或者微量时，应有降水或者雪暴天气现象。

③一日中各时降水量缺测数小时但不是全天缺测时，按实有记录做日合计。全天缺测时，不做日合计，按缺测处理。本数据质量较高，没有缺测。

（4）数据价值/数据使用方法和建议

降水是指空气中的水汽冷凝并降落到地表的现象，它包括两部分，一是大气中水汽直接在地面或地物表面及低空的凝结物，如霜、露、雾和雾凇，又称为水平降水；二是由空中降落到地面上的水汽凝结物，如雨、雪、霰雹、雨淞等，又称为垂直降水。海伦每年一般在 10 月 10 日前后开始下雪，一直到来年的 5 月初，但降雪量都很少，充分表现了大陆性季风气候的特点，全年降水量一般在 500～600 mm，其中 85%集中在生长季内，水分条件比较充沛，并且是水热同季，对发展农业较为有利。海伦降水日数的分布和降水量基本一致，自西南向东北逐渐增多。由于冬季结冰，如果计算全年降水数据，海伦站自动观测降水还应加上冬季人工观测降水数据。

（5）观测数据

具体数据见表 3－137。

表 3－137 降 水

时间（年-月）	月合计值/mm	月小时降水极大值/mm	极大值日期（日）
2009－1	0.0	0.0	1
2009－2	0.0	0.0	1
2009－3	0.2	0.2	6
2009－4	11.6	2.4	14
2009－5	12.6	3.4	30
2009－6	235.2	20.8	29
2009－7	75.8	5.8	16
2009－8	58.2	7.4	20
2009－9	28.8	10.2	5
2009－10	6.6	1.6	1
2009－11	0.0	0.0	1
2009－12	0.0	0.0	1
2010－1	0.0	0.0	1
2010－2	0.0	0.0	1
2010－3	8.6	1.4	14
2010－4	23.4	3.6	29
2010－5	82.8	3.2	6
2010－6	5.0	3.4	29
2010－7	81.0	11.0	2
2010－8	95.4	13.0	23
2010－9	21.2	3.2	27
2010－10	3.6	0.8	16
2010－11	6.8	2.0	21
2010－12	0.0	0.0	1
2011－1	0.0	0.0	1

（续）

时间（年-月）	月合计值/mm	月小时降水极大值/mm	极大值日期（日）
2011-2	1.0	0.6	21
2011-3	1.8	0.6	13
2011-4	2.0	1.0	7
2011-5	51.8	7.2	28
2011-6	65.0	9.6	9
2011-7	223.0	27.0	22
2011-8	81.6	12.6	1
2011-9	26.4	2.4	28
2011-10	5.0	1.2	16
2011-11	4.6	0.8	4
2011-12	0.0	0.0	1
2012-1	0.0	0.0	1
2012-2	0.0	0.0	1
2012-3	6.2	1.0	16
2012-4	13.8	1.6	27
2012-5	32.2	5.6	28
2012-6	111.4	8.8	8
2012-7	160.0	13.6	1
2012-8	109.4	15.0	8
2012-9	89.2	18.2	12
2012-10	55.6	5.2	10
2012-11	18.2	1.6	12
2012-12	0.0	0.0	1
2013-1	0.0	0.0	1
2013-2	0.0	0.0	1
2013-3	6.6	1.2	27
2013-4	1.2	1.0	5
2013-5	45.0	3.8	10
2013-6	48.2	4.8	8
2013-7	318.0	34.8	30
2013-8	235.0	46.8	9
2013-9	44.0	6.0	19
2013-10	14.8	2.2	1
2013-11	2.0	1.0	14
2013-12	0.0	0.0	1
2014-1	0.0	0.0	1
2014-2	0.0	0.0	1
2014-3	0.0	0.0	1

（续）

时间（年-月）	月合计值/mm	月小时降水极大值/mm	极大值日期（日）
2014-4	3.2	1.2	20
2014-5	87.6	7.0	25
2014-6	106.6	11.8	23
2014-7	176.8	29.4	21
2014-8	55.4	10.6	20
2014-9	74.4	9.4	1
2014-10	22.8	3.0	24
2014-11	5.6	0.8	1
2014-12	0.0	0.0	1
2015-1	0.0	0.0	1
2015-2	4.6	0.6	21
2015-3	2.4	0.6	16
2015-4	5.0	1.4	5
2015-5	43.6	2.4	12
2015-6	94.8	15.0	25
2015-7	55.8	10.8	26
2015-8	90.4	11.0	19
2015-9	24.4	4.0	25
2015-10	25.8	2.6	8
2015-11	2.4	1.0	15
2015-12	4.0	0.6	15

3.4.1.3 太阳辐射

（1）概述

气象站的辐射测量，包括太阳辐射与地球辐射两部分。地球上的辐射能来源于太阳，太阳辐射能量的99.9%集中在0.20～10.00 μm的波段，其中，波长短于0.4 μm的称为紫外辐射，0.40～0.73 μm的称为可见光辐射，而长于0.73 μm的称为红外辐射。此外，太阳光谱在0.29～3.00 μm范围，称为短波辐射，目前气象站主要观测这部分太阳辐射。地球辐射是地球表面、大气、气溶胶和云层所发射的长波辐射，波长范围为3～100 μm。地球辐射能量的99%波长大于5 μm。本数据集包括2009—2015年的数据，采集地为海伦站气象观测场，47°27′14″N，126°55′12″E，使用芬兰VAISALA生产的MILOS520和MAWS自动监测系统。指标：总辐射量、净辐射、反射辐射、紫外辐射、光合有效辐射、热通量和日照时数。

（2）数据采集和处理方法

数据采集由芬兰VAISALA生产的MILOS520和MAWS自动气象站采集，由中国生态系统研究网络气象报表分自动生成的M报表、A报表和B2表组成。报表大部分由软件自动生成。每10 s采测1次，每分钟采测6次辐照度（瞬时值），去除1个最大值和1个最小值后取平均值。正点（地方平均太阳时）采集存储辐照度，同时计存储曝辐量（累积值）。观测层次：距地面1.5 m处。

（3）数据质量控制和评估

辐射仪器注意事项：

①检查仪器是否水平，感应面与玻璃罩是否完好等。检查仪器是否清洁，玻璃罩如有尘土、霜、雾、雪和雨滴时，应用镜头刷或麂皮及时清除干净，注意不要划伤或磨损玻璃。

②玻璃罩不能进水，罩内也不应有水汽凝结物。检查干燥器内硅胶是否变潮（由蓝色变成红色或白色），否则要及时更换。受潮的硅胶，可在烘箱内烤干，变回蓝色后再使用。

③总辐射表防水性能较好，一般短时间或降水较小时可以不加盖。但降大雨（雪、冰雹等）或较长时间的雨雪，为保护仪器，观测员应根据具体情况及时加盖，雨停后即把盖打开。如遇强雷暴等恶劣天气时，也要加盖并加强巡视，发现问题及时处理。

数据质量控制：

①总辐射最大值不能超过气候学界限值 2 000 W/m^2。

②当前瞬时值与前一次值的差异小于最大变幅 800 W/m^2。

③小时总辐射量大于等于小时净辐射、反射辐射和紫外辐射；除阴天、雨天和雪天外，总辐射一般在中午前后出现极大值。

④小时总辐射累积值应小于同一地理位置大气层顶的辐射总量，小时总辐射累积值可以稍微大于同一地理位置在大气具有很大透过率和非常晴朗天空状态下的小时总辐射累积值，所有夜间观测的小时总辐射累积值小于 0 时用 0 代替。

⑤辐射曝辐量缺测数小时但不是全天缺测时，按实有记录做日合计，全天缺测时，不做日合计。本部分数据质量较高，可以作为科学研究资料使用。

（4）数据价值/数据使用方法和建议

太阳光能是形成农业产量的基本因素，采取先进的农业技术措施，最大限度的利用光能资源，提高农业产品产量是农业现代化的重要任务之一。海伦太阳辐射是相当丰富的，各月太阳总辐射以 6 月最多，12 月最少。海伦的年平均太阳辐射总量为 465.97 kJ/cm^2，用于农业生产上的辐射量只有年辐射量的 50%左右。根据海伦目前的平均粮豆产量来计算，光能利用率只有 0.3%，因此海伦的光合潜力是很大的，如能将生长季内光能利用率提高到 1%，海伦的粮豆亩产可达到 332 kg，将光能利用率提高到 2%则粮豆产量可达 663 kg/亩，可见采取先进的农业技术措施，提高光能利用率是提高粮食产量的重要途径。

（5）观测数据

具体数据见表 3-138。

表 3-138 太阳辐射

时间（年-月）	总辐射月合计值/（W/m^2）	反射辐射月合计值/（W/m^2）	紫外辐射月合计值/（W/m^2）	净辐射月合计值/（W/m^2）	光合有效辐射月合计值/（mol/m^2）	热通量月合计/（W/m^2）	日照小时数月合计值/h	日照分钟数月合计值/min
2009-1	191.253	151.836	6.145	−64.376	272.167	−29.569	24	44
2009-2	301.972	224.898	10.915	−29.000	454.252	−17.392	138	51
2009-3	485.634	298.472	18.970	54.565	807.207	10.198	232	28
2009-4	598.169	116.809	21.485	249.102	1 254.632	75.109	263	26
2009-5	667.569	138.707	24.737	286.307	1 136.991	119.159	260	14
2009-6	510.274	93.457	22.486	225.767	1 070.148	61.307	134	38
2009-7	618.190	119.553	26.059	313.942	—	19.013	229	11
2009-8	582.510	116.386	23.319	274.670	1 059.852	3.413	235	36
2009-9	436.903	94.948	16.696	170.191	—	−11.690	210	16
2009-10	320.904	78.253	11.191	69.280	—	−24.660	198	19
2009-11	205.135	105.546	6.939	−27.372	373.080	−35.369	75	50

（续）

时间（年-月）	总辐射月合计值/（W/m²）	反射辐射月合计值/（W/m²）	紫外辐射月合计值/（W/m²）	净辐射月合计值/（W/m²）	光合有效辐射月合计值/（mol/ m²）	热通量月合计/（W/m²）	日照小时数月合计值/h	日照分钟数月合计值/min
2009-12	146.762	124.165	5.203	−66.196	240.363	−20.895	2	49
2010-1	172.487	154.593	5.868	−46.063	273.520	−15.269	41	2
2010-2	289.695	215.501	10.394	−29.437	430.897	−12.728	141	5
2010-3	478.087	359.451	18.964	16.984	826.329	−5.691	224	41
2010-4	516.855	163.252	19.781	171.874	—	26.853	195	29
2010-5	581.906	107.364	23.863	259.964	—	58.010	204	18
2010-6	725.993	130.362	28.766	375.753	1 371.383	75.924	291	39
2010-7	631.808	116.476	26.569	334.959	1 158.557	56.180	214	2
2010-8	474.954	96.794	20.292	223.589	822.845	25.297	168	10
2010-9	522.002	110.353	19.027	209.592	902.836	6.982	286	21
2010-10	293.036	69.481	8.783	63.927	532.392	−23.543	174	10
2010-11	179.492	77.799	5.511	−14.993	319.514	−30.032	59	9
2010-12	156.054	120.479	4.807	−56.268	287.368	−22.496	6	25
2011-1	201.107	159.097	3.756	−74.574	353.645	−19.040	23	27
2011-2	277.228	187.018	7.348	−27.846	466.385	−11.319	140	12
2011-3	515.432	278.894	15.740	69.151	892.576	10.080	288	40
2011-4	536.146	60.011	15.836	247.046	973.857	46.049	236	45
2011-5	568.393	79.071	17.793	263.580	1 090.447	57.872	200	12
2011-6	617.465	110.131	20.624	312.105	1 145.638	51.412	227	42
2011-7	604.096	111.440	20.807	335.893	1 124.237	35.478	195	54
2011-8	549.785	117.316	17.879	270.262	959.481	12.292	227	49
2011-9	474.663	98.532	14.257	176.442	798.039	−7.893	247	1
2011-10	291.773	78.921	7.283	56.509	522.570	−13.029	167	21
2011-11	221.277	86.131	4.963	−12.019	378.021	−28.027	99	20
2011-12	183.069	120.017	3.297	−72.486	286.176	−21.796	4	12
2012-1	210.311	148.665	3.950	−74.593	326.781	−22.927	24	34
2012-2	294.100	194.437	7.347	−18.072	494.054	−11.851	179	15
2012-3	421.914	124.558	11.171	124.494	694.810	4.638	206	59
2012-4	446.060	78.031	12.438	177.180	753.047	17.897	191	31
2012-5	644.087	98.126	19.772	279.522	1 145.430	73.061	252	53
2012-6	591.491	100.503	19.547	295.756	1 112.236	63.203	200	11
2012-7	587.241	110.980	19.412	312.981	1 149.256	36.033	193	6
2012-8	594.163	123.758	18.622	286.023	1 142.377	22.411	258	5
2012-9	368.996	75.926	13.838	133.604	672.476	−3.396	165	43
2012-10	270.919	64.335	10.314	42.389	427.030	−37.151	157	25
2012-11	188.517	107.738	6.773	−36.967	298.895	−36.528	43	1
2012-12	118.093	119.268	4.632	−37.706	235.015	−20.749	0	55
2013-1	197.068	147.724	6.279	−66.260	296.434	−15.447	14	38

（续）

时间（年-月）	总辐射月合计值/（W/m²）	反射辐射月合计值/（W/m²）	紫外辐射月合计值/（W/m²）	净辐射月合计值/（W/m²）	光合有效辐射月合计值/（mol/ m²）	热通量月合计/（W/m²）	日照小时数月合计值/h	日照分钟数月合计值/min
2013-2	285.269	218.308	10.283	−37.625	453.679	−9.697	119	45
2013-3	502.901	377.348	21.325	13.569	804.207	−1.013	246	14
2013-4	555.818	71.106	17.200	258.533	1 012.142	45.778	245	55
2013-5	588.873	99.397	23.832	271.997	939.049	77.805	234	20
2013-6	533.369	92.863	23.528	257.693	813.256	47.471	191	6
2013-7	544.292	99.623	24.427	266.987	874.485	64.447	191	50
2013-8	471.648	97.144	20.166	228.066	—	21.059	165	16
2013-9	438.992	93.552	17.069	166.494	775.063	−16.006	234	57
2013-10	289.701	72.552	9.969	52.319	508.939	−29.275	172	17
2013-11	171.075	101.946	6.832	−23.882	397.699	−18.899	49	47
2013-12	170.026	121.256	5.513	−69.321	249.456	−14.163	7	1
2014-1	201.497	148.424	6.705	−63.419	282.637	−11.921	23	25
2014-2	284.475	200.316	10.478	−29.639	420.690	−5.400	131	13
2014-3	464.978	137.477	16.387	150.390	769.555	23.224	277	44
2014-4	555.329	112.139	19.549	238.756	880.945	38.683	289	16
2014-5	465.413	88.335	20.142	191.677	914.127	29.928	149	5
2014-6	652.134	122.008	27.983	321.371	1 119.690	41.055	266	27
2014-7	529.909	104.270	22.707	257.603	881.849	32.391	167	6
2014-8	542.943	110.329	23.235	263.942	894.087	33.292	225	25
2014-9	427.216	92.439	17.096	157.141	750.549	−22.011	213	20
2014-10	306.657	72.266	9.983	45.460	527.674	−21.710	182	3
2014-11	191.518	73.829	5.471	−42.107	313.896	−49.124	71	32
2014-12	167.059	93.891	4.929	−61.528	250.851	−41.243	1	0
2015-1	206.326	112.322	6.806	−67.749	311.237	−29.517	29	12
2015-2	259.320	147.904	9.386	−32.882	424.602	−13.445	99	14
2015-3	444.048	180.824	16.607	45.017	—	26.141	217	13
2015-4	500.630	101.241	18.126	173.521	—	88.234	212	10
2015-5	543.205	84.623	22.361	230.793	996.015	114.071	192	7
2015-6	597.458	98.928	25.364	283.390	1 140.491	83.486	220	50
2015-7	683.020	130.973	28.983	372.838	1 453.012	65.091	301	12
2015-8	493.698	78.767	21.387	254.403	1 035.674	42.232	193	43
2015-9	440.426	92.039	17.639	180.072	888.459	3.542	242	1
2015-10	286.578	62.234	10.332	49.476	548.927	−27.914	189	48
2015-11	192.317	48.452	6.079	−14.212	335.192	−48.171	137	3
2015-12	143.239	113.188	5.148	−47.921	257.084	−24.627	50	57

3.4.1.4　相对湿度

（1）概述

空气湿度（简称湿度）是表示空气中的水汽含量和潮湿程度的物理量。地面观测中测定的是离地面 1.50 m 高度处的湿度。相对湿度是空气中实际水汽压与当时气温下的饱和水汽压之比，以百分数（%）表示，取整数。本数据集包括 2009—2015 年的数据，采集地为海伦站气象观测场，47°27′14″N，126°55′12″E，使用芬兰 VAISALA 生产的 MILOS520 和 MAWS 自动监测系统。HMP45D 湿度传感器观测。

（2）数据采集和处理方法

数据采集由芬兰 VAISALA 生产的 MILOS520 和 MAWS 自动气象站采集，由中国生态系统研究网络气象报表分自动生成的 M 报表、A 报表和 B2 表组成。每 10s 采测 1 个湿度值，每分钟采测 6 个湿度值，去除 1 个最大值和 1 个最小值后取平均值，作为每分钟的湿度值存储。正点时采测 00 min 的湿度值作为正点数据存储。观测层次：1.5 m。

（3）数据质量控制和评估

按 CERN 监测规范的要求，海伦站自动观测采用 MILOS520 和 MAWS 自动气象站，从 2004 年 11 月开始运行，系统稳定性较好，产生的数据质量也较好。

数据质量控制：

①相对湿度介于 0～100%。

②定时相对湿度大于等于日最小相对湿度。

③干球温度大于等于湿球温度（结冰期除外）。

④某一定时相对湿度缺测时，用前、后两次的定时数据内插求得，按正常数据统计，若连续两个或以上定时数据缺测时，不能内插，仍按缺测处理。

⑤一日中若 24 次定时观测记录有缺测时，该日用 2：00、8：00、14：00、20：00 定时记录计算日平均，若 4 次定时记录缺测 1 次或以上，但该日各定时记录缺测 5 次或以下时，按实有记录作日统计，缺测 6 次或以上时，不做日平均。

（4）数据价值/数据使用方法和建议

相对湿度，指空气中水汽压与相同温度下饱和水汽压的百分比，或湿空气的绝对湿度与相同温度下可能达到的最大绝对湿度之比，也可表示为湿空气中水蒸气分压力与相同温度下水的饱和压力之比。水蒸气时空分布通过潜热交换、辐射性冷却和加热、云的形成和降雨等方式，对天气和气候造成相当大的影响，从而影响动植物的生长环境，其变化是植被改变的主要动力，对农业生产产生一定的影响。因此，了解全球变化背景下相对湿度大变化趋势，对于了解环境的变化及调整生产具有重要的现实意义。

（5）观测数据

具体数据见表 3－139。

表 3－139 空气相对湿度

时间（年-月）	日平均值月平均/%	日最小值月平均/%	月极小值/%	极小值日期（日）
2009－1	69	59	15	1
2009－2	75	59	35	1
2009－3	74	57	39	19
2009－4	49	29	9	28
2009－5	37	18	9	3
2009－6	85	66	29	2
2009－7	86	64	38	7
2009－8	85	62	36	30

（续）

时间（年-月）	日平均值月平均/%	日最小值月平均/%	月极小值/%	极小值日期（日）
2009-9	75	44	24	29
2009-10	65	40	24	9
2009-11	69	54	26	3
2009-12	78	68	50	4
2010-1	78	69	52	28
2010-2	74	59	40	21
2010-3	75	57	41	14
2010-4	73	52	24	23
2010-5	68	43	15	27
2010-6	58	32	13	7
2010-7	83	59	31	13
2010-8	87	62	36	2
2010-9	60	29	17	23
2010-10	61	34	21	30
2010-11	70	56	26	2
2010-12	75	67	51	13
2011-1	72	64	53	6
2011-2	71	58	41	24
2011-3	70	51	33	6
2011-4	45	23	13	9
2011-5	55	31	12	2
2011-6	62	37	16	21
2011-7	80	57	35	5
2011-8	81	54	38	16
2011-9	63	32	17	20
2011-10	64	42	19	7
2011-11	72	50	22	3
2011-12	73	59	35	2
2012-1	70	58	43	9
2012-2	62	45	25	22
2012-3	52	28	14	20
2012-4	—	26	10	14
2012-5	52	28	11	3

（续）

时间（年-月）	日平均值月平均/%	日最小值月平均/%	月极小值/%	极小值日期（日）
2012-6	70	44	23	22
2012-7	79	58	45	13
2012-8	78	50	31	16
2012-9	77	49	24	27
2012-10	72	46	27	1
2012-11	81	65	25	3
2012-12	78	70	44	26
2013-1	74	62	41	6
2013-2	74	58	39	24
2013-3	73	54	38	8
2013-4	46	27	13	7
2013-5	57	32	11	25
2013-6	68	43	17	2
2013-7	81	60	32	13
2013-8	84	59	28	27
2013-9	69	38	18	29
2013-10	66	47	24	5
2013-11	80	65	29	8
2013-12	82	70	49	1
2014-1	73	60	43	28
2014-2	70	52	38	8
2014-3	66	42	15	29
2014-4	41	22	10	23
2014-5	69	43	13	3
2014-6	65	39	18	13
2014-7	83	59	42	4
2014-8	81	53	34	11
2014-9	72	41	16	24
2014-10	62	37	17	6
2014-11	70	52	23	27
2014-12	77	66	47	2
2015-1	74	59	45	8
2015-2	76	58	40	8

（续）

时间（年-月）	日平均值月平均/%	日最小值月平均/%	月极小值/%	极小值日期（日）
2015 - 3	69	48	22	25
2015 - 4	55	31	13	30
2015 - 5	63	37	14	1
2015 - 6	67	42	17	3
2015 - 7	73	50	31	4
2015 - 8	83	61	39	26
2015 - 9	74	45	25	29
2015 - 10	65	42	18	25
2015 - 11	65	46	20	7
2015 - 12	77	66	50	5

3.4.1.5　气压

（1）概述

气压是作用在单位面积上的大气压力，即等于单位面积上向上延伸到大气上界的垂直空气柱的重量。气压以 hPa 为单位，取一位小数。本数据集包括 2009—2015 年的数据，采集地为海伦站气象观测场，47°27′14″N，126°55′12″E，使用芬兰 VAISALA 生产的 MILOS520 和 MAWS 自动监测系统。

（2）数据采集和处理方法

数据采集由芬兰 VAISALA 生产的 MILOS520 和 MAWS 自动气象站采集，由中国生态系统研究网络气象报表分自动生成的 M 报表、A 报表和 B2 表组成。气压使用 DPA501 数字气压表观测，每 10 s 采测 1 个气压值，每分钟采测 6 个气压值，去除 1 个最大值和 1 个最小值后取平均值，作为每分钟的气压值，采测整点的气压值作为正点数据存储。观测层次：距地面小于 1 m。

（3）数据质量控制和评估

按 CERN 监测规范的要求，海伦站自动观测采用 MILOS520 和 MAWS 自动气象站，从 2004 年 11 月开始运行，系统稳定性较好，产生的数据质量也较好。

数据质量控制：

①超出气候学界限值域 300～1 100 hPa 的数据为错误数据。

②所观测的气压不小于日最低气压且不大于日最高气压，海拔高度大于 0 m 时，台站气压小于海平面气压，海拔高度等于 0 m 时，台站气压等于海平面气压，海拔高度小于 0 m 时，台站气压大于海平面气压。

③24 h 变压的绝对值小于 50 hPa。

④1 min 内允许的最大变化值为 1.0 hPa，1 h 内变化幅度的最小值为 0.1 hPa。

⑤某一定时气压缺测时，用前、后两次定时数据内插求得，按正常数据统计，若连续两个或以上定时数据缺测时，不能内插，仍按缺测处理。

⑥一日中若 24 次定时观测记录有缺测时，该日用 2：00、8：00、14：00、20：00 定时记录做日平均，若 4 次定时记录缺测 1 次或以上，但该日各定时记录缺测 5 次或以下时，按实有记录作日统计，缺测 6 次或以上时，不做日平均。

（4）数据价值/数据使用方法和建议

气压是作用在单位面积上的大气压力，即在数值上等于单位面积上向上延伸到大气上界的垂直空气柱所受到的重力。著名的马德堡半球实验证明了它的存在。气压不仅随高度变化，也随温度而异。气压的变化与天气变化密切相关。气压的大小与海拔高度、大气温度、大气密度等有关，一般随高度升高按指数律递减。气压有日变化和年变化。一年之中，冬季比夏季气压高。一天中，气压有 1 个最高值、1 个最低值，分别出现在 9：00—10：00 和 15：00—16：00，还有 1 个次高值和 1 个次低值，分别出现在 21：00—22：00 和 3：00—4：00。气压日变化幅度较小，一般为 0.1～0.4kPa，并随纬度增高而减小。气压变化与风、天气的好坏等关系密切，因而是重要气象因子。

（5）观测数据

具体数据见表 3 - 140～表 3 - 142。

表 3 - 140 气　压

时间（年-月）	日平均值月平均/hPa	日最大值月平均/hPa	日最小值月平均/hPa	月极大值/hPa	极大值日期（日）	月极小值/hPa	极小值日期（日）
2009 - 1	993.4	996.1	991.1	1 003.7	31	972.7	25
2009 - 2	988.7	992.1	984.8	1 002.8	1	972.7	12
2009 - 3	986.9	990.6	983.1	1 001.9	29	968.5	17
2009 - 4	983.7	986.9	980.9	994.7	10	966.5	14
2009 - 5	978.9	982.0	974.9	988.3	25	955.3	18
2009 - 6	973.5	975.6	971.4	985.8	16	955.2	20
2009 - 7	975.8	977.6	973.9	982.2	24	966.4	16
2009 - 8	979.8	982.3	977.4	990.0	16	960.7	20
2009 - 9	983.6	986.0	981.4	996.0	26	971.7	14
2009 - 10	986.4	989.1	983.5	1 004.2	30	970.4	19
2009 - 11	993.0	996.5	989.9	1 009.0	12	967.8	6
2009 - 12	991.6	994.5	988.6	1 003.2	3	978.7	25
2010 - 1	991.3	994.3	988.6	1 003.5	17	974.8	29
2010 - 2	991.6	994.7	988.8	1 003.2	12	974.0	24
2010 - 3	988.2	992.1	984.6	1 009.5	8	965.4	12
2010 - 4	984.3	987.2	981.1	993.5	18	966.6	1
2010 - 5	979.9	982.5	977.1	991.1	13	963.8	2
2010 - 6	979.5	981.1	977.5	988.1	6	969.8	19
2010 - 7	977.6	979.3	975.9	985.9	24	965.5	30
2010 - 8	980.2	983.1	977.2	992.9	26	965.6	21
2010 - 9	985.8	988.0	983.2	992.7	7	977.6	15
2010 - 10	989.7	992.3	987.2	1 001.5	19	977.0	14
2010 - 11	987.4	990.7	984.2	998.1	14	968.2	21
2010 - 12	985.0	988.9	980.7	997.4	13	967.9	26
2011 - 1	995.3	997.2	993.5	1 005.1	27	984.3	31
2011 - 2	991.6	994.8	988.2	1 009.3	27	973.3	23
2011 - 3	987.1	990.0	984.2	998.6	28	971.1	13
2011 - 4	981.6	985.0	978.2	996.1	2	962.9	14

（续）

时间（年-月）	日平均值月平均/hPa	日最大值月平均/hPa	日最小值月平均/hPa	月极大值/hPa	极大值日期（日）	月极小值/hPa	极小值日期（日）
2011-5	978.4	981.2	975.6	988.5	24	963.3	13
2011-6	975.8	977.8	973.7	987.7	25	967.6	9
2011-7	977.2	978.6	975.6	984.0	15	966.6	6
2011-8	980.8	982.4	978.8	991.5	26	969.9	1
2011-9	985.3	987.9	982.7	993.0	10	972.7	8
2011-10	987.3	989.9	984.5	995.9	27	965.8	16
2011-11	994.2	997.0	991.3	1 008.2	30	982.0	12
2011-12	996.1	998.8	993.7	1 006.3	29	984.7	10
2012-1	997.1	999.0	995.4	1 006.6	6	988.1	26
2012-2	989.5	992.1	987.4	998.0	1	981.4	8
2012-3	987.3	990.8	983.5	1 001.6	3	968.2	30
2012-4	978.8	982.6	975.7	991.5	2	964.5	27
2012-5	980.9	983.2	978.3	993.5	10	968.9	15
2012-6	978.1	980.0	975.9	988.3	1	966.1	7
2012-7	976.8	978.9	974.9	984.5	18	967.5	27
2012-8	981.2	983.1	979.0	988.0	2	967.2	29
2012-9	986.0	988.3	983.8	997.0	16	974.7	12
2012-10	987.0	989.9	983.7	998.1	29	972.5	17
2012-11	988.8	992.1	985.8	1 003.0	10	968.4	12
2012-12	992.7	995.6	990.0	1 001.3	26	979.2	3
2013-1	994.3	997.2	991.7	1 007.9	20	977.2	24
2013-2	990.9	994.3	987.6	1 002.9	25	975.7	27
2013-3	984.0	988.3	979.4	998.5	2	962.4	27
2013-4	979.4	982.8	976.4	992.5	19	962.9	12
2013-5	975.2	978.5	972.6	991.9	16	959.3	11
2013-6	977.9	980.3	975.8	989.6	5	963.2	1
2013-7	973.8	976.1	971.2	982.7	14	953.3	3
2013-8	975.7	977.7	973.9	984.3	20	966.0	5
2013-9	984.9	988.0	981.4	997.7	18	969.2	14
2013-10	990.8	993.3	988.0	1 000.5	6	976.2	11
2013-11	985.8	988.7	983.0	999.6	8	971.8	25
2013-12	991.3	993.8	989.0	1 006.8	17	964.4	31
2014-1	992.3	995.9	988.7	1 005.1	16	967.1	1
2014-2	998.0	1 000.8	995.0	1 008.4	13	967.0	2
2014-3	989.2	991.6	986.9	998.2	1	975.0	28
2014-4	986.6	988.8	983.8	995.6	3	973.8	30
2014-5	977.2	980.3	974.7	992.5	10	960.9	13
2014-6	978.8	980.4	976.7	985.4	10	969.2	25

（续）

时间（年-月）	日平均值月平均/hPa	日最大值月平均/hPa	日最小值月平均/hPa	月极大值/hPa	极大值日期（日）	月极小值/hPa	极小值日期（日）
2014 - 7	975.5	977.6	973.3	983.6	27	963.0	21
2014 - 8	981.5	982.9	980.0	989.8	29	973.9	11
2014 - 9	985.4	988.4	983.2	996.3	30	972.0	8
2014 - 10	989.8	993.4	986.1	1 001.1	28	972.1	26
2014 - 11	989.0	992.3	985.4	999.9	6	974.1	26
2014 - 12	990.4	993.7	987.7	1 004.6	9	973.2	3
2015 - 1	994.1	997.1	991.6	1 006.6	12	977.6	5
2015 - 2	990.8	993.8	988.0	1 005.9	2	972.7	22
2015 - 3	987.3	990.5	984.3	1 003.1	24	976.9	30
2015 - 4	983.0	986.9	979.0	1 005.9	12	961.6	16
2015 - 5	975.3	979.0	971.7	988.5	10	955.8	13
2015 - 6	976.5	978.6	974.2	985.2	19	961.1	1
2015 - 7	978.4	980.3	976.3	988.4	9	964.9	1
2015 - 8	980.3	982.3	979.0	990.1	25	967.3	4
2015 - 9	986.5	988.9	983.8	999.2	29	977.4	25
2015 - 10	984.9	988.9	981.3	1 001.6	25	962.2	2
2015 - 11	998.4	1 001.5	995.4	1 012.3	23	980.9	4
2015 - 12	993.7	996.9	990.9	1 006.7	7	972.8	4

表 3 - 141　海平面气压

时间（年-月）	日平均值月平均/hPa	日最大值月平均/hPa	日最小值月平均/hPa	月极大值/hPa	极大值日期（日）	月极小值/hPa	极小值日期（日）
2009 - 1	1 025.8	1 028.8	1 023.1	1 036.6	31	1 004.9	25
2009 - 2	1 020.5	1 024.1	1 016.3	1 035.1	1	1 003.0	12
2009 - 3	1 017.6	1 021.6	1 013.6	1 033.6	1	997.4	17
2009 - 4	1 012.5	1 015.8	1 009.6	1 023.7	1	995.0	14
2009 - 5	1 006.2	1 009.5	1 002.2	1 016.5	5	983.1	18
2009 - 6	1 001.0	1 003.1	998.9	1 013.5	16	982.7	20
2009 - 7	1 003.0	1 004.8	1 001.1	1 009.9	24	994.6	16
2009 - 8	1 007.2	1 009.7	1 004.8	1 017.6	31	987.6	20
2009 - 9	1 011.8	1 014.3	1 009.4	1 025.6	26	999.3	14
2009 - 10	1 015.6	1 018.4	1 012.5	1 035.0	30	998.9	19
2009 - 11	1 024.2	1 027.9	1 020.8	1 041.0	12	996.4	6
2009 - 12	1 023.9	1 027.0	1 020.7	1 036.6	3	1 009.4	25
2010 - 1	1 023.8	1 026.9	1 020.9	1 036.6	17	1 005.8	27
2010 - 2	1 023.8	1 027.2	1 020.9	1 036.6	12	1 004.3	24
2010 - 3	1 019.2	1 023.4	1 015.5	1 042.7	8	995.1	12

（续）

时间（年-月）	日平均值月平均/hPa	日最大值月平均/hPa	日最小值月平均/hPa	月极大值/hPa	极大值日期（日）	月极小值/hPa	极小值日期（日）
2010 - 4	1 012.5	1 016.6	982.5	1 023.3	18	178.0	19
2010 - 5	1 007.8	1 010.5	1 005.1	1 019.4	13	991.3	2
2010 - 6	1 006.5	1 008.2	1 004.2	1 015.5	6	996.1	19
2010 - 7	1 004.8	1 006.5	1 003.0	1 013.2	24	991.8	30
2010 - 8	1 007.6	1 010.8	1 004.7	1 020.4	26	992.4	21
2010 - 9	1 013.9	1 016.4	1 011.0	1 021.4	17	1 004.5	15
2010 - 10	1 019.0	1 021.7	1 016.2	1 031.5	19	1 005.5	14
2010 - 11	1 017.8	1 021.2	1 014.4	1 028.9	14	997.1	21
2010 - 12	1 017.1	1 021.1	1 012.5	1 031.2	13	999.0	26
2011 - 1	1 028.2	1 030.2	1 026.3	1 038.9	27	1 017.1	31
2011 - 2	1 023.3	1 026.8	1 019.7	1 041.8	27	1 002.7	23
2011 - 3	1 017.7	1 020.7	1 014.6	1 028.9	28	1 000.9	13
2011 - 4	1 010.5	1 014.1	1 006.9	1 025.9	2	990.2	14
2011 - 5	1 006.4	1 009.4	1 003.3	1 016.8	24	991.3	13
2011 - 6	1 003.0	1 005.1	1 000.8	1 015.4	25	994.7	20
2011 - 7	1 004.3	1 005.6	1 002.6	1 011.1	14	993.2	6
2011 - 8	1 008.1	1 009.8	1 006.0	1 019.3	26	997.1	1
2011 - 9	1 013.6	1 016.4	1 010.7	1 021.5	10	1 000.1	8
2011 - 10	1 016.2	1 019.1	1 013.3	1 025.8	27	994.3	16
2011 - 11	1 025.0	1 028.0	1 021.8	1 040.9	30	1 011.0	10
2011 - 12	1 028.5	1 031.2	1 025.8	1 039.8	29	1 015.5	14
2012 - 1	1 030.1	1 032.1	1 028.1	1 040.1	7	1 021.3	26
2012 - 2	1 021.4	1 024.1	1 018.9	1 031.2	1	1 012.6	6
2012 - 3	1 017.7	1 021.4	1 013.5	1 033.8	3	997.5	30
2012 - 4	1 007.7	1 011.7	1 004.5	1 022.2	2	992.0	13
2012 - 5	1 008.8	1 011.2	1 006.2	1 022.0	10	996.8	15
2012 - 6	1 005.4	1 007.3	1 003.2	1 016.4	1	993.2	7
2012 - 7	1 003.8	1 005.9	1 002.0	1 012.0	31	994.7	26
2012 - 8	1 008.7	1 010.7	1 006.4	1 015.6	2	994.7	29
2012 - 9	1 014.1	1 016.5	1 011.8	1 025.8	16	1 002.5	12
2012 - 10	1 016.2	1 019.5	1 012.7	1 028.9	11	1 001.2	17
2012 - 11	1 019.4	1 023.0	1 016.4	1 033.7	10	997.4	12
2012 - 12	1 025.4	1 028.4	1 022.5	1 035.1	26	1 010.2	3
2013 - 1	1 027.2	1 030.2	1 024.4	1 041.1	20	1 008.8	24

（续）

时间（年-月）	日平均值月平均/hPa	日最大值月平均/hPa	日最小值月平均/hPa	月极大值/hPa	极大值日期（日）	月极小值/hPa	极小值日期（日）
2013-2	1 023.0	1 026.6	1 019.5	1 035.7	25	1 005.9	27
2013-3	1 014.9	1 019.5	1 009.9	1 030.3	2	991.4	27
2013-4	1 008.2	1 011.8	1 005.0	1 022.0	19	990.2	12
2013-5	1 002.9	1 006.2	1 000.1	1 020.3	16	986.4	31
2013-6	1 005.2	1 007.7	1 003.1	1 017.5	5	989.9	1
2013-7	1 000.8	1 003.2	998.3	1 009.9	14	979.8	3
2013-8	1 002.9	1 004.9	1 001.1	1 011.7	21	993.5	4
2013-9	1 013.1	1 016.5	1 009.5	1 026.0	30	997.1	14
2013-10	1 020.0	1 023.0	1 016.9	1 029.9	6	1 004.5	10
2013-11	1 016.1	1 019.0	1 013.1	1 030.7	8	1 001.9	25
2013-12	1 023.1	1 025.7	1 020.7	1 039.2	17	994.4	31
2014-1	1 024.8	1 028.8	1 020.9	1 039.0	14	998.3	1
2014-2	1 030.3	1 033.3	1 026.9	1 042.1	13	997.3	2
2014-3	1 019.4	1 022.0	1 016.7	1 030.9	1	1 003.7	28
2014-4	1 015.3	1 017.8	1 012.2	1 025.4	3	1 000.6	30
2014-5	1 005.2	1 008.3	1 002.6	1 020.7	10	988.9	13
2014-6	1 006.0	1 007.7	1 003.7	1 013.0	10	995.9	25
2014-7	1 002.6	1 004.7	1 000.5	1 011.1	27	989.8	21
2014-8	1 008.9	1 010.4	1 007.3	1 017.1	28	1 000.6	11
2014-9	1 013.5	1 016.7	1 011.2	1 026.4	30	999.5	8
2014-10	1 019.1	1 023.1	1 015.1	1 031.9	28	1 000.7	19
2014-11	1 019.3	1 022.7	1 015.5	1 030.5	6	1 002.9	26
2014-12	1 022.5	1 025.7	1 019.6	1 037.9	18	1 004.6	3
2015-1	1 026.1	1 029.2	1 023.4	1 039.5	12	1 008.7	5
2015-2	1 022.1	1 025.3	1 019.0	1 037.9	2	1 002.1	22
2015-3	1 017.5	1 020.9	1 014.3	1 033.5	24	1 005.6	30
2015-4	1 011.9	1 016.0	1 007.8	1 035.6	12	989.2	16
2015-5	1 003.4	1 007.2	999.7	1 016.8	10	983.8	13
2015-6	1 003.7	1 005.9	1 001.4	1 012.4	19	990.5	1
2015-7	1 005.7	1 007.6	1 003.5	1 015.8	9	992.5	1
2015-8	1 007.5	1 009.7	1 006.4	1 017.8	25	993.8	4
2015-9	1 014.9	1 017.5	1 011.9	1 028.5	29	1 005.5	12
2015-10	1 014.2	1 018.3	1 010.3	1 032.0	25	990.5	2
2015-11	1 029.4	1 032.7	1 026.2	1 045.4	23	1 009.8	4
2015-12	1 025.6	1 029.0	1 022.6	1 039.7	7	1 003.2	4

表 3-142　水气压

单位：hPa

时间（年-月）	日平均值月平均	月极大值	极大值日期	月极小值	极小值日期
2009-1	0.9	3.7	28	0.1	2
2009-2	1.2	2.6	7	0.4	18
2009-3	2.5	6.2	5	0.6	1
2009-4	4.7	8.8	14	2.2	6
2009-5	6.2	15.6	1	1.7	12
2009-6	16.4	26.5	28	7.6	1
2009-7	20.9	28.1	31	13.0	7
2009-8	20.0	30.3	11	7.5	28
2009-9	11.2	22.9	4	4.8	24
2009-10	5.4	15.2	1	1.1	31
2009-11	1.9	8.4	7	0.6	25
2009-12	1.1	4.7	11	0.1	31
2010-1	0.9	3.8	19	0.2	1
2010-2	1.0	4.6	24	0.1	2
2010-3	2.1	6.6	31	0.6	1
2010-4	5.0	10.9	30	2.5	6
2010-5	10.8	17.8	18	3.6	4
2010-6	16.3	29.2	30	7.1	7
2010-7	21.8	31.2	26	10.4	31
2010-8	19.5	28.9	18	10.9	31
2010-9	10.1	20.8	6	2.5	23
2010-10	5.3	14.9	9	1.5	26
2010-11	2.8	7.1	20	0.7	29
2010-12	1.0	2.8	19	0.2	24
2011-1	0.6	2.2	1	0.1	14
2011-2	1.3	4.6	23	0.4	9
2011-3	2.5	7.1	31	0.8	1
2011-4	3.9	8.6	30	1.1	9
2011-5	8.2	17.2	29	2.7	2
2011-6	13.7	21.9	20	7.4	21
2011-7	22.0	28.3	24	15.4	4
2011-8	19.6	31.0	9	10.6	16
2011-9	8.7	17.6	14	4.2	17
2011-10	6.3	11.3	21	2.5	17
2011-11	2.8	11.6	1	0.6	30
2011-12	1.0	2.9	14	0.2	24
2012-1	0.6	1.2	19	0.2	25
2012-2	1.0	3.1	29	0.3	1

（续）

时间（年-月）	日平均值月平均	月极大值	极大值日期	月极小值	极小值日期
2012-3	2.1	7.2	29	0.5	17
2012-4	—	13.9	25	1.1	4
2012-5	8.0	15.3	31	2.8	23
2012-6	16.4	22.1	25	9.7	2
2012-7	21.3	30.7	26	14.6	30
2012-8	17.4	28.0	8	9.2	21
2012-9	12.6	23.6	2	5.4	30
2012-10	6.2	13.2	10	2.2	30
2012-11	2.9	6.6	12	0.5	30
2012-12	0.8	2.9	3	0.2	23
2013-1	0.7	2.0	31	0.2	1
2013-2	1.0	3.3	27	0.2	7
2013-3	2.0	6.1	27	0.5	8
2013-4	3.9	8.6	28	1.1	7
2013-5	9.8	18.6	28	2.7	1
2013-6	15.6	22.2	30	4.7	2
2013-7	21.2	27.3	19	12.7	11
2013-8	20.5	29.6	8	8.2	27
2013-9	10.6	19.0	10	3.7	29
2013-10	5.9	12.9	10	2.4	15
2013-11	3.5	8.6	6	1.0	11
2013-12	1.4	4.0	4	0.5	13
2014-1	0.8	3.6	24	0.2	12
2014-2	1.2	6.1	26	0.2	12
2014-3	3.4	9.2	26	0.6	1
2014-4	4.5	10.7	25	0.8	17
2014-5	10.1	18.2	31	1.9	2
2014-6	16.3	27.2	30	8.1	14
2014-7	21.0	31.1	21	13.1	4
2014-8	19.0	29.0	1	12.4	11
2014-9	11.5	20.4	5	2.9	29
2014-10	5.0	14.1	11	1.5	20
2014-11	3.0	6.9	21	0.9	13
2014-12	1.1	3.2	28	0.3	17
2015-1	1.1	2.5	4	0.4	27
2015-2	1.9	6.0	21	0.3	9
2015-3	3.2	8.0	29	0.7	3
2015-4	4.9	10.7	29	1.5	4

（续）

时间（年-月）	日平均值月平均	月极大值	极大值日期	月极小值	极小值日期
2015-5	8.5	16.5	28	2.9	1
2015-6	15.7	24.1	23	5.6	2
2015-7	19.2	27.5	24	11.3	4
2015-8	20.6	27.7	6	14.2	27
2015-9	11.3	21.6	1	4.1	29
2015-10	5.9	15.4	6	1.8	25
2015-11	2.6	9.0	14	0.8	24
2015-12	1.5	3.6	2	0.2	26

3.4.1.6 风速

（1）概述

空气运动产生的气流，称为风。它是由许多在时空上随机变化的小尺度脉动叠加在大尺度规则气流上的一种三维矢量。地面气象观测中测量的风是两维矢量（水平运动），用风向和风速表示。风向是指风的来向，最多风向是指在规定时间段内出现频数最多的风向。风速是指单位时间内空气移动的水平距离，以 m/s 为单位，取 1 位小数。最大风速是指在某个时段内出现的最大 10 min 平均风速值。极大风速（阵风）是指某个时段内出现的最大瞬时风速值。瞬时风速是指 3 s 的平均风速。风的平均量是指在规定时间段的平均值，有 3s、2 min、10 min 的平均值。本数据集包括 2009—2015 年的数据，采集地为海伦站气象观测场，47°27′14″N，126°55′12″E，使用芬兰 VAISALA 生产的 MILOS520 和 MAWS 自动监测系统。

（2）数据采集和处理方法

数据采集由芬兰 VAISALA 生产的 MILOS520 和 MAWS 自动气象站采集，由中国生态系统研究网络气象报表分自动生成的 M 报表、A 报表和 B2 表组成，报表大部分由软件自动生成。风速风向采用 WAA151 或者 WAC151 风速传感器观测，每秒采测 1 次风速数据，以 1s 为步长求 3s 滑动平均值，以 3s 为步长求 1 min 滑动平均风速，然后以 1 min 为步长求 10 min 滑动平均风速。正点时存储 00 min的 10 min 平均风速值。观测层次：10 m 风杆。

（3）数据质量控制和评估

按 CERN 监测规范的要求，海伦站自动观测采用 MILOS520 和 MAWS 自动气象站，从 2004 年 11 月开始运行，系统稳定性较好，产生的数据质量也较好。

数据质量控制：

①超出气候学界限值域 0～75 m/s 的数据为错误数据。

②10 min 平均风速小于最大风速。

③一日中若 24 次定时观测记录有缺测时，该日用 2：00、8：00、14：00、20：00 的定时记录做日平均，若 4 次定时记录缺测 1 次或以上，但该日各定时记录缺测 5 次或以下时，按实有记录作日统计，缺测 6 次或以上时，不做日平均。本部分数据质量较高，没有缺测。

（4）数据价值/数据使用方法和建议

风速是指空气相对于地球某一固定地点的运动速率。一般风速越大，风力等级越高，风的破坏性越大。风速是气候学研究的主要参数之一，大气中风的测量在全球气候变化研究、航天事业以及军事应用等方面都具有重要作用和意义。风速的大小明显受地形及地表糙度所影响。海伦站春季（3—5 月）风速最大，平均风速为 5 m/s，其次是秋季，平均风速 3.5 m/s。平均风速最小是冬季（12 月至翌年 2 月），在 2.5 m/s 左右。海伦站各地盛行风向：冬季主要为西北风，夏季主要为东南风，频率为 8%～9%，东南风的频率略大于西北风；全年东风和东北风的频率最小，只有 3%。

（5）观测数据

具体数据见表 3－143～表 3－145。

表 3－143　10 min 平均风速月平均

时间（年-月）	月平均风速/（m/s）	月最多风向	最大风速/（m/s）	最大风风向	最大风出现日期（日）
2009－1	1.7	SE	7.1	287	28
2009－2	2.3	SE	9.0	320	2
2009－3	2.7	SE	12.4	273	9
2009－4	3.0	NE	12.6	327	14
2009－5	4.4	S	13.3	179	1
2009－6	2.4	ESE	10.9	222	20
2009－7	1.9	SE	9.4	216	7
2009－8	2.1	SE	7.9	167	25
2009－9	2.4	SSE	7.8	174	30
2009－10	2.2	NNW	8.8	330	17
2009－11	2.7	SE	9.4	180	6
2009－12	—	SE	7.1	292	11
2010－1	1.9	SE	8.4	290	30
2010－2	2.1	SE	9.0	274	26
2010－3	2.5	SE	13.7	328	12
2010－4	3.1	SE	11.4	212	1
2010－5	2.7	SE	10.5	287	2
2010－6	2.5	SE	10.5	188	7
2010－7	2.3	SSE	11.5	333	11
2010－8	2.0	SSE	7.5	233	10
2010－9	2.4	SE	10.8	329	20
2010－10	2.6	SE	9.1	314	26
2010－11	2.7	SSE	7.8	282	21
2010－12	2.0	SE	7.5	318	11
2011－1	1.3	SE	4.9	306	15
2011－2	2.4	SE	11.7	257	23
2011－3	2.4	W	9.5	310	31
2011－4	3.5	NW	12.8	226	6
2011－5	2.9	SE	13.7	330	19
2011－6	2.6	SE	10.1	311	21
2011－7	1.8	SE	7.1	209	5
2011－8	1.7	SE	10.5	216	1
2011－9	2.5	SE	8.1	169	13
2011－10	2.7	SE	11.7	318	16

（续）

时间（年-月）	月平均风速/（m/s）	月最多风向	最大风速/（m/s）	最大风风向	最大风出现日期（日）
2011－11	2.1	WNW	8.3	295	28
2011－12	1.7	SE	6.5	335	14
2012－1	1.3	SE	6.6	327	29
2012－2	2.1	SSE	11.3	152	20
2012－3	2.7	SSE	10.7	221	28
2012－4	3.4	SSE	12.5	210	13
2012－5	2.7	SE	12.7	204	22
2012－6	2.1	SE	9.2	174	10
2012－7	1.9	SE	7.5	209	26
2012－8	2.0	SSE	8.6	163	23
2012－9	2.0	SE	7.8	252	20
2012－10	2.4	SE	10.1	264	19
2012－11	1.6	SE	7.8	326	28
2012－12	1.6	SE	7.8	318	25
2013－1	1.5	SE	6.8	312	24
2013－2	2.1	SE	7.8	313	23
2013－3	2.7	W	13.8	287	17
2013－4	3.0	N	11.4	284	7
2013－5	2.8	SSE	13.0	245	31
2013－6	—	ESE	14.4	251	1
2013－7	2.1	SE	8.5	208	8
2013－8	1.9	SE	8.7	272	30
2013－9	2.3	SSE	10.1	284	16
2013－10	2.3	SE	10.5	278	14
2013－11	2.6	SSE	8.8	322	26
2013－12	1.5	SE	5.4	143	4
2014－1	2.0	SE	9.1	287	27
2014－2	1.9	SE	8.7	286	2
2014－3	1.9	NNW	9.0	329	30
2014－4	3.5	WNW	12.0	228	14
2014－5	2.4	SE	10.6	270	28
2014－6	2.1	NE	7.1	101	8
2014－7	2.0	SSE	8.0	247	21
2014－8	1.0	C	5.8	209	14
2014－9	1.7	C	7.2	276	15
2014－10	2.3	SE	12.9	318	26
2014－11	2.3	SE	9.7	321	12
2014－12	2.0	SE	12.4	327	2

（续）

时间（年-月）	月平均风速/（m/s）	月最多风向	最大风速/（m/s）	最大风风向	最大风出现日期（日）
2015-1	1.7	SE	7.7	308	6
2015-2	2.1	SE	8.9	324	7
2015-3	2.4	SE	11.3	321	22
2015-4	2.9	WNW	9.6	211	13
2015-5	2.5	SE	12.9	234	3
2015-6	2.2	SE	7.8	230	7
2015-7	1.7	SE	8.1	141	6
2015-8	1.5	NW	6.9	119	3
2015-9	1.6	NE	6.1	142	6
2015-10	2.4	SSE	9.7	222	24
2015-11	1.9	ENE	8.1	206	5
2015-12	1.7	NE	8.6	206	5

注：风向以一个圆（360°）计算，即风向玫瑰图，仪器测量保留整数。

表 3-144　2 min 平均风速月平均

时间（年-月）	月平均风速/（m/s）	月最多风向	最大风速/（m/s）	最大风风向	最大风出现日期（日）
2009-1	1.7	SE	7.8	285	28
2009-2	2.3	SE	8.9	328	2
2009-3	2.7	SE	13.6	269	9
2009-4	3.0	NE	13.9	331	14
2009-5	4.3	S	13.9	303	18
2009-6	2.4	SE	13.7	222	20
2009-7	1.9	SE	10.1	214	7
2009-8	2.1	SE	8.6	326	28
2009-9	2.4	SE	8.3	163	2
2009-10	2.2	NW	8.5	333	17
2009-11	2.7	SE	9.8	330	1
2009-12	—	SE	6.8	293	11
2010-1	1.9	SE	9.2	291	30
2010-2	2.1	SE	9.2	278	26
2010-3	2.5	SE	14.1	333	12
2010-4	3.1	SE	11.6	219	1
2010-5	2.6	SE	11.3	290	2
2010-6	2.5	SE	12.5	189	7
2010-7	2.3	SE	11.8	332	11
2010-8	2.0	SE	7.8	251	10
2010-9	2.4	SE	11.2	323	20
2010-10	2.6	SE	11.6	268	14

（续）

时间（年-月）	月平均风速/（m/s）	月最多风向	最大风速/（m/s）	最大风风向	最大风出现日期（日）
2010-11	2.7	SSE	9.0	274	22
2010-12	2.0	SE	7.8	276	11
2011-1	1.3	SE	5.1	305	15
2011-2	2.4	SE	11.4	212	23
2011-3	2.4	W	9.7	335	13
2011-4	3.5	NNW	13.0	306	1
2011-5	2.9	SE	13.2	314	19
2011-6	2.6	SE	9.4	289	21
2011-7	1.8	SE	9.8	153	13
2011-8	1.8	SE	14.0	209	1
2011-9	2.4	NNW	9.1	258	25
2011-10	2.7	SE	12.8	318	16
2011-11	2.1	WNW	8.2	296	13
2011-12	1.7	SE	7.6	327	14
2012-1	1.3	SE	7.1	329	29
2012-2	2.1	SSE	11.1	152	20
2012-3	2.7	SSE	11.3	218	28
2012-4	3.4	SSE	12.7	216	13
2012-5	2.7	SE	13.2	211	22
2012-6	2.1	SE	8.7	186	29
2012-7	1.9	SE	8.3	209	26
2012-8	2.0	SSE	9.3	164	23
2012-9	1.9	SE	8.9	253	20
2012-10	2.4	SE	11.0	262	19
2012-11	1.6	SE	7.9	324	28
2012-12	1.6	SE	8.3	321	25
2013-1	1.5	SE	7.3	165	31
2013-2	2.1	SE	8.4	303	17
2013-3	2.7	W	12.9	287	17
2013-4	3.0	N	11.8	253	7
2013-5	2.9	SSE	15.5	253	31
2013-6	—	ESE	13.9	252	1
2013-7	2.0	SE	11.4	254	30
2013-8	1.9	SE	9.9	279	30
2013-9	2.2	SSE	10.9	291	16
2013-10	2.3	SE	11.7	279	14
2013-11	2.6	SSE	8.7	323	26
2013-12	1.5	SE	5.4	139	4

（续）

时间（年-月）	月平均风速/（m/s）	月最多风向	最大风速/（m/s）	最大风风向	最大风出现日期（日）
2014-1	2.0	SE	8.1	293	27
2014-2	1.9	SE	9.4	289	2
2014-3	1.9	WNW	8.7	329	30
2014-4	3.2	WNW	10.1	314	15
2014-5	2.4	SE	10.4	254	28
2014-6	2.1	NE	7.8	144	23
2014-7	2.0	SSE	8.6	225	21
2014-8	1.0	C	5.7	136	26
2014-9	1.7	C	7.8	271	15
2014-10	2.3	SE	12.2	318	26
2014-11	2.3	SE	10.7	320	12
2014-12	2.0	SE	11.5	323	1
2015-1	1.7	SE	8.1	314	6
2015-2	2.1	SE	8.6	321	7
2015-3	2.4	SE	11.1	325	22
2015-4	2.9	SE	10.1	210	13
2015-5	2.6	SE	13.4	243	3
2015-6	2.2	ESE	8.4	231	16
2015-7	1.7	C	8.3	137	6
2015-8	1.5	C	7.5	116	3
2015-9	1.6	NE	6.9	139	6
2015-10	2.4	ENE	10.5	182	2
2015-11	1.9	ENE	8.9	203	5
2015-12	1.7	NE	8.8	227	3

注：风向以一个圆（360°）计算，即风向玫瑰图，仪器测量保留整数。

表3-145　1 h 极大风速月统计

时间（年-月）	最大风速/（m/s）	最大风风向	最大风出现日期（日）	大风出现次数
2009-1	9.6	276	23	0
2009-2	12.7	323	2	0
2009-3	16.8	276	9	0
2009-4	20.8	338	14	10
2009-5	29.3	182	30	27
2009-6	19.0	219	20	3
2009-7	18.3	261	7	1
2009-8	16.2	285	28	0
2009-9	13.5	334	9	0
2009-10	14.4	272	4	0

（续）

时间（年-月）	最大风速/（m/s）	最大风风向	最大风出现日期（日）	大风出现次数
2009-11	14.4	338	7	0
2009-12	9.7	309	11	0
2010-1	11.1	283	30	0
2010-2	13.1	276	26	0
2010-3	21.4	321	12	5
2010-4	18.4	338	13	3
2010-5	17.4	58	5	1
2010-6	18.4	146	28	2
2010-7	17.6	326	11	1
2010-8	13.4	156	31	0
2010-9	18.0	326	20	2
2010-10	15.8	283	14	0
2010-11	12.6	28	13	0
2010-12	10.7	312	11	0
2011-1	7.1	4	1	0
2011-2	16.5	248	23	0
2011-3	15.0	281	20	0
2011-4	19.5	323	1	16
2011-5	21.1	332	19	7
2011-6	16.6	223	5	0
2011-7	22.2	159	28	1
2011-8	19.3	204	1	3
2011-9	14.1	173	13	0
2011-10	17.0	253	9	1
2011-11	12.9	274	2	0
2011-12	10.6	326	14	0
2012-1	10.5	326	29	0
2012-2	16.1	152	20	0
2012-3	18.4	334	30	1
2012-4	22.4	246	13	7
2012-5	21.2	203	22	8
2012-6	16.0	111	2	0
2012-7	16.4	208	26	0
2012-8	15.8	328	29	0
2012-9	14.3	189	12	0

（续）

时间（年-月）	最大风速/（m/s）	最大风风向	最大风出现日期（日）	大风出现次数
2012 - 10	15.5	158	9	0
2012 - 11	13.7	332	28	0
2012 - 12	11.5	324	25	0
2013 - 1	10.2	167	31	0
2013 - 2	11.8	154	2	0
2013 - 3	18.6	219	27	4
2013 - 4	19.5	332	13	4
2013 - 5	22.0	248	31	11
2013 - 6	24.9	263	1	2
2013 - 7	33.3	221	30	4
2013 - 8	16.4	263	22	0
2013 - 9	16.7	276	16	0
2013 - 10	16.8	315	14	0
2013 - 11	14.1	323	26	0
2013 - 12	8.2	154	4	0
2014 - 1	12.9	326	28	0
2014 - 2	12.9	287	2	0
2014 - 3	13.6	326	30	0
2014 - 4	17.1	304	15	1
2014 - 5	18.4	276	29	2
2014 - 6	18.7	199	26	1
2014 - 7	17.5	304	23	1
2014 - 8	14.8	38	12	0
2014 - 9	13.0	332	10	0
2014 - 10	20.4	319	26	8
2014 - 11	15.4	206	26	0
2014 - 12	20.9	330	2	5
2015 - 1	11.5	323	6	0
2015 - 2	14.8	328	7	0
2015 - 3	16.9	324	22	0
2015 - 4	23.5	285	23	2
2015 - 5	19.7	214	3	10
2015 - 6	15.2	210	25	0
2015 - 7	13.4	287	13	0
2015 - 8	12.4	90	3	0
2015 - 9	11.4	225	2	0
2015 - 10	16.5	163	2	0
2015 - 11	12.7	203	5	0

（续）

时间（年-月）	最大风速/（m/s）	最大风风向	最大风出现日期（日）	大风出现次数
2015-12	12.7	214	5	0

注：风向以一个圆（360°）计算，即风向玫瑰图，仪器测量保留整数。

3.4.1.7 土壤温度

（1）概述

下垫面温度和不同深度的土壤温度统称地温。下垫面温度包括裸露土壤表面的地面温度，草面（或雪面）温度及最高、最低温度。浅层地温包括离地面5、10、15、20 cm深度的地中温度。深层地温包括离地面40、80、100 cm深度的地中温度。地温以℃为单位，取1位小数。本数据集包括2009—2015年的数据，采集地为海伦站气象观测场，47°27′14″N，126°55′12″E，使用芬兰VAISALA生产的MILOS520和MAWS自动监测系统。

（2）数据采集和处理方法

数据采集由芬兰VAISALA生产的MILOS520和MAWS自动气象站采集，由中国生态系统研究网络气象报表分自动生成的M报表、A报表和B2表组成，报表大部分由软件自动生成，地温采用QMT110地温传感器采集。每10s采测1次地表温度值，每分钟采测6次，去除1个最大值和1个最小值后取得的平均值，作为每分钟的地表温度值存储。正点时采测的地表温度值作为正点数据存储。观测层次：地表面0、5、10、15、20、40、60、100 cm处。

（3）数据质量控制和评估

按CERN监测规范的要求，海伦站自动观测采用MILOS520和MAWS自动气象站，从2004年11月开始运行，系统稳定性较好，产生的数据质量也较好。

数据质量控制：

①超出气候学界限值域－90～90 ℃的数据为错误数据。

② 1 min内允许的最大变化值为5 ℃，1 h内变化幅度的最小值为0.1 ℃。

③定时观测地表温度大于等于日地表最低温度且小于等于日地表最高温度。

④地表温度24 h变化范围小于60 ℃。

⑤某一定时地表温度缺测时，用前、后两次的定时数据内插求得，按正常数据统计，若连续两个或以上定时数据缺测时，不能内插，仍按缺测处理。

⑥一日中若24次定时观测记录有缺测时，该日用2：00、8：00、14：00、20：00的定时记录做日平均，若4次定时记录缺测1次或以上，但该日各定时记录缺测5次或以下时，按实有记录作日统计，缺测6次或以上时，不做日平均。

（4）数据价值/数据使用方法和建议

地温是大气与地表结合部的温度状况。地面表层土壤的温度称为地面温度，地面以下土壤中的温度称为地中温度。从全年情况来看，海伦的地面在夏半年收入的热量大于冬半年失去的热量，因此年平均地面温度都在0 ℃以上，比年平均空气温度高2 ℃左右，这也是大陆性气候特点之一。地面温度在夏季高于气温，而在冬季低于气温。最冷的1月，月平均地面温度大部分地区都在－26～－23 ℃，比同期空气温度低1～2 ℃；最热的7月各地月平均地面温度为25～27 ℃，比同期空气温度高5 ℃左右。极端温度相差更大，极端最低地面温度为－46.5 ℃，极端最高在60 ℃以上。地温的高低对近地面气温和植物的种子发芽及生长发育，微生物的繁殖及活动有很大影响。地温资料对农、林、牧业的区域规划有重大意义。

（5）观测数据

具体数据见表3-146～表3-153。

表 3-146 地表温度月平均

时间（年-月）	日平均值月平均/℃	月极大值/℃	极大值日期（日）	月极小值/℃	极小值日期（日）
2009-1	−20.7	−5.5	18	−32.4	14
2009-2	−18.5	−0.8	9	−40.3	18
2009-3	−8.2	13.9	15	−30.3	1
2009-4	7.6	29.3	28	−4.5	15
2009-5	17.9	56.1	23	−1.7	14
2009-6	20.2	46.8	30	4.9	1
2009-7	32.7	59.3	11	14.2	24
2009-8	24.1	57.1	9	7.8	29
2009-9	14.5	41.7	3	0.1	25
2009-10	4.9	28.2	7	−10.2	31
2009-11	−5.1	13.4	6	−16.8	10
2009-12	−18.3	−0.4	11	−41.3	31
2010-1	−24.0	−0.1	7	−43.5	13
2010-2	−21.3	0.5	21	−45.4	2
2010-3	−10.7	1.1	16	−36.5	7
2010-4	3.8	44.5	24	−9.7	6
2010-5	14.8	56.2	31	0.4	9
2010-6	29.4	63.3	26	7.7	22
2010-7	26.6	66.2	14	11.4	28
2010-8	22.3	54.1	2	10.1	31
2010-9	15.9	43.6	14	−6.3	23
2010-10	3.4	24.3	7	−9.4	27
2010-11	−5.2	8.0	5	−22.5	15
2010-12	−21.4	−3.1	31	−47.6	24
2011-1	−25.7	−10.1	1	−40.3	13
2011-2	−16.1	0.4	23	−31.1	10
2011-3	−6.1	19.1	30	−25.4	2
2011-4	6.6	45.7	29	−4.6	28
2011-5	17.4	50.6	24	−0.9	2
2011-6	25.8	65.7	18	9.2	2
2011-7	26.9	58.0	19	15.3	5
2011-8	22.4	45.1	12	10.9	17
2011-9	13.0	30.8	13	−1.6	30
2011-10	5.9	17.3	5	−1.5	27
2011-11	−2.8	9.9	1	−10.6	30
2011-12	−8.9	−4.5	3	−13.0	25
2012-1	−19.9	−4.1	18	−45.9	25

（续）

时间（年-月）	日平均值 月平均/℃	月极大值/℃	极大值 日期（日）	月极小值/℃	极小值 日期（日）
2012-2	−19.9	13.2	23	−42.0	10
2012-3	−5.2	32.4	27	−27.9	12
2012-4	—	45.2	23	−20.6	6
2012-5	18.9	53.9	20	−1.5	9
2012-6	23.9	54.7	28	8.7	1
2012-7	26.6	62.5	8	12.9	13
2012-8	23.3	56.0	7	8.6	30
2012-9	15.0	38.2	1	0.7	30
2012-10	3.5	19.5	2	−8.5	31
2012-11	−4.5	7.5	9	−26.1	27
2012-12	−24.4	−6.3	3	−42.7	26
2013-1	−27.3	−3.8	29	−42.9	8
2013-2	−18.6	−4.2	28	−34.1	8
2013-3	−8.5	2.3	20	−24.2	8
2013-4	7.5	45.7	27	−4.6	26
2013-5	19.2	62.3	26	−3.7	1
2013-6	24.3	65.7	24	6.0	2
2013-7	25.8	62.2	14	10.9	13
2013-8	22.6	42.9	1	7.4	30
2013-9	14.3	35.4	5	−0.8	30
2013-10	4.6	25.0	5	−6.8	29
2013-11	−5.8	9.9	6	−28.5	27
2013-12	−19.7	−1.6	3	−35.4	13
2014-1	−25.5	0.0	29	−39.5	17
2014-2	—	—	—	—	—
2014-3	−4.9	23.1	29	−30.0	6
2014-4	13.4	50.6	28	−4.5	10
2014-5	15.2	57.8	31	−1.9	8
2014-6	26.5	64.4	23	9.8	20
2014-7	24.4	57.3	3	12.5	27
2014-8	23.1	55.4	11	11.1	7
2014-9	13.6	26.6	2	−4.0	30
2014-10	—	33.1	5	−10.5	21
2014-11	—	—	—	—	—
2014-12	−19.8	−4.0	28	−36.0	21
2015-1	—	−0.6	4	−34.9	2
2015-2	−13.1	2.6	3	−31.1	8
2015-3	—	2.8	8	−31.0	10

（续）

时间（年-月）	日平均值 月平均/℃	月极大值/℃	极大值 日期（日）	月极小值/℃	极小值 日期（日）
2015 - 4	—	—	—	—	—
2015 - 5	12.8	39.0	24	−1.8	7
2015 - 6	20.7	56.8	21	4.5	3
2015 - 7	28.4	57.6	9	8.8	3
2015 - 8	24.9	56.1	1	13.0	26
2015 - 9	16.0	46.8	1	−2.2	29
2015 - 10	5.0	32.5	7	−11.2	25
2015 - 11	−7.0	13.6	4	−23.0	25
2015 - 12	−14.5	−2.9	1	−35.5	26

表 3 - 147　5 cm 土壤温度月平均

时间 （年-月）	日平均值 月平均/℃	月极大值/℃	极大值 日期（日）	月极小值/℃	极小值 日期（日）
2009 - 1	−6.8	−5.7	1	−8.4	16
2009 - 2	−6.0	−5.0	13	−6.9	1
2009 - 3	−3.6	−0.4	29	−6.2	1
2009 - 4	2.6	9.7	30	−0.7	1
2009 - 5	10.1	16.9	27	4.0	13
2009 - 6	16.2	23.2	30	9.8	1
2009 - 7	21.3	26.4	29	17.8	24
2009 - 8	20.8	28.6	18	13.4	29
2009 - 9	13.3	20.2	3	6.8	26
2009 - 10	5.4	13.3	1	−0.9	31
2009 - 11	−2.3	0.0	7	−5.0	12
2009 - 12	−4.1	−2.4	11	−5.6	15
2010 - 1	−5.3	−3.6	8	−6.8	14
2010 - 2	−4.8	−3.4	25	−6.7	3
2010 - 3	−3.3	−1.3	31	−4.5	1
2010 - 4	0.9	6.8	30	−1.2	1
2010 - 5	10.5	19.7	30	2.8	9
2010 - 6	20.9	28.7	27	14.2	1
2010 - 7	22.5	27.8	3	17.7	28
2010 - 8	19.6	23.9	20	15.4	31
2010 - 9	13.9	20.4	14	5.9	23
2010 - 10	4.6	12.8	8	−0.6	27
2010 - 11	−1.5	1.1	1	−5.5	30

（续）

时间（年-月）	日平均值月平均/℃	月极大值/℃	极大值日期（日）	月极小值/℃	极小值日期（日）
2010-12	−5.9	−3.9	31	−7.7	9
2011-1	−5.9	−3.7	1	−7.2	15
2011-2	−5.7	−3.5	24	−6.7	1
2011-3	−3.0	−0.1	31	−5.6	2
2011-4	2.6	10.5	30	−0.2	3
2011-5	11.4	21.2	29	5.6	2
2011-6	19.1	27.8	26	11.2	2
2011-7	22.8	27.0	7	18.8	5
2011-8	20.4	25.3	8	15.7	21
2011-9	12.7	18.0	1	4.8	30
2011-10	6.2	9.7	5	1.7	27
2011-11	−1.6	7.4	1	−7.8	30
2011-12	−7.8	−5.3	3	−9.8	25
2012-1	−11.4	−8.3	1	−16.2	30
2012-2	−12.4	−7.5	29	−16.0	1
2012-3	−5.8	−0.9	29	−11.4	3
2012-4	—	13.4	23	−4.9	7
2012-5	12.6	21.2	20	2.8	1
2012-6	20.2	29.2	28	13.9	1
2012-7	23.4	30.0	8	17.5	31
2012-8	20.2	27.2	7	14.9	30
2012-9	15.1	21.7	1	7.9	30
2012-10	5.2	12.9	3	−0.2	31
2012-11	−1.1	0.0	1	−3.9	27
2012-12	−3.3	−1.8	3	−4.7	28
2013-1	−5.3	−4.3	1	−6.2	16
2013-2	−5.1	−4.4	28	−5.7	9
2013-3	−3.3	−0.8	31	−4.3	1
2013-4	3.3	11.5	29	−0.8	1
2013-5	12.0	19.2	31	2.6	1
2013-6	18.6	26.8	26	12.6	2
2013-7	22.2	32.1	17	18.3	6
2013-8	21.7	27.3	1	14.5	30
2013-9	13.9	20.8	8	7.6	30
2013-10	5.9	11.1	1	1.5	30
2013-11	0.6	5.1	6	−0.6	13
2013-12	−1.4	−0.2	1	−2.7	28
2014-1	−3.1	−2.0	1	−3.9	17

（续）

时间（年-月）	日平均值月平均/℃	月极大值/℃	极大值日期（日）	月极小值/℃	极小值日期（日）
2014-2	−3.3	−0.8	27	−4.2	11
2014-3	−1.2	2.5	30	−4.3	7
2014-4	4.3	13.4	30	−0.1	5
2014-5	11.6	21.4	31	4.4	3
2014-6	20.4	26.9	30	16.6	7
2014-7	21.6	26.6	2	17.6	25
2014-8	20.6	24.9	1	17.8	7
2014-9	14.4	20.5	1	5.8	30
2014-10	5.2	9.6	11	1.1	28
2014-11	−0.9	2.4	2	−5.7	29
2014-12	−6.2	−4.0	30	−8.5	18
2015-1	−6.8	−4.3	1	−9.0	28
2015-2	−6.4	−3.5	23	−9.9	10
2015-3	−2.5	−0.1	30	−5.7	11
2015-4	1.7	9.8	29	−0.1	1
2015-5	7.8	15.3	28	2.5	5
2015-6	15.6	21.4	30	8.1	3
2015-7	21.9	26.8	23	16.4	3
2015-8	22.4	28.8	13	18.3	29
2015-9	15.2	23.8	1	5.9	29
2015-10	6.1	14.7	7	−1.2	31
2015-11	−3.4	4.0	4	−11.3	25
2015-12	−5.3	−3.7	4	−7.4	1

表3-148　10 cm土壤温度月平均

时间（年-月）	日平均值月平均/℃	月极大值/℃	极大值日期（日）	月极小值/℃	极小值日期（日）
2009-1	−6.4	−5.4	1	−7.7	16
2009-2	−5.7	−4.8	13	−6.4	1
2009-3	−3.5	−0.5	31	−5.8	1
2009-4	2.0	8.1	30	−0.5	1
2009-5	9.5	15.8	27	4.5	4
2009-6	15.6	22.1	30	9.9	1
2009-7	20.8	25.3	30	18.0	24
2009-8	20.5	27.5	18	14.0	29
2009-9	13.3	19.3	4	7.8	26
2009-10	5.8	12.7	1	−0.2	31

（续）

时间（年-月）	日平均值 月平均/℃	月极大值/℃	极大值 日期（日）	月极小值/℃	极小值 日期（日）
2009-11	−1.8	−0.1	9	−3.9	12
2009-12	−3.6	−2.2	11	−4.7	15
2010-1	−4.8	−3.4	8	−6.1	14
2010-2	−4.5	−3.3	25	−6.1	3
2010-3	−3.1	−1.7	31	−4.2	2
2010-4	0.6	5.5	30	−1.6	1
2010-5	9.7	17.9	30	3.0	9
2010-6	20.1	26.7	27	14.1	1
2010-7	22.0	26.2	3	18.3	28
2010-8	19.3	23.2	20	15.9	31
2010-9	14.1	19.5	4	7.3	23
2010-10	4.9	12.1	8	0.0	27
2010-11	−1.0	1.5	1	−4.3	30
2010-12	−5.3	−3.4	2	−6.9	16
2011-1	−5.4	−3.5	1	−6.5	15
2011-2	−5.3	−3.5	24	−6.2	1
2011-3	−2.8	−0.3	31	−5.5	9
2011-4	2.1	8.8	30	−0.3	1
2011-5	10.7	18.8	29	5.7	2
2011-6	18.5	25.7	26	11.4	2
2011-7	22.4	27.4	29	13.8	29
2011-8	—	20.9	29	16.4	21
2011-9	13.1	18.7	1	6.3	30
2011-10	6.6	9.5	6	2.8	27
2011-11	−0.5	7.0	1	−6.1	30
2011-12	−6.8	−4.6	3	−8.6	25
2012-1	−10.3	−7.5	1	−14.5	30
2012-2	−11.7	−7.5	29	−14.5	1
2012-3	−5.7	−1.2	31	−10.3	3
2012-4	—	9.2	23	−3.9	7
2012-5	11.3	17.7	31	2.9	1
2012-6	18.9	25.7	28	14.1	1
2012-7	22.6	27.4	8	18.1	31
2012-8	19.9	25.2	7	16.1	30
2012-9	15.2	20.2	1	9.4	30
2012-10	5.9	12.4	4	0.9	31
2012-11	−0.5	0.9	1	−2.6	27
2012-12	−2.6	−1.4	4	−3.9	28

（续）

时间（年-月）	日平均值 月平均/℃	月极大值/℃	极大值 日期（日）	月极小值/℃	极小值 日期（日）
2013-1	−4.7	−3.6	1	−5.5	17
2013-2	−4.7	−4.1	28	−5.1	9
2013-3	−3.1	−1.1	31	−4.1	1
2013-4	2.7	9.7	29	−1.1	1
2013-5	10.9	16.5	31	2.9	1
2013-6	17.7	23.9	26	12.6	4
2013-7	21.6	30.3	27	18.4	3
2013-8	21.6	25.4	1	15.8	30
2013-9	14.2	21.6	8	8.8	30
2013-10	6.5	11.2	1	2.4	31
2013-11	1.2	4.8	6	0.2	13
2013-12	−0.8	0.3	1	−2.0	28
2014-1	−2.5	−1.5	2	−3.1	17
2014-2	−2.8	−0.9	28	−3.6	13
2014-3	−1.1	0.6	31	−3.6	8
2014-4	3.5	11.3	30	−0.1	3
2014-5	11.0	19.0	31	5.0	4
2014-6	19.7	25.0	30	16.7	7
2014-7	21.2	24.9	2	18.2	25
2014-8	20.4	23.7	1	18.6	31
2014-9	14.7	20.1	1	7.3	30
2014-10	5.8	9.3	11	2.0	29
2014-11	−0.1	2.8	2	−4.1	29
2014-12	−5.2	−3.2	1	−7.2	18
2015-1	−6.0	−3.7	1	−7.9	28
2015-2	−5.9	−3.4	23	−8.8	10
2015-3	−2.3	−0.2	30	−5.1	11
2015-4	1.4	7.8	29	−0.2	1
2015-5	7.1	13.4	28	2.6	5
2015-6	14.7	20.3	30	8.2	3
2015-7	21.3	25.0	23	16.9	3
2015-8	22.0	27.1	13	18.5	29
2015-9	15.2	22.5	1	7.2	29
2015-10	6.4	13.7	7	−0.3	31
2015-11	−2.8	3.5	4	−9.9	28
2015-12	−4.9	−3.5	22	−6.8	30

表3-149 15 cm土壤温度月平均

时间（年-月）	日平均值月平均/℃	月极大值/℃	极大值日期（日）	月极小值/℃	极小值日期（日）
2009-1	−6.1	−5.2	1	−7.4	16
2009-2	−5.5	−4.7	13	−6.2	1
2009-3	−3.4	−0.5	31	−5.7	1
2009-4	1.7	7.3	30	−0.5	1
2009-5	9.0	14.6	27	4.4	4
2009-6	15.2	21.3	30	9.8	1
2009-7	20.5	24.6	30	18.1	23
2009-8	20.4	26.9	18	14.4	29
2009-9	13.4	18.9	4	8.2	26
2009-10	6.0	12.5	1	0.2	31
2009-11	−1.5	0.2	1	−3.1	12
2009-12	−3.3	−2.1	11	−4.3	31
2010-1	−4.6	−3.2	8	−5.8	14
2010-2	−4.4	−3.2	25	−5.8	3
2010-3	−3.0	−1.7	31	−4.1	10
2010-4	0.4	4.8	30	−1.7	1
2010-5	9.2	16.8	30	3.0	9
2010-6	19.5	25.5	27	13.9	1
2010-7	21.7	25.2	24	18.4	7
2010-8	19.2	22.7	20	16.1	31
2010-9	14.1	19.1	4	8.0	23
2010-10	5.2	11.8	8	0.4	27
2010-11	−0.7	1.6	1	−3.7	30
2010-12	−5.0	−3.1	1	−6.5	18
2011-1	−5.2	−3.4	1	−6.2	15
2011-2	−5.1	−3.5	24	−6.0	1
2011-3	−2.8	−0.3	31	−5.4	9
2011-4	1.8	7.8	30	−0.3	1
2011-5	10.2	17.4	29	5.7	2
2011-6	18.1	24.2	26	11.4	2
2011-7	22.1	25.0	24	19.1	12
2011-8	20.2	24.2	8	16.5	21
2011-9	13.1	18.6	1	6.4	30
2011-10	6.6	9.5	6	2.9	27
2011-11	−0.4	7.0	1	−5.8	30
2011-12	−6.6	−4.4	3	−8.4	25
2012-1	−10.1	−7.4	1	−14.2	30

（续）

时间（年-月）	日平均值月平均/℃	月极大值/℃	极大值日期（日）	月极小值/℃	极小值日期（日）
2012-2	−11.5	−7.5	29	−14.2	1
2012-3	−5.6	−1.3	30	−10.1	3
2012-4	—	8.5	23	−3.8	7
2012-5	11.0	17.3	31	2.9	1
2012-6	18.6	25.2	28	14.0	1
2012-7	22.5	27.0	8	18.1	31
2012-8	19.9	25.0	7	16.2	30
2012-9	15.2	20.0	1	9.5	30
2012-10	6.0	12.4	4	1.0	31
2012-11	−0.4	1.0	1	−2.4	27
2012-12	−2.5	−1.3	4	−3.8	28
2013-1	−4.6	−3.5	1	−5.3	17
2013-2	−4.6	−4.1	28	−5.0	9
2013-3	−3.1	−1.2	31	−4.0	1
2013-4	2.4	8.7	29	−1.2	1
2013-5	10.6	16.3	31	3.0	1
2013-6	17.6	23.6	26	12.5	4
2013-7	21.5	30.1	27	18.3	3
2013-8	21.5	25.1	1	15.9	30
2013-9	14.2	21.6	8	8.9	30
2013-10	6.6	11.2	1	2.5	31
2013-11	1.2	4.8	6	0.3	13
2013-12	−0.7	0.4	1	−1.9	28
2014-1	−2.5	−1.5	1	−3.1	17
2014-2	−2.8	−1.0	28	−3.5	13
2014-3	−1.1	0.5	31	−3.6	8
2014-4	3.4	11.1	30	−0.1	3
2014-5	10.9	18.7	31	5.0	4
2014-6	19.6	24.7	30	16.6	7
2014-7	21.1	24.7	2	18.2	25
2014-8	20.4	23.6	1	18.5	31
2014-9	14.7	20.0	1	7.4	30
2014-10	5.8	9.3	11	2.1	29
2014-11	0.0	2.8	2	−3.9	29
2014-12	−5.1	−3.1	1	−7.0	18
2015-1	−5.9	−3.7	1	−7.8	28
2015-2	−5.8	−3.4	23	−8.7	10
2015-3	−2.3	−0.2	30	−5.1	11

（续）

时间（年-月）	日平均值 月平均/℃	月极大值/℃	极大值 日期（日）	月极小值/℃	极小值 日期（日）
2015-4	1.4	7.8	29	−0.2	1
2015-5	7.0	13.3	28	2.5	9
2015-6	14.6	19.7	30	8.1	3
2015-7	20.9	23.9	23	17.0	3
2015-8	21.8	26.1	14	18.6	29
2015-9	15.3	21.7	1	8.1	29
2015-10	6.7	13.1	7	0.3	31
2015-11	−2.2	3.2	4	−8.7	28
2015-12	−4.5	−3.3	4	−6.3	30

表3-150　20 cm土壤温度月平均

时间（年-月）	日平均值 月平均/℃	月极大值/℃	极大值 日期（日）	月极小值/℃	极小值 日期（日）
2009-1	−5.7	−4.9	1	−6.9	16
2009-2	−5.3	−4.5	15	−5.9	1
2009-3	−3.4	−0.6	30	−5.4	1
2009-4	1.3	6.1	30	−0.5	1
2009-5	8.2	13.3	28	4.3	4
2009-6	16.4	34.2	26	9.7	1
2009-7	23.6	34.3	6	18.1	23
2009-8	20.2	26.1	18	15.0	29
2009-9	13.5	18.3	4	8.9	26
2009-10	6.4	12.3	1	0.8	31
2009-11	−1.1	0.8	1	−2.5	28
2009-12	−2.9	−1.9	12	−3.8	31
2010-1	−4.2	−3.0	8	−5.3	15
2010-2	−4.1	−3.1	25	−5.3	3
2010-3	−2.9	−1.7	31	−3.9	10
2010-4	0.2	3.7	30	−1.7	1
2010-5	8.4	15.4	31	2.8	1
2010-6	18.7	23.9	27	13.5	1
2010-7	21.2	24.0	24	18.4	7
2010-8	19.0	21.9	20	16.5	31
2010-9	14.3	18.5	4	8.6	30
2010-10	5.6	11.6	9	1.0	28
2010-11	−0.3	1.9	1	−3.1	30
2010-12	−4.5	−2.7	1	−6.0	18

（续）

时间（年-月）	日平均值月平均/℃	月极大值/℃	极大值日期（日）	月极小值/℃	极小值日期（日）
2011-1	−4.9	−3.2	1	−5.8	15
2011-2	−4.9	−3.5	24	−5.7	1
2011-3	−2.7	−0.4	30	−5.2	9
2011-4	1.4	6.6	30	−0.4	1
2011-5	9.4	15.7	29	5.4	1
2011-6	18.2	31.0	5	11.4	2
2011-7	21.8	26.6	9	19.1	12
2011-8	20.6	27.9	3	16.8	24
2011-9	13.3	18.8	1	7.2	30
2011-10	6.9	9.4	6	3.5	27
2011-11	0.2	6.9	2	−4.9	30
2011-12	−6.1	−4.0	3	−7.8	25
2012-1	−9.5	−7.0	1	−13.4	30
2012-2	−11.1	−7.5	29	−13.4	1
2012-3	−5.6	−1.5	30	−9.6	3
2012-4	—	6.4	23	−3.4	7
2012-5	10.1	15.8	31	2.7	1
2012-6	17.8	23.5	28	13.6	1
2012-7	22.0	25.4	8	18.4	31
2012-8	19.7	23.8	7	16.7	31
2012-9	15.3	19.4	1	10.3	30
2012-10	6.4	12.2	4	1.6	31
2012-11	0.1	1.6	1	−1.6	27
2012-12	−2.2	−1.1	4	−3.3	28
2013-1	−4.2	−3.1	1	−4.9	17
2013-2	−4.3	−3.9	28	−4.6	9
2013-3	−3.0	−1.4	31	−3.9	1
2013-4	1.9	7.4	29	−1.4	1
2013-5	9.8	14.8	31	2.9	1
2013-6	17.0	22.1	26	12.4	4
2013-7	21.0	29.0	27	18.0	3
2013-8	21.4	24.2	1	16.5	30
2013-9	14.4	21.8	8	9.7	30
2013-10	7.0	11.3	1	3.0	31
2013-11	1.6	4.7	6	0.6	30
2013-12	−0.4	0.6	1	−1.5	29
2014-1	−2.1	−1.2	1	−2.7	17
2014-2	−2.6	−1.0	28	−3.2	13

（续）

时间（年-月）	日平均值月平均/℃	月极大值/℃	极大值日期（日）	月极小值/℃	极小值日期（日）
2014-3	−1.1	−0.1	31	−3.2	8
2014-4	2.8	9.7	30	−0.1	1
2014-5	10.5	17.2	31	5.2	4
2014-6	19.0	23.4	30	16.2	1
2014-7	20.8	23.6	3	18.5	25
2014-8	20.2	22.8	1	18.7	31
2014-9	14.9	19.8	1	8.4	30
2014-10	6.3	9.5	1	2.6	29
2014-11	0.5	3.1	2	−3.0	29
2014-12	−4.5	−2.4	1	−6.3	18
2015-1	−5.5	−3.4	1	−7.2	28
2015-2	−5.6	−3.3	24	−8.1	10
2015-3	−2.2	−0.3	30	−4.7	11
2015-4	1.0	6.2	29	−0.3	1
2015-5	6.3	11.6	28	2.5	5
2015-6	13.9	18.8	30	8.0	3
2015-7	20.1	22.3	20	17.0	3
2015-8	21.3	24.7	15	18.7	29
2015-9	15.3	20.6	2	9.3	29
2015-10	7.1	12.4	8	1.2	31
2015-11	−1.3	3.1	4	−7.1	28
2015-12	−4.0	−3.0	4	−5.5	30

表3-151 40 cm土壤温度月平均

时间（年-月）	日平均值月平均/℃	月极大值/℃	极大值日期（日）	月极小值/℃	极小值日期（日）
2009-1	−3.8	−3.0	1	−4.4	16
2009-2	−3.9	−3.5	13	−4.3	24
2009-3	−2.8	−0.6	31	−4.1	1
2009-4	−0.2	1.3	30	−0.6	1
2009-5	4.5	8.2	30	1.3	1
2009-6	11.6	16.7	30	7.5	1
2009-7	17.8	19.8	31	16.7	1
2009-8	18.8	20.2	10	15.9	30
2009-9	13.8	16.6	5	10.9	26
2009-10	7.9	11.7	2	3.9	31
2009-11	1.2	3.8	1	−0.2	29

（续）

时间（年-月）	日平均值 月平均/℃	月极大值/℃	极大值 日期（日）	月极小值/℃	极小值 日期（日）
2009-12	−1.0	−0.2	1	−1.8	31
2010-1	−2.4	−1.8	1	−3.0	16
2010-2	−2.8	−2.3	26	−3.3	4
2010-3	−2.2	−1.5	31	−2.8	11
2010-4	−0.4	0.2	30	−1.5	1
2010-5	4.6	10.1	31	0.2	1
2010-6	14.7	18.5	30	10.1	1
2010-7	18.6	20.0	26	17.1	8
2010-8	17.5	18.9	21	16.3	4
2010-9	14.4	16.8	1	10.4	30
2010-10	7.4	10.6	9	3.5	30
2010-11	1.8	3.7	1	0.1	30
2010-12	−2.0	0.1	1	−3.0	25
2011-1	−3.0	−2.0	2	−3.8	31
2011-2	−3.5	−2.8	24	−4.7	12
2011-3	−2.1	−0.4	24	−3.5	4
2011-4	0.0	1.8	30	−0.4	1
2011-5	5.8	10.8	31	1.8	1
2011-6	14.1	17.2	27	10.0	2
2011-7	19.0	20.8	28	16.9	1
2011-8	19.1	20.8	9	17.1	24
2011-9	13.8	18.1	1	10.2	30
2011-10	8.2	10.2	1	6.0	27
2011-11	2.7	6.9	2	−1.0	30
2011-12	−3.2	−1.0	1	−4.7	26
2012-1	−6.6	−4.7	1	−9.5	31
2012-2	−8.7	−6.9	29	−9.7	1
2012-3	−4.9	−2.1	31	−7.4	4
2012-4	—	0.9	30	−2.3	2
2012-5	5.8	9.8	31	0.9	1
2012-6	13.6	17.8	29	9.8	1
2012-7	19.1	20.4	20	16.9	2
2012-8	18.4	20.1	9	17.2	24
2012-9	15.4	17.8	3	12.4	30

（续）

时间（年-月）	日平均值月平均/℃	月极大值/℃	极大值日期（日）	月极小值/℃	极小值日期（日）
2012-10	8.2	12.4	1	4.2	31
2012-11	2.1	4.2	1	0.6	30
2012-12	−0.3	0.6	1	−1.2	29
2013-1	−2.3	−1.2	1	−2.8	18
2013-2	−3.0	−2.6	7	−3.1	12
2013-3	−2.3	−1.5	31	−2.9	1
2013-4	0.1	2.4	30	−1.5	1
2013-5	5.7	9.8	31	1.0	1
2013-6	13.7	17.3	28	9.8	1
2013-7	18.6	20.8	30	16.1	1
2013-8	20.3	21.6	1	17.8	30
2013-9	15.0	17.3	1	11.8	30
2013-10	8.8	11.9	1	5.4	31
2013-11	3.4	5.4	1	2.1	30
2013-12	1.2	2.1	1	0.2	30
2014-1	−0.5	0.2	1	−1.0	30
2014-2	−1.3	−0.8	28	−1.5	13
2014-3	−0.7	−0.2	30	−1.6	8
2014-4	0.7	5.1	30	−0.3	1
2014-5	8.4	12.2	31	4.8	6
2014-6	16.1	18.6	30	12.3	1
2014-7	18.9	24.4	23	18.0	10
2014-8	19.1	20.1	2	18.5	31
2014-9	15.5	18.6	1	11.5	30
2014-10	8.3	11.5	1	4.9	31
2014-11	2.7	4.9	1	0.3	30
2014-12	−1.8	0.3	1	−2.9	22
2015-1	−3.4	−2.0	1	−4.8	31
2015-2	−4.1	−2.7	25	−5.4	10
2015-3	−1.8	−0.5	29	−3.2	11
2015-4	−0.2	1.1	30	−0.5	1
2015-5	3.1	6.4	30	0.9	1
2015-6	10.4	17.3	30	6.1	1
2015-7	17.9	19.2	26	15.9	3

（续）

时间（年-月）	日平均值月平均/℃	月极大值/℃	极大值日期（日）	月极小值/℃	极小值日期（日）
2015-8	19.7	21.4	15	18.4	30
2015-9	15.4	18.7	1	11.1	30
2015-10	8.4	11.6	8	3.6	31
2015-11	1.1	3.8	5	−3.1	29
2015-12	−2.3	−1.7	5	−3.5	31

表3-152 60 cm土壤温度月平均

时间（年-月）	日平均值月平均/℃	月极大值/℃	极大值日期（日）	月极小值/℃	极小值日期（日）
2009-1	−2.1	−1.2	1	−2.7	28
2009-2	−2.8	−2.5	13	−3.1	24
2009-3	−2.2	−0.6	31	−3.1	2
2009-4	−0.3	−0.1	27	−0.6	1
2009-5	1.9	5.1	30	−0.1	1
2009-6	9.3	14.4	30	5.1	1
2009-7	16.1	17.6	31	14.5	1
2009-8	17.6	18.4	11	15.8	31
2009-9	13.9	15.9	6	11.5	29
2009-10	8.9	11.6	1	5.8	31
2009-11	3.0	5.8	1	1.4	30
2009-12	0.5	1.4	1	−0.2	30
2010-1	−0.9	−0.2	1	−1.4	29
2010-2	−1.6	−1.3	1	−1.8	6
2010-3	−1.5	−1.1	28	−1.8	11
2010-4	−0.3	−0.1	14	−1.1	1
2010-5	2.2	7.3	31	−0.1	1
2010-6	11.9	15.6	30	7.3	1
2010-7	16.5	17.7	26	15.6	1
2010-8	16.4	17.1	20	15.7	4
2010-9	14.3	16.3	1	11.3	30
2010-10	8.6	11.3	1	5.2	31
2010-11	3.3	5.2	1	1.8	30
2010-12	0.0	1.8	1	−1.0	26
2011-1	−1.4	−0.8	1	−2.2	31
2011-2	−2.2	−1.9	25	−2.9	12
2011-3	−1.5	−0.3	25	−2.4	5

（续）

时间（年-月）	日平均值月平均/℃	月极大值/℃	极大值日期（日）	月极小值/℃	极小值日期（日）
2011-4	−0.2	−0.1	21	−0.4	1
2011-5	3.2	8.3	31	−0.1	1
2011-6	11.9	14.6	27	8.3	1
2011-7	17.0	19.0	29	14.6	1
2011-8	18.2	19.3	9	16.8	25
2011-9	14.1	17.3	1	11.7	30
2011-10	9.2	11.7	1	7.2	30
2011-11	4.4	7.4	2	1.3	30
2011-12	−0.8	1.2	1	−2.5	31
2012-1	−4.2	−2.5	1	−6.6	31
2012-2	−6.6	−5.8	29	−7.0	18
2012-3	−4.2	−2.1	31	−5.8	1
2012-4	—	0.0	15	−2.1	1
2012-5	2.8	6.5	31	−0.3	1
2012-6	10.4	14.7	30	6.5	1
2012-7	16.8	18.2	29	14.6	1
2012-8	17.3	18.2	9	16.7	24
2012-9	15.3	16.9	1	13.2	30
2012-10	9.5	13.2	1	6.0	31
2012-11	3.6	6.0	1	2.1	30
2012-12	1.2	2.1	1	0.3	30
2013-1	−0.6	0.3	1	−1.3	28
2013-2	−1.7	−1.3	7	−1.9	25
2013-3	−1.5	−1.1	31	−1.9	1
2013-4	−0.2	0.0	29	−1.2	1
2013-5	3.0	7.6	31	−0.1	1
2013-6	11.5	14.7	28	7.6	1
2013-7	16.7	19.4	31	14.4	1
2013-8	19.4	20.0	8	17.9	30
2013-9	15.3	17.5	1	12.7	30
2013-10	10.0	12.7	1	7.1	31
2013-11	4.9	7.1	1	3.4	29
2013-12	2.4	3.4	1	1.4	31
2014-1	0.8	1.4	1	0.2	30
2014-2	−0.1	0.2	1	−0.4	23
2014-3	−0.2	0.0	31	−0.5	9
2014-4	0.3	3.3	30	−0.1	1
2014-5	6.9	10.5	31	3.3	1

（续）

时间（年-月）	日平均值月平均/℃	月极大值/℃	极大值日期（日）	月极小值/℃	极小值日期（日）
2014 - 6	14.1	16.4	30	10.5	1
2014 - 7	17.5	22.9	23	16.4	1
2014 - 8	18.2	18.6	2	17.9	20
2014 - 9	15.7	17.9	1	12.9	30
2014 - 10	9.6	12.9	1	6.6	31
2014 - 11	4.4	6.6	1	2.2	30
2014 - 12	0.4	2.2	1	−0.8	26
2015 - 1	−1.6	−0.7	1	−2.8	31
2015 - 2	−2.8	−1.9	27	−3.4	11
2015 - 3	−1.4	−0.4	30	−2.1	1
2015 - 4	−0.3	−0.1	30	−0.4	1
2015 - 5	1.1	3.7	31	−0.2	1
2015 - 6	8.2	14.9	30	3.7	1
2015 - 7	15.4	16.7	31	13.9	3
2015 - 8	17.8	18.7	15	16.7	1
2015 - 9	15.1	17.4	1	12.0	30
2015 - 10	9.4	12.0	1	5.6	31
2015 - 11	3.1	5.6	1	−0.1	30
2015 - 12	−0.7	−0.1	1	−1.5	31

表 3 - 153 100 cm 土壤温度月平均

时间（年-月）	日平均值月平均/℃	月极大值/℃	极大值日期（日）	月极小值/℃	极小值日期（日）
2009 - 1	0.5	1.3	1	−0.1	29
2009 - 2	−0.6	−0.1	1	−1.0	27
2009 - 3	−1.0	−0.5	31	−1.1	2
2009 - 4	−0.4	−0.2	28	−0.6	1
2009 - 5	−0.2	0.0	31	−0.3	1
2009 - 6	5.1	10.0	30	0.0	1
2009 - 7	12.5	13.8	31	10.0	1
2009 - 8	14.6	14.9	13	13.8	1
2009 - 9	13.2	14.4	1	11.5	30
2009 - 10	9.7	11.5	1	7.8	31
2009 - 11	5.3	7.8	1	3.6	30
2009 - 12	2.5	3.6	1	1.7	31
2010 - 1	1.1	1.7	1	0.6	29
2010 - 2	0.3	0.6	1	0.0	23

（续）

时间（年-月）	日平均值月平均/℃	月极大值/℃	极大值日期（日）	月极小值/℃	极小值日期（日）
2010-3	−0.2	0.0	1	−0.3	19
2010-4	−0.1	−0.1	9	−0.3	1
2010-5	0.4	3.5	31	−0.1	1
2010-6	7.5	10.6	30	3.5	1
2010-7	12.5	13.8	30	10.6	1
2010-8	13.8	14.0	31	13.6	11
2010-9	13.2	14.0	1	11.6	30
2010-10	9.7	11.6	1	7.3	31
2010-11	5.4	7.3	1	3.9	30
2010-12	2.5	3.9	1	1.3	31
2011-1	0.8	1.3	1	0.3	29
2011-2	−0.1	0.3	1	−0.4	23
2011-3	−0.4	−0.2	28	−0.6	9
2011-4	−0.2	−0.1	15	−0.3	1
2011-5	0.7	4.3	31	−0.2	2
2011-6	7.9	10.7	30	4.4	1
2011-7	13.0	15.3	31	10.7	1
2011-8	15.7	16.1	11	15.1	28
2011-9	13.6	15.2	1	12.2	30
2011-10	10.2	12.2	1	8.5	31
2011-11	6.5	8.5	1	4.1	30
2011-12	2.3	4.1	1	0.9	31
2012-1	−0.2	0.9	1	−1.7	31
2012-2	−2.8	−1.7	1	−3.3	22
2012-3	−2.7	−1.8	31	−3.2	1
2012-4	—	−0.7	27	−1.8	1
2012-5	−0.3	0.8	31	−0.7	1
2012-6	4.8	9.3	30	0.8	1
2012-7	12.1	14.3	31	9.3	1
2012-8	14.5	14.8	13	12.1	16
2012-9	14.1	14.7	1	13.0	30
2012-10	10.6	13.1	1	7.9	31
2012-11	5.8	7.9	1	4.2	30
2012-12	3.1	4.2	1	2.2	31
2013-1	1.5	2.2	1	0.8	29
2013-2	0.3	0.6	7	0.0	28
2013-3	−0.2	0.0	1	−0.3	23
2013-4	−0.2	−0.1	13	−0.3	1

（续）

时间（年-月）	日平均值月平均/℃	月极大值/℃	极大值日期（日）	月极小值/℃	极小值日期（日）
2013-5	0.7	4.1	31	−0.2	1
2013-6	7.6	10.6	30	4.1	1
2013-7	12.8	15.7	31	10.6	1
2013-8	16.6	16.9	16	15.7	1
2013-9	14.8	16.4	1	13.1	30
2013-10	11.1	13.1	1	8.9	31
2013-11	6.9	8.9	1	5.2	30
2013-12	4.2	5.2	1	3.2	31
2014-1	2.5	3.2	1	1.9	29
2014-2	1.5	1.9	1	1.1	26
2014-3	1.0	1.1	1	0.9	12
2014-4	0.9	1.7	30	0.8	4
2014-5	4.7	7.6	31	1.8	1
2014-6	10.3	12.5	30	7.6	1
2014-7	14.2	18.8	23	12.5	1
2014-8	15.8	16.0	26	15.4	1
2014-9	15.0	16.0	1	13.5	30
2014-10	11.1	13.5	1	8.8	31
2014-11	6.7	8.8	1	4.8	30
2014-12	3.2	4.8	1	1.8	30
2015-1	1.1	1.8	1	0.3	31
2015-2	−0.2	0.3	1	−0.6	22
2015-3	−0.5	−0.2	31	−0.6	2
2015-4	−0.2	−0.1	18	−0.3	1
2015-5	−0.1	0.1	31	−0.2	1
2015-6	4.7	11.0	30	0.1	1
2015-7	12.1	13.7	31	10.7	1
2015-8	15.0	15.6	21	13.7	1
2015-9	14.2	15.4	1	12.6	30
2015-10	10.4	12.6	1	7.9	31
2015-11	5.5	7.9	1	3.0	30
2015-12	1.7	3.0	1	0.9	31

3.4.2 人工观测气象数据

本数据集包括 2009—2015 年的数据，采集地为海伦站气象观测场，47°27′14″N，126°55′12″E，主要监测项目为：气压、风速、风向，湿球温度、干球温度、最高温度、最低温度、地表温度、地表最高温、地表最低温、相对湿度、降雨量。

人工记录每天 3 次，分别在 8：00、14：00、20：00 时进行。部分项目为每天 1 次，观察时间为 20：00。

数据采集要求：

①现场观测人一般应在正点前 30 min 左右巡视观测场和仪器设备。

②正点后，45～60 min 时观测云、能见度、空气温度和湿度、降水、风向和风速、气压、地温等项目。

③蒸发、地面状态等项目的观测在正点前 40 min 至正点后 10 min 内进行。

④日照计在日落后换纸。

定时观测程序：按干球、湿球温度表，最低温度表酒精柱，毛发湿度表，最高温度表，最低温度表游标，调整最高、最低温度表，温度计和湿度计读数并作时间记号。

海伦站设立了专门的数据库管理岗，主要进行网络共享平台的建设，以及及时入库各部分的监测数据。海伦站还设置有 1 个负责气象监测的技术支撑岗，专门负责气象部分的日常观测和仪器维修维护。同时气象人工观测，也需要每天定时观测，因此培养了 1 个专门从事人工观测和日常仪器维护工作的技术工人，每天定时巡视观测场地，并检查、维护自动观测仪器的各种传感器（辐射表表面清洁、湿度传感器清洁和更换湿度传感器的防护帽等）。保证气象观测场地符合观测要求（定期割草，保持场地草层高度）。保证辐射观测传感器每天清洁，不积尘、不污染。

海伦站气象自动观测记录都经过 3 次保存备份，确保数据完全保存。首先由观测人整理数据，并由直接观测人保管和备份，每月初上报给气象监测岗技术人员，进行数据报表的编制和统计工作，完成后需备份原始数据及报表数据。在完成数据审核后同时报送分中心和数据库管理员，进行数据的保存和备份。每一观测年度完成后将所有电子文本用光盘备份。纸质观测数据的保存，每月初都要及时将全部记录本上交给支撑技术人员，进行人工数据的录入和保存工作，录入完毕后，纸质数据分月由监测支撑岗保存，每一监测年度完成后，分年度再统一汇编，进入站长期监测资料库，集中保存。海伦站气象观测数据要求每月 1 日前整理好自动观测和人工观测的数据及记录本，及时上交给监测责任人，每月 5 日前，完成所有纸质数据的输入工作，在每月 10 日完成数据报表的编制和数据审核工作，并将数据报表上报给分中心和数据库管理员。

海伦站冬季结冰，所以冬季蒸发量数据缺失。2009 年部分数据缺失。本部分只包括月尺度数据，如果想获得小时尺度和日尺度数据，可以登录 http：//hla. cern. ac. cn/查寻。

3.4.2.1　气温

（1）概述

观测项目及单位：定时气温，日最高、日最低气温，以℃为单位。本数据集包括 2009—2015 年的数据，采集地为海伦站气象观测场，47°27′14″N，126°55′12″E，所有数据人工采集。海伦站冬季结冰，所以在每年 5 月 15 日至 10 月 15 日用干湿球法测定，其他时间用毛发温度计测定。

（2）数据采集和处理方法

温度表读数时应注意：

①观测时必须保持视线和水银柱顶端齐平，以避免视差。

②读数动作要迅速，力求敏捷，不要对着温度表呼吸，尽量缩短停留时间，勿使头、手和灯接近球部，以免影响温度数据。

③注意复读，以免发生误读或颠倒零上、零下的差错。各种温度表读数要准确到 0.1 ℃。温度在 0 ℃以下时，应加负号。读数记入观测簿相应栏内，并按所附检定证订正器差。如示度超过检定证范围，则以该检定证所列的最高（或最低）温度值的订正值订正数据。

北方秋季当湿球纱布冻结后，应及时从室内带一杯蒸馏水融冰，待纱布变软后，在球下部 2～3 mm处剪断，然后把湿球温度表下的水杯从百叶箱内取走，以防水杯冻裂。气温在－10.0 ℃或以上湿球纱布结冰时，观测前也须进行湿球融冰。融冰用的水温不可过高，应相当于室内温度，能将湿球冰层融化即可。将湿球球部浸入水杯中，充分浸透纱布，使冰层完全融化。从湿球温度示值的变化情况可判断冰层是否完全溶化，如果示值很快上升到 0 ℃，稍停一会再向上升，就表示冰已融化。然后把水杯移开，用杯沿将聚集在纱布头的水滴除去。数据获取方法：干球温度表和毛发温度计观测。原始数据观测频率：每日 3 次（北京时间 8：00、14：00、20：00）。观测层次：1.5 m。

（3）数据质量控制和评估

干湿球温度表的维护：

①必须注意保持干湿球温度表的正常状态。如发现温度表内刻度磁板破损，毛细管内有水银滴、黑色沉淀的氧化物或水银柱中断等情况，应及时更换、报废。

②干球温度表应保持清洁、干燥。观测前巡视设备和仪器时，如发现干球上有灰尘或水，须立即用干净的软布轻轻拭去。

③湿球纱布必须保持清洁、柔软和湿润，一般每周更换 1 次。遇到沙尘等天气，湿球纱布上明显沾有灰尘时，应立即更换。

④水杯中的蒸馏水要时常添满，保持洁净，一般每周更换 1 次。冬季在巡视观测场时，要小心用毛刷把百叶箱顶、箱内和壁缝中的雪和雾凇扫除干净。

数据质量控制：

①超出气候学界限值域−80～60 ℃的数据为错误数据。

②气温大于等于露点温度。

③ 24 h 气温变化范围小于 50 ℃。

④利用与台站下垫面及周围环境相似的 1 个或多个邻近站的气温数据计算本台站气温值，比较台站观测值和计算值，如果超出阈值即认为观测数据可疑。

数据产品处理方法：

①将当日最低气温和前一日 2：00 气温的平均值作为 20：00 的插补气温。若当日最低气温或前一天 20：00 的气温也缺测，则 2：00 的气温用 8：00 的记录代替。对每日质控后的所有 4 个时次观测数据平均，计算日平均值。一日中定时记录缺测 1 次或以上时，该日不做日平均。

②用日均值合计值除以日数获得月平均值。一月中日均值缺测 7 次或以上时，该月不做月统计，按缺测处理。

（4）观测数据

具体数据见表 3 - 154。

表 3 - 154　气温记录表月统计

单位：℃

时间（年-月）	干球温度	最高干球温度	最低干球温度	湿球温度
2009 - 1	−20.45	−25.46	—	
2009 - 2	−16.95	−23.38	—	
2009 - 3	−8.19	−15.37	—	
2009 - 4	9.00	0.65	—	
2009 - 5	18.20	8.19	—	
2009 - 6	17.80	12.69	15.30	
2009 - 7	21.90	16.37	19.12	
2009 - 8	20.71	15.10	17.98	
2009 - 9	14.24	6.35	11.04	

（续）

时间（年-月）	干球温度	最高干球温度	最低干球温度	湿球温度
2009-10	5.66	−1.64	—	
2009-11	−10.50	−16.01	—	
2009-12	−20.60	−25.36	—	
2010-1	−22.84	−16.19	−27.46	—
2010-2	−20.40	−13.99	−26.13	—
2010-3	−11.90	−5.51	−18.35	—
2010-4	1.68	6.31	−2.52	—
2010-5	14.60	20.13	9.10	—
2010-6	24.19	31.15	17.06	19.80
2010-7	21.97	27.31	16.67	20.43
2010-8	19.28	24.53	14.74	18.27
2010-9	14.93	22.32	6.98	11.50
2010-10	4.16	11.25	−2.88	—
2010-11	−20.94	−15.14	−25.31	—
2010-12	−20.58	−14.87	−24.78	—
2011-1	−25.23	−20.03	−28.94	—
2011-2	−16.62	−10.43	−22.36	—
2011-3	−8.24	−2.42	−14.03	—
2011-4	5.82	12.47	−0.35	—
2011-5	13.76	19.83	7.17	—
2011-6	20.44	26.08	13.59	16.34
2011-7	22.71	27.31	18.39	21.36
2011-8	20.44	25.91	15.11	19.34
2011-9	12.43	19.91	5.24	9.91
2011-10	6.60	13.14	0.80	—
2011-11	−8.16	−1.42	−12.87	—
2011-12	−20.45	−14.35	−25.26	—
2012-1	−25.06	−19.42	−29.72	—
2012-2	−18.28	−11.19	−24.34	—
2012-3	−5.82	0.85	−12.17	—
2012-4	5.50	12.04	−1.27	—
2012-5	15.08	21.44	7.30	—
2012-6	20.51	25.44	14.96	18.60
2012-7	22.48	26.98	17.50	21.06
2012-8	19.35	25.05	13.04	18.15
2012-9	14.52	20.61	9.13	13.11
2012-10	4.66	10.55	−0.51	—
2012-11	−8.57	−3.40	−12.76	—

（续）

时间（年-月）	干球温度	最高干球温度	最低干球温度	湿球温度
2012-12	−23.71	−17.11	−28.08	—
2013-1	−24.27	−18.46	−29.02	—
2013-2	−19.46	−12.83	−26.02	—
2013-3	−11.37	−5.05	−17.76	—
2013-4	2.53	7.09	−2.36	—
2013-5	16.25	22.42	8.93	—
2013-6	20.27	25.77	14.30	17.62
2013-7	21.88	26.52	16.78	20.62
2013-8	20.29	25.42	15.40	18.98
2013-9	13.40	20.04	6.41	11.89
2013-10	5.03	11.14	−0.59	—
2013-11	−5.81	−1.44	−10.35	—
2013-12	−17.40	−12.53	−21.56	—
2014-1	−22.77	−17.42	−28.17	—
2014-2	−19.05	−12.21	−25.45	—
2014-3	−3.78	2.60	−9.82	—
2014-4	8.85	15.49	1.29	—
2014-5	13.16	18.54	7.63	—
2014-6	21.90	27.53	14.97	18.21
2014-7	21.13	25.65	16.10	19.81
2014-8	21.39	25.58	14.60	18.74
2014-9	13.53	19.91	7.33	11.46
2014-10	3.72	10.09	−1.99	—
2014-11	−5.67	−0.75	−10.54	—
2014-12	−19.80	−15.37	−24.08	—
2015-1	−18.64	−13.47	−23.48	—
2015-2	−13.77	−7.95	−19.71	—
2015-3	−4.62	0.69	−10.48	—
2015-4	6.10	11.89	−0.25	—
2015-5	12.25	18.43	5.84	—
2015-6	20.87	26.06	14.86	17.05
2015-7	22.27	27.49	16.11	19.50
2015-8	21.12	25.84	16.42	19.80
2015-9	13.53	20.06	6.43	11.63
2015-10	4.32	10.45	−1.28	—
2015-11	−7.70	−2.30	−13.19	—
2015-12	−16.58	−11.79	−21.40	—

注：干球温度、最高干球温度和最低干球温度由3个不同的气温计测量，存在一定的误差。

3.4.2.2 降水量

(1) 概述

降水观测包括降水量和降水强度。降水量以 mm 为单位，取 1 位小数。降水强度是指单位时间的降水量，通常测定 5 min、10 min 和 1 h 内的最大降水量。气象站观测每分钟、时、日降水量。测量降水的仪器为翻斗式雨量计。本数据集包括 2009—2015 年的数据，采集地为海伦站气象观测场，47°27′14″N，126°55′12″E，所有数据人工采集。由于海伦站冬季结冰，冬季降水量需要融化雪来测量。

(2) 数据采集和处理方法

数据采集注意事项：

①每天 8：00、20：00 分别量取前 12 h 降水量。观测液体降水时要换取储水瓶，将水倒入量杯，要倒净。将量杯保持垂直，使人的视线与水面齐平，以水凹面为准，读得的刻度数即为降水量，记入相应栏内。降水量大时，应分数次量取，求总和。

②冬季降雪时，须将承雨器取下，换上承雪口，取走储水器，直接用承雪口和外筒接收降水。观测时，将已有固体降水的外筒，用备份的外筒换下，盖上筒盖后，取回室内，待固体降水融化后，用量杯量取。也可将固体降水连同外筒用专用的台秤称量，称量后应把外筒的重量（或 mm 数）扣除。

③特殊情况处理。在炎热干燥的日子，为防止蒸发，降水停止后，要及时观测。在降水较大时，应视降水情况增加人工观测次数，以免降水溢出雨量筒，造成记录失真。

无降水时，降水量栏空白不填。不足 0.05 mm 的降水量记 0.0。纯雾、露、霜、冰针、雾凇、吹雪的量按无降水处理（吹雪量必须量取，供计算蒸发量用）。出现雪暴时，应观测其降水量。数据获取方法：利用雨（雪）量器每天 8：00 和 20：00 观测前 12 h 的累积降水量。原始数据观测频率：每日 2 次（北京时间 8：00、20：00）。观测层次：距地面高度 70 cm，冬季积雪超过 30 cm 时距地面高度 1.0～1.2 m。

(3) 数据质量控制和评估

经常保持雨量器清洁，每次巡视仪器时，注意清除承水器、储水瓶内的昆虫、尘土、树叶等杂物。定期检查雨量器的高度、水平，发现不符合要求时应及时纠正；如外筒有漏水现象，应及时修理或撤换。承水器的刀刃口要保持正圆，避免碰撞变形。降水量大于 0.0 mm 或者微量时，应有降水或者雪暴天气现象。

数据产品处理方法：

①降水量的日总量由该日降水量各时值累加获得。一日中定时记录缺测 1 次，另一定时记录未缺测时，按实有记录做日合计，全天缺测时不做日合计。

②月累计降水量由日总量累加而得。1 个月中降水量缺测 7d 或以上时，该月不做月合计，按缺测处理。

(4) 观测数据

具体数据见表 3-155。

表 3-155 降水记录表月统计

时间（年-月）	20：00 至翌日 8：00 降水量月合计值/mm	8：00—20：00 降水量月合计值/mm	20：00 至翌日 20：00 降水量月合计值/mm
2009-1	2.0	0.7	2.7
2009-2	0.6	0.2	0.8
2009-3	1.7	3.9	5.6
2009-4	7.3	0.2	7.5
2009-5	7.1	6.0	13.1

（续）

时间（年-月）	20：00 至翌日 8：00 降水量月合计值/mm	8：00—20：00 降水量月合计值/mm	20：00 至翌日 20：00 降水量月合计值/mm
2009-6	164.1	150.1	314.2
2009-7	30.9	45.4	76.3
2009-8	43.0	10.5	53.5
2009-9	24.7	5.9	30.6
2009-10	3.6	2.2	5.8
2009-11	5.8	1.0	6.8
2009-12	5.4	5.5	10.9
2010-1	2.3	0.0	2.3
2010-2	0.3	0.6	0.9
2010-3	13.9	7.3	21.2
2010-4	5.5	22.9	28.4
2010-5	63.1	35.5	98.6
2010-6	10.1	25.3	35.4
2010-7	78.1	12.3	90.4
2010-8	26.8	70.9	97.7
2010-9	9.6	13.2	22.8
2010-10	1.1	9.5	10.6
2010-11	4.0	7.8	11.8
2010-12	0.0	0.0	0.0
2011-1	1.1	0.0	1.1
2011-2	—	0.2	0.2
2011-3	0.2	8.6	8.8
2011-4	1.5	1.1	2.6
2011-5	36.9	18.7	55.6
2011-6	14.8	50.0	64.8
2011-7	140.0	124.8	264.8
2011-8	21.0	66.9	87.9
2011-9	16.7	19.3	36.0
2011-10	5.3	0.5	5.8
2011-11	1.8	9.5	11.3
2011-12	1.0	0.7	1.7
2012-1	0.0	—	0.0
2012-2	0.3	0.0	0.3
2012-3	0.8	7.8	8.6
2012-4	7.5	13.4	20.9
2012-5	28.2	4.7	32.9
2012-6	65.7	52.7	118.4
2012-7	138.7	36.7	175.4

（续）

时间（年-月）	20：00 至翌日 8：00 降水量月合计值/mm	8：00—20：00 降水量月合计值/mm	20：00 至翌日 20：00 降水量月合计值/mm
2012 - 8	54.9	64.3	119.2
2012 - 9	39.2	61.4	100.6
2012 - 10	25.9	35.9	61.8
2012 - 11	15.9	7.2	23.1
2012 - 12	0.9	6.1	7.0
2013 - 1	2.0	0.5	2.5
2013 - 2	4.7	4.0	8.7
2013 - 3	5.2	7.5	12.7
2013 - 4	2.3	0.4	2.7
2013 - 5	18.8	32.3	51.1
2013 - 6	27.2	24.7	51.9
2013 - 7	47.8	336.3	384.1
2013 - 8	96.8	184.2	281.0
2013 - 9	5.3	43.3	48.6
2013 - 10	16.2	13.7	29.9
2013 - 11	6.3	8.9	15.2
2013 - 12	0.2	2.5	2.7
2014 - 1	0.7	1.6	2.3
2014 - 2	2.8	0.8	3.6
2014 - 3	—	—	—
2014 - 4	—	3.5	3.5
2014 - 5	33.9	58.4	92.3
2014 - 6	53.2	67.7	120.9
2014 - 7	97.4	110.6	208.0
2014 - 8	8.8	52.0	60.8
2014 - 9	39.7	32.3	72.0
2014 - 10	8.8	7.9	16.7
2014 - 11	5.2	1.3	6.5
2014 - 12	4.0	1.8	5.8
2015 - 1	0.3	0.0	0.3
2015 - 2	5.6	3.0	8.6
2015 - 3	1.8	0.0	1.8
2015 - 4	2.7	2.6	5.3
2015 - 5	11.4	44.7	56.1
2015 - 6	41.5	58.9	100.4
2015 - 7	13.4	45.2	58.6
2015 - 8	49.8	47.0	96.8

（续）

时间（年-月）	20：00至翌日8：00 降水量月合计值/mm	8：00—20：00 降水量月合计值/mm	20：00至翌日20：00 降水量月合计值/mm
2015-9	13.9	12.4	26.3
2015-10	18.8	10.2	29
2015-11	1.9	0.5	2.4
2015-12	4.8	5.4	10.2

3.4.2.3 相对湿度

（1）概述

地面观测中测定的是离地面1.50 m处的湿度。相对湿度是空气中实际水汽压与当时气温下的饱和水汽压之比。以百分数（%）表示，取整数。本数据集包括2009—2015年的数据，采集地为海伦站气象观测场，47°27′14″N，126°55′12″E，所有数据人工采集。海伦站冬季结冰，所以在每年5月15日至10月15日用干湿球测法，其他时间用毛发温度计。

（2）数据采集和处理方法

非结冰期采用干球温度表和湿球温度表，结冰期采用毛发湿度表观测。按照干、湿球温度表的温度差值查《湿度查算表》获得相对湿度。原始数据观测频率：每日3次（北京时间8：00、14：00、20：00）。观测层次：1.5 m。

（3）数据质量控制和评估

干湿球温度计和毛发温度表安置在百叶箱内，百叶箱要保持洁白，木质百叶箱视具体情况每1～3年重新油漆1次；内外箱壁每月至少定期擦洗1次，寒冷季节可用干毛刷刷拭干净。清洗百叶箱的时间以晴天上午为宜，在清洗箱内之前，应将仪器全部放入备份百叶箱内；清洗完毕，待百叶箱干燥之后，再将仪器放回。清洗百叶箱不能影响观测和记录。

海伦站从10月15日至翌年5月15日使用毛发湿度计测量湿度，毛发温度表的维护注意事项：

①禁止用手触摸毛发，以免手上的油脂覆盖毛发小孔，影响其正常感应。

②如果毛发及其部件上附有雾凇、冰或水滴，应轻敲金属架，使它脱落；或从百叶箱拿回室内，使它慢慢地干燥。但须注意不能使表接近炉子，也绝不能触及毛发，要等干燥后，再把它放回原处。

③毛发湿度表不用时，应放在盒子里。如果没有盒子，应把指针移向左边，使毛发放松，并用手指将指针贴紧刻度尺，用线绳扎住，或将指针卡在刻度尺的后面，妥善包装保存。

④空气湿度很大时，如果毛发湿度表的指针常超出刻度范围，应调整示度。调整示度应选在编制订正图前，相对湿度在70%或以上时进行，方法是旋动调整螺丝，将指针往小的刻度方向调，调整的幅度按超出刻度的最大范围加上3%确定。在正式编制订正图和冬季正式使用时，不能调整示度。

数据范围：

①相对湿度介于0～100%。

②干球温度大于等于湿球温度（结冰期除外）。

数据产品处理方法：

①用8：00的相对湿度值代替2：00的值，然后对每日质控后的所有4个时次观测数据平均，计算日平均值。一日中定时记录缺测1次或以上时，该日不做日平均。

②用日均值合计值除以日数获得月平均值。1个月中日均值缺测7次或以上时，该月不做月统计，按缺测处理。

（4）观测数据

具体数据见表3-156。

表3-156　相对湿度记录表月统计

单位：%

时间（年-月）	相对湿度	时间（年-月）	相对湿度
2009-1		2012-3	58
2009-2		2012-4	49
2009-3		2012-5	51
2009-4		2012-6	71
2009-5		2012-7	81
2009-6		2012-8	77
2009-7		2012-9	77
2009-8		2012-10	71
2009-9		2012-11	83
2009-10		2012-12	86
2009-11		2013-1	83
2009-12		2013-2	78
2010-1	81	2013-3	76
2010-2	77	2013-4	68
2010-3	75	2013-5	—
2010-4	67	2013-6	—
2010-5	63	2013-7	—
2010-6	56	2013-8	—
2010-7	75	2013-9	—
2010-8	81	2013-10	—
2010-9	57	2013-11	80
2010-10	65	2013-12	86
2010-11	85	2014-1	81
2010-12	85	2014-2	79
2011-1	84	2014-3	69
2011-2	81	2014-4	47
2011-3	78	2014-5	—
2011-4	53	2014-6	—
2011-5	—	2014-7	—
2011-6	—	2014-8	—
2011-7	—	2014-9	—
2011-8	—	2014-10	—
2011-9	—	2014-11	72
2011-10	—	2014-12	83
2011-11	76	2015-1	81
2011-12	81	2015-2	82
2012-1	81	2015-3	71
2012-2	73	2015-4	52

（续）

时间（年-月）	相对湿度/%	时间（年-月）	相对湿度/%
2015-5	—	2015-9	—
2015-6	—	2015-10	—
2015-7	—	2015-11	64
2015-8	—	2015-12	79

3.4.2.4 气压

（1）概述

本数据集包括2009—2015年的数据，采集地为海伦站气象观测场，47°27′14″N，126°55′12″E，所有数据人工采集。

（2）数据采集和处理方法

海伦站人工气压观测采用空盒气压计，空盒气压计是用金属膜盒作为感应元件的气压表，盒内近于真空。利用弹性应力与大气压力相平衡的原理，以形变的位移测定气压。优点是便于携带和安装。观测时打开盖子，用手轻轻击打表盘，读数时视线正对表盘，垂直指针观测读数，避免视觉误差。观察读数时，要进行读数订正，包括器差订正、温度订正、补充订正，把读数订正为本站气压。气压表要放置室内桌面，避免阳光直晒、磁场干扰和潮湿。数据获取方法：空盒气压表观测。原始数据观测频率：每日3次（北京时间8：00、14：00、20：00）。观测层次：距地面小于1 m。

（3）数据质量控制和评估

①超出气候学界限值域300～1 100 hPa的数据为错误数据。

②海拔高度大于0 m时，台站气压小于海平面气压，海拔高度等于0 m时，台站气压等于海平面气压，海拔高度小于0 m时，台站气压大于海平面气压。

③24 h变压的绝对值小于50 hPa。

数据产品处理方法：对每日质控后的所有3个时次观测数据平均，计算日平均值。再用日均值合计值除以日数获得月平均值。一日中定时记录缺测1次或以上时，该日不做日平均。1个月中日均值缺测7次或以上时，该月不做月统计，按缺测处理。

表3-157 气压记录表月统计

单位：hPa

时间（年-月）	气压	时间（年-月）	气压
2009-1	990.25	2010-1	987.72
2009-2	985.81	2010-2	988.63
2009-3	984.24	2010-3	985.00
2009-4	980.86	2010-4	981.57
2009-5	976.45	2010-5	976.82
2009-6	971.00	2010-6	976.76
2009-7	973.65	2010-7	974.94
2009-8	977.35	2010-8	977.76
2009-9	980.95	2010-9	982.82
2009-10	983.90	2010-10	986.65
2009-11	990.08	2010-11	982.22
2009-12	988.72	2010-12	982.20

（续）

时间（年-月）	气压	时间（年-月）	气压
2011-1	991.86	2013-7	970.77
2011-2	988.92	2013-8	972.77
2011-3	984.63	2013-9	981.57
2011-4	978.87	2013-10	987.17
2011-5	975.44	2013-11	982.41
2011-6	973.01	2013-12	987.67
2011-7	974.48	2014-1	988.79
2011-8	978.10	2014-2	994.39
2011-9	982.46	2014-3	985.87
2011-10	984.37	2014-4	983.28
2011-11	991.35	2014-5	973.96
2011-12	992.36	2014-6	975.67
2012-1	993.81	2014-7	972.26
2012-2	986.60	2014-8	977.46
2012-3	983.90	2014-9	982.22
2012-4	976.12	2014-10	985.76
2012-5	977.89	2014-11	985.39
2012-6	975.48	2014-12	986.89
2012-7	974.02	2015-1	990.88
2012-8	978.15	2015-2	987.29
2012-9	982.60	2015-3	983.97
2012-10	983.74	2015-4	979.88
2012-11	985.50	2015-5	972.09
2012-12	989.20	2015-6	973.57
2013-1	991.23	2015-7	975.48
2013-2	988.57	2015-8	977.50
2013-3	981.17	2015-9	983.30
2013-4	977.50	2015-10	982.38
2013-5	974.26	2015-11	994.29
2013-6	975.42	2015-12	989.79

3.4.2.5 风速

（1）概述

人工观测，风向用十六方位法。人工观测时，测量平均风速和最多风向。配有自记仪器的要作风向、风速的连续记录并整理。自动观测时，测量平均风速、平均风向、最大风速、极大风速。海伦站测量风的仪器是 EL 型电接风向风速计。本数据集包括 2009—2015 年的数据，采集地为海伦站气象观测场，47°27′14″N，126°55′12″E，所有数据人工采集。由于 EL 电接风速风向仪器经常损坏，所以大气分中心把风速、风向指标归为可选项目。

（2）数据采集和处理方法

数据采集用 EL 型电接风向风速计，它是由感应器、指示器、记录器组成的有线遥测仪器。感应器由风向和风速两部分组成，风向部分由风标、风向方位块、导电环、接触簧片等组成；风速部分由风杯、交流发电机、蜗轮等组成。指示器由电源、瞬时风向指示盘、瞬时风速指示盘等组成。记录器由 8 个风向电磁铁、1 个风速电磁铁、自记钟、自记笔、笔挡、充放电线路等部分组成。数据获取方法：电接风向风速计观测。原始数据观测频率：每日 3 次（北京时间 8：00、14：00、20：00）。观测层次：10 m 风杆。

（3）数据质量控制和评估

定期维护好 EL 型电接风向风速计，是数据质量的保证，EL 型电接风向风速计维护注意事项：

①因感应器与指示器是配套检定的，所以在撤换仪器时二者应同时成套撤换。

②电源（串联的干电池）电压如低于 8.5V（测量电压时，要切断交流电源，打开风向扳键开关），就不能保证仪器正常工作，应全部调换成新电池。干电池与整流电源并联使用时，要经常检查干电池。如锌壳发软或者有微量糊状物冒出时，应立即更换以免腐蚀仪器。如经常发生这种情况，可能是电源电压太高或短路造成，应检查原因。如由于电源电压太高造成的，应改换电源变压器的输出抽头。如仍不见效，就不宜将干电池和整流电源并联使用。

③如风向画线后笔尖复位超越基线过多，可能造成判断错误，应向里调节笔杆上的压力调整螺钉，以加大笔尖压力。如画线后回不到基线上，有起伏，应调节螺钉减小笔尖压力。

④风向方位块应每年清洁 1 次。如发现风向指示灯泡严重闪烁，或时明时暗时灭，应及时检查感应器内风向接触簧片的压力和清洁方位块表面。

⑤更换风向灯泡时，应从八灯盘后面拧下正中的大螺钉，再把装灯泡的底板连同后半个胶木壳一起拔出来。换好灯泡后，重新放回时，应注意使前后两胶木壳的色点对准，否则灯泡相应的方位就会错乱。调换风向指示灯泡时，要用同样规格（6～8V，0.15A）的，切不可使用超过 0.15A 的灯泡。

⑥5 个笔尖不在同一时间线上时，应首先调好风速笔尖在笔杆上的位置，然后将风向笔尖沿笔杆移动与风速笔尖对齐。移动、清洗或调换笔尖时，均应注意勿使笔杆变形；感到难于拨动时，可先将笔杆拆下来，再细心处理。

⑦自记钟有较大误差时，应调整快慢针。若偏慢较多，应检查套在钟轴上的双片大，齿轮上下齿轮有无相对转动一个角度，钟机内的 2.5 min 自动开关对双凸轮的压力是否过大，并加以调节。若无效，应检修。

超出气候学界限值域 0～75 m/s 的数据为错误数据。

数据产品处理方法：对每日质控后的所有 3 个时次观测数据平均，计算日平均值。再用日均值合计值除以日数获得月平均值。一日中定时记录缺测 1 次或以上时，该日不做日平均。1 个月中日均值缺测 7 次或以上时，该月不做月统计，按缺测处理。

（4）观测数据

具体数据见表 3－158。

表 3－158　风速风向记录表月统计

单位：m/s

时间（年-月）	8：00 风速	14：00 风速	20：00 风速	最多风向
2009－1			—22.2	
2009－2			—17.7	
2009－3			—7.6	
2009－4			9.3	
2009－5			22.4	

（续）

时间（年-月）	8：00风速	14：00风速	20：00风速	最多风向
2009-6			21.0	
2009-7			26.6	
2009-8			26.0	
2009-9			17.2	
2009-10			8.1	
2009-11			−9.7	
2009-12			−22.0	
2010-1	1.4	2.1	1.7	C
2010-2	1.3	2.9	1.5	C
2010-3	2.0	4.5	2.8	NW
2010-4	3.0	5.0	2.5	SE
2010-5	3.6	4.4	2.6	SE
2010-6	3.2	4.4	1.5	C
2010-7	2.3	3.2	1.4	SE
2010-8	3.3	3.8	1.7	C
2010-9	1.9	2.4	0.8	C
2010-10	1.9	3.4	1.5	NW
2010-11	1.5	2.7	2.2	C
2010-12	1.5	2.7	2.3	C
2011-1	1.3	1.1	1.0	C
2011-2	2.0	3.7	1.9	C
2011-3	2.5	4.5	2.3	W
2011-4	4.7	6.0	3.2	NW
2011-5	4.2	5.2	2.3	SE
2011-6	3.4	4.2	2.4	SE
2011-7	2.5	2.7	1.6	SE
2011-8	2.0	3.0	0.9	C
2011-9	3.4	5.1	1.9	C
2011-10	3.6	5.1	2.3	NW
2011-11	1.7	3.3	1.5	C
2011-12	1.4	1.8	1.4	C
2012-1	1.2	1.5	0.8	C
2012-2	1.4	3.7	2.0	C
2012-3	3.5	4.8	2.1	C
2012-4	4.5	6.6	2.2	C
2012-5	4.1	4.6	2.0	C
2012-6	2.5	3.4	1.2	C
2012-7	2.4	2.7	1.3	C

（续）

时间（年-月）	8：00 风速	14：00 风速	20：00 风速	最多风向
2012 - 8	2.9	3.3	1.5	C
2012 - 9	2.3	2.8	1.8	C
2012 - 10	2.8	3.7	2.2	C
2012 - 11	1.1	1.9	1.7	C
2012 - 12	1.2	1.9	1.5	C
2013 - 1	1.2	1.7	1.1	C
2013 - 2	1.8	3.6	1.9	C
2013 - 3	3.4	5.5	2.4	NW
2013 - 4	3.5	5.1	2.3	C
2013 - 5	3.9	5.1	2.5	C
2013 - 6	2.4	3.3	1.4	C
2013 - 7	2.1	2.8	1.6	C
2013 - 8	1.9	2.9	0.9	C
2013 - 9	2.0	3.6	1.5	C
2013 - 10	2.2	3.1	1.4	C
2013 - 11	2.5	3.1	2.5	SE
2013 - 12	1.6	1.8	1.5	C
2014 - 1	2.1	2.3	1.6	C
2014 - 2	1.2	1.8	0.9	C
2014 - 3	1.7	3.0	0.8	C
2014 - 4	2.9	3.9	2.1	NW
2014 - 5	2.9	3.5	1.7	NW
2014 - 6	2.4	3.6	2.2	SE
2014 - 7	2.9	4.0	1.8	SE
2014 - 8	1.8	2.7	1.3	C
2014 - 9	2.3	3.3	1.5	C
2014 - 10	3.6	4.5	2.0	SE
2014 - 11	3.1	4.0	2.7	SE
2014 - 12	2.3	3.0	2.1	C
2015 - 1	2.4	3.0	1.4	C
2015 - 2	2.0	3.1	1.9	C
2015 - 3	2.9	4.5	2.4	NW
2015 - 4	4.0	6.0	2.7	NW
2015 - 5	3.8	4.6	2.2	C
2015 - 6	3.6	4.0	1.7	SE
2015 - 7	2.3	3.1	1.0	C
2015 - 8	2.2	3.1	1.3	C
2015 - 9	2.6	3.0	0.9	C

（续）

时间（年-月）	8：00风速	14：00风速	20：00风速	最多风向
2015-10	2.9	4.6	2.4	NW
2015-11	2.1	3.3	1.6	C
2015-12	1.8	2.5	1.4	C

3.4.2.6　地表温度

（1）概述

测量地温使用玻璃液体地温表。本数据集包括2009—2015年的数据，采集地为海伦站气象观测场，47°27′14″N，126°55′12″E，所有数据人工采集。

（2）数据采集和处理方法

0 cm地温表于每日8：00、14：00、20：00观测，地面最高、最低温度表于每日20：00观测1次，并随即调整。当8：00地面最低温度可能出现在±5 ℃之间时，应于8：00观测1次地面最低温度。各种地温表观测读数要准确到0.1 ℃。观测时，要踏在踏板上，按0 cm、最低、最高地温的顺序读数。观测地面温度时，应俯视读数，不准把地温表取离地面。读数记入观测簿相应栏，并进行器差订正。地面和曲管地温表被水淹时，可照常观测，其中地面3支温度表应水平取出水面，迅速读数。在拿取地温表时，须注意勿使水银柱、游标滑动，手也不能触及地温表感应部分。若遇地温表漂浮于水中，则记录从缺。地面3支温度表被雪埋住时，在降雪或吹雪停止后，应小心将表从雪中取出（勿使水银柱、游标滑动），水平地安装在未被破坏的雪面上，感应部分和表身埋入雪中一半。当发现表身下陷雪内，或在观测前巡视时表身又被雪埋住时，均应将表重新安装在雪面上。读数时若感应部分又被雪覆盖，可照常读数。在积雪较浅或积雪时间较短的地区，当积雪掩没曲管地温表时，可以把雪拨开观测（沿地温表表身拨开一道缝，露出刻度线即可）。但积雪时间较长且积雪较深的地区，在积雪掩没曲管地温表后，即停止观测。当地面温度值降到−36.0 ℃以下时，只读地面最低温度表的酒精柱和游标示度，并以经器差订正后的酒精柱读数作为0 cm记录，地面最高温度表停止观测，记录从缺。数据获取方法：水银地温表观测。原始数据观测频率：每日3次（北京时间8：00、14：00、20：00）。观测层次：地表面0 cm处。

（3）数据质量控制和评估

观测注意事项：

①裸地表土应保持疏松、平整、无草，雨后造成地表板结时，应及时将表土耙松；

②必须经常注意地面3支温度表感应部分的安装状态，切实做到一半埋入土中（球部与土壤须密贴），一半露出地面；露出地面部分要保持干净，及时擦拭掉沾附在上面的雨、露、霜等。每天20：00观测后和大风、雷雨天气过后，应认真检查1次，保证安装正常。

③场地有积水或遇有强降水时，为防止地面的3支温度表漂动，可用竹、木或金属丝做成的叉形物叉住表身。

④在夏季高温的日子里，为防止地面最低温度表失效，应在早上温度上升后观测1次地面最低，记入观测簿8：00栏，随后将地面最低温度表收回，并使其感应部分向下，妥善立放于室内或荫蔽处。20：00观测前巡视时再放回原处（游标须经调整）。若遇雷雨天气，可能出现显著降温的情况，应提前将表放回原处，以免漏测最低温度。

⑤在可能降雹之前，为防止损坏地面温度表，应罩上防雹网罩，雹停后立即取掉。

⑥冬季，为防止潮湿土壤冻结时冻住和损坏地面3支温度表，可事先用等量的凡士林和机油的混合物，涂抹表身贴地的一面，但在调整温度表时，注意勿使表从手中滑脱。

数据注意事项：

①超出气候学界限值域－90～90 ℃的数据为错误数据。

②地表温度 24 h 变化范围小于 60 ℃。

数据产品处理方法：

①将当日地面最低温度和前一日 20：00 地表温度的平均值作为 2：00 的地表温度，然后对每日质控后的所有 4 个时次观测数据平均，计算日平均值。一日中定时记录缺测 1 次或以上时，该日不做日平均。

②用日均值合计值除以日数获得月平均值。一月中日均值缺测 7 次或以上时，该月不做月统计，按缺测处理。海伦站 2009 年地温数据缺失。

（4）观测数据

具体数据见表 3－159。

表 3－159 地表温度记录表月统计

单位：℃

时间（年-月）	地表温度	最高地表温度	最低地表温度
2010－1	－25.70	－3.00	－45.00
2010－2	－21.67	5.50	－45.00
2010－3	－12.10	5.70	－36.40
2010－4	2.06	28.00	－15.00
2010－5	15.98	55.50	－1.70
2010－6	29.49	61.00	6.50
2010－7	26.81	61.00	9.50
2010－8	22.25	48.50	8.00
2010－9	17.66	47.10	－8.50
2010－10	4.80	28.00	－13.50
2010－11	－22.05	－6.00	－45.00
2010－12	－21.63	－4.50	－45.00
2011－1	－27.73	－4.50	－45.50
2011－2	－19.19	4.90	－39.50
2011－3	－9.05	17.50	－32.50
2011－4	6.22	40.00	－6.00
2011－5	15.64	42.00	－3.80
2011－6	23.89	55.50	7.00
2011－7	27.02	56.00	13.00
2011－8	24.33	48.00	8.50
2011－9	15.09	42.60	－6.00
2011－10	6.71	30.20	－7.40
2011－11	－8.39	18.50	－32.90
2011－12	－24.03	－3.00	－39.00
2012－1	－28.47	－4.50	－43.00
2012－2	－20.47	5.00	－39.50
2012－3	－4.33	29.00	－25.50

（续）

时间（年-月）	地表温度	最高地表温度	最低地表温度
2012 - 4	7.10	39.50	−16.50
2012 - 5	18.31	54.00	−1.50
2012 - 6	24.54	63.50	8.50
2012 - 7	26.37	59.80	13.00
2012 - 8	21.61	44.20	7.50
2012 - 9	16.21	39.50	1.50
2012 - 10	4.59	28.00	−12.50
2012 - 11	−9.23	14.50	−35.00
2012 - 12	−26.43	−7.00	−44.50
2013 - 1	−27.18	−2.10	−46.00
2013 - 2	−22.87	−2.30	−40.00
2013 - 3	−12.55	5.50	−33.50
2013 - 4	3.32	27.50	−16.00
2013 - 5	18.14	53.00	−1.60
2013 - 6	24.25	59.50	4.50
2013 - 7	25.58	53.50	11.00
2013 - 8	22.49	41.60	5.00
2013 - 9	14.78	35.40	−1.50
2013 - 10	5.31	24.60	−13.20
2013 - 11	−6.14	16.00	−30.50
2013 - 12	−19.93	10.10	−36.50
2014 - 1	−25.91	−1.50	−42.50
2014 - 2	−21.88	4.50	−45.20
2014 - 3	−4.24	28.50	−34.00
2014 - 4	9.83	44.00	−10.50
2014 - 5	14.94	46.50	−3.00
2014 - 6	26.13	53.50	10.00
2014 - 7	24.85	51.00	10.50
2014 - 8	24.31	49.00	9.10
2014 - 9	15.74	37.00	−4.80
2014 - 10	4.07	28.60	−13.00
2014 - 11	−7.37	3.10	−20.00
2014 - 12	−20.75	−5.00	−37.30
2015 - 1	−21.69	−5.00	−36.50
2015 - 2	−15.97	3.60	−36.20
2015 - 3	−5.89	19.00	−33.50
2015 - 4	5.83	31.50	−10.00
2015 - 5	13.77	46.20	−2.90

（续）

时间（年-月）	地表温度	最高地表温度	最低地表温度
2015 - 6	23.70	52.60	4.50
2015 - 7	27.64	57.50	9.20
2015 - 8	24.77	54.00	12.50
2015 - 9	16.62	50.10	−4.20
2015 - 10	3.91	31.00	−12.00
2015 - 11	−7.76	14.00	−25.50
2015 - 12	−19.16	1.00	−42.40

第4章 数据产品

4.1 2004—2015年不同施肥方式下黑土表层土壤养分数据

根据2004—2015年土壤监测数据，对不同施肥方式下黑土表层（0～20 cm）土壤的有机质含量、pH、碱解氮、有效磷、速效钾、全氮、全磷和全钾8项养分指标进行了分析，结果如下。

4.1.1 土壤有机质

“化肥＋还田”处理对黑土有机质含量具有显著提升作用，其有机质含量呈逐年增加趋势，由2004年的44.52g/kg提高到了2015年的50.49g/kg，提高了13.4%。从2008年以后，“化肥＋还田”处理的有机质含量显著高于其他两个处理。无肥处理下，其土壤有机质含量在2004—2011年呈缓慢降低趋势。化肥处理下，土壤有机质含量处于稳定状态，无明显变化。

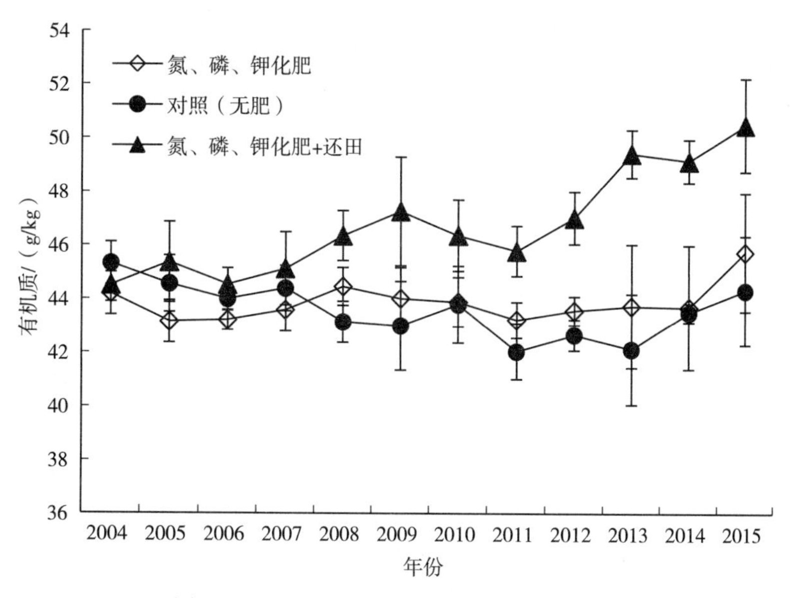

图4-1 不同施肥方式下土壤的有机质含量

4.1.2 土壤pH

无肥处理下，土壤的pH无明显变化（图4-2），变化范围为5.80～6.05。单施化肥和“化肥＋还田”处理下，土壤的pH从2012年之后呈逐渐降低的趋势，其中，单施化肥处理的土壤pH由2004年的5.79降至2015年的5.56，“化肥＋还田”处理的土壤pH由2004年的5.80降至2015年的5.49。

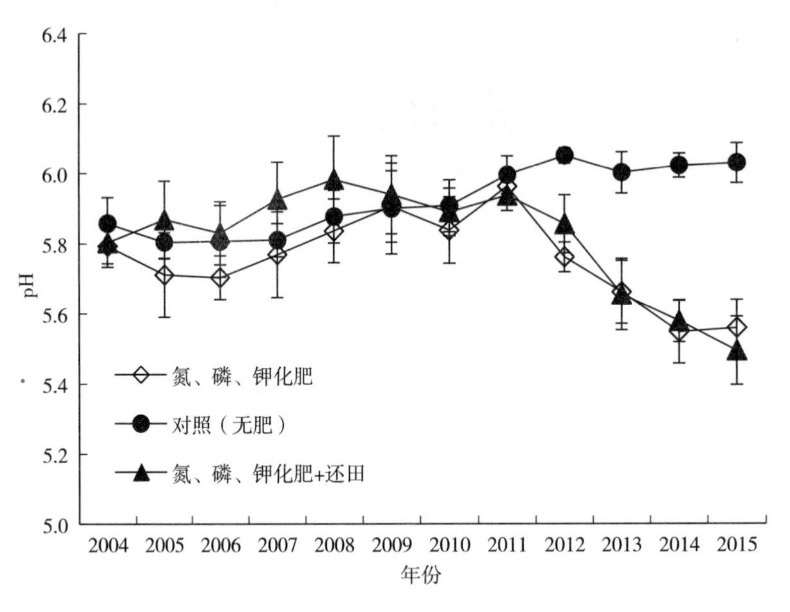

图 4-2 不同施肥方式下土壤的 pH

4.1.3 土壤碱解氮、有效磷和速效钾

不同施肥方式下，土壤的碱解氮和速效钾含量在 2004—2012 年未呈现明显的差异，但在 2013—2015 年，3 个处理的碱解氮和速效钾含量表现为化肥＋“还田＞化肥”＞无肥（图 4-3、图 4-5）。

不同施肥方式对有效磷含量具有显著影响（图 4-4），无肥处理下，土壤有效磷含量随年份呈逐渐降低趋势，2015 年，其含量比 2004 年降低了 28.3%。2005—2015 年，土壤有效磷含量均表现为“化肥＋还田”＞化肥＞无肥。

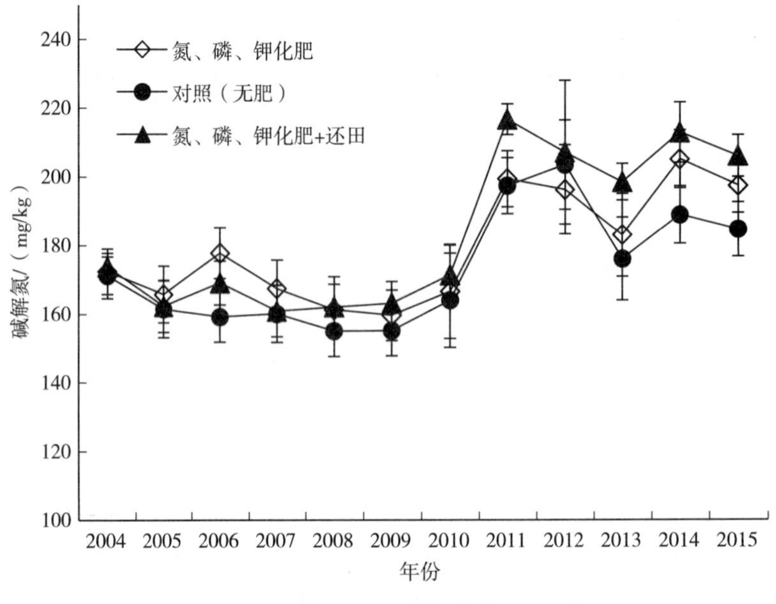

图 4-3 不同施肥方式下土壤的碱解氮含量

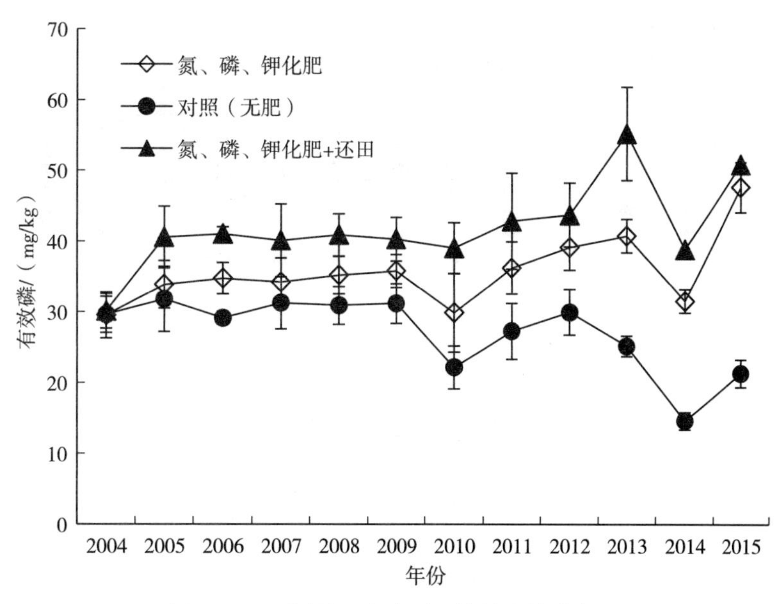

图 4-4 不同施肥方式下土壤的有效磷含量

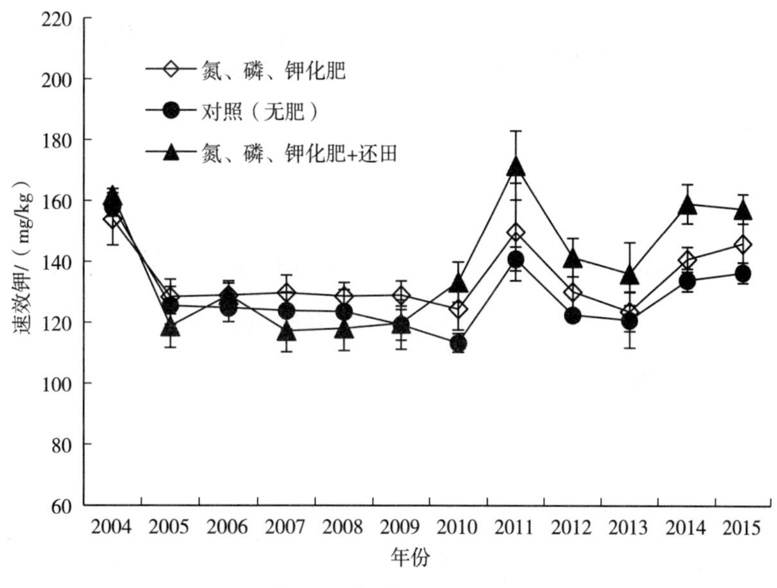

图 4-5 不同施肥方式下土壤的速效钾含量

4.1.4 土壤全氮、全磷和全钾

“化肥＋还田”处理下，土壤的全氮含量随年份呈升高趋势（图 4-6）。无肥处理下，土壤全氮含量在 2004—2012 年呈缓慢降低趋势。从 2010 年以后，3 个处理的全氮含量表现为“化肥＋还田”＞化肥＞无肥。

2004—2009 年，3 个处理的土壤全磷含量无明显差异（图 4-7），但从 2010 年以后，无肥处理的全磷含量明显低于化肥和化肥＋还田处理。

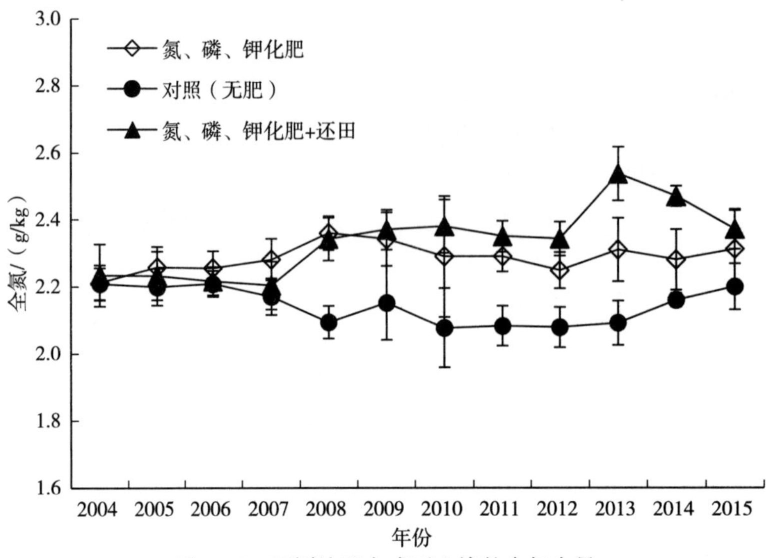

图 4-6　不同施肥方式下土壤的全氮含量

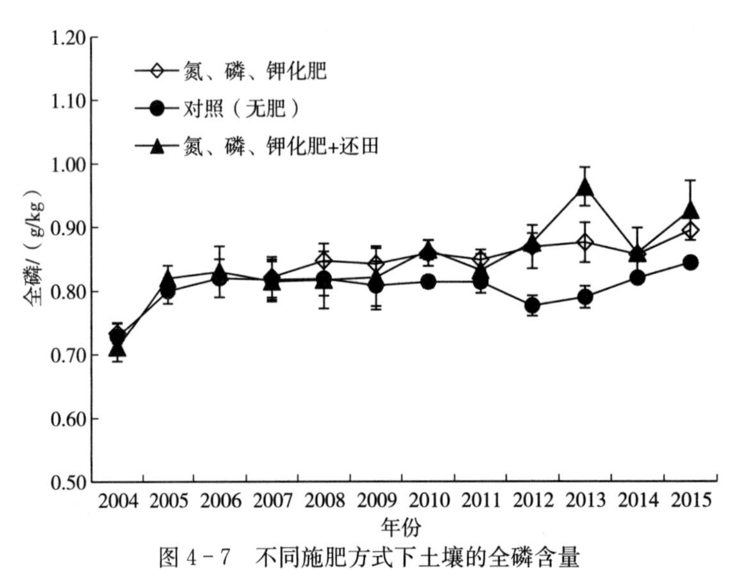

图 4-7　不同施肥方式下土壤的全磷含量

不同施肥处理下土壤的全钾含量没有明显差异（图 4-8）。

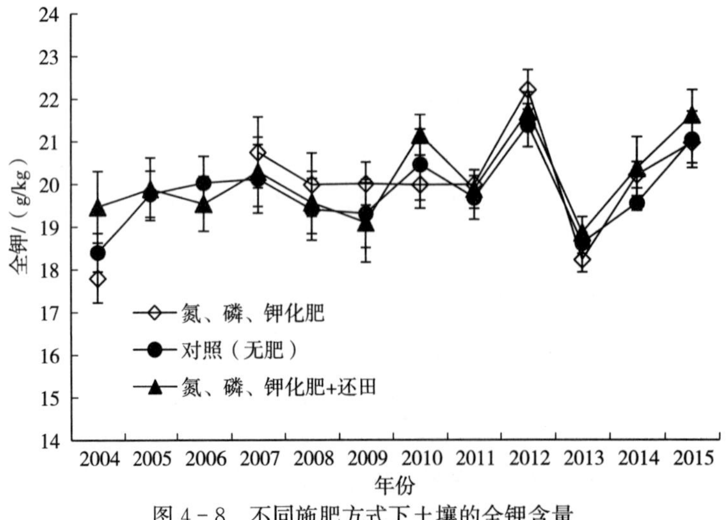

图 4-8　不同施肥方式下土壤的全钾含量

4.2　海伦站农田水分观测数据产品

4.2.1　地下水位

海伦站地下水位年内变化规律为先下降后上升。从 1 月开始逐渐下降，从 4—6 月后逐渐上升，8—9 月到年末为稳定期。2012 年，地下水位大幅度上升，此后地下水位稳定在地表下 15～18 m（图 4 - 9）。

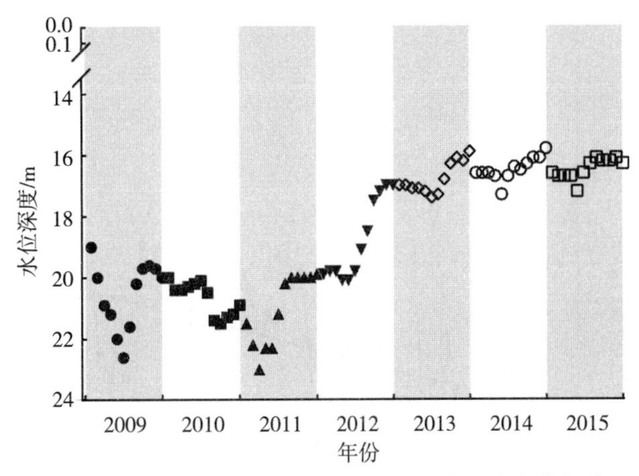

图 4 - 9　2009—2015 年海伦站地下水位深度变化规律

4.2.2　土壤含水量

在不同土地利用方式剖面中，作物生长季内土壤体积含水量变化差异显著（图 4 - 10）。根据土壤体积含水量变化规律可将剖面分为 3 个层次：0～90 cm、90～210 cm 和 210 cm 以下。在 0～90 cm 中，3 个剖面各个层次中土壤体积含水量随着生长季的延长而逐渐下降，农田土壤体积含水量最低，其次为草地，裸地中土壤体积含水量降低程度最小。在 90～210 cm 中，农田土壤体积含水量最低，裸地土壤体积含水量最高。说明，农田土壤剖面在人为影响下土壤水分流失最强烈，保水供水能力最弱；草地虽然也有植被覆盖，但是没有人为影响，其土壤保水供水能力强于农田土壤；裸地由于没有植被覆盖，水分流失的过程仅有蒸发和渗漏，导致其土壤体积含水量显著高于草地和农田。

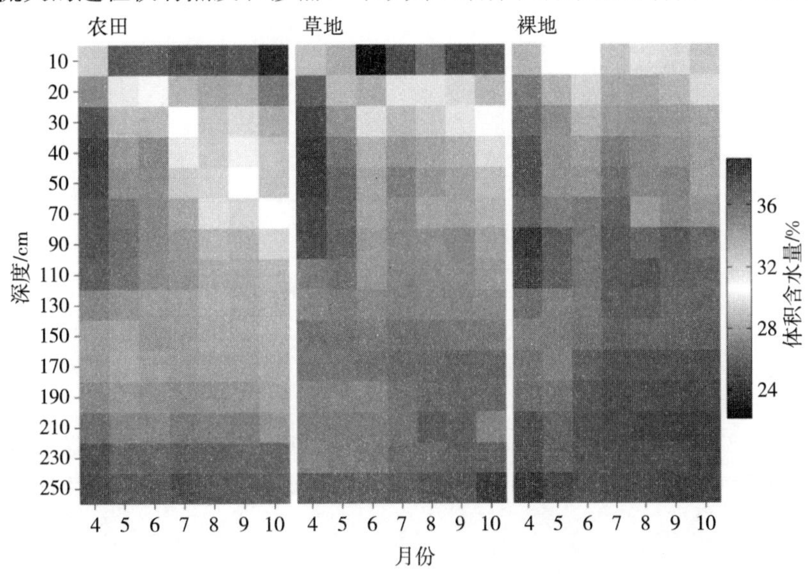

图 4 - 10　2009—2015 年海伦站农田、草地和裸地剖面土壤体积含水量

4.3 海伦站气象观测数据产品

4.3.1 大气温度

海伦站 1959—2018 年平均气温为 2.1 ℃，近 60 年年平均气温约增加 1.4 ℃（图 4 - 11）。近 10 年（2009—2018 年），海伦站 7 月气温最高，平均为 22.3 ℃；1 月气温最低，平均为−22.4 ℃（图 4 - 12）。

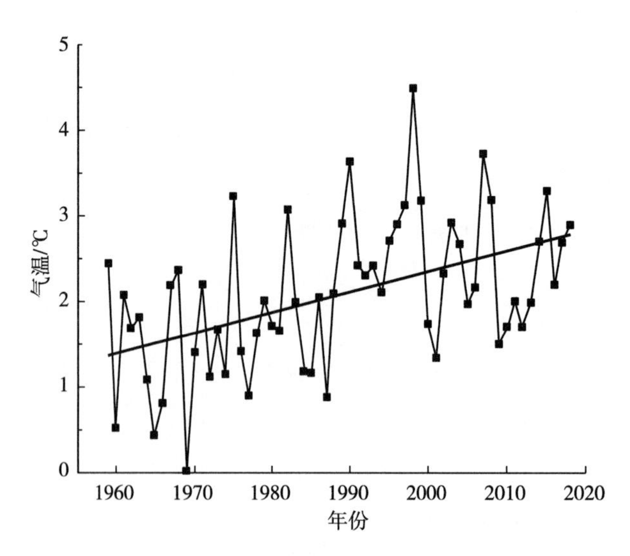

图 4 - 11　1959—2018 年海伦站年平均气温变化

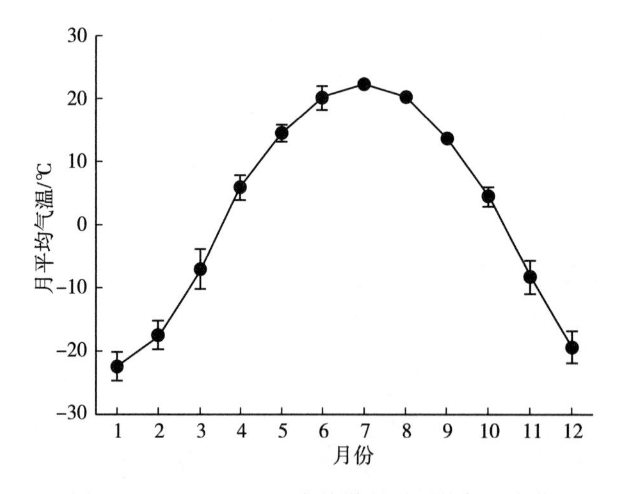

图 4 - 12　2009—2018 年海伦站月平均气温变化

4.3.2 降水量

海伦站 1985—2018 年平均降水量为 540 mm（图 4 - 13），其中约 70%的降水量集中在 6—8 月。近年来，年降水量年际变异较大。另外，由于极端降雨事件增多，导致 6—8 月月降水量年际变异较大（图 4 - 14）。

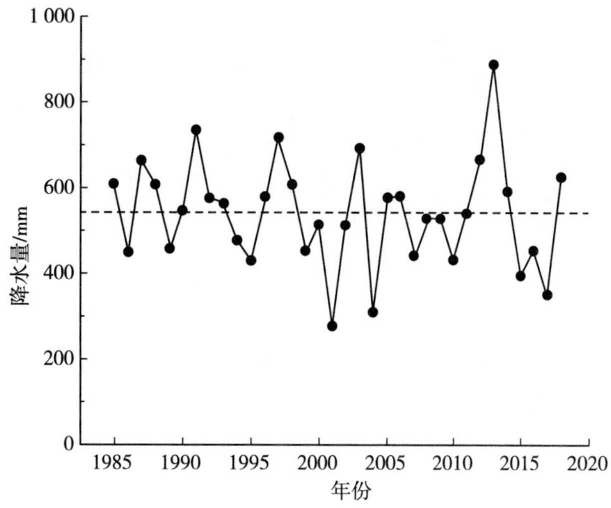

图4-13　1985—2018年海伦站年平均降水量变化

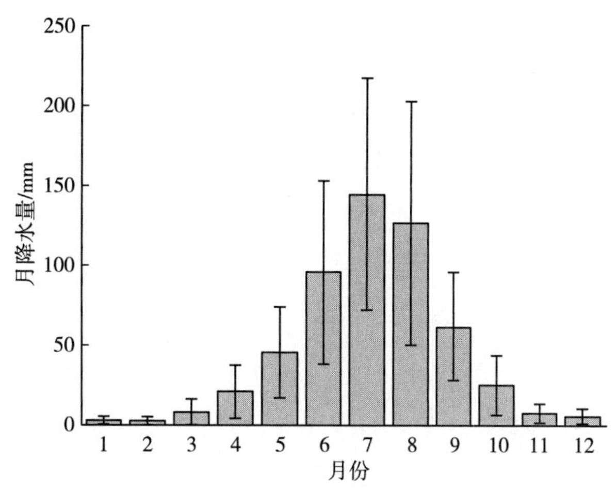

图4-14　1985—2018年海伦站月平均降水量变化

4.3.3　冻土深度

近年来，海伦站最大冻土深度逐渐减小，15年减少约70 cm（图4-15）。同时，冻土初始日和冻土结束日分别有推后和提前的趋势，导致冻土期缩短（图4-16）。

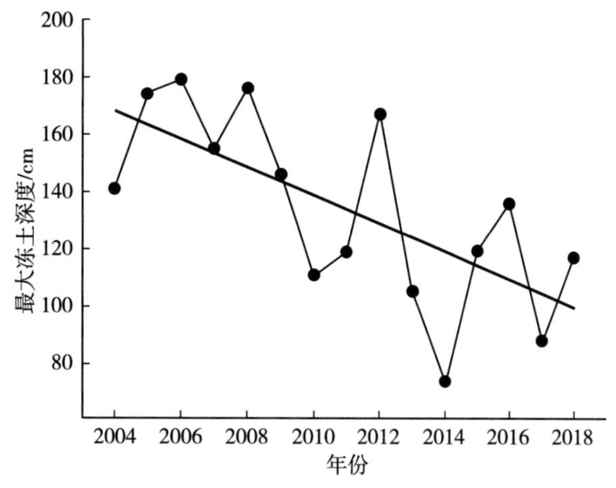

图4-15　2004—2018年海伦站最大冻土深度变化

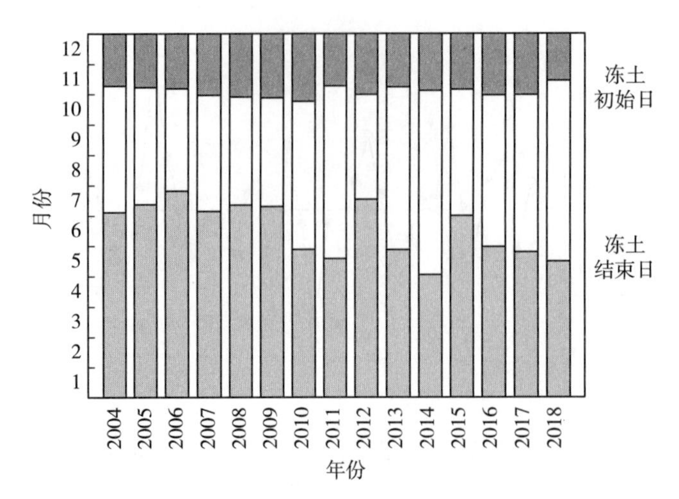

图4-16 2004—2018年海伦站冻土日期变化

4.3.4 风速风向

海伦站盛行风向主要为西北风，频率为8%～9%，东风和东北风的频率最小，只有3%（图4-17）。西风和西北风最大风速都在20.0 m/s左右。

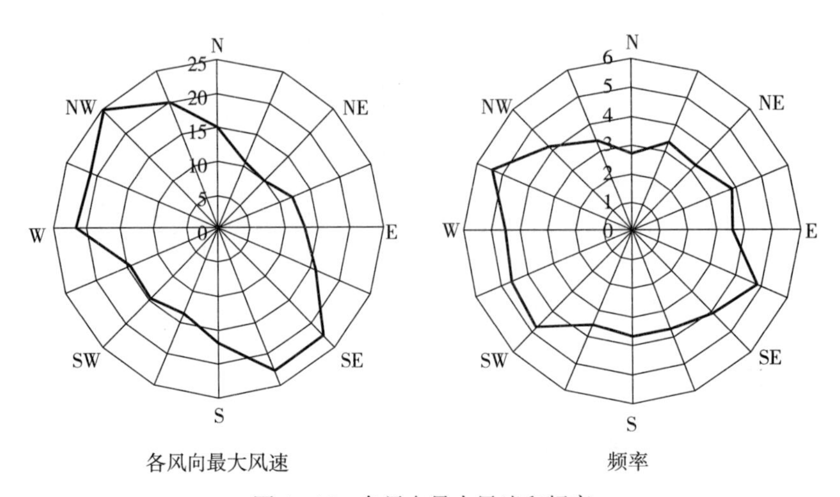

图4-17 各风向最大风速和频率

图书在版编目（CIP）数据

中国生态系统定位观测与研究数据集．农田生态系统卷．黑龙江海伦站：2005～2017 / 陈宜瑜总主编；郝翔翔等主编．—北京：中国农业出版社，2021.12
ISBN 978-7-109-28425-8

Ⅰ．①中… Ⅱ．①陈… ②郝… Ⅲ．①生态系—统计数据—中国②农田—生态系—统计数据—海伦—2005-2017 Ⅳ．①Q147②S181

中国版本图书馆 CIP 数据核字（2021）第 124293 号

ZHONGGUO SHENGTAI XITONG DINGWEI GUANCE YU YANJIU SHUJUJI

中国农业出版社出版
地址：北京市朝阳区麦子店街 18 号楼
邮编：100125
责任编辑：刁乾超　文字编辑：黄璟冰
版式设计：李　文　责任校对：周丽芳
印刷：中农印务有限公司
版次：2021 年 12 月第 1 版
印次：2021 年 12 月北京第 1 次印刷
发行：新华书店北京发行所
开本：889mm×1194mm　1/16
印张：26.25
字数：750 千字
定价：118.00 元
